コンクリート舗装ガイドブック 2016

舗装委員会 舗装設計施工小委員会 著

平成28年3月

公益社団法人 日本道路協会

はじめに

　近年，高度経済成長期に建設されたインフラの老朽化が進行するなか，国・地方ともに財政はより一層厳しい状況となっている。一方で道路の総延長は年々延びており，この状況に対応するためには，道路舗装の長寿命化による維持管理費用の縮減が望まれている。国土交通省では，コンクリート舗装の活用に向けて，平成25年4月の設計業務等共通仕様書（平成25年4月）の改訂において，トンネル部以外の箇所でも，アスファルト舗装とコンクリート舗装についてライフサイクルコストを比較検討するよう明記している。

　周知のとおり道路の舗装種別は，アスファルト舗装とコンクリート舗装に大別される。道路統計年報によると，コンクリート舗装は1950～1960年には道路延長の約30%，道路総延長でも約30%を占めていたが，その後コンクリート舗装の施工延長の割合は急激に低下し，現在では道路延長の約5%となっている。コンクリート舗装が衰退した背景・理由としては，①社会経済面；急増する自動車交通に対応するため，②材料の特徴；養生期間が長いため，③材料の特徴；初期コストが高いため，④道路利用者側の視点；乗り心地や騒音等が若干劣るとのイメージがあったため，⑤道路管理者側の視点：予防保全の意識の欠如，⑥施工者側の視点：コンクリート舗装を熟知した技術者が減少したため，等が挙げられるが，これらの課題を解消するために様々な技術的な取り組みがなされ，着実に成果が得られている。

　また，コンクリート舗装の施工量の減少とともに，コンクリート舗装の計画，設計，施工，管理に従事した経験を有する道路管理者や技術者が極めて少ない現状となっている。（公社）日本道路協会舗装委員会舗装設計施工小委員会では，「このままではコンクリート舗装技術者がいなくなる」という危機感のもと，コンクリート舗装の存在を官民の技術者にアピールするための図書として，平成20年4月に「コンクリート舗装に関する技術資料」を発刊した。そしてその次なるステップとして，コンクリート舗装技術が広く受け継がれることを願って，コンクリート舗装の計画・設計から維持修繕までのメンテナンスサイクルをフォローできる実用書として本ガイドブックを取りまとめた。

　伊勢神宮の式年遷宮により宮大工の技術が連綿と継承されているように，一番大切な技術は現場で直接次世代に引き継ぐことが肝要だと考える。今後は，コンクリート舗装の適切な管理と積極的な採用によって，正しい技術が正しく継承されることを期待するとともに，本ガイドブックが関係する技術者の一助となれば幸いである。

平成28年3月

舗装委員会　舗装設計施工小委員会
委員長　久　保　和　幸

舗装委員会

委員長　吉　兼　秀　典

舗装設計施工小委員会

委員長　久　保　和　幸

幹事長　坂　本　康　文

コンクリートWG

WG長	小　梁　川	雅
	東	拓　生
	石　原	佳　樹
	泉	秀　俊
	上　田	宣　人
	加　形	護
	梶　尾	聡
	五　島	泰　宏
	高　橋	茂　樹
	中　原	大　磯
	西　澤	辰　男
	野　田	悦　郎
	町　田	浩　章
	村　上	浩
	森　濱	和　正
	吉　本	徹
	若　林	由　弥
	渡　辺	博　志

目　次

第1章	総　説	1
1－1	本ガイドブックの位置付け	1
1－2	本ガイドブックの構成	2
1－3	関連図書	3

第2章	コンクリート舗装概論	4
2－1	概　説	4
2－2	コンクリート舗装の特徴	4
2－2－1	構　造	4
2－2－2	長　所	7
2－2－3	短所と対応技術	8
2－2－4	性　能	8
2－2－5	ライフサイクルコスト	9
2－3	コンクリート舗装の種類と特徴	10
2－3－1	普通コンクリート舗装	10
2－3－2	連続鉄筋コンクリート舗装	12
2－3－3	転圧コンクリート舗装	12

第3章	設計条件	15
3－1	概　説	15
3－2	目標の設定	15
3－2－1	設計期間	16
3－2－2	舗装計画交通量	16
3－2－3	性能指標	17
3－2－4	信頼性	20
3－3	路面の設計条件	20
3－4	構造の設計条件	20
3－4－1	交通条件	21
3－4－2	基盤条件	21
3－4－3	環境条件	22
3－4－4	材料条件	22

第4章	普通コンクリート舗装	24
4－1	概　説	24
4－2	路盤設計	24
4－2－1	路盤支持力係数	24
4－2－2	路盤材料の種類	25

4-2-3	設計路盤支持力係数の基準	26
4-2-4	経験にもとづく方法	26
4-2-5	路盤設計曲線法	27
4-2-6	多層弾性理論法	30

4-3　コンクリート版厚設計　32
　　4-3-1　基本的な考え方　32
　　4-3-2　経験にもとづく設計方法　32
　　4-3-3　理論的設計方法　33
　　4-3-4　設計計算例　42

4-4　構造細目　56
　　4-4-1　目地の分類と構造　56
　　4-4-2　鉄網および縁部補強鉄筋　63
　　4-4-3　路面処理　63
　　4-4-4　アスファルト中間層　63
　　4-4-5　コンクリート版の補強　64

4-5　材　料　77
　　4-5-1　構築路床用材料　77
　　4-5-2　路盤用材料　78
　　4-5-3　コンクリート版用素材　84
　　4-5-4　その他の材料　89
　　4-5-5　材料の貯蔵　91
　　4-5-6　レディーミクストコンクリート　93

4-6　コンクリートの配合　96
　　4-6-1　配合条件　96
　　4-6-2　配合設計の一般的な手順　105

4-7　路床・路盤の施工　109
　　4-7-1　路床・路盤の施工計画　109
　　4-7-2　路床・路盤の築造工法　109
　　4-7-3　路床・路盤の施工機械　112
　　4-7-4　路床の施工　114
　　4-7-5　下層路盤の施工　118
　　4-7-6　上層路盤の施工　120
　　4-7-7　プライムコート　123
　　4-7-8　アスファルト中間層の施工　124

4-8　コンクリート版の施工　126
　　4-8-1　施工計画　126
　　4-8-2　コンクリートの製造と運搬　131
　　4-8-3　セットフォーム工法　132
　　4-8-4　スリップフォーム工法　156
　　4-8-5　簡易な機械施工および人力による施工　167

4－8－6　目地の施工 ･･･ 168
　4－8－7　鉄網および縁部補強鉄筋の設置 ･････････････････････････････････ 170
　4－8－8　養　生 ･･･ 170
　4－8－9　特殊箇所の施工 ･･･ 172
　4－8－10　暑中および寒中におけるコンクリート版の施工 ･････････････････ 175
　4－8－11　初期ひび割れ対策 ･･ 176

第5章　連続鉄筋コンクリート舗装 ･･････････････････････････････････････ 181
 5－1　概　説 ･･ 181
 5－2　路盤設計 ･･ 181
 5－3　コンクリート版厚設計 ･･ 181
　5－3－1　経験にもとづく設計方法 ･･ 181
　5－3－2　理論的設計方法 ･･ 182
　5－3－3　設計計算例 ･･ 182
 5－4　構造細目 ･･･ 185
　5－4－1　目地の分類と構造 ･･ 185
　5－4－2　配　筋 ･･ 189
　5－4－3　路面処理 ･･ 191
 5－5　材　料 ･･ 192
　5－5－1　路盤材料 ･･ 192
　5－5－2　コンクリート版用素材 ･･ 192
　5－5－3　その他の材料 ･･ 192
　5－5－4　材料の貯蔵 ･･ 192
　5－5－5　レディーミクストコンクリート ････････････････････････････････････ 193
 5－6　コンクリートの配合 ･･･ 194
　5－6－1　配合条件 ･･ 194
　5－6－2　配合設計の一般的な手順 ･･ 196
 5－7　路床・路盤の施工 ･･･ 198
　5－7－1　路床・路盤の施工計画 ･･ 198
　5－7－2　路床・路盤の築造工法 ･･ 198
　5－7－3　路床・路盤の施工機械 ･･ 198
　5－7－4　路床の施工 ･･ 198
　5－7－5　下層路盤の施工 ･･ 198
　5－7－6　上層路盤の施工 ･･ 198
　5－7－7　プライムコート ･･ 198
　5－7－8　アスファルト中間層の施工 ･･ 198
 5－8　コンクリート版の施工 ･･･ 199
　5－8－1　施工計画 ･･ 199
　5－8－2　鉄筋の組み立て ･･ 199
　5－8－3　目地の施工 ･･ 202

5−8−4　コンクリートの製造と運搬・・・・・・・・・・・・・・・・・・・・・・・・・・・・・・・・・204
　　　5−8−5　セットフォーム工法・・・・・・・・・・・・・・・・・・・・・・・・・・・・・・・・・・・・・205
　　　5−8−6　スリップフォーム工法・・・・・・・・・・・・・・・・・・・・・・・・・・・・・・・・・・207
　　　5−8−7　養　生・・212
　　　5−8−8　暑中コンクリート・・・・・・・・・・・・・・・・・・・・・・・・・・・・・・・・・・・・・・212
　　　5−8−9　寒中コンクリート・・・・・・・・・・・・・・・・・・・・・・・・・・・・・・・・・・・・・・212
　　　5−8−10　初期ひび割れ対策・・・・・・・・・・・・・・・・・・・・・・・・・・・・・・・・・・・・・212

第6章　転圧コンクリート舗装・・・214
　6−1　概　説・・・214
　6−2　路盤設計・コンクリート版厚設計・・・・・・・・・・・・・・・・・・・・・・・・・・・・・・・214
　6−3　転圧コンクリート版の構造細目・・・・・・・・・・・・・・・・・・・・・・・・・・・・・・・・・214
　　　6−3−1　目地の分類・・214
　　　6−3−2　目地の構造・・215
　6−4　転圧コンクリートの配合・・・・・・・・・・・・・・・・・・・・・・・・・・・・・・・・・・・・・・216
　　　6−4−1　配合条件・・・216
　　　6−4−2　配合設計・・・219
　6−5　転圧コンクリート版の施工・・・・・・・・・・・・・・・・・・・・・・・・・・・・・・・・・・・・224

第7章　付加機能を有する層・・226
　7−1　概　説・・・226
　7−2　ポーラスコンクリート舗装・・・・・・・・・・・・・・・・・・・・・・・・・・・・・・・・・・・・226
　　　7−2−1　概　要・・・226
　　　7−2−2　設　計・・・227
　　　7−2−3　材　料・・・228
　　　7−2−4　施　工・・・228
　7−3　コンポジット舗装・・229
　　　7−3−1　概　要・・・229
　　　7−3−2　設　計・・・229
　　　7−3−3　材料および施工・・・・・・・・・・・・・・・・・・・・・・・・・・・・・・・・・・・・・・231
　7−4　骨材露出工法・・232
　　　7−4−1　概　要・・・232
　　　7−4−2　設　計・・・232
　　　7−4−3　材　料・・・232
　　　7−4−4　施　工・・・233

第8章　管理と検査・・・235
　8−1　概　説・・・235
　8−2　概　念・・・235
　　　8−2−1　基準試験・・・236

8－2－2　出来形・品質管理 ･･･ 236
　　8－2－3　管理の考え方 ･･･ 236
　　8－2－4　検　　査 ･･ 237
　8－3　基準試験 ･･ 238
　　8－3－1　基準試験の目的 ･･ 238
　　8－3－2　材料の基準試験 ･･ 238
　　8－3－3　舗装用機械等の確認 ･･･ 241
　　8－3－4　試験施工 ･･･ 242
　　8－3－5　基準試験の確認 ･･ 242
　　8－3－6　作業標準の設定 ･･ 242
　8－4　出来形管理 ･･･ 242
　8－5　品質管理 ･･･ 243
　　8－5－1　品質の管理手段 ･･ 243
　　8－5－2　路床・路盤の品質管理の留意点 ････････････････････････････ 246
　8－6　検　　査 ･･ 247
　　8－6－1　性能の確認・検査の方法 ･･･････････････････････････････････････ 247
　　8－6－2　性能指標の値の確認 ･･･ 248
　　8－6－3　出来形・品質の検査 ･･･ 250
　8－7　安全管理と環境対策 ･･･ 257
　　8－7－1　安全管理 ･･･ 258
　　8－7－2　環境対策 ･･･ 259

第9章　維持修繕 ･･ 260
　9－1　概　　説 ･･･ 260
　9－2　日常的な管理 ･･ 260
　9－3　破損の種類と発生原因 ･･･ 260
　　9－3－1　ひび割れ ･･ 262
　　9－3－2　目地部の破損 ･･･ 270
　　9－3－3　段　　差 ･･･ 272
　　9－3－4　その他の破損 ･･･ 275
　9－4　調　　査 ･･ 278
　　9－4－1　調査のフロー ･･･ 278
　　9－4－2　路面調査 ･･ 280
　　9－4－3　構造調査 ･･ 283
　9－5　評　　価 ･･ 285
　　9－5－1　破損の分類と評価区分 ･･ 285
　　9－5－2　破損の評価 ･･ 285
　9－6　維持修繕工法の種類と破損の程度に応じた工法の選定 ･････････････････････ 295

コラム

コラム 1	コンクリート舗装か アスファルト舗装か	9
コラム 2	アスファルト舗装とコンクリート舗装の疲労破壊抵抗性の表現の違い	9
コラム 3	コンクリート舗装における疲労破壊輪数を無理やり求めてみよう	10
コラム 4	鉄網の使用を考え直してみませんか	11
コラム 5	連続鉄筋コンクリート舗装は"鉄筋コンクリート"舗装ではありません	13
コラム 6	トンネル内のコンクリート舗装	23
コラム 7	疲労のマイナー則	52
コラム 8	疲労度とひび割れ度の関係	52
コラム 9	なぜコンクリート舗装では49kN換算輪数が計算できないのでしょうか	53
コラム 10	コンクリート版の上下面の温度差とその発生頻度	55
コラム 11	目地割りの注意点①	74
コラム 12	目地割りの注意点② ～駐車場への適用～	76
コラム 13	高炉セメントの特徴－使用上の注意点を中心に－	94
コラム 14	早期交通開放型コンクリート舗装（1 DAY PAVE）	108
コラム 15	路床・路盤の情報化施工	125
コラム 16	高速道路におけるコンクリート舗装の粗面仕上げについて	153
コラム 17	横断勾配の異なる2車線の同時施工方法	166
コラム 18	スリップフォーム工法に用いる舗装用コンクリートをレディーミクストコンクリート工場から購入する場合の注意点	193
コラム 19	路盤支持力が変化している箇所への連続鉄筋コンクリート舗装の適用について	213
コラム 20	K_p, K_m	223
コラム 21	小粒径骨材露出工法	234
コラム 22	コンクリート舗装路面のすべり抵抗の回復方法について	298
コラム 23	路面性状の回復（すべり抵抗性と平たん性の向上）に寄与するダイヤモンドグラインディング工法	299

付　録

付録 1	配合設計例（普通コンクリート舗装用）	303
付録 2	配合設計例（スリップフォーム工法用）	312
付録 3	配合設計例（転圧コンクリート舗装用）	318

第1章 総説

1-1 本ガイドブックの位置付け

　今，わが国では，高度経済成長時代以降に建設されたインフラの老朽化が進行する一方で，厳しい財政制約などの困難に直面している。このような背景の中，国土交通省の社会資本整備審議会道路分科会建議中間とりまとめ（平成24年6月）では，ライフサイクルコスト（LCC）最小化と道路の品質確保の観点から，「（道路構造物・付属施設について）予防保全の概念を導入し，高い耐久性が期待されるコンクリート舗装の積極的活用など，LCC最小化の視点をより重視した総合的なコスト縮減を推進すべき」と提案された。さらに，国土交通省技術基本計画（平成24年12月）においても，道路ストックの長寿命化に関する技術研究開発の一環として，コンクリート舗装の適切な維持管理による長寿命化が盛り込まれている。また，設計業務等共通仕様書（平成25年4月）が改訂され，トンネル部以外の箇所でも，アスファルト舗装とコンクリート舗装についてライフサイクルコストを比較検討するように明記されている。

　一方，アスファルト舗装に比べてコンクリート舗装は施工実績が少ないため，コンクリート舗装に携わった道路管理者や技術者は一部に限られている。そのため，このまま推移すると技術の伝承が非常に難しくなり，コンクリート舗装に関する技術の低下が懸念される。

　このような状況を鑑み，コンクリート舗装に関する知識の習得および技術力の向上を目的に，指針・便覧等をよりわかりやすく，かつ初心者でも理解できるよう，図・表や写真を多く使った図書として，本ガイドブックを作成した。本ガイドブック1冊で，コンクリート舗装の計画・設計・施工・維持修繕に関する情報や知見を一通り理解できるような構成になっている。なお，舗装の基本については，従前の関連する指針などを併せて参照するとともに，必要に応じてその他の図書を参考にするとよい。これら関連する技術基準類および図書の体系を**図-1.1.1**に示す。

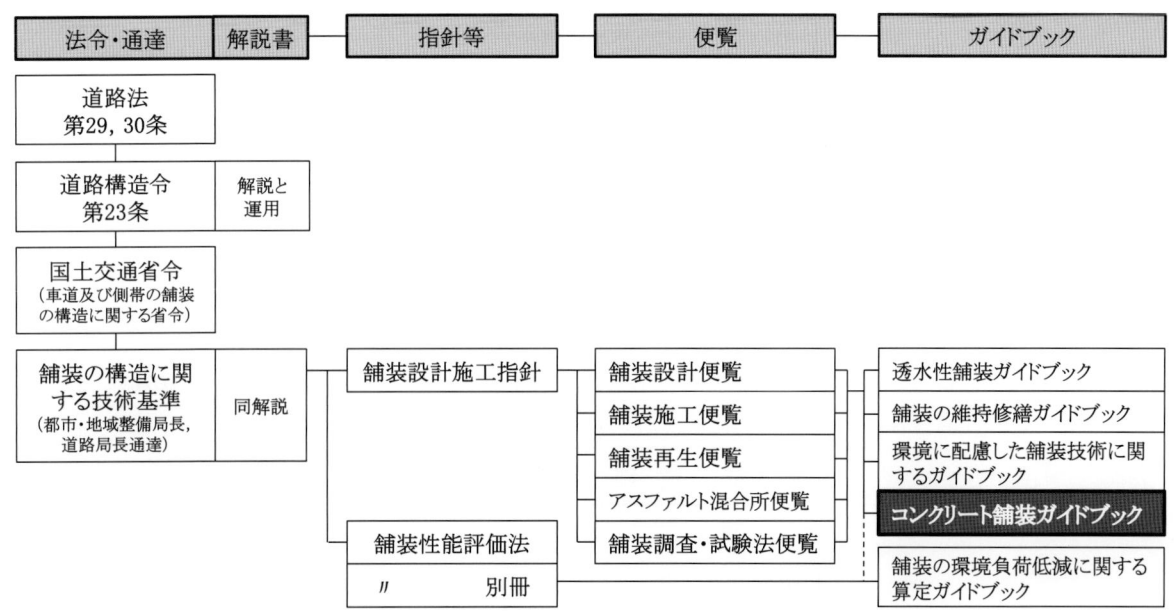

図-1.1.1　技術基準類および図書の体系

1-2 本ガイドブックの構成

　本ガイドブックの構成を**図-1.2.1**に示す。「第2章　コンクリート舗装概論」では，コンクリート舗装の構造面，性能面等における特徴を述べるとともに，本ガイドブックで触れるコンクリート舗装の種類について概説している。「第3章　設計条件」では，コンクリート舗装の設計に先立って設定すべき条件について記述している。「第4章　普通コンクリート舗装」，「第5章　連続鉄筋コンクリート舗装」，「第6章　転圧コンクリート舗装」では，これまでに施工実績の多いコンクリート舗装3種を抽出し，各コンクリート舗装の設計から施工までを図や写真を多く活用して具体的に示している。また，各コンクリート舗装に用いるコンクリートの配合設計例をそれぞれ「付録1」「付録2」「付録3」として記載している。「第7章　付加機能を有する層」では，ポーラスコンクリート舗装，アスファルトコンクリートを用いるコンポジット舗装，さらに骨材露出工法について記述している。「第8章　管理と検査」では，管理と検査に対する考え方および施工管理としての基準試験，出来形管理，品質管理，検査さらに安全管理，環境対策での留意事項を示している。「第9章　維持修繕」では，破損の種類と発生原因を示すとともに，破損箇所の調査・評価から維持修繕工法の選択まで記述している。

　また，本ガイドブックには本文とは別に，23のコラムが掲載されている。これらのコラムは，コンクリート舗装に関する最新の知見，設計・施工上で知っておくと有益な情報等を紹介している。コンクリート舗装の設計・施工・維持・管理においては，本文に記載されている内容が原則であるが，必要に応じてコラムに記載された情報をご活用願いたい。

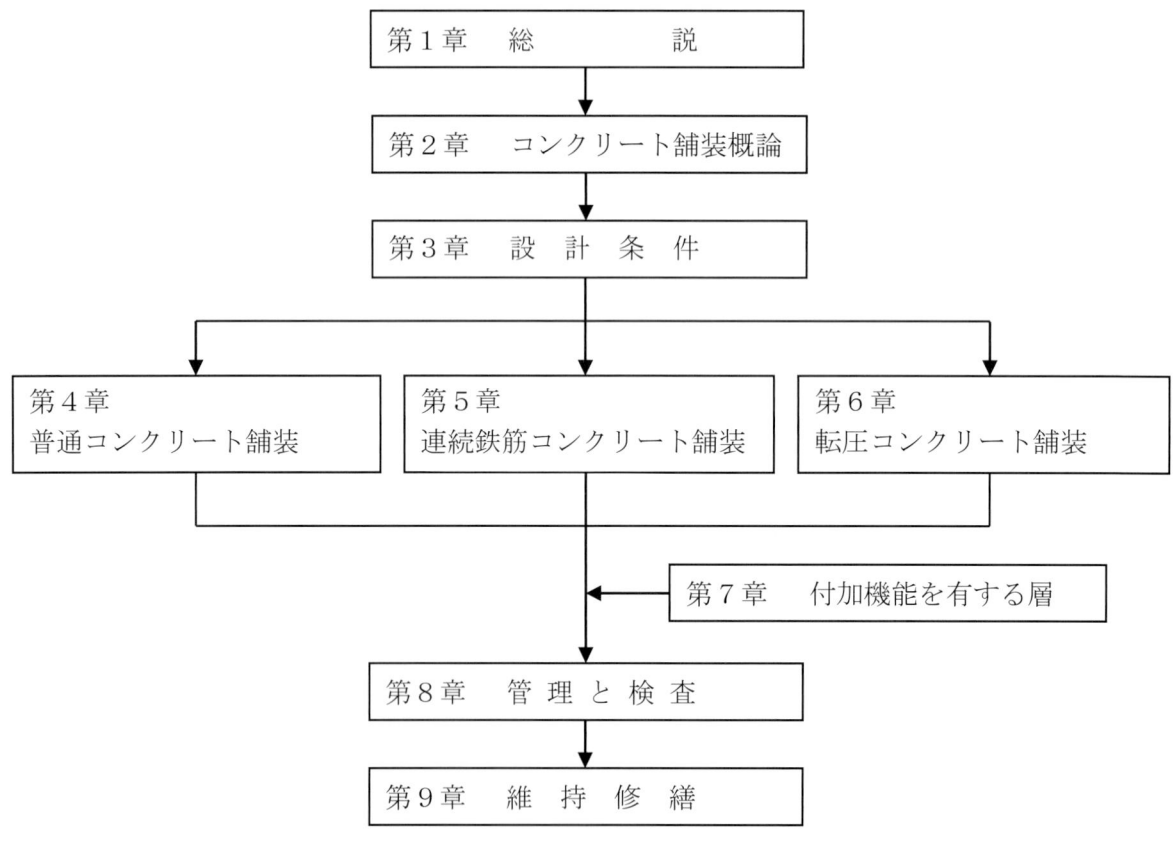

図-1.2.1　本ガイドブックの構成

なお，本ガイドブックは車道を対象とした記述内容としている。そのため，歩道および自転車道等に関しては「舗装設計便覧」，「舗装施工便覧」等を参照されたい。また，本ガイドブックの活用に際しては，字句のみにとらわれることなく，記述内容の意図するところを把握し，道路管理者の実状や現地の諸条件を踏まえた最適な設計，施工，管理を行うことが重要である。

1-3 関連図書

材料の選定や取り扱い，施工に当たっては，関連する法規類を遵守することは当然であるが，本ガイドブックに関連する技術図書には**表-1.3.1**に示すものがあり，適宜参照されたい。

表-1.3.1 関連図書

区分	図書名	発行時期
道路構造	道路構造令の解説と運用	平成27年 6月
舗装	舗装の構造に関する技術基準・同解説	平成13年 9月
	舗装設計施工指針（平成18年版）	平成18年 2月
	舗装設計便覧	平成18年 2月
	舗装施工便覧（平成18年版）	平成18年 2月
	舗装再生便覧（平成22年版）	平成22年11月
	道路維持修繕要綱	昭和53年 7月
	舗装性能評価法 －必須および主要な性能指標の評価法編－(平成25年版)	平成25年 4月
	舗装性能評価法　別冊 －必要に応じ定める性能指標の評価法編－	平成20年 3月
	舗装調査・試験法便覧（全4分冊）	平成19年 6月
	舗装の維持修繕ガイドブック2013	平成25年11月
	コンクリート舗装に関する技術資料	平成21年 8月
土工	道路土工要綱	平成21年 6月

第2章　コンクリート舗装概論

2-1　概　説

　本章では，コンクリート舗装の特徴と種類について述べる。
　一般に舗装は，表層，路盤から構成され，路床上に構築されるが，このうち表層にコンクリート系の材料を用いた版が構築されるものをコンクリート舗装と総称している。コンクリート版の上に付加機能を有する層としてアスファルト系の材料による層を持つ，いわゆるコンポジット舗装もコンクリート舗装に類するものとして本ガイドブックでは取り扱っている。コンクリート舗装にはさまざまな種類があるが，本章では特にことわりのない限り，目地を有する普通コンクリート舗装を対象に説明を行う。
　コンクリート舗装は，面積に比較して厚さが薄く，コンクリートの引張性能（曲げ性能）により耐荷力および耐久性を確保しており，一般のコンクリート構造物とは大きく異なる構造物である。またコンクリート舗装には多くの種類があり，それぞれに異なった特徴を持っている。したがって，コンクリート舗装の特徴をよく理解することが，適切な設計，施工を行う上で大変重要である。

2-2　コンクリート舗装の特徴

2-2-1　構　造

　コンクリート舗装の断面構成は，一般に図－2.2.1のような構成となっている。本ガイドブックでは路盤までを舗装として扱うが，路床までを含めて舗装と考える場合もある。

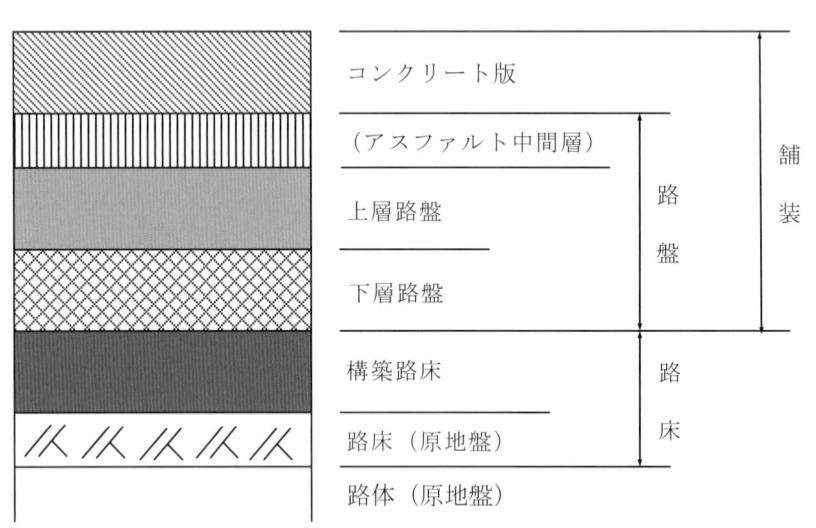

図－2.2.1　コンクリート舗装の断面構成

（1）コンクリート版
　　コンクリート版は，交通の安全性，快適性などの路面機能を確保し，交通荷重を支持して路

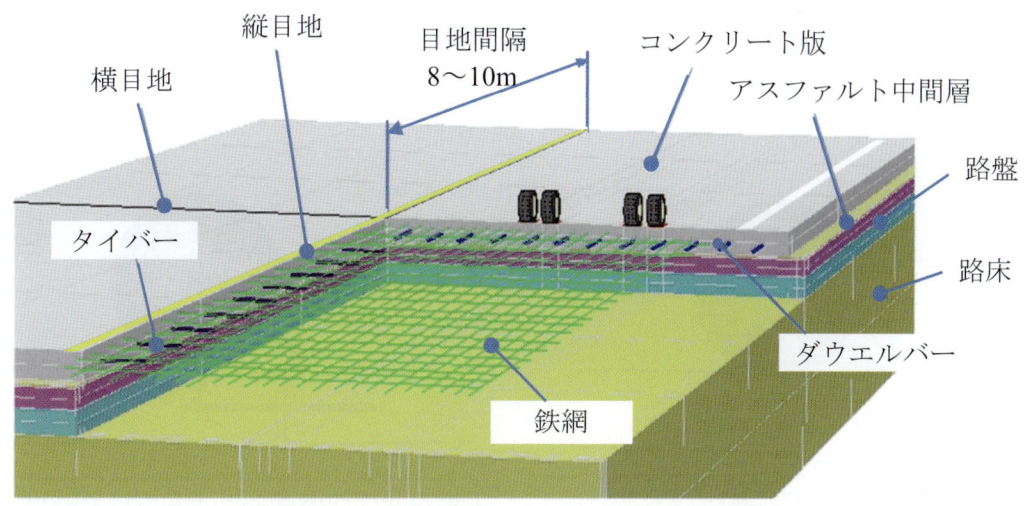

図−2.2.2　普通コンクリート舗装の構造

盤以下に荷重を分散させる役割を持つ。コンクリート舗装の荷重支持の仕組みは，交通荷重をコンクリート版の曲げ作用によって支えるもので，剛性の大きいコンクリート版により荷重は広い範囲に分散されるため，アスファルト舗装と比較して路盤が受ける負担は小さくなる。コンクリート版に比べて表層の剛性が低いアスファルト舗装では，路盤や路床にもわだち掘れが生じることがあるが，コンクリート舗装ではこのような現象は発生しない。

コンクリート版に要求される性能としては，疲労破壊抵抗性，平たん性，すべり抵抗性等がある。

コンクリートは，フレッシュコンクリートの硬化時および硬化コンクリートの温度・含水変化によって伸縮する。特にフレッシュコンクリートの硬化時には大きな収縮が生じるため，ひび割れが生じやすい。このため，コンクリートに不規則な間隔のひび割れが発生することを防止するために，図−2.2.2に示すように一定間隔にひび割れを誘導するための目地を設け，コンクリートの収縮・膨張を吸収している。

目地には横目地と縦目地がある。横目地には，コンクリート版の収縮を吸収するための横収縮目地と，夏季のコンクリート版の膨張を吸収するための横膨張目地がある。縦目地には，コンクリート版横断方向のそりによるひび割れ発生を防止するための縦そり目地と，コンクリート版の縦自由縁部が構造物（側溝や街渠）と接する場合に設ける縦膨張目地がある。なお，連続鉄筋コンクリート舗装では，コンクリートの収縮を鉄筋および路盤が拘束してひび割れを分散して発生させるため，横収縮目地は設けない。

横目地部にはダウエルバーを用いる。ダウエルバーはコンクリート版の厚さ方向の中央に配置された丸鋼で，コンクリートの収縮・膨張を妨げないようにコンクリートとは付着させない。ダウエルバーの役割は図−2.2.3に示すように，目地部に作用する輪荷重によってコンクリート版に発生する応力とたわみを，ダウエルバーを通して隣接する非載荷版に負担させることによって低減することにある。

縦目地部にはタイバーを用いる。タイバーには異形棒鋼が用いられ，コンクリートに付着させる。タイバーの役割は，縦目地が開かないようにすることおよび，コンクリート版の縦断方

向へのずれを防止することにある。
　コンクリート版には原則として鉄網を用いる（「コラム4」参照）。鉄網はD6の異形棒鋼を格子状に組み合わせたもので，コンクリート版の厚さ方向の上から1/3の位置に設置される。

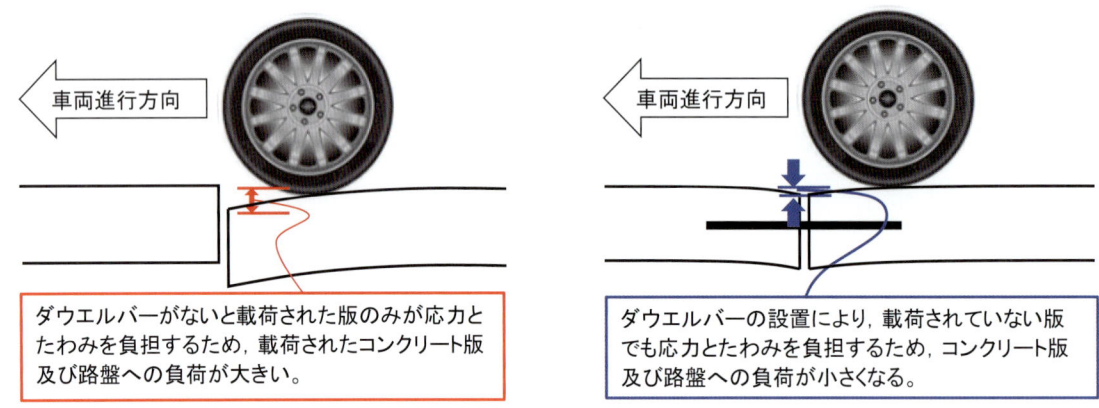

図－2.2.3　ダウエルバーの概念

（2）アスファルト中間層
　コンクリート版の下に構築される厚さ4cm程度の層で，通常は密粒度アスファルト混合物によって構成される。「舗装設計施工指針」に示されるコンクリート舗装の断面例では，特に重交通の場合に用いることとしているが，路盤への水分の浸透を防止する止水層としての機能が期待できること，また，良好な平たん性を持つ施工基盤となることから，積極的な使用が推奨される。
（3）路　盤
　路盤の役割はコンクリート版を均一に支持することにあり，舗装全体の構造的な耐久性には重要な役割を担っている。路盤は路床土のポンピングを防止する役割も持つ必要がある。したがって，コンクリート版の設計では，路盤の支持力が設計期間にわたって確保されることが前提となっている。
　路盤は，力学的だけではなく経済的にも釣り合いのとれた構成とするために，通常，上層路盤と下層路盤に分ける。これは，支持力の小さい路床の上に良質で強度が大きい材料を直接設けたのでは，所定の機能を発揮できないため，下層路盤によってある程度の支持力を確保し，その上に上層路盤を施工することで所定の支持力を発揮させることを意図している。
（4）路　床
　舗装は一般に原地盤の上に構築されるが，原地盤のうち，舗装の支持層として構造計算に用いる層を路床といい，その下部を路体という。また，原地盤を改良する場合には，その改良した層を構築路床といい，その下部を路床（原地盤）とし，合わせて路床という。なお，路床の厚さは1mを標準とするが，構築路床の支持力や厚さによっては，路床のすべてが構築路床となる場合もある。
　構築路床の役割は，路床（原地盤），路体（原地盤）に交通荷重を均一に分散することである。構築路床は，寒冷地における路床の凍結融解の影響緩和，道路占用埋設物への交通荷重の

影響緩和および舗装の設計，施工の効率性向上などを目的に，路床（原地盤）と一体となって均一な支持力を有するように，路床を改良したものである。

2-2-2 長　所

コンクリート舗装は，アスファルト舗装と比較して次のような長所を持っている。

（1）長寿命（高耐久性）

コンクリートは強度が大きいので，重荷重に対して十分な耐荷能力を有するうえ，繰返し荷重に対して十分な疲労抵抗性を持たせることが可能であり，適切な設計・施工が行われれば設計期間内に疲労ひび割れは発生しない。たとえひび割れが発生したとしても，その後の適切な補修により構造的寿命をさらに延ばすことが可能である。さらに，アスファルト舗装では経年によりアスファルト混合物の耐久性が低下することがある。コンクリートにも経年により中性化が生じるが，コンクリート舗装では中性化が生じても舗装構造上問題とはならない。

また，コンクリート舗装では，アスファルト舗装と異なり塑性変形がないため，流動わだち掘れが生じないという長所がある。そして，摩耗抵抗性に優れているため，寒冷地におけるチェーンによる摩耗わだち掘れ深さは，アスファルト舗装よりも小さい。またアスファルト舗装では問題となるポットホールや骨材飛散はほとんどない。このようなことから，適切な設計・施工および維持行為が行われれば，路面機能を長期間にわたって維持できるため，修繕の必要性はほとんどない。

（2）低ライフサイクルコスト

コンクリート舗装は構造上高い耐久性を持ち，路面機能を長期間にわたって維持するので，修繕の必要性はほとんどない。現在供用中のコンクリート舗装では，施工後一度も修繕が行われていない場合が多く，修繕工事の大幅な削減が可能である。実際，国道16号では，修繕を行わず60年間供用した区間が存在した。これは管理にかかる費用の低減ばかりでなく，修繕工事に伴う交通規制削減の観点からも大きなメリットとなる。

コンクリート舗装はアスファルト舗装と比較して建設コストが高いといわれており，これが舗装種別選択の大きな障害となっている。しかし近年では初期建設コストの差は小さくなっている。初期建設コストは，舗装構造や施工延長および使用材料によって変化するものの，標準的な路盤および表層を新設する場合，コンクリート舗装の直接工事費は，密粒度アスファルト混合物を用いたアスファルト舗装の直接工事費の1.05倍程度となっているとの試算もある（平成26年度時点での材料費，施工費より試算）。さらに上述のように，コンクリート舗装の場合には補修費用をほとんど必要としないため，いわゆるライフサイクルコストで比較した場合にはアスファルト舗装よりも廉価となる[1]。

（3）環境負荷低減

近年の大都市圏では，ヒートアイランド現象が問題となっている。その原因の一つとして，舗装体への蓄熱があげられている。コンクリート舗装は路面が白色に近いことから路面反射率が高く，黒色のアスファルト舗装路面に比べて熱の吸収が少ない。夏季においては，アスファルト路面と比較して10℃程度路面温度が低くなるとの報告もある[1]。したがって，都市内の道路舗装にコンクリート舗装を用いれば，都市内の温度低減に一定の効果が期待できる。

また，コンクリート舗装の素材であるセメントは，わが国に豊富に産する石灰石を主原料として製造されているが，古タイヤやペットボトル，浄水・下水汚泥，ゴミ焼却灰などの他産業

の産業廃棄物，産業副産物を，製造されるセメント1t当たり約486kg[2]利用しており，循環型社会の構築に貢献している。

（4）材料の安定供給

コンクリートの素材である骨材，セメントはほとんどが国内で生産されているので，価格および量ともに安定的に供給可能である。これに対して，舗装用ストレートアスファルトおよびアスファルト混合物は，ほとんどが輸入に頼っているので，原油価格に影響されることは避けられない。

（5）明色性

コンクリート舗装は，路面が白色に近く路面反射率が高いので，トンネル内や夜間における路面の視認性が良好である。このことは照明費用節減とともに，車両の安全走行，歩行者に対する安全性の面からもメリットとなっている。道路照明施設設置基準[3]では，路面の反射率を考慮して，コンクリート舗装に必要な照明能力はアスファルト舗装の70%程度とされており，設備投資費だけでなく，電気代を含めたランニングコストの削減にもつながる。

2-2-3 短所と対応技術

コンクリート舗装の技術的課題としては，一般に次のようなことが挙げられている。
・アスファルト舗装に比べて初期コストが高く，交通開放するまでに時間がかかる
・交通騒音，角欠けや目地部の段差による振動および乗り心地の悪化，すべり摩擦の低下
・破損した場合の補修が困難
・上水道，下水道，ガス等における公共占用施設の埋設工事が困難

これらコンクリート舗装の課題を改善するために，技術や施工法の開発が進められてきた。特に，交通開放の早期化，騒音低減化が図られる工法や技術が開発され，実道へ適用されている（「コラム14」，「コラム23」参照）。その他，段差が生じない舗装として目地のない連続鉄筋コンクリート舗装や角欠けを短時間で補修するための樹脂系およびセメント系補修材が開発されるなど，課題に対応した技術開発がなされている。

2-2-4 性　能

コンクリート舗装に要求される主な性能としては次のようなものがある。

（1）疲労破壊抵抗性

コンクリートは，静的強度以下の応力が繰返し作用することによって破壊する。このような現象を疲労破壊と呼ぶ。コンクリート舗装では交通および環境に起因する応力が，供用期間に多数回作用する。したがって，所定の期間（少なくとも設計期間）にわたって，この繰返し応力によってひび割れが生じない疲労破壊抵抗性を有する必要がある。

「舗装の構造に関する技術基準」では，疲労破壊抵抗性を疲労破壊輪数により示しているが，本ガイドブックでは，コンクリート舗装の疲労破壊抵抗性に対する性能指標はひび割れ度で示すこととした（「コラム2」，「コラム3」参照）。

（2）平たん性

路面を走行する車両の搭乗者の乗り心地や，積載貨物の荷傷みは，路面の平たん性に影響される。したがって，舗装路面は所定の平たん性を有する必要がある。平たん性の性能指標には，舗装路面と想定平たん舗装路面との高低差の平均値に対する標準偏差が用いられる。

(3) すべり抵抗性

　路面を走行する車両の安全性は，路面のすべり抵抗性に大きく依存している。したがってコンクリート路面は所定のすべり抵抗性を有する必要がある。

2-2-5 ライフサイクルコスト

　コンクリート舗装のライフサイクルコストの算定に当たっては，設計寿命が長いことを考慮して，少なくとも設計期間の2倍程度以上を解析期間とすることが望ましい(設計期間については，「3-2-1　設計期間」を参照)。その他ライフサイクルコストに関する事項は，「舗装設計施工指針」ならびに「舗装設計便覧」を参照する。

コラム1　コンクリート舗装か　アスファルト舗装か

　設計業務等共通仕様書では，平成25年の改訂においてトンネル部以外でもコンクリート舗装とアスファルト舗装のライフサイクルコストの比較検討を行うこととなっています。ライフサイクルコストで比較を行うと，多くの場合コンクリート舗装が有利となります。しかしコンクリート舗装の適用経験が少ない現状では，コンクリート舗装の適用にためらわれる部署も多いと考えられます。

　適用箇所の選択については一部の地方整備局で，舗装種別選択のためのフローチャートが作成されており，こちらを参考とされるのもよいと思いますが，やはり一番大切なのは，コンクリート舗装の特性をよく理解することです。よりよい道路整備のためにも，技術の進歩のためにもコンクリート舗装の適用に踏み出すことが大事です。

　コンクリート舗装には様々な種別があり，種別によって特徴が異なるため，推奨される適用箇所も異なります。推奨される適用箇所については，「コンクリート舗装に関する技術資料」に掲載されていますのでこちらを参照されるとよいでしょう。

コラム2　アスファルト舗装とコンクリート舗装の疲労破壊抵抗性の表現の違い

　疲労破壊抵抗性は，アスファルト舗装では疲労破壊輪数で表現し，コンクリート舗装では疲労度で表現します。表現は異なっても，基本的な考え方は同じです。すなわち材料では引張応力あるいは引張ひずみの繰返しによって，それらの限界値よりも小さい応力あるいはひずみによって破壊する現象が疲労です。これはコンクリートでもアスファルト混合物でも同じです。舗装の構造破壊は疲労によって発生する表層のひび割れが一つの限界状態と考えます。輪荷重による引張応力 σ あるいは引張ひずみ ε による破壊までの繰返し数 N は一般的に以下のように表されます。

$$\log N = f(\sigma, \varepsilon) \tag{C2.1}$$

式(C2.1)で計算される N を舗装の疲労破壊輪数と呼んでいます。

　アスファルト舗装の場合，混合交通によるさまざまな輪荷重の繰返しを4乗則によって49kN輪荷重に換算して換算輪数で表現することが可能です(「コラム3」参照)。アスファルト舗装の断面が決まれば，49kN輪荷重による引張ひずみを計算し，式(C2.1)から N が決まります。設計

期間内の交通量から想定される輪数を n とすれば，設計における照査は次式を確認することになります。

$$n < N \text{ あるいは } FD = \frac{n}{N} < 1 \tag{C2.2}$$

ここに，FD は設計輪荷重と疲労破壊輪数の比であり疲労度と呼ばれます。

コンクリート舗装の場合，アスファルト舗装のように 49kN 輪荷重輪数に換算することが困難です。そこで，コンクリート舗装では疲労破壊抵抗性のマイナー則を用いて，個々の輪荷重ごとに疲労度を計算し，次式で照査を行います。

$$FD = \sum_i \frac{n_i}{N_i} < 1 \tag{C2.3}$$

ここに，i は輪荷重の大きさのレベルです。

以上のように，アスファルト舗装とコンクリート舗装では疲労破壊抵抗性の表現が異なりますが，設計における基本的な考え方が同じであることがわかります。

コラム3　コンクリート舗装における疲労破壊輪数を無理やり求めてみよう

疲労破壊輪数とは，49kN 輪荷重のみが走行すると仮定したとき，コンクリート版の疲労度 FD が基準値に達するまでの 49kN 輪荷重の総数です。すなわち，輪荷重分布は 49kN だけとして FD を計算し，その値が基準となる FD と等しくなったときの輪荷重の総数が疲労破壊輪数ということになります。

例を示しましょう。49kN 輪荷重が 1 日 10,000 輪走行すると仮定すると，20 年間では $10,000 \times 365 \times 20 = 7.3 \times 10^7$ 輪となります。路盤および温度条件は，後述する「4-3-4　設計計算例」と同じとすると，そのときの FD は 0.75 となります。疲労度は輪数に単純に比例するので，基準となる FD をたとえば 1.0 とすれば，疲労破壊輪数は $7.3 \times 10^7 \times 100 \div 0.75 = 9.73 \times 10^7$ 輪となります。

【参考文献】
1) （公社）土木学会：舗装工学ライブラリー7　舗装工学の基礎，平成 24 年

2-3　コンクリート舗装の種類と特徴

2-3-1　普通コンクリート舗装

普通コンクリート舗装は，最も一般的なコンクリート舗装で，横目地と縦目地に区切られた矩形のコンクリート版を並べたように構築される。一般的に 20cm〜30cm の版厚で，5〜10m 間隔で横収縮目地を有する。横目地にはダウエルバーを，縦目地にはタイバーを有する。コンクリート版の版厚は理論的に設計することができる。舗装の耐久性と補修回数の削減を考慮すべき路線，交差点やその前後に適用が推奨される。特にわだち掘れによる補修が頻繁に生じる箇所では，普通コンクリート舗装への打換えを積極的に検討すべきである。

写真-2.3.1　都市内の普通コンクリート舗装

写真-2.3.2　高規格道路における普通コンクリート舗装

コラム4　鉄網の使用を考え直してみませんか

「舗装設計施工指針」によると，普通コンクリート舗装では鉄網の使用が原則とされ，鉄網を省略する場合には横目地間隔を5mもしくは6mとすることと示されています。またその設置位置は，版厚の上から1/3の位置とされています。

輪荷重および版内温度勾配によってコンクリート版に発生する応力は主に正の曲げ応力であり，したがってコンクリート版の厚さの上から1/3に設置されている鉄網には，輪荷重や版内温度勾配によって発生する応力を受け持つ役割はありません。

それではなぜ鉄網を用いるのでしょうか？　鉄網には，コンクリート版にひび割れが発生した場合にひび割れを開かないようにする効果が期待されています。しかし，コンクリートの硬化初期に発生したひび割れの幅を制御するためには，少なくとも連続鉄筋コンクリート舗装で用いられる程度の鉄筋量が必要であり，鉄網程度の鉄筋量では制御することは困難です。実際，初期ひび割れが発生した普通コンクリート版の鉄網は，降伏していたとの報告があります[1]。また，この報告では，供用の結果ひび割れが生じたコンクリート版の鉄網も調査しており，その結果によれば，鉄網は降伏していました。すなわち，鉄網の鉄筋量ではひび割れ幅の開きを押さえることは難しいことが明らかとなってきています。

施工の面から考えると，鉄網を用いることによってコンクリート版を2層施工とせざるを得ず，施工経費を増加させるとともに，コールドジョイントや不十分な締固め箇所の発生などの欠陥を生じる原因ともなり得ます。もちろん材料費の増加はいうまでもありません。

世界的に見ても普通コンクリート舗装では鉄網が用いられていないことから，わが国でも鉄網の省略を目指して鉄網無しコンクリート舗装を試行してはいかがでしょうか。

なお，鉄網を省略した場合には縁部補強鉄筋も省略することになります。

【参考文献】
1)　(独法) 土木研究所：コンクリート舗装の構造設計の高度化に関する研究共同研究報告書，平成24年2月

2-3-2 連続鉄筋コンクリート舗装

連続鉄筋コンクリート舗装とは,鉄筋を縦断方向に連続的に配置したコンクリート舗装である。鉄筋は,版厚の上から1/3の位置に配置されるのが一般的である。縦方向に配置された鉄筋および路盤の拘束により,収縮ひび割れを分散して発生させ,ひび割れ幅を小さくすることが目的であり,横収縮目地を設けない。収縮により発生するひび割れの幅は極めて小さく,荷重伝達は十分確保される。長期供用後の調査によると,ひび割れ幅が0.3mm以下であれば,雨水の浸透による鉄筋の錆は確認されなかったとの報告もある[4]。連続鉄筋コンクリート舗装は,N_5以上の交通量に対する適用が多く,版厚25cmが一般的となっている。

連続鉄筋コンクリート舗装は,ひび割れを適切に分散させるために一定の長さが必要であり,200m以上の施工延長が望ましい。したがって,高規格幹線道路や都市間主要道路等に適用するのが効果的である。ただし,**写真－2.3.3**のように,都市内の交差点部を貫いて連続鉄筋コンクリート舗装を適用した事例もある。

コンクリートの収縮は,セメント量や強度の影響を受け,セメント量を過度に増加させたり,配合強度を必要以上に高くしたコンクリートでは,収縮量が大きくなりひび割れが開く傾向がある。このような場合には,鉄筋の降伏が懸念されるので注意が必要である。

また,鉄筋位置を版厚の上から1/3の位置とするのは,版上面のひび割れ幅を狭くするため,および鉄筋応力を低減させるためである。

写真－2.3.3 交差点部の連続鉄筋コンクリート舗装

写真－2.3.4 高規格幹線道路の連続鉄筋コンクリート舗装

2-3-3 転圧コンクリート舗装

転圧コンクリート舗装は,単位水量の少ないコンクリートをアスファルトフィニッシャで敷きならし,ローラで締め固めて施工するコンクリート舗装である。版厚が厚いと十分な締固めができないため,版厚は25cm以下とされており,これ以上の版厚が必要な重交通路線への適用はできない。また,施工方法の制約から目地部にダウエルバー等の目地金物を設置することができないので,横収縮目地間隔を5m以下とするのが標準である。目地部にダウエルバー等を用いないことで,路盤に対する負担は大きくなる。そのため,セメント安定処理等の強固な路盤を用いることが推奨される。使用するコンクリートが硬練りであることから,特に施工時には平たん性に注意する必要がある。養生期間は数日と短いため,早期交通開放が可能である。

適用箇所としては，交通量区分 N_5 以下の道路，工場ヤード，港湾ヤード等が推奨される。

写真－2.3.5　転圧コンクリート舗装施工状況

コラム5　連続鉄筋コンクリート舗装は"鉄筋コンクリート"舗装ではありません

　連続鉄筋コンクリート舗装は，縦断方向に連続的に鉄筋を配置したコンクリート舗装であり，鉄筋コンクリート舗装とは違います。連続鉄筋コンクリート舗装の鉄筋は，版上面から版厚の1/3の位置に設置されるのが一般的です。コンクリート版に発生する応力は正の曲げ応力が主であり，したがって荷重作用によって鉄筋位置に発生する応力は圧縮となります。つまり鉄筋コンクリート構造物の鉄筋のように，荷重により断面に発生する引張力を受け持つ役割は持っていません。コンクリート舗装では，荷重作用により発生する引張力はコンクリートが受け持つのです。

　連続鉄筋コンクリート舗装の鉄筋の役割は，コンクリートの収縮を拘束し，コンクリートに幅の狭い多数のひび割れを分散して発生させることにあります。このため，普通コンクリート舗装において必要となるコンクリートの収縮を吸収するための横収縮目地は設けず，横目地がないことから平たん性の改善に効果があります。

　したがって連続鉄筋コンクリート舗装では，横断方向に多数のひび割れが生じ，これを破損と誤解することがあります。このひび割れは意図して生じさせたものであり破損ではありません。しかしながら，ひび割れ幅には注意を払う必要があります。ひび割れ幅の限界値は鉄筋のかぶりによって異なりますが，0.3mm[※] 程度以下であればひび割れシール等の補修は必要なく，そのまま供用可能です。ただし，ひび割れ幅が0.5mm以上に開いた場合には，鉄筋の発錆が懸念されます。このようなひび割れが発生した場合には，ひび割れをシールし雨水の浸入を防ぐ必要があります。

　連続鉄筋コンクリート舗装のひび割れ幅は，鉄筋位置，コンクリートの強度や収縮量，打設時からの温度降下量などの影響を受けます。「舗装設計便覧」に示されている連続鉄筋コンクリート版のコンクリート強度，版厚，鉄筋量であれば，問題となるひび割れ発生は懸念されません。しかしコンクリートの曲げ強度を大きくしたり，鉄筋位置を変化させたりすると，ひび割れ幅および鉄筋応力に注意が必要となります。場合によっては，鉄筋が降伏しひび割れ幅の制御ができなくなるおそれもあります。

> ひび割れ幅，ひび割れ間隔，鉄筋応力については，土木学会発行の「舗装標準示方書」[1]に算定方法が示されているので，これを参考に照査することをお勧めします。
> ひび割れ幅の測定については，本ガイドブックの第9章を参照してください。
> 【参考文献】
> 1）（公社）土木学会：2014年制定　舗装標準示方書，平成27年9月

【第2章の参考文献】
1）（公社）日本道路協会：コンクリート舗装に関する技術資料，平成21年8月
2）（一社）セメント協会：セメントハンドブック（2014年度版），平成26年6月
3）（公社）日本道路協会：道路照明施設設置基準・同解説，平成19年10月
4）吉岡　晴彦，五島　泰宏，毛利　行洋：供用から20年を経過した連続鉄筋コンクリート舗装の現状と評価，舗装44-4，平成21年4月

第3章 設計条件

3-1 概　説

本章では，コンクリート舗装の設計に先立ち，設定する必要のある設計条件について示す。
　これら設計条件には，舗装の設計において基本的な目標として設定される条件とともに路面設計条件および構造設計条件がある。また，舗装と密接に関連する排水施設などの設計条件がある。

3-2 目標の設定

　舗装の設計の基本的な目標として設計期間，舗装計画交通量，舗装の性能指標および性能指標の値を設定する。
　目標を設定するための調査項目は，表－3.2.1を参考に，設定する目標と路線の重要度に応じて選択する。調査は，既存資料や観測データの利用，聞き取り，実測，観察などの方法により行う。
　このうち，特に重要な調査は，普通道路における大型車交通量（台/日・方向）および小型道路における小型貨物自動車交通量（台/日・方向）と，道路の区分（第1種～第4種）である。これらの調査は，舗装計画交通量の区分の設定などに反映され，ひび割れ度や浸透水量などの目標値を設定する。

表－3.2.1　目標設定のための調査項目の例（コンクリート舗装）

調査分類	調査区分	調査項目	設定目標		
			舗装の設計期間	舗装計画交通量	性能指標の例
道路の状況	気象	気温，降水量，降雪量	○		浸透水量，すり減り量
	道路の区分	道路の区分，道路の機能分類[注1]	○	○	浸透水量
		縦・横断勾配			すべり抵抗値
交通の状況	交通量	総交通量，大型車交通量，小型貨物自動車交通量[注2]	○	○	ひび割れ度
		輪荷重，輪荷重分布			
		設計速度			平たん性，すべり抵抗値
	交通主体	自動車，自転車，歩行者	○		注3)
沿道の状況	沿道	居住状況，周辺地域の利用状況	○		騒音値，振動レベルなど

〔注1〕道路の機能分類：主要幹線道路，幹線道路，補助幹線道路，その他の道路
〔注2〕小型道路におけるひび割れ度の設定に反映する。
〔注3〕歩道および自転車道における目標の設定に反映する。

3-2-1　設計期間

設計の対象となるコンクリート舗装の路面および構造の設計期間を設定する。

（1）路面の設計期間

1）路面の設計期間

　路面の設計期間は，交通に供する路面が平たん性などの性能を管理上の目標値以上に保持するよう設定するための期間であり，路面設計に対する設計期間である。

2）設定上の留意点

　路面の設計期間の設定は，次のような点に留意して行う。

① 路面の設計期間は，道路交通や沿道環境に及ぼす舗装工事の影響，当該舗装のライフサイクルコスト，利用できる舗装技術等を総合的に勘案して道路管理者が適宜設定する。

② 路面の設計期間は，一般に舗装の設計期間と同じか，または短く設定する。

③ 設定されたいくつかの路面の性能において，性能の持続期間に差異のあることがある。たとえば，排水性舗装において透水性が著しく低下しても表層の耐久性に問題ない場合などである。このような場合は，優先する性能などを勘案して道路管理者が適宜設定する。

（2）構造の設計期間

1）構造の設計期間

　構造の設計期間は，設定された性能が保持される期間であり，疲労によりひび割れが生じるまでの期間として設定される。

2）設定上の留意点

　構造の設計期間は，次のような点に留意して設定する。

① 構造の設計期間は，路面の設計期間の設定の場合と同様に道路交通や沿道環境に及ぼす舗装工事の影響，当該舗装のライフサイクルコスト，利用できる舗装技術等を総合的に勘案して道路管理者が適宜設定する。

② 舗装工事が交通に及ぼす影響の大きい次のような場合には，設計期間を長くとることが好ましい。なお，（　）内の数値は，具体的に考えられる設計期間の目安である。

　　a）主要幹線道路の舗装（40年）
　　b）トンネル内舗装（50年）
　　c）交通量の多い交差点部や都市部の幹線道路（40年以上）

③ 将来とも交通量の大幅な増大が予想されず，舗装工事による交通への影響も大きくない場合にも，設計期間をできるだけ長く設定し，舗装の状態と交通量の動向を見ながら管理する方法が考えられる。

3-2-2　舗装計画交通量

設計の対象となる普通道路および小型道路の舗装計画交通量を設定する。

（1）舗装計画交通量

1）普通道路

　普通道路における舗装計画交通量とは，舗装の設計期間内の大型自動車の平均的な交通量のことであり，道路の計画期間内の最終年度の自動車交通量として規定される計画交通量とは異なる。

　この舗装計画交通量は，一方向2車線以下の道路においては，大型自動車の一方向当た

りの日交通量のすべてが1車線を通過するものとして算定する。一方向3車線以上の道路においては，各車線の大型自動車の交通の分布状況を勘案して，大型自動車の方向別の日交通量の70〜100%が1車線を通過するものとして算定する。

2）小型道路

小型道路における舗装計画交通量とは，舗装の設計期間内の小型貨物自動車の平均的な交通量のことである。

この舗装計画交通量は，小型貨物自動車の一方向当たりの日交通量のすべてが1車線を通過するものとして算定する。

（2）設定上の留意点

普通道路および小型道路の舗装計画交通量の設定は，次のような点に留意して行う。

① 舗装計画交通量は，道路の計画交通量，自動車の質量，舗装の設計期間等を考慮して道路管理者が定める。

② 道路の新設，改築の場合のように将来交通量の予測値がある場合，舗装計画交通量は当該道路の計画交通量や交通量の伸び率から算定して設定する。

③ 現道拡幅や修繕の場合のように将来交通量の予測値がない場合，舗装計画交通量は現在の交通量と将来の伸び率から算定する。

3-2-3 性能指標

設計の対象となる普通道路および小型道路の舗装の性能指標およびその値を設定する。

（1）舗装の性能指標

舗装の性能指標は，道路利用者や沿道住民によって舗装に要求されるさまざまな機能に応えるために性能ごとに設定する指標をいう。この性能指標を定めることにより，設計の目標が明らかとなる。

要求される路面の機能や路面への具体的なニーズと，舗装の性能指標の関係例を図—3.2.1に示す。

（2）設定上の留意点

舗装の性能指標およびその値の設定は，次のような点に留意して行う。

① 舗装の性能指標は，原則として車道および側帯の舗装の新設，改築および大規模な修繕の場合に設定する。

② 舗装の性能指標およびその値は，道路の存する地域の地質および気象の状況，交通の状況，沿道の土地利用状況等を勘案して，舗装が置かれている状況ごとに，道路管理者が任意に設定する。

③ 舗装の性能指標の値は施工直後の値とするが，施工直後の値だけでは性能の確認が不十分である場合には，必要に応じ，供用後一定期間を経た時点における値を設定する。

④ 「舗装の構造に関する技術基準」では，疲労破壊輪数，塑性変形輪数および平たん性を舗装の必須の性能指標と定めているが，コンクリート舗装では，疲労破壊抵抗性の性能指標としてひび割れ度を設定する。また，コンクリート舗装は塑性変形が生じないので，塑性変形輪数に関する基準には適合していると見なされており，性能を設定する上では塑性変形輪数を考慮しなくてもよい。

第3章　設計条件

⑤　雨水を道路の路面下に円滑に浸透させることができる構造とする場合には，舗装の性能指標として浸透水量を設定する。
⑥　騒音値，すべり抵抗値などの舗装の性能指標は，それぞれ必要に応じて設定する。

路面の機能	路面への具体的ニーズ	路面の要件	舗装の性能	性能指標
安全な交通の確保	視距内で制動停止できる	すべらない	すべり抵抗性	すべり抵抗値
	車両操縦性がよい	わだち掘れが小さい	摩耗抵抗性	すり減り値
	ハイドロプレーニング現象がない		骨材飛散抵抗性	ねじり骨材飛散値
	水はねがない			
	路面の視認性がよい	明るい	明色性	路面明度
円滑な交通の確保	疲労破壊していない	ひび割れがない	疲労破壊抵抗性	ひび割れ度
快適な交通の確保	乗り心地がよい	平たんである	平たん性	平たん性
	荷痛みしない			
	水はねしない			
環境の保全と改善	沿道等への水はねがない	透水する	透水性	浸透水量
	地下水を涵養する			
	騒音が小さい	騒音が小さい	騒音低減	騒音値
	振動が小さい	振動が小さい	振動低減	振動レベル低減値
	路面温度の上昇を抑制する	温度が低い	路面温度低減	路面温度低減値

図－3.2.1　コンクリート舗装の性能指標の例（車道および側帯）

（3）コンクリート舗装の性能指標の値
1）ひび割れ度

ひび割れ度は，コンクリート版のひび割れの長さをコンクリート版の面積で除して求めた値（単位：cm/m^2）であり，コンクリート版に疲労ひび割れが1本発生したときの値以下となるよう設定する。ひび割れ度の算出方法の詳細は，「舗装調査・試験法便覧［第1分冊］S029 舗装路面のひび割れ測定方法」を参照するとよい。なお，コンクリート舗装の設計における疲労破壊輪数は，舗装計画交通量に応じた輪荷重分布（輪荷重の大きさごとの通過輪数）をもとにした舗装の設計期間における累積値として扱う（詳細は，本ガイドブック「4-3　コンクリート版厚設計」を参照）。

普通道路の舗装計画交通量の区分を**表－3.2.2**に，小型道路の舗装計画交通量の区分を**表－3.2.3**に示す。

表－3.2.2 普通道路の舗装計画交通量

交通量区分	舗装計画交通量 (単位：台/日・方向)
N_7	3,000 以上
N_6	1,000 以上 3,000 未満
N_5	250 以上 1,000 未満
N_4	100 以上 250 未満
N_3	40 以上 100 未満
N_2	15 以上 40 未満
N_1	15 未満

表－3.2.3 小型道路の舗装計画交通量

交通量区分	舗装計画交通量 (単位：台/日・方向)
S_4	3,000 以上
S_3	650 以上 3,000 未満
S_2	300 以上 650 未満
S_1	300 未満

2) 平たん性

平たん性は，舗装の表層の厚さおよび材質が同一である区間ごとに定める。

普通道路と小型道路の車道および側帯の舗装の施工直後の平たん性は，2.4mm 以下で設定するが，沿道の環境保全（振動・騒音）への要求などを考慮して適切な値を設定する。

3) 浸透水量

浸透水量は，舗装の表層の厚さおよび材質が同一である区間ごとに定める。

排水性舗装，透水性舗装など雨水を路面下に浸透させることができる舗装構造とする場合の普通道路および小型道路の施工直後の浸透水量は，道路の区分に応じ，表－3.2.4 に示す値以上で設定する。ただし，積雪寒冷地に存する道路，近い将来に路上工事が予定されている道路，その他特別な理由によりやむを得ない場合においては，この基準値によらずに設定することができる。

表－3.2.4 浸透水量の基準値（普通道路，小型道路）

区　　　分	浸透水量（単位：mL/15秒）
第1種，第2種，第3種第1級 および 第2級，第4種第1級	1,000
その他	300

4）必要に応じ定める舗装の性能指標

　騒音値，すべり抵抗値などの舗装の性能指標およびその値は，舗装の目的，用途などを勘案したうえ実測例などを参考に設定する。

3-2-4　信頼性

　信頼性を考慮したコンクリート舗装の設計は，路面設計においても構造設計においても適用できるが，当面は供用性実態調査結果に裏付けられた構造設計に適用するとよい。信頼性を考慮した舗装の設計を行うため，設計する舗装の信頼度を設定する（「舗装設計便覧」参照）。

　信頼度の設定に当たっては，次のような点に留意して行う。

① 信頼度は，道路管理者が設計対象とする道路のネットワーク上の路線の重要度や交通の状況から見た維持修繕の難易さ等を勘案したうえで舗装のライフサイクルコストを検討して設定する。

② 信頼度の設定に際しては，下記の例を参考にするとよい。

　a）一般的なサービスレベルを要求される道路にあっては，所定の舗装計画交通量に対応した設計を行い，信頼度50%を用いる。

　b）設計期間内での予期せぬ舗装の疲労破壊が与える影響が大きい道路にあっては，信頼度75%または90%などを用いる。

3-3　路面の設計条件

　コンクリート舗装の路面の性能に係わる使用材料や工法，版厚の決定のための条件などを適切に設定する。

　路面の設計条件としては，本ガイドブックの「3-2　目標の設定」に示すように路面設計の基本的な目標として設定された路面の性能指標とその値が基本的な条件となるが，材料や工法で対応することになる。

　路面の設計条件に関する詳細および具体的な設定例は，「舗装設計便覧」を参照する。

3-4　構造の設計条件

　コンクリート舗装の構造の設計条件には，本ガイドブックの「3-2　目標の設定」に示すように構造設計の基本的な目標として設定された設計期間，舗装計画交通量，信頼度とともに，コンクリート舗装が所要の設計期間にわたって疲労破壊しないように舗装構成を決定するために必要な構造の設計条件がある。

　コンクリート舗装の構造設計に当たっては，構造の設計条件として交通条件，基盤条件，環境条件および材料条件等の設計条件を適切に設定する。

　なお，コンクリート舗装の構造設計方法には，経験にもとづく設計方法と理論的設計方法があり，適用する構造設計方法に応じて適切な設計条件を設定することになる。設計条件の詳細や具体的な設定例は，本ガイドブックの「4-3-2　経験にもとづく設計方法」，「4-3-3　理論的設計方法」および「4-3-4　設計計算例」を参照する。

3-4-1 交通条件

交通条件は，舗装の設計期間にわたる交通の質と量を将来交通量の予測値や実際の交通調査結果にもとづいて推定し設定する。

交通条件の設定と設計方法の関係を**表-3.4.1**に示す。

（1）普通道路
・ 標準荷重は49kNとする。
・ 交通条件としては，一般に舗装計画交通量（**表-3.2.2**参照）を設定する。

（2）小型道路
・ 標準荷重は17kNとする。
・ 交通条件としては，一般に舗装計画交通量（**表-3.2.3**参照）を設定する。

表-3.4.1 交通条件の設定と適用する設計方法との関係

交通条件の設定		適用する設計方法との関係等
普通道路	舗装計画交通量 （標準荷重49kN）	・「3-2-2 舗装計画交通量」に示す方法で設定する。 ・経験にもとづく設計方法の交通条件として用いる。
	輪荷重分布	・輪荷重分布測定結果から各輪荷重ごとの頻度を算定する。 ・測定ができない場合，大型車交通量から推定する。 ・理論的設計方法における交通条件として用いる。
	車輪走行位置分布	・理論的設計方法において輪荷重分布とともに交通条件として用いる。
	交通量昼夜率	
小型道路	舗装計画交通量 （標準荷重17kN）	・「3-2-2 舗装計画交通量」に示す方法で設定する。 ・経験にもとづく設計方法の交通条件として用いる。
	輪荷重分布	・輪荷重分布測定結果から各輪荷重ごとの頻度を算定する。 ・測定ができない場合，小型貨物自動車交通量から推定する。 ・理論的設計方法における交通条件として用いる。
	車輪走行位置分布	・理論的設計方法において輪荷重分布とともに交通条件として用いる。
	交通量昼夜率	

3-4-2 基盤条件

基盤条件として路床の設計CBR，弾性係数，設計支持力係数などを路床土のCBR試験や路床の平板載荷試験などにより求めて設定する。

基盤条件を設定する際の路床厚は，一般に路床面から下方1mとする。

基盤条件の設定と設計方法との関係は**表-3.4.2**に示すとおりであるが，基盤条件に関する詳細や具体的な設定例は，本ガイドブックの「4-3-2 経験にもとづく設計方法」，「4-3-3 理論的設計方法」および「4-3-4 設計計算例」を参照する。

表-3.4.2 基盤条件の設定と適用する設計方法との関係

基盤条件の設定	適用する設計方法との関係等
設計CBR	・経験にもとづく設計方法の基盤条件として用いる。
設計支持力係数	・経験にもとづく設計方法の基盤条件として用いる。 ・理論的設計方法の基盤条件として用いる。
各地点のCBRの平均	・理論的設計方法の基盤条件として用いる。 ・構築路床の設置の検討に用いる。
各地点の支持力係数の平均	・信頼性を考慮した理論的設計方法の基盤条件として用いる。
各地点の弾性係数およびポアソン比	・理論的設計方法の基盤条件として用いる。

3-4-3 環境条件

環境条件として気温，凍結深さ，版内温度差，降雨量を設定する。

環境条件の設定は，実測にもとづいて行うが，測定できない場合は，類似環境と考えられる箇所のアメダスなどの気象観測データを用いて設定する。

環境条件の設定と設計方法の関係を表-3.4.3に示す。なお，環境条件に関する詳細および具体的な設定例は，本ガイドブックの「4-3-2 経験にもとづく設計方法」，「4-3-3 理論的設計方法」および「4-3-4 設計計算例」を参照する。

表-3.4.3 環境条件の設定と適用する設計方法との関係

環境条件の設定	適用する設計方法との関係等
気温	・凍結深さの検討に用いる。 （寒冷地において凍上抑制層の必要性の検討に利用） ・コンクリート版内温度差の設定に用いる。 （理論的設計方法におけるコンクリート版の温度応力の算定に利用）
降雨量	・排水施設の設計に用いる。

3-4-4 材料条件

コンクリート舗装の各層に使用する材料の特性や定数を設定する。

材料条件の設定と設計方法の関係を表-3.4.4に示す。

① 経験にもとづく設計方法では，舗装各層に使用される材料の特性は，品質規格として設定されている。

② 理論的設計方法では，舗装各層に使用される材料の弾性係数，ポアソン比などを設定する。

なお，材料条件に関する詳細や具体的な設定例は，本ガイドブックの「4-3-2 経験にもとづく設計方法」，「4-3-3 理論的設計方法」および「4-3-4 設計計算例」を参照する。

表-3.4.4　材料条件の設定と適用する設計方法との関係

材料条件の設定	適用する設計方法との関係等
材料の特性 （品質規格）	品質規格として設定されている舗装各層に使用する材料特性は，経験にもとづく設計方法における材料条件として用いる。
材料の特性や定数	舗装各層に使用される材料の弾性係数，ポアソン比などは，理論的設計方法における材料条件として用いる。

コラム6　トンネル内のコンクリート舗装

　コンクリート舗装の版厚は，輪荷重応力と温度応力の繰り返しを考慮して決定されます。トンネル内では温度変化が少ないため，温度応力が小さく，その作用頻度も少なくなります。したがって，版厚が同じ場合，明かり部のコンクリート舗装に比較すると疲労度が小さくなります。これを考慮して，トンネル内のコンクリート舗装版厚を明かり部に比較して薄くする考え方があります。実際に版厚を減じた例が，一般国道や高速道路にあります。

　一方で，トンネル内の舗装は交通規制がしづらいため，できるだけ供用寿命を長くし，補修回数を減らすという考え方もあります。つまり，明かり部と同じ版厚にしておけば，温度応力の低減分だけ供用寿命を長くできるという考え方です。

　初期建設コストから見ると前者の考え方が有利ですが，ライフサイクルコストで考えると後者が有利となるのではないでしょうか。また，明かり部とトンネル部に連続してコンクリート舗装を適用する場合には，トンネル部で版厚を変更することは，路盤高さが変わることとなり，断面のすりつけ区間が必要となるなど，施工上の手間が増えることとなります。

　このように，トンネル内でコンクリート版厚を変更することには一長一短があるため，適用条件を考慮して選択する必要があります。

第4章　普通コンクリート舗装

4-1　概　説

　本章では，普通コンクリート舗装について，路盤およびコンクリート版厚の設計法の考え方および具体的な設計例，構造細目，コンクリート，路床，路盤に使用する材料，および施工法について示す。普通コンクリート舗装の設計・施工は，その他のコンクリート舗装の基本となる。

4-2　路盤設計

　路盤の設計は，コンクリート版の設計路盤支持力係数を確保するために，路床条件から必要な路盤構成（材料や層の厚さ）を施工性，経済性などを考慮しつつ決定することである。これには，次の3つの方法がある。

① 経験にもとづく方法：過去の実績にもとづいて，路床 CBR と交通量から，路盤構成を決定する。
② 路盤設計曲線法：路床支持力係数が既知の場合，路盤材料と路盤層の厚さから路盤設計曲線を用いて，路盤構成を決定する。
③ 多層弾性理論法：路床，路盤の弾性係数，ポアソン比，厚さを設定し，多層弾性理論を用いて路盤構成を決定する。

4-2-1　路盤支持力係数

　路盤はコンクリート版を均一に支持するとともに，コンクリート版から伝達される交通荷重を分散して路床に伝達する役割を持つ。コンクリート版を支持する路盤の役割を，コンクリート版を支える1次元のばねとしてモデル化したとき，そのばね係数を路盤支持力係数という。路盤支持力係数は，式（4.2.1）のように定義する。図－4.2.1 に示す路盤構造に荷重が作用した場合を考える。

$$K_a = \frac{p}{w} \tag{4.2.1}$$

ここに，K_a：載荷板直径が a (cm) のときの路盤支持力係数（MPa/m）
　　　　p：荷重強度（MPa）
　　　　w：荷重中心のたわみ（m）

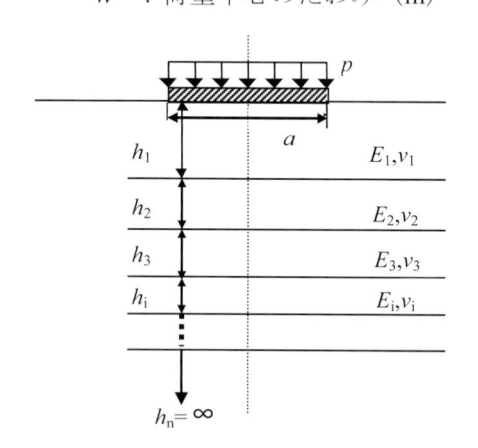

図－4.2.1　多層構造モデル

このような路盤支持力係数は，平板載荷試験によって求める。通常平板載荷試験では直径30cmの載荷板を使用するので，路盤支持力係数(K_{30})と呼ばれる。平板載荷試験の場合，K 値と載荷板直径とは反比例の関係にあり，K_{30}/K_{75} は 2.2～2.5 の範囲にあるとされているが，一般的には2.2 を使用する。実験によれば a が 75cm 以上になると，a の影響はそれほど大きくないので，構造計算に用いる K 値は K_{75} の値を用いる。

4-2-2 路盤材料の種類

下層路盤および上層路盤に一般的に使用される路盤材料の種類と適用方法の例を**表－4.2.1**に示す。路盤はコンクリート版を均一に支持する役割を持っており，適切な材料を選定しなければならない。

表－4.2.1　一般的な路盤材料の種類と適用例

材料		下層路盤として用いる場合	1層として用いるか，または上層路盤として用いる場合
粒状材料	クラッシャラン	◎	〔注〕2参照
	切込砂利		
	砂		
	スラグ等		
	再生クラッシャラン	◎	－
	粒度調整砕石	－	◎
	粒度調整鉄鋼スラグ	－	◎
	水硬性粒度調整鉄鋼スラグ		
	再生粒度調整砕石	－	◎
安定処理路盤材料	セメント安定処理	○	◎
	石灰安定処理	○	〔注〕3参照
	瀝青安定処理	－	○
密粒度アスファルト混合物(13)		－	◎（アスファルト中間層）

〔注〕
1．◎は通常用いる材料である。○は比較的使用例の少ない材料である。なお，アスファルト中間層は，路盤の耐水性や耐久性を改善するなどの目的で使用される。
2．修正 CBR が 80 以上，0.4mm ふるい通過分の PI(塑性指数)が 4 以下の場合には用いてよい。
3．上層路盤の一部としてアスファルト中間層を設ける場合には用いてもよい。
4．粒度調整砕石，セメント安定処理路盤材料，石灰安定処理路盤材料および瀝青安定処理路盤材料の混合方式には，路上混合方式およびプラント混合方式がある。

4-2-3 設計路盤支持力係数の基準

設計路盤支持力係数の基準値は**表-4.2.2**のとおりである。コンクリート舗装の種類および交通量ごとに定められている。

表-4.2.2 コンクリート舗装の種類と設計路盤支持力係数

項目 舗装種類	設計路盤支持力係数(K_{30})	
交通量区分	$N_1 \sim N_4$	$N_5 \sim N_7$
舗装計画交通量 (台/日・方向)	T<250	250≦T
普通コンクリート舗装 連続鉄筋コンクリート舗装	150MPa/m以上	200MPa/m以上
転圧コンクリート舗装	200MPa/m以上	200MPa/m以上

〔注〕
1. 路盤支持力係数の測定方法は,舗装調査・試験法便覧「S042 平板載荷試験方法」による。
2. K_{30}は直径30cmの載荷板を用いた路盤支持力係数である。
3. 直径75cmの載荷板で測定した路盤支持力係数のK_{75}からK_{30}への換算には,$K_{30}=K_{75}\times 2.2$の式を用いる。

4-2-4 経験にもとづく方法

わが国におけるこれまでの実績から,交通量および路床の設計CBRごとに路盤構成を定めたものが**表-4.2.3**である。この表は普通コンクリート舗装および連続鉄筋コンクリート舗装の路盤に適用することができる。

表-4.2.3 路盤の厚さ(普通コンクリート舗装,連続鉄筋コンクリート舗装)

交通量区分	舗装計画交通量 (台/日・方向)	路床の 設計CBR	アスファルト中間層 (cm)	粒度調整砕石 (cm)	クラッシャラン (cm)
$N_1 \sim N_4$	T<250	(2)	0	25 (20)	40 (30)
		3	0	20 (15)	25 (20)
		4	0	25 (15)	0
		6	0	20 (15)	0
		8	0	15 (15)	0
		12以上	0	15 (15)	0
N_5	250≦T<1,000	(2)	0	35 (20)	45 (45)
		3	0	30 (20)	30 (25)
		4	0	20 (20)	25 (0)
		6	0	25 (15)	0
		8	0	20 (15)	0
		12以上	0	15 (15)	0
N_6, N_7	1,000≦T	(2)	4 (0)	25 (20)	45 (45)
		3	4 (0)	20 (20)	30 (25)
		4	4 (0)	10 (20)	25 (0)
		6	4 (0)	15 (15)	0
		8	4 (0)	15 (15)	0
		12以上	4 (0)	15 (15)	0

〔注〕
1. 粒度調整砕石の欄( )内の値:セメント安定処理路盤の場合の厚さ
2. クラッシャランの欄( )内の値:上層路盤にセメント安定処理路盤を使用した場合の厚さ
3. 路床(原地盤)の設計CBRが2のときには,遮断層の設置や路床の構築を検討する。
4. アスファルト中間層の欄( )内の値:上層路盤にセメント安定処理路盤を用いた場合の厚さ
5. 設計CBR算出時の路床の厚さは1mを標準とする。ただし,その下面に生じる圧縮応力が十分小さいことが確認される場合においては,この限りではない。

設計例：

N_6 の交通量の路線におけるコンクリート舗装の構造設計には，200MPa/m の設計路盤支持力係数(K_{30}) が必要となる。路床の設計 CBR は 6 であった。そのときの路盤構成を求める。

表ー4.2.3 より，アスファルト中間層 4cm，粒度調整砕石路盤 15cm となる。もしセメント安定処理路盤を用いるのであれば，アスファルト中間層は必要なく，セメント安定処理路盤 15cm だけでよい。

4-2-5　路盤設計曲線法

この方法では，既知の路床支持力係数，路盤材料と路盤層の厚さから路盤設計曲線を用いて，路盤支持力係数を求める。所要の路盤支持力係数を K_0 とすると，$K<K_0$ であれば路盤構成を変えて，再び K を求め，$K>K_0$ となるまで繰り返す。$K>K_0$ となる路盤構成の代替案をいくつか求め，その中から施工性，経済性を考慮して，最適な路盤構成を決定する。

路床の設計支持力係数をもとにして路盤厚を求めるには，設計路盤支持力係数（K_{30}）が**表ー4.2.2**の値となるように，**図ー4.2.2**の設計曲線を用いて行う。なお，K_1, K_2 は直径 30cm の載荷板を用いた支持力係数である。計算された路盤厚は 5cm ごとに切り上げて設計厚とし，15cm 未満の場合は 15cm を設計厚とする。

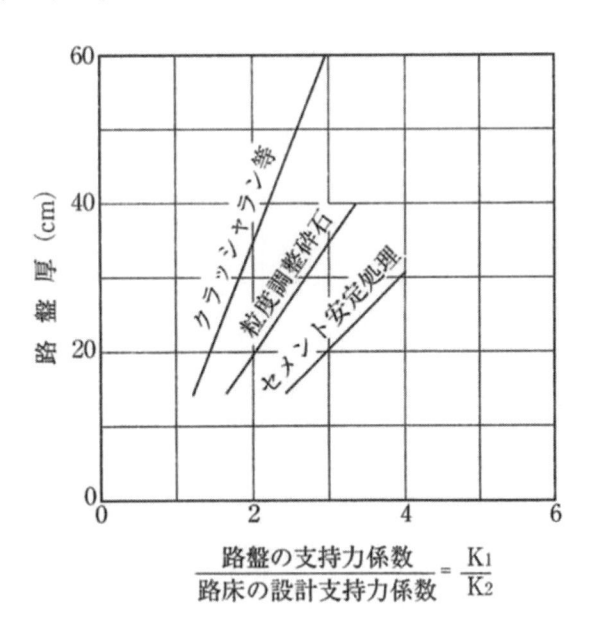

図ー4.2.2　路盤厚の設計曲線
（直径30cmの載荷板を用いる場合）

設計例：

① 路盤構成を 1 層とする場合

路床の支持力係数を 6 箇所で測ったところ 96，121，113，89， 66 および 87MPa/m で，その平均は 95.3MPa/m であった。適用道路の舗装計画交通量から路盤支持力係数を $K_{30}=200$MPa/m としたい。

まず，次式により路床の設計支持力係数を求める。

$$\text{設計支持力係数} = \text{平均支持力係数} - \frac{\text{支持力係数の最大値} - \text{支持力係数の最小値}}{C} \quad (4.2.2)$$

ここに，C は表−4.2.4 に示す値を用いる。

表−4.2.4 支持力係数の計算に用いる係数

個数 n	3	4	5	6	7	8	9	10以上
C	1.91	2.24	2.48	2.67	2.84	2.96	3.08	3.18

したがって，

$$\text{路床の設計支持力係数} = 95.3 - \frac{121-66}{2.67} = 74.7 \fallingdotseq 75 \text{ (MPa/m)}$$

$$\frac{\text{路盤の支持力係数}}{\text{路床の設計支持力係数}} = \frac{200}{75} \fallingdotseq 2.7$$

クラッシャラン路盤を用いるとすれば，図−4.2.3 の $K_1/K_2=2.7$ の点Ⓐからの垂線とクラッシャランの線との交点 52cm が求まる。また，粒度調整砕石路盤を用いるものとすれば，同様の方法で 29cm が求まる。これより，求められた路盤厚を 5cm ごとに切り上げ，設計厚はそれぞれ 55cm，30cm となる。

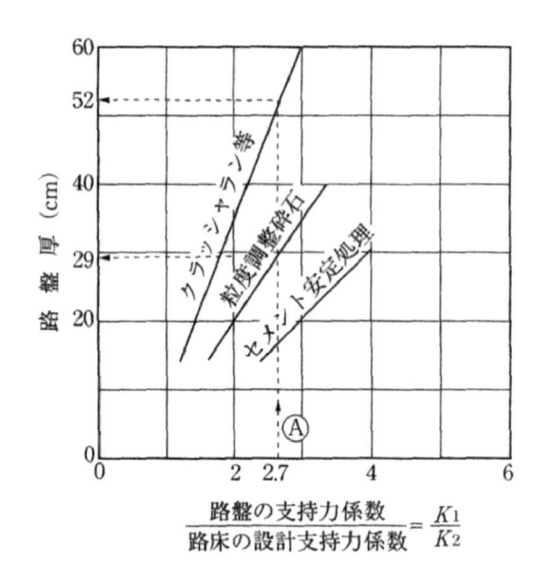

図−4.2.3 路盤厚の設計例
（直径 30cm の載荷板を用いる場合）

② 路盤構成を 2 層とする場合

路床の設計支持力係数は 57MPa/m である。下層路盤をクラッシャランで 20cm 厚とし，K_1 を 200MPa/m とするためには，上層路盤として粒度調整砕石路盤はどれだけの厚さが必要であるか。

$$\frac{K_1}{K_2} = \frac{200}{57} \fallingdotseq 3.5$$

であるから，図−4.2.4により縦軸20cmより水平線を引きクラッシャランの線と交わらせる。この点⊗より粒度調整砕石の線に平行線を引き，$K_1/K_2=3.5$からの垂線と交わった点⊙が求める路盤厚であり，51cmとなる。

　　（上層路盤厚）＋（下層路盤厚）＝51cm

　　（下層路盤厚）＝20cm

　　（上層路盤厚）＝51−20＝31cm → 35cm

が求まり，粒度調整砕石路盤の厚さは35cmとなる。このように2層で設計する場合には，下層の厚さを仮定して上層を求める手順を踏むとよい。なお，計算された路盤厚が15cm未満となった場合には，15cmを設計厚とする。

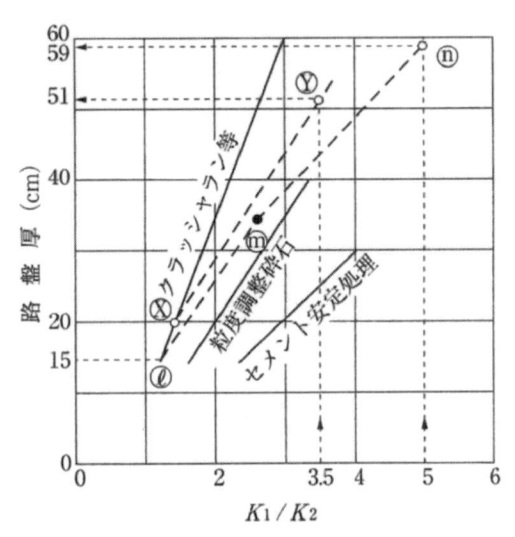

図−4.2.4 下層路盤および上層路盤とする場合の設計例
（直径30cmの載荷板を用いる場合）

③　路盤構成を3層とする場合

　　路床の設計支持力係数は40MPa/mである。クラッシャラン，粒度調整砕石，セメント安定処理路盤材料を用いて3層とし，クラッシャランの厚さは15cm，粒度調整砕石の厚さを20cmとすれば，セメント安定処理路盤はどれだけの厚さが必要であるか。

$$\frac{K_1}{K_2} = \frac{200}{40} = 5$$

　　まず，図−4.2.4の縦軸の15cmから水平線を引きクラッシャランの線との交点をⓛとする。ⓛから粒度調整砕石の線に平行線を引き，20cmの厚さに相当する点をⓜとする。次にⓜからセメント安定処理の線に平行線を引き$K_1/K_2=5$からの垂線との交点をⓝとする。ⓝから水平線を引き縦軸と交わった点59cmが求める路盤厚である。したがってセメント安定処理路盤厚さは，59−20−15＝24cm → 25cmとなる。なお，計算された路盤厚が15cm未満となった場合には，15cmを設計厚とする。

　　また，アスファルト中間層を用いる場合には，アスファルト中間層4cmに相当する厚さとして，通常，粒度調整砕石路盤の場合には10cm，セメント安定処理路盤の場合には5cmの

4-2-6 多層弾性理論法

多層弾性理論から路盤支持力係数を求め、路盤設計曲線法と同様の過程で路盤構成を決定する。まず、CBRより路床弾性係数を算定する。路盤構成を仮定し、各路盤層の弾性係数、ポアソン比を設定する。多層弾性理論により荷重直下のたわみを求め、式（4.2.1）により路盤支持力係数を算定する。この値が設計路盤支持力係数を上回ることを確認する。もし下回れば、路盤構成を変更して計算を繰り返す。

設計例：

路床のCBRを4%とし、下層路盤をクラッシャラン路盤で25cmの厚さとすれば、設計路盤支持力係数（K_{30}）を200MPa/mにするために上層路盤として粒度調整砕石路盤はどれだけの厚さが必要であるか。また、アスファルト中間層4cmを用いた場合、さらに下層路盤をなくして上層路盤にセメント安定処理を用いた場合にはどれだけの厚さが必要になるか。

載荷板の直径を75cm以上とすれば、たわみの計算結果は直径の影響を受けないことから、載荷半径は37.5cmとし、荷重は49kNとして目標K_{75}を計算する。このとき、路盤支持力係数の変動係数を考慮して目標K_{75}を計算するものとする。路盤支持力係数の変動係数を0.3、危険率を5%とすると、[K_{75} = 路盤支持力係数のK_{75}換算値×（1＋1.64×変動係数）]であるから、
K_{75}＝200/2.2×(1+1.64×0.3) =136MPa/m

となる。ここで、路床弾性係数を10×CBR=40MPa、ポアソン比を0.45と仮定する。クラッシャランを用いた下層路盤層の弾性係数を200MPa、ポアソン比を0.45、粒度調整砕石を用いた上層路盤層の弾性係数を300MPa、ポアソン比0.35、セメント安定処理路盤の弾性係数1,000MPa、ポアソン比0.2、アスファルト中間層の弾性係数1,000MPa、ポアソン比0.35と仮定する。

多層弾性理論にもとづく舗装構造解析プログラム"GAMES"によって、所定の条件で路盤の構成を変更しながら、荷重中心のたわみwと鉛直応力σ_zを計算する。たとえば粒度調整砕石の上層路盤層を12cmとした場合**図－4.2.5**のようになる。

このようにして、下層路盤層の厚さh_2と上層路盤層の厚さh_1や材料の組合せを変えてK_{75}を計算したものが、**図－4.2.6**である。これより、上層路盤に粒度調整砕石路盤を用いる場合はh_1=25cmとなる。アスファルト中間層を設けた場合にはh_1=17cmとなる。下層路盤を用いないでセメント安定処理上層路盤のみの場合は26cmとなる。

多層弾性理論によって路盤支持力係数を設計する場合、各層の弾性係数やポアソン比が必要になるが、それらは試験等により適切な値を設定する。試験等によらない場合には**表－4.2.5**の値を参考にしてもよい。

表－4.2.5 路盤の設計に用いる弾性係数やポアソン比の参考値

材　料	弾性係数（MPa）	ポアソン比
路床材料	5～10×CBR値	0.45～0.5
粒状路盤材料	100～500	0.45～0.5
セメント安定処理	500～1,000	0.1～0.45
アスファルト安定処理	500～1,000	0.35～0.45

第4章 普通コンクリート舗装

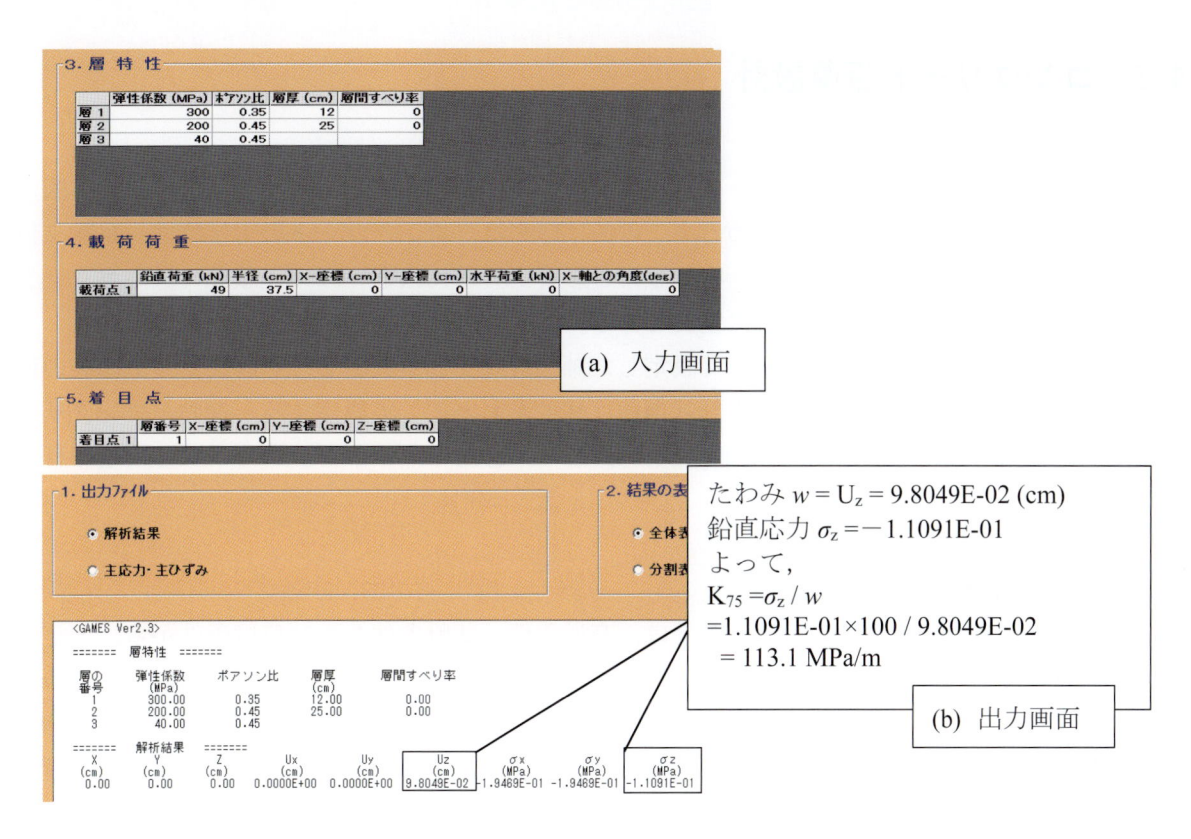

図−4.2.5　"GAMES"による路盤支持力係数の計算例

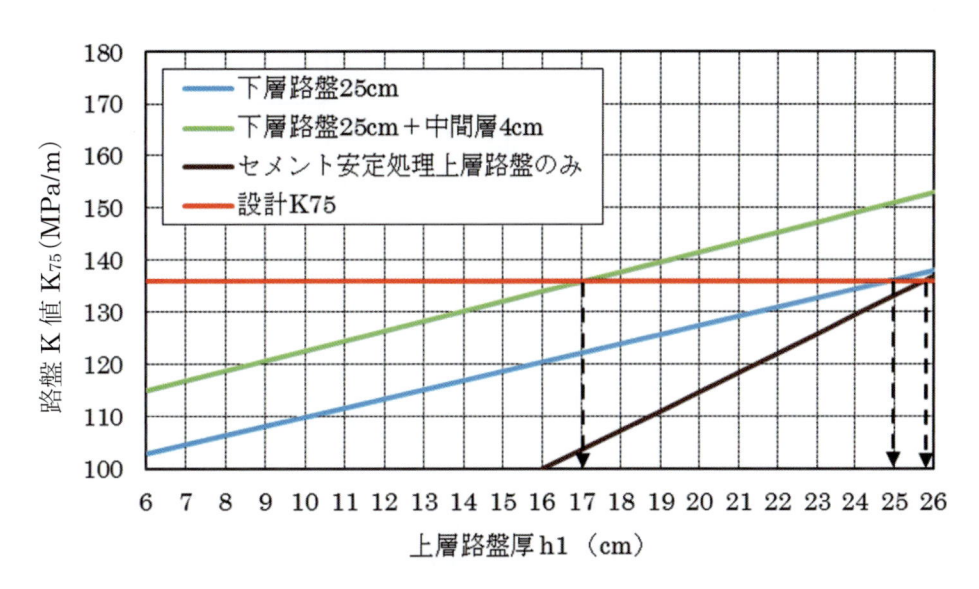

たわみ $w = U_z = 9.8049\text{E-}02$ (cm)
鉛直応力 $\sigma_z = -1.1091\text{E-}01$
よって,
$K_{75} = \sigma_z / w$
$= 1.1091\text{E-}01 \times 100 / 9.8049\text{E-}02$
$= 113.1$ MPa/m

(a) 入力画面
(b) 出力画面

図−4.2.6　路盤支持力係数と路盤厚の関係

4-3 コンクリート版厚設計

4-3-1 基本的な考え方

　交通荷重や温度によりコンクリート版に発生する曲げ応力の繰返しによってコンクリート版が疲労破壊しないようにその厚さを決める。この曲げ応力は，コンクリートの力学特性，路盤支持力係数および版厚によって決まるが，特に版厚の影響が非常に大きいので，版厚の決定はコンクリート舗装の構造設計において非常に重要である。

　コンクリート版厚は，交通条件として設定した舗装計画交通量に応じ，コンクリート舗装の種類と使用する舗装用コンクリートの設計基準曲げ強度をもとにして設定する。なお，コンクリート版の目地構造や使用する鉄網，縁部補強鉄筋等については，本ガイドブックの「4-4　構造細目」を参照する。

4-3-2 経験にもとづく設計方法

　経験にもとづく設計方法による構造設計は，交通条件，基盤条件および環境条件から，一定の設計期間の下でこれまでの経験にもとづいて路盤およびコンクリート版のそれぞれについての厚さを決定するものである。一般的には，まず路盤設計において所要の設計路盤支持力係数が確保されるように路盤厚を決定し，次に舗装計画交通量に応じたコンクリート版厚を決定する。構造設計の手順の概要を図-4.3.1のフローに示す。

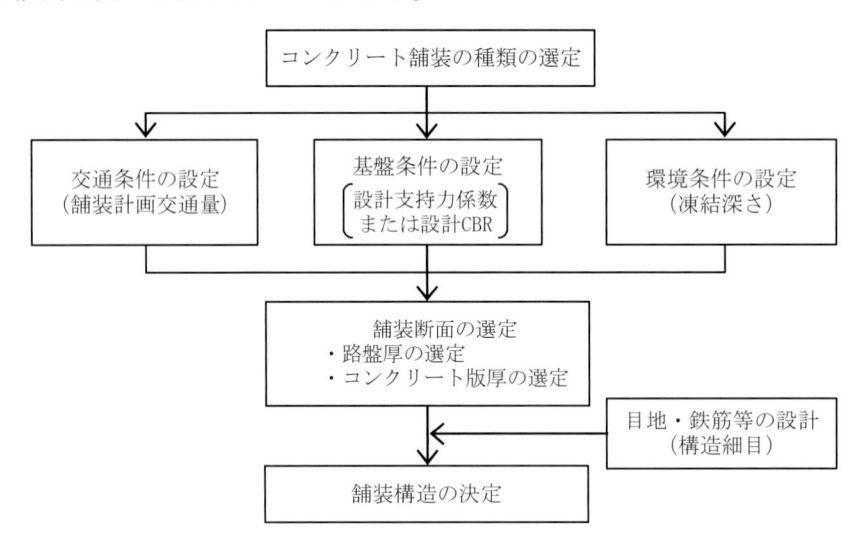

図-4.3.1　経験にもとづく設計方法によるコンクリート舗装の構造設計の手順

　経験にもとづく設計方法では，普通コンクリート舗装の断面を表-4.3.1によって決定する。表-4.3.1はこれまでのわが国の経験にもとづいて決定された，設計期間20年に対応する断面である。

表−4.3.1 コンクリート版の版厚等（普通コンクリート舗装）

交通量区分	舗装計画交通量 (台/日・方向)	コンクリート版の設計 設計基準曲げ強度	コンクリート版の設計 版厚	コンクリート版の設計 鉄網	収縮目地間隔	タイバー, ダウエルバー
N_1～N_3	T＜100	4.4MPa (3.9MPa)	15cm (20cm)	原則として使用する。 $3kg/m^2$	・8m ・鉄網を用いない場合 5m	原則として使用する。
N_4	100≦T＜250	4.4MPa (3.9MPa)	20cm (25cm)			
N_5	250≦T＜1,000	4.4MPa	25cm		10m	
N_6	1,000≦T＜3,000	4.4MPa	28cm			
N_7	3,000≦T	4.4MPa	30cm			

〔注〕
1. 表中の版厚の欄における（ ）内の値は設計基準曲げ強度3.9MPaのコンクリートを使用する場合の値である。
2. N_5～N_7の場合で鉄網を省略する場合には，収縮目地を6m程度の間隔で設置することを検討するとよい。

4-3-3 理論的設計方法

（1）理論的設計方法の概要

コンクリート版厚の理論的設計方法は，交通荷重と温度変化に伴いコンクリート版に発生する応力の繰返しによる疲労ひび割れが，舗装の設計期間内に設計で設定されたひび割れ度などを超えないように版厚を決定するものである。この方法の利点は，任意の舗装の設計期間に対して，信頼性を考慮したコンクリート舗装版厚を決定できることにある。この設計方法は，普通コンクリート舗装，連続鉄筋コンクリート舗装および転圧コンクリート舗装に適用できる。

具体的には，コンクリート版の厚さおよび曲げ強度などを仮定し，路盤設計で設定された設計路盤支持力係数のもとで輪荷重応力と温度応力の合成応力とその作用度数から疲労度を算定し，コンクリート版が疲労破壊するか否かを疲労度が設定された疲労度を下回ることによって照査する。疲労破壊しない最小版厚を設計版厚とする。構造設計の手順の概要を**図−4.3.2**のフローに示す。

第4章　普通コンクリート舗装

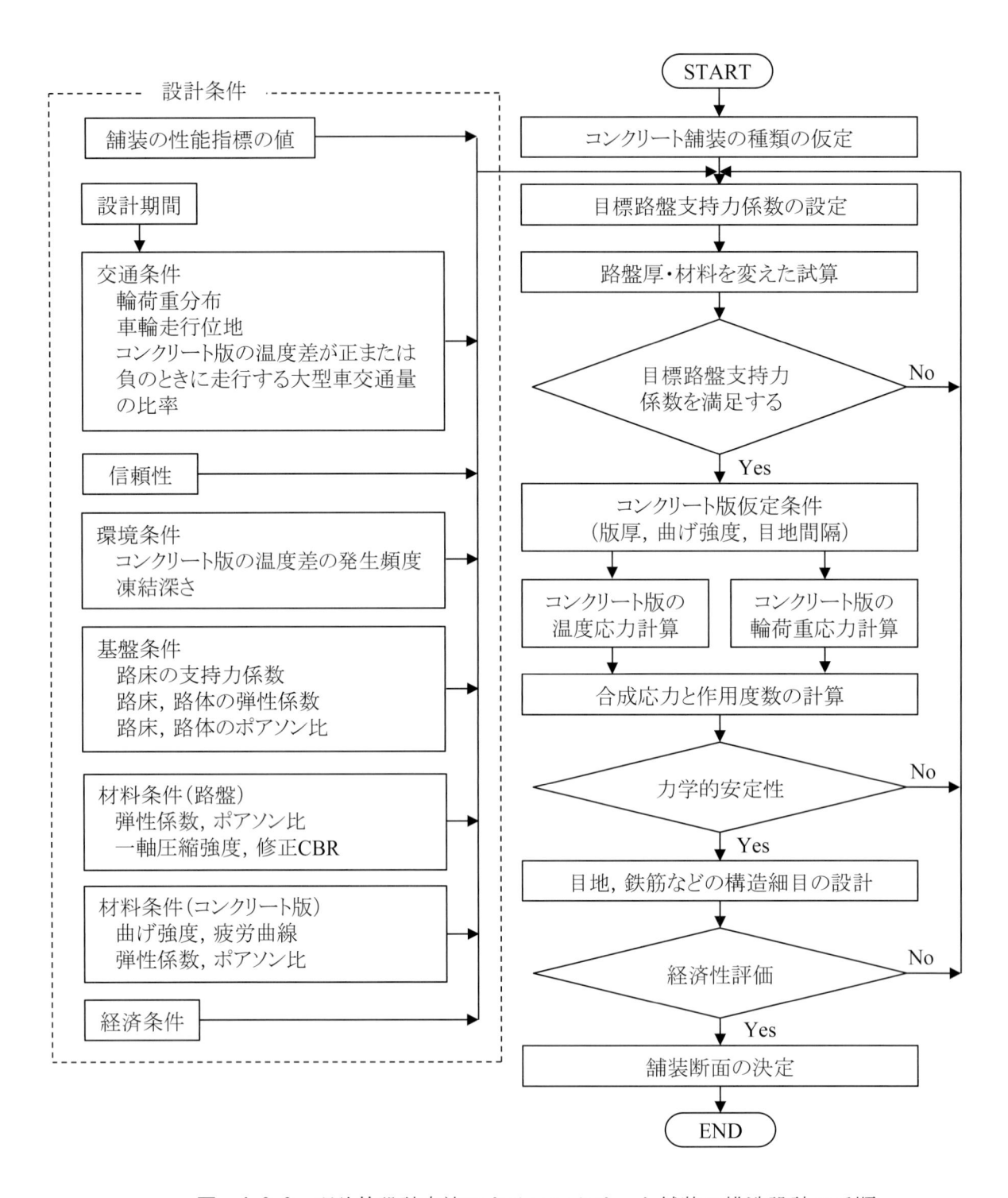

図−4.3.2　理論的設計方法によるコンクリート舗装の構造設計の手順

（2）疲労度の計算法

　疲労度はコンクリート版が曲げによって破壊するまでの繰返し数（破壊繰返し数）に対する発生応力の繰返し数の比である。コンクリート版の破壊繰返し数はコンクリート版に発生する曲げ応力と曲げ強度の比の関数として表現され，それを曲げ疲労曲線と呼ぶ。**図−4.3.2**に示すように，疲労ひび割れが発生する可能性のある点（疲労着目点）において，交通荷重の大き

さやその位置，温度によって曲げ応力はさまざまな大きさとなる。それぞれの曲げ応力に対する破壊繰返し数と曲げ応力の発生回数の比がその応力に対する疲労度となる。さまざまな荷重やその位置および温度による作用に対応する疲労度を設計期間にわたって合計したものが，照査に使われる。

コンクリート版厚の設計における疲労度は以下のように計算する。

$$FD = \sum_{i,j,k,q} \frac{n_{ijkq}}{N_{ijkq}} \tag{4.3.1}$$

ここに，FD：疲労度

i：輪荷重の区分

j：車輪走行位置の区分

k：コンクリート版上下面の温度差の区分

q：走行する交通量の時間帯区分（$q=1$ が昼，$q=2$ が夜）

また，n_{ijkq} は設計期間にわたって，輪荷重の区分が i，車輪走行位置の区分が j，コンクリート版上下面の温度差の区分が k，走行する交通量の時間帯区分が q のときの回数であり，以下のように計算する。

$$n_{ijkq} = n_{all} \cdot f_{pi} \cdot f_{lj} \cdot f_{tk} \cdot f_{Rq} \tag{4.3.2}$$

ここに，n_{all}：設計期間内に走行する全輪数

f_{pi}：輪荷重の区分が i となる相対頻度

f_{lj}：車輪走行位置 j の相対頻度

f_{tk}：コンクリート版上下面の温度差の区分が k となる相対頻度

f_{Rq}：昼夜率

N_{ijkq} は輪荷重の区分が i，車輪走行位置の区分が j，コンクリート版上下面の温度差の区分が k のときに発生するコンクリート版の曲げ応力の値から求まる破壊繰返し数であり，以下のように求められる。

$$\log N_{ijkq} = \frac{a - SL_{ijkq}}{b} \tag{4.3.3}$$

ここに，a, b は定数

SL_{ijkq}：輪荷重の区分が i，車輪走行位置の区分が j，コンクリート版上下面の温度差のレベルが k で，走行時間帯が昼 q のときに発生するコンクリート版の合成応力（荷重応力と温度応力の和）と曲げ強度の比

温度応力は夜と昼とでは算定式が異なるため，昼夜率 f_{Rq} が必要となる。具体的な式（4.3.3）については後述する。

第4章　普通コンクリート舗装

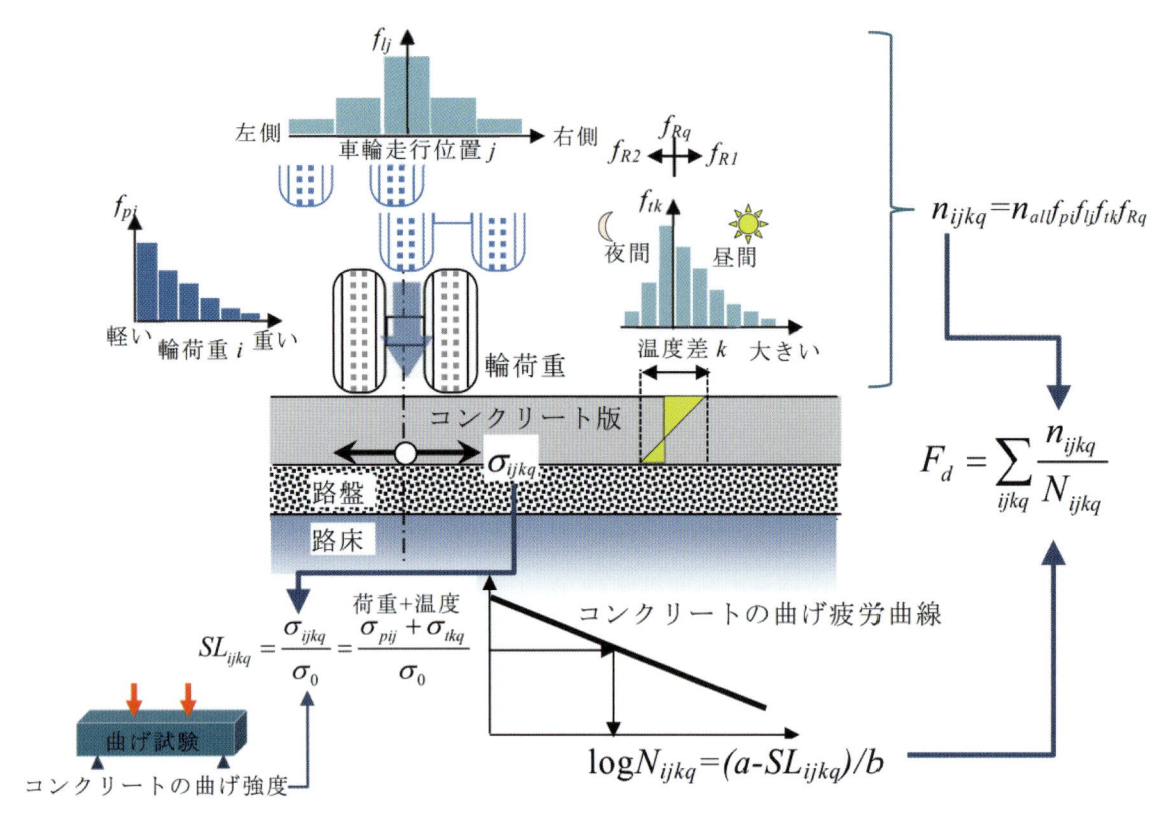

図－4.3.2　コンクリート版の疲労度の計算法

（3）構造設計条件

構造設計に当たっては，舗装の基本的な目標として設定された設計期間，舗装計画交通量，舗装の性能指標および性能指標の値，信頼度とともに交通条件，基盤条件，環境条件および材料条件等の設計条件を適切に設定する。

1）交通条件

交通条件としては，舗装の基本的な目標としての舗装の設計期間と舗装計画交通量に応じて求められる輪荷重の相対頻度分布（輪荷重区分ごとの通過輪数の相対頻度）：f_{pi}，車輪走行位置の相対頻度分布：f_{lj}，車両が走行する際のコンクリート版の温度条件を設計で考慮するために必要なコンクリート版の温度差が正または負の時に走行する大型車交通量の比率f_{Rq}の3項目を設定する。以下に具体的な算定方法を示す。

① 輪荷重群と通過輪数

設計期間における舗装計画交通量に応じた輪荷重区分ごとの通過輪数は，次の手順で設定する。

a）舗装計画交通量に応じて道路を走行する輪荷重を 9.8kN ごとに区分する。

b）各輪荷重区分の通過輪数は，一日一方向当たりの交通量に f_{pi} を乗じて算定する。

c）上記 b）で求めた各輪荷重区分の通過輪数に，舗装の設計期間（年）と年間日数（365日）を乗じて，輪荷重区分ごとの設計期間内の累積通過輪数の頻度分布 $n_{all} \cdot f_{pi}$ を算定する。なお，設計においては，輪荷重区分における最大値を輪荷重の代表値として用いる。

輪荷重の相対頻度分布 f_{pi} は，実測値から設定することが望ましい。実測値が得られない場合には，近隣路線の測定結果や車両重量調査結果などを参考として決定してもよい。

② 車輪走行位置分布

舗装上を走行する車両の横断方向の車輪走行位置分布 f_{lj} を設定する。コンクリート版に生じる輪荷重応力は，ひび割れが発生する可能性のある点（疲労着目点）を設定して求める。車輪は必ずしも着目点に集中して走行するわけではないので，着目点から離れた位置を走行する車輪の影響を考慮するために車輪走行位置分布の設定が必要である。車輪走行位置分布は，実測値から設定することを原則とする。実測値が得られていない場合には，**表－4.3.2** に示す値を用いてもよい。

③ コンクリート版の温度差が正または負の時に走行する大型車交通量の比率

コンクリート版の温度差が正または負の時に走行する大型車交通量の比率 f_{Rq} を設定する。ここに，温度差とは，コンクリート版上面の温度からコンクリート版下面の温度を差し引いたものである。f_{Rq} は，実測値から設定することを原則とする。実測値が得られていない場合には，**表－4.3.3** に示す値を用いてもよい。

表－4.3.2 車輪の走行位置と走行頻度 f_{lj} の関係の例

路肩[注]		車線数(両方向)	走 行 頻 度			
		車線の幅員(m)	2	2	2	4
		走行位置(cm)	3.25	3.75	4.50	3.00以上
自由縁部	舗装した十分な幅の路肩がある場合	縦縁から 15 (j=1)	0.10	0.05	0.05	0.05
		〃 45 (j=2)	0.15	0.10	0.10	0.10
		〃 75 (j=3)	0.30	0.25	0.15	0.25
		〃 105 (j=4)	0.20	0.25	0.25	0.20
	路肩幅が0.5m程度で未処理の場合	〃 15 (j=1)	0.05	0.03	0.02	0.02
		〃 45 (j=2)	0.10	0.05	0.05	0.05
		〃 75 (j=3)	0.15	0.10	0.10	0.10
		〃 105 (j=4)	0.30	0.25	0.15	0.25
縦 目 地 部		〃 15 (j=1)	0.65	0.55	0.45	0.35
		〃 45 (j=2)	0.30	0.35	0.25	0.25
		〃 75 (j=3)	0.20	0.20	0.20	0.15
		〃 105 (j=4)	0.15	0.20	0.15	0.10

〔注〕路肩の条件が本表の中間にあるときは，適切に判断して設定する。

表−4.3.3 温度差が正（$q=1$）または負（$q=2$）の時に走行する大型車の比率 f_{Rq} の例

項　目	f_{R1}	f_{R2}
都　市　部	0.70	0.30
郊　外　部	0.60	0.40

〔注〕大型車の比率 ＝（温度差が正または負のときに走行する大型車数）／（大型車の全交通量）

2）路盤条件

路盤条件としては，路盤設計において基準とされた設計路盤支持力係数（K_{75}）となる。この設計路盤支持力係数（K_{75}）を輪荷重応力の計算に用いる。

3）環境条件

本設計方法において必要な環境条件は気温である。この気温条件は，コンクリート版内に温度変化を生じさせて温度応力に影響を及ぼし，そして寒冷地においては凍結深さにも影響を及ぼす。

① コンクリート版の上下面の温度差とその発生頻度 f_{tk}

コンクリート版には，輪荷重応力と同時に温度応力が作用する。温度応力は，主にコンクリート版上下面の温度差によって発生する。温度応力は繰返し作用する応力であるため，疲労度の算定に当たっては各温度差の発生頻度の設定が必要である。

コンクリート版の温度差とその発生頻度は，地域はもちろん，設計対象路線の立地条件によっても異なるので，実測値から設定することが望ましい。実測値が求められていない場合には，**表−4.3.4**に示す値を用いてもよい。また，「コラム10」には実測例を示しているので参照されたい。

表−4.3.4 コンクリート版の温度差とその発生頻度 f_{tk} の例

q	k	温度差	温度差が小さい地域						温度差が大きい地域					
			15cm	20cm	23cm	25cm	28cm	30cm	15cm	20cm	23cm	25cm	28cm	30cm
1	1	19℃(18〜19.9)	0	0	0	0	0	0	0	0	0.002	0.005	0.01	0.012
1	2	17℃(16〜17.9)	0	0	0	0	0	0	0	0.005	0.015	0.018	0.018	0.02
1	3	15℃(14〜15.9)	0	0	0.001	0.002	0.004	0.007	0.002	0.02	0.028	0.032	0.037	0.038
1	4	13℃(12〜13.9)	0.004	0.007	0.012	0.016	0.021	0.025	0.015	0.04	0.04	0.04	0.04	0.04
1	5	11℃(10〜11.9)	0.02	0.028	0.032	0.037	0.045	0.053	0.04	0.06	0.05	0.05	0.045	0.045
1	6	9℃(8〜9.9)	0.05	0.06	0.075	0.085	0.08	0.08	0.07	0.07	0.075	0.08	0.08	0.08
1	7	7℃(6〜7.9)	0.1	0.11	0.11	0.11	0.11	0.115	0.1	0.1	0.1	0.1	0.1	0.105
1	8	5℃(4〜5.9)	0.135	0.14	0.15	0.155	0.15	0.14	0.12	0.12	0.125	0.125	0.125	0.125
1	9	3℃(2〜3.9)	0.19	0.195	0.2	0.205	0.21	0.21	0.2	0.195	0.19	0.19	0.19	0.185
1	10	1℃(0〜1.9)	0.5	0.46	0.42	0.39	0.38	0.37	0.45	0.39	0.375	0.36	0.355	0.35
2	1	-1℃(-2〜-0.1)	0.65	0.615	0.61	0.6	0.53	0.48	0.5	0.45	0.42	0.41	0.4	0.39
2	2	-3℃(-4〜-2.1)	0.35	0.36	0.345	0.335	0.36	0.38	0.34	0.33	0.33	0.32	0.32	0.32
2	3	-5℃(-6〜-4.1)	0	0.025	0.044	0.063	0.1	0.12	0.15	0.2	0.22	0.22	0.225	0.23
2	4	-7℃(-8〜-6.1)	0	0	0.001	0.002	0.01	0.02	0	0.02	0.03	0.048	0.052	0.055
2	5	-9℃(-10〜-8.1)	0	0	0	0	0	0	0	0	0	0.002	0.003	0.005

〔注1〕発生頻度はそれぞれ温度差が正($q=1$)の時間帯および負($q=2$)の時間帯における相対頻度
〔注2〕温度差が小さい地域とは，気温の日振幅（全振幅）が14℃をほとんど超えない地域をいう。
〔注3〕温度差の欄は（ ）に示した温度範囲の代表値

② 凍結深さ

寒冷地の舗装においては，凍結深さの検討を行い，必要に応じて凍上抑制層を設ける。凍結深さについては，舗装設計便覧の「5-2-1（2）3）凍上抑制層」を参照する。

4）材料条件

使用するコンクリートの疲労曲線，設計曲げ強度，弾性係数，ポアソン比および温度膨張係数を設定する。なお，ポアソン比は0.20，温度膨張係数は10×10^{-6}/℃が代表的な値の例である。

(4) 疲労度の計算

コンクリート版厚の設計においては，設計交通量に対し輪荷重応力および温度応力の合成応力の繰返しによる疲労度を計算する必要がある。本項では具体的な疲労度の計算手順について説明する。

1）輪荷重応力の計算

設計で着目するコンクリート版の疲労ひび割れには，横ひび割れと縦ひび割れがあり，疲労着目点はコンクリート舗装の種類によって**表-4.3.5**に示すように異なる。疲労着目点としては，横ひび割れに対して縦自由縁部および縦目地縁部の版中央位置，縦ひび割れに対して横目地縁部および横ひび割れ部の最多車輪通過位置である。

表-4.3.5 疲労着目点

着目点	縦自由縁部	縦目地縁部	横目地部	横ひび割れ部
想定ひび割れ	横ひび割れ	横ひび割れ	縦ひび割れ	縦ひび割れ
普通コンクリート舗装	◎	○	○	
連続鉄筋コンクリート舗装				◎
転圧コンクリート舗装	◎	○	○	

〔注〕一般に，版厚は◎の着目点から決定する場合が多いが，幅員，交通条件などによっては○の着目点で版厚を決定する場合もある。

輪荷重応力は，選定した疲労着目点に対して，設計条件，交通条件および材料条件を用いて輪荷重区分ごとに式（4.3.4）から計算する。

$$\sigma_{ij} = \frac{\alpha_j C(1+0.54v)P_i}{1000h^2}(\log 100L - 0.75\log 100a - 0.18) \tag{4.3.4}$$

ここに，σ_{ij}：輪荷重応力（MPa）

v：コンクリートのポアソン比

α_j：**表-4.3.6**に示す車輪走行位置jによる低減係数

C：**表-4.3.7**に示す計算位置による係数

P_i：区分iの輪荷重（kN）

L：剛比半径； $L = \left[Eh^3 / \{12(1-v^2)K_{75}\}\right]^{1/4}$ （m）

E：コンクリートの弾性係数（MPa）

K_{75}：設計路盤支持力係数（K_{75}）（MPa/m）

a：タイヤ接地半径 $a = 0.12 + P_i/980$ （m）

h：コンクリート版厚（m）

表―4.3.6　走行位置による輪荷重応力の低減係数 α_j の例

（普通コンクリート舗装・転圧コンクリート舗装の縦自由縁部，縦目地縁部の場合）

走行位置(cm)	15 (j=1)	45 (j=2)	75 (j=3)	105 (j=4)
α_j	1.00	0.70	0.50	0.35

表―4.3.7　計算位置による係数 C

対象とする疲労ひび割れ	目地構造	C
横ひび割れ	縦自由縁部	2.12
	適当量のタイバーを用いた縦目地縁部	1.59
縦ひび割れ	ダウエルバーのある横目地	1.59
	連続鉄筋コンクリート舗装の横ひび割れ	1.38

2）温度応力の計算

　コンクリート版に発生する温度応力は，環境条件として設定したコンクリート版の温度差ごとに式（4.3.5）から計算する。

$$\sigma_{tkq} = 0.35 \cdot C_{wq} \cdot \alpha \cdot E \cdot \Theta_k \tag{4.3.5}$$

ここに，σ_{tkq}：温度応力 (MPa)

　　　　C_{wq}：そり拘束係数（横ひび割れを対象とする場合は**表―4.3.8**に示す値を用いる。縦ひび割れを対象とする場合は，温度差が正の場合（q=1）には 0.85，負の場合（q=2）には 0.40 を用いる

　　　　α：コンクリートの温度膨張係数（／℃）

　　　　Θ_k：コンクリート版上下面の温度差（版上面温度－版下面温度，℃）

表―4.3.8　そり拘束係数 C_{wq} の例

収縮目地間隔 (m)		5.0	6.0	7.5	8.0	10.0	12.5	15.0
拘束係数 C_{wq}	温度差が正の場合 (q=1)	0.85	0.91	0.95	0.95	0.96	0.97	0.98
	温度差が負の場合 (q=2)	0.40	0.55	0.73	0.78	0.90	0.93	0.95

3）合成応力の計算

　コンクリート版には，輪荷重応力と温度応力が同時に作用するので，両者の合成応力を式（4.3.6）から計算する。

$$\sigma_{ijkq} = \sigma_{pij} + \sigma_{tkq} \tag{4.3.6}$$

ここに，σ_{ijkq}：合成応力

　　　　σ_{pij}：輪荷重 P_i が車輪走行位置 j を通過した場合の輪荷重応力

　　　　σ_{tkq}：昼（q=1）または夜（q=2）におけるコンクリート版上下面温度差 k による温度応力

4) 合成応力の作用度数の計算

　各合成応力の設計期間内の作用度数を求める。これは，輪荷重応力の作用度数に，環境条件で設定したコンクリート版の温度差の発生頻度を乗じて式（4.3.2）から求める。

5) 疲労曲線による疲労度の計算

　疲労度は，求められた合成応力とその作用度数および材料条件で設定したコンクリートの疲労曲線より算定する。本設計方法では，ひび割れ度 10cm/m² において疲労度 1.0 と仮定している。合成応力に対する破壊繰返し数をコンクリートの疲労曲線から求める。コンクリートの疲労曲線は，次に示す式のどちらを用いてもよい。

$$\log N_{ijkq} = \frac{1.0 - SL_{ijkq}}{0.044} \quad 1.0 \geq SL_{ijkq} > 0.9$$

$$\log N_{ijkq} = \frac{1.077 - SL_{ijkq}}{0.077} \quad 0.9 \geq SL_{ijkq} > 0.8 \quad (4.3.7)$$

$$\log N_{ijkq} = \frac{1.224 - SL_{ijkq}}{0.118} \quad 0.8 \geq SL_{ijkq}$$

あるいは，

$$\log N_{ijkq} = \frac{a - SL_{ijkq}}{b} \quad (4.3.8)$$

ここに，$SL_{ijkq} = \sigma_{ijkq}/\sigma_{bk}$

σ_{bk}：コンクリートの設計曲げ強度

$a = 1.11364 + 0.00165 P_f$

$b = 0.09722 - 0.00021 P_f$

P_f：破壊確率（％）

　式（4.3.7）は，わが国のコンクリート舗装の実績によって検証されている疲労曲線を数式化したものである。式（4.3.8）は，舗装用コンクリートの疲労実験の結果から定められた疲労曲線であり，コンクリートの疲労曲線を破壊確率によって表している。たとえば，破壊確率50％は，破壊繰返し数の平均値を表している。ただし，ここでいう破壊確率とは，コンクリートの材料としての疲労破壊確率であり，コンクリート舗装の疲労破壊確率ではない。

　以上から式（4.3.1）によって疲労度を算定し，次式により照査を行う。

$$FD \leq \frac{1.0}{\gamma_R} \quad (4.3.9)$$

　ここに，γ_R は，信頼度に応じた係数であり，**表−4.3.9** より決定する。仮定したコンクリート版が式（4.3.9）を満足すれば，設計期間内にコンクリート版の疲労ひび割れは生じないことになる。式（4.3.9）を満足する設計断面はいくつか考えられ，それらすべてが設計代替案となる。

表—4.3.9 信頼度に応じた係数 γ_R

信頼度（％）	信頼度に応じた係数
50	0.7
60	0.8
70	1.0
75	1.1
80	1.3
85	1.5
90	1.8

4-3-4 設計計算例

本節では，東京付近郊外に位置する高規格幹線道路の新設の場合を例にとり，構造設計について以下に解説する。

（1）構造設計の手順

構造設計は理論的設計方法を採用する。

（2）目標の設定

設定した舗装の基本的な目標は**表—4.3.10**に示す。

① 舗装の設計期間は20年である。

② 舗装計画交通量は1,000以上3,000未満（台/日・方向）である。舗装計画交通量として，**表—4.3.11**に示す設計期間における輪荷重区分ごとに通過輪数を設定した。

③ 舗装の性能指標の値としてコンクリート版のひび割れ度 $10cm/m^2$ を設定した。

④ 信頼度は高規格幹線道路であることから90％とした。

（3）コンクリート舗装の種類

普通コンクリート舗装を選択する。この道路は，舗装された十分な路肩があり，車線数4の道路で，幅員は3.25mである。横目地にはダウエルバー，縦目地にはタイバーを使用し，横収縮目地間隔は10mとした。

表-4.3.10 設計条件

項　目		設定した設計条件	備　考
舗装の設計期間		20年	
舗装計画交通量		1,000以上3,000未満 （台/日・方向）	
ひび割れ度		10cm/m^2	対応する疲労度は1.0
信頼度		90%	
コンクリート舗装の種類		普通コンクリート舗装	舗装した十分な路肩，車線数4，車線幅は3.25m
構造	版厚	25, 28, 30cm	
	設計曲げ強度	4.4MPa	
	弾性係数	28,000MPa	設計値
	ポアソン比	0.2	代表的な値から設定
	温度膨張係数	10×10^{-6}/℃	代表的な値から設定
	横収縮目地間隔	10m	
	目地	横目地；ダウエルバー使用 縦目地；タイバー使用	
交通	輪荷重区分と通過輪数	表-4.3.2参照	
	車輪走行位置分布	表-4.3.3参照	代表的な値から設定
	温度差が正または負の時に走行する大型車の比率	表-4.3.4参照	代表的な値から設定
基盤	路床の設計支持力係数	K_{75}=34MPa/m	
路盤	セメント安定処理	q_u=2MPa	設計値
	粒度調整砕石	修正CBR＞80	
	設計路盤支持力係数	K_{75}=100MPa/m	
環境	コンクリート版の温度差とその発生頻度	表-4.3.5参照	代表的な値から設定

表-4.3.11 輪荷重群と通過輪数

i	輪荷重(kN)	1日の輪数	20年間の輪数 $n_{all} \cdot f_{pi}$
1	9.8	9,998	72,985,400
2	19.6	2,148	17,651,400
3	29.4	1,802	13,154,600
4	39.2	980	7,154,000
5	49.0	505	3,686,500
6	58.8	329	2,401,700
7	68.6	182	1,328,600
8	78.4	81	591,300
9	88.2	36	262,800
10	98.0	19	138,700

(4) 構造設計条件

1) 交通条件

輪荷重区分と設計期間における通過輪数は**表-4.3.11**，車輪走行位置分布は**表-4.3.12**のとおりである。コンクリート版の温度差が正または負の時に走行する大型車交通量の比率は，**表-4.3.13**に示す値を用いた。

表-4.3.12 車輪走行位置分布 f_{ij}
(車線数：4，車線の幅員：3.00m以上)

	項　目		走行頻度
自由縁部	舗装した十分な幅の路肩がある場合の走行位置（縁部から）cm	15	0.05
		45	0.1
		75	0.25
		105	0.2

表-4.3.13 コンクリート版の温度差が正または負のときに走行する大型車の比率 f_{Rq}

項　目	温度差正 $q=1$	温度差負 $q=2$
大型車の比率	0.6	0.4

表-4.3.14 コンクリート版の温度差と発生頻度 f_{tk}

q	f_{Rq}	k	温度差 Θ_k	25cm	28cm	30cm
1	0.6	1	19℃	0	0	0
		2	17℃	0	0	0
		3	15℃	0.002	0.004	0.007
		4	13℃	0.016	0.021	0.025
		5	11℃	0.037	0.045	0.053
		6	9℃	0.085	0.08	0.08
		7	7℃	0.11	0.11	0.115
		8	5℃	0.155	0.15	0.14
		9	3℃	0.205	0.21	0.21
		10	1℃	0.39	0.38	0.37
2	0.4	1	−1℃	0.6	0.53	0.48
		2	−3℃	0.335	0.36	0.38
		3	−5℃	0.063	0.1	0.12
		4	−7℃	0.002	0.01	0.02
		5	−9℃	0	0	0

2）環境条件

コンクリート版の温度差は，対象路線が東京付近に位置していることから，温度差の小さいところの場合とし，温度差とその発生相対頻度分布 f_{tk} は，表-4.3.14 に示されるものを用いた。気温データから凍結深さは設計上考慮する必要はない。

3）基盤条件

原地盤は比較的支持力が良好で，地下水位も低い。路床の支持力係数は，平板載荷試験結果の平均値から $K_{75}=34$MPa/m とした。

4）材料条件

材料条件は，表-4.3.10 に示す。コンクリートの設計曲げ強度および弾性係数はそれぞれ 4.4MPa および 28,000MPa とした。

（5）路盤の設計

路盤は，表-4.3.15 に示す2種類について検討した。

表-4.3.15 検討した路盤の種類

項目	No.A	No.B
路盤の種類	セメント安定処理 （q_u=2MPa）	粒調砕石 （修正 CBR≧80）

路盤の設計は，路床の支持力係数と目標とする路盤支持力係数より路盤厚を決定する方法で行った。この方法では，図-4.2.2 に示す路盤厚設計曲線を用いる。設定した目標路盤支持力係数は $K_{75}=100$MPa/m である。$K_2=$路床の支持力係数（K_{75}）$=34$MPa/m，$K_1=$目標路盤支持力係数（K_{75}）$=100$MPa/m であるので，

第4章　普通コンクリート舗装

$K_1/K_2 = 2.94 ≒ 3.0$

となる。したがって，**図-4.2.2**より，セメント安定処理路盤では20cm，粒度調整砕石路盤では35cmとなった。

（6）コンクリート版厚の設計
1）コンクリート版厚の仮定

コンクリート版厚は，**表-4.3.16**のように仮定した。

表-4.3.16　仮定したコンクリート版厚

項　目	No.1	No.2	No.3
コンクリート版厚（cm）	25	28	30

2）輪荷重応力の計算における疲労着目点

仮定したコンクリート舗装の種類は普通コンクリート舗装である。設計で想定されるひび割れは**表-4.3.13**から横ひび割れであり，輪荷重応力の計算における疲労着目点は縦自由縁部とした。

3）輪荷重応力の計算

疲労着目点における輪荷重応力は，式（4.3.4）から計算した。コンクリート版厚28cm，輪荷重9.8kN（i=1）が縦自由縁部から45cm離れた位置（j=2）を9.8kNの輪荷重（i=1）が通過した場合の輪荷重応力 σ_{12} は次のように計算する。まず，剛比半径は，

$$L = \sqrt[4]{\frac{28000 \times 0.28^3}{12 \times (1 - 0.2^2) \times 100}} = 0.85 \text{(m)}$$

となる。タイヤ接地半径は $a = 0.12 + 9.8/980 = 0.13$ （m）であり，縦自由縁部から45cm離れた位置（j=2）を輪荷重が通過した場合には低減係数 $\alpha_2 = 0.7$ となる。したがって，

$$\sigma_{12} = \frac{0.7 \times 2.12 \times (1 + 0.54 \times 0.2) \times 9.8}{1000 \times 0.28^2} \{\log_{10}(100 \times 0.85) - 0.75 \times \log_{10}(100 \times 0.13) - 0.18\}$$
$$= 0.19 \text{(MPa)}$$

となる。

このような方法を繰り返し，各走行位置を走行する各輪荷重による疲労着目点における輪荷重応力を求めると，**表-4.3.17**の結果となる。

表-4.3.17 輪荷重応力と作用度数（コンクリート版厚：28cm）

①	②	③	④	⑤	⑥	⑦	⑧	⑨	⑩	⑪	⑫
車輪走行位置				15cm		45cm		75cm		105cm	
i	P_i	$N_{all}f_{pi}$ 20years	σ_i	α_1 1	f_{l1} 0.05	α_2 0.7	f_{l2} 0.1	α_3 0.5	f_{l3} 0.25	α_4 0.35	f_{l4} 0.2
1	9.8	72,985,400	0.27	0.27	3,649,270	0.19	7,298,540	0.14	18,246,350	0.09	14,597,080
2	19.6	17,651,400	0.52	0.52	882,570	0.36	1,765,140	0.26	4,412,850	0.18	3,530,280
3	29.4	13,154,600	0.77	0.77	657,730	0.54	1,315,460	0.39	3,288,650	0.27	2,630,920
4	39.2	7,154,000	1.00	1.00	357,700	0.70	715,400	0.50	1,788,500	0.35	1,430,800
5	49.0	3,686,500	1.22	1.22	184,325	0.85	368,650	0.61	921,625	0.43	737,300
6	58.8	2,401,700	1.43	1.43	120,085	1.00	240,170	0.72	600,425	0.50	480,340
7	68.6	1,328,600	1.63	1.63	66,430	1.14	132,860	0.82	332,150	0.57	265,720
8	78.4	591,300	1.82	1.82	29,565	1.27	59,130	0.91	147,825	0.64	118,260
9	88.2	262,800	2.01	2.01	13,140	1.41	26,280	1.01	65,700	0.70	52,560
10	98.0	138,700	2.19	2.19	6,935	1.53	13,870	1.10	34,675	0.77	27,740

〔注〕②輪荷重(kN)，③20年間の輪数，④輪荷重直下の応力，⑤⑦⑨⑪走行位置低減係数α_jを乗じた輪荷重応力 $\sigma_{ij}=\alpha_j\sigma_i$，⑥⑧⑩⑫走行位置頻度を乗じた作用度数 $n_{all}f_{pi}f_{lj}$

4）輪荷重応力の作用度数

輪荷重応力の作用度数は，式（4.3.2）を用い，表-4.3.11に示す設計期間20年の通過輪数と表-4.3.12の走行頻度の積から求めた。たとえば，輪荷重9.8kN（i=1），走行位置45cm（j=2）の位置に発生する輪荷重応力の設計期間における作用度数は，

$$n_{all}f_{p1}f_{l2} = 72{,}985{,}400 \times 0.1 = 7{,}298{,}540$$

となる。このような計算を繰り返し，各走行位置を走行する各輪荷重による疲労着目点における輪荷重応力の作用度数を求めると，表-4.3.17の結果を得ることができる。

5）温度応力の計算

温度応力は，式（4.3.5）から求めた。収縮目地間隔は，10mとした。そり拘束係数C_{w1}は，表-4.3.8から温度差が正の場合（q=1）C_{w1}=0.96，温度差が負の場合（q=2）C_{w2}=0.90を用いる。たとえば，コンクリート版の温度差Θ_kが15℃（q=1, k=3）および-1℃（q=2, k=1）の場合の温度応力は次のように計算される。

Θ_k =15℃の場合，$\sigma_{31} = 0.35 \times 0.96 \times 0.00001 \times 28000 \times 15 = 1.41$ (MPa) となる。

Θ_k =-1℃の場合，$\sigma_{12} = 0.35 \times 0.90 \times 0.00001 \times 28000 \times -1 = -0.09$ (MPa) となる。

このような計算を繰り返し，コンクリート版の各温度差について温度応力を求めると，表-4.3.18の結果となる。

表－4.3.18 温度応力の計算例

q	C_{wq}	k	温度差 (℃)	温度応力 (MPa)
1	0.96	1	19	1.79
		2	17	1.60
		3	15	1.41
		4	13	1.22
		5	11	1.03
		6	9	0.85
		7	7	0.66
		8	5	0.47
		9	3	0.28
		10	1	0.09
2	0.90	1	−1	−0.09
		2	−3	−0.26
		3	−5	−0.44
		4	−7	−0.62
		5	−9	−0.79

6) 合成応力の計算

上記 3) と 5) で求めた輪荷重応力と温度応力から式 (4.3.6) を用いて合成応力を計算した。たとえば，コンクリート版厚28cm，温度差 $\Theta_k = 15℃$ ($k=3$, $q=1$) のとき，$P_i=9.8$kN ($i=1$) の輪荷重が縦自由縁部から45cm離れた位置 ($j=2$) を走行した場合の合成応力は，

$$\sigma_{1231} = \sigma_{12} + \sigma_{31} = 0.19 + 1.41 = 1.60 \text{(MPa)}$$

となる。

表－4.3.19は，コンクリート版厚28cm，縦自由縁部からの距離45cm，$\Theta_k = 15$ ($k=3$, $q=1$)，13 ($k=4$, $q=1$) および−7℃ ($k=5$, $q=1$) の場合における合成応力を示している。実際には，すべての温度差と輪荷重および走行位置の組合せについて同様の計算をする必要がある。

7) 合成応力の作用度数の計算

各合成応力の作用度数は，式(4.3.2)を用いて計算した。たとえば，コンクリート版厚28cm，$\Theta_k = 15℃$ ($k=3$, $q=1$)，9.8kN ($i=1$) の輪荷重が縦自由縁部から45cm離れた位置 ($j=2$) を通過する場合，合成応力の作用度数は，

$$n_{1231} = n_{all} \cdot f_{p1} \cdot f_{j2} \cdot f_{t3} \cdot f_{R1} = 7,298,540 \times 0.004 \times 0.6 = 17,516$$

となる。計算結果の一部を表－4.3.19に示す。同様の計算を，$\Theta_k = 13$ から−7℃まで行う。このような表をさらに車輪走行位置ごとに作成する。

表-4.3.19 合成応力とその作用度数の計算結果の一部（車輪走行位置45cm, $j=2$）

温度差 Θ_k (℃)			15		13		...	-7	
Θ_k の発生頻度 $f_{tk} \times f_{Rq}$			0.004×0.6		0.021×0.6			0.010×0.4	
温度応力 σ_{tkq} (Mpa)			1.41		1.22			-0.62	
昼夜率 f_{Rq}			0.6		0.6			0.4	
輪荷重 P_i (kN)	作用度数 $N_{all}f_{pi}f_{lj}$	荷重応力 σ_{ij} (MPa)	①	②	③	④		⑤	⑥
9.8	7,298,540	0.19	1.60	17,516	1.41	91,962		-0.43	29,194
19.6	1,765,140	0.36	1.77	4,236	1.58	22,241		-0.26	7,061
29.4	1,315,460	0.54	1.95	3,157	1.76	16,575		-0.08	5,262
39.2	715,400	0.70	2.11	1,717	1.92	9,014		0.08	2,862
49.0	368,650	0.85	2.26	885	2.07	4,645		0.23	1,475
58.8	240,170	1.00	2.41	576	2.22	3,026		0.38	961
68.6	132,860	1.14	2.55	319	2.36	1,674		0.52	531
78.4	59,130	1.27	2.68	142	2.49	745		0.65	237
88.2	26,280	1.41	2.82	63	2.63	331		0.79	105
98.0	13,870	1.53	2.94	33	2.75	175		0.91	55

〔注〕①，③，⑤合成応力 $\sigma_{ijkq} = \sigma_{ij} + \sigma_{kq}$ (MPa)，②，④，⑥作用度数 $n_{all}f_{pi}f_{lj}f_{tk}f_{Rq}$

8）疲労度の算定

各合成応力 σ_{ijkq} に対するコンクリートの破壊繰返し数（N_{ijkq}）を，式（4.3.7）より求める。たとえば，温度差が15℃，9.8kNの輪荷重が縦自由縁部から45cm離れた位置を走行する場合の合成応力に対する応力レベルは，

$$SL_{1231} = 1.60/4.4 = 0.36$$

となり，N_{1231} は式（4.3.7）から，

$$N_{1231} = 10^{\frac{1.224-SL_{1231}}{0.118}} = 10^{\frac{1.224-0.36}{0.118}} = 20,991,037$$

となる。

この合成応力による疲労度（FD）は，合成応力の作用度数を破壊繰返し数で除して算定し，合成応力の作用度数は表-4.3.19に示すように17,516である。したがって，$i=1$，$j=2$，$k=3$，$q=1$ に対する部分疲労度は，

$$FD_{1231} = \frac{17,516}{20,991,037} = 0.0008$$

と算定される。表-4.3.20は，表-4.3.19の $k=3$ の列のみの部分疲労度をまとめたものである。

表-4.3.20　部分疲労度の計算結果の一部（車輪走行位置45cm, $j=2$, $\Theta_k=15℃$, $k=3$, $q=1$）

温度差 Θ_k (℃)			15 ($k=3$)				
Θ_k の発生頻度 $f_{tk} \times f_{Rq}$			0.004×0.6				
温度応力 σ_{tkq} (MPa)			1.41				
昼夜率 f_{Rq}			0.6 ($q=1$)				
輪荷重 P_i (kN)	作用度数 $N_{all}f_{pi}f_{lj}$	荷重応力 σ_{ij} (MPa)	合成応力 σ_{ijkq} (MPa)	作用度数 n_{ijkq}	応力レベル SL_{ijkq}	疲労破壊繰返し数 N_{ijkq}	部分疲労度 F_{ijkq}
9.8	7,298,540	0.19	1.60	17,516	0.36	20,991,037	0.0008
19.6	1,765,140	0.36	1.77	4,236	0.40	9,617,249	0.0004
29.4	1,315,460	0.54	1.95	3,157	0.44	4,406,236	0.0007
39.2	715,400	0.70	2.11	1,717	0.48	2,018,760	0.0009
49.0	368,650	0.85	2.26	885	0.51	1,124,210	0.0008
58.8	240,170	1.00	2.41	576	0.55	515,068	0.0011
68.6	132,860	1.14	2.55	319	0.58	286,832	0.0011
78.4	59,130	1.27	2.68	142	0.61	159,731	0.0009
88.2	26,280	1.41	2.82	63	0.64	88,951	0.0007
98.0	13,870	1.53	2.94	33	0.67	49,535	0.0007

このような計算をすべての合成応力（$i=1$〜9, $j=1$〜4, $k=1$〜13, $q=1,2$）に対して繰返し，それぞれの部分疲労度を合計して疲労度を求める。

このような計算を表-4.3.16に示す仮定したコンクリート版厚に対して行い，疲労度を算定すると表-4.3.21の結果が得られた。

表-4.3.21　疲労度の算定結果

代替案	No.1	No.2	No.3
コンクリート版厚	25	28	30
疲労度 F_d	1.6	0.47	0.31
基準値 $1/\gamma_R$, $\gamma_R=1.8$	0.56		
照査の判定	満足しない	満足する	満足する

9）舗装断面の力学的評価

コンクリート版厚の力学的評価は，疲労度（FD）と表-4.3.9に示した信頼度90%に対応じた係数 $\gamma_R=1.8$ を用いて行った。仮定したコンクリート版厚の FD が，

$$FD \leq \frac{1.0}{\gamma_R} = \frac{1.0}{1.8} = 0.56$$

であれば，信頼度90%で設計期間内に疲労ひび割れが発生することはないと判断される。

表-4.3.21は，設定した版厚ごとの疲労度をまとめたものである。この表より，コンクリート版厚が28cm以上であれば，設計基準を満足する。

なお，汎用表計算ソフトを使ったコンクリート版厚が検証できる簡便なシートを日本道路協会のホームページ［URL：http://www.road.or.jp/dl/tech.html］で公開しているので，適宜活用されたい。

(7) 舗装断面の経済性評価と舗装断面の決定

設計条件を満足するコンクリート版厚 28cm における 2 種類の路盤の場合のライフサイクルコストを比較して採用する舗装断面を決定する。

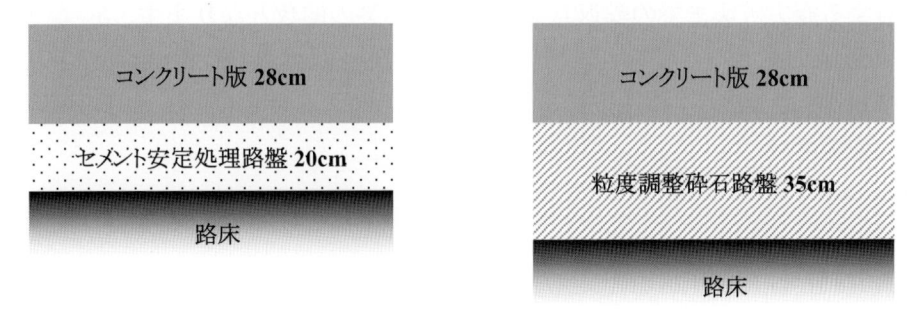

図－4.3.3　設計を満足する舗装断面

(8) 設計期間を 40 年にした場合

設計期間を 40 年として同様の設計計算を行った。その結果が**表－4.3.22** である。この場合，すべての断面が設計を満足しないことになる。

表－4.3.22　疲労度の算定結果

代替案	No.1	No.2	No.3
コンクリート版厚	25	28	30
疲労度 F_d	3.2	0.94	0.62
基準値 $1/\gamma_R$，$\gamma_R = 1.8$	0.56		
照査の判定	満足しない	満足しない	満足しない

そこで，設計曲げ強度を 4.9MPa として再度計算を行うと，疲労度は**表－4.3.23** のようになる。この場合には，コンクリート版厚が 28cm 以上であれば設計を満足することになる。

表－4.3.23　疲労度の算定結果

代替案	No.1	No.2	No.3
コンクリート版厚	25	28	30
疲労度 F_d	0.87	0.36	0.27
基準値 $1/\gamma_R$，$\gamma_R = 1.8$	0.56		
照査の判定	満足しない	満足する	満足する

コラム7　疲労のマイナー則

　疲労破壊は，材料内部に発生する微細なクラックが，荷重の繰返しによって次第に成長して破断に至る現象であり，舗装のひび割れの原因となります。表層に使用されるアスファルト混合物やコンクリート版の疲労破壊を予測することによってひび割れによる寿命を算定します。

　破壊に至るまでの応力またはひずみの繰返し回数に対する実際の繰返し回数の比を，疲労度 (Fatigue Damage, FD)といいます。疲労度が 1.0 を超えるとその材料は破壊するとします。すなわち，応力やひずみなどの応答 S_1 が一回作用すると，$1/N(S_1)$ だけ疲労すると考えます。ここに $N(S_1)$ は S_1 に対する疲労破壊までの繰返し数であり，応答の関数となります。S_1 が n_1 回作用すると $n_1/N(S_1)$ だけ疲労することになります。さらに S_2 が n_2 回作用すると $n_2/N(S_2)$ だけ疲労し，全体として $n_1/N(S_1)+n_2/N(S_2)$ だけ疲労します。一般化して，S_i (i = 1, 2, 3...,m) の応力が n_i 回作用すると，その疲労度は

$$FD = \sum_i \frac{n_i}{N(S_i)} \tag{C7.1}$$

となります。この疲労度 FD が1.0 を超えると材料が破壊するとします。これをマイナー則(Miner's law)といい，コンクリート舗装の設計に用いられています。

【参考文献】
1）（公社）土木学会：舗装工学ライブラリー7　舗装工学の基礎，平成24年

コラム8　疲労度とひび割れ度の関係

　コンクリート舗装の構造設計の照査に用いられる疲労度 FD は，ひび割れ発生の度合いを示す指標と考えると，FD が大きいほどひび割れの発生する可能性が高いといえます。そこで米国では，ひび割れ発生の度合いをひび割れた版の比率(%) CRK で定義し，LTPP のデータから CRK と FD に図ーC8.1に示すような関係を見出しています。この図から，$FD=1.0$ のとき，ひび割れた版の比率は 50%，すなわち半数のコンクリート版にひび割れが発生することになります。$FD=100$ になるとすべてのコンクリート版にひび割れが発生します。この関係は次式で表現できます。

$$CRK = \frac{1}{1+FD^{-1.68}} \tag{C8.1}$$

米国の設計法では疲労度を計算し，式（C8.1）からコンクリート舗装のひび割れの度合いを評価しています．

　CRK とひび割れ度(cm/m^2)との関係を示しましょう。幅5m，目地間隔5m のコンクリート版に1 本の横ひび割れが発生しているとします。その場合のひび割れ度は，500cm÷(5m×5m)=20cm/m^2 となります。100 枚のコンクリート版の半分にこのようなひび割れが発生していた場合そのひび割れ度は500cm×50 枚÷(5m×5m×100 枚)=10 cm/m^2 であり，先の例で示したように CRK は50%です。すなわち，$FD=1.0$ はひび割れ度 10 cm/m^2 に対応することになります。このように，疲労破壊抵抗性を疲労度で評価することは，ひび割れ度を評価していることと意味合いは同じです。

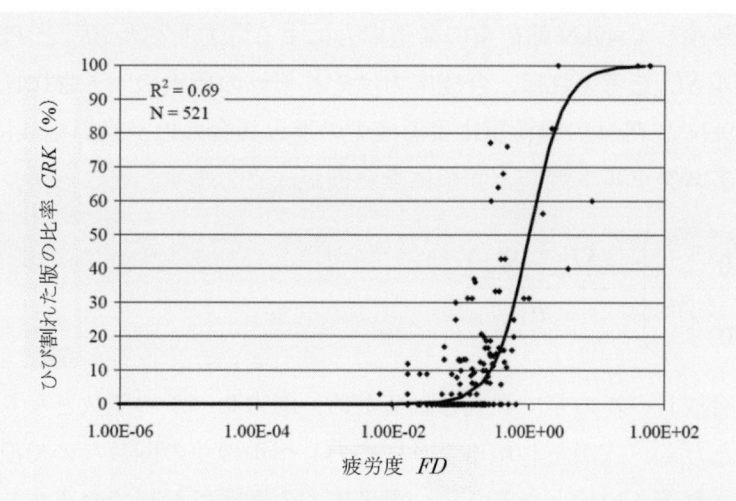

図-C8.1 疲労度とひび割れが発生したコンクリート版の比率との関係

【参考文献】
1) (公社) 土木学会:舗装工学ライブラリー7 舗装工学の基礎, 平成24年

コラム9　なぜコンクリート舗装では49kN換算輪数が計算できないのでしょうか

アスファルト舗装の構造設計において輪荷重を49kNに換算する方法が使われています。これはアスファルト混合物の疲労曲線が次式で表現できることに起因しています。

$$N = k_1 \varepsilon^{k_2} E^{k_3} \tag{C9.1}$$

ここに、Nは疲労破壊するまでの繰返し数、εは輪荷重によるアスファルト混合物層の引張ひずみ、Eはアスファルト混合物の弾性係数、k_1, k_2, k_3は正の定数です。この式は次のように解釈することができます。すなわち1回の荷重によって生ずる引張ひずみによって$1/N$だけ疲労すると考えるのです。さて49kN輪荷重による引張ひずみをε_0、P kN輪荷重による引張ひずみをε_pとしましょう。すると1回の49kNとPkNの輪荷重による疲労の進み具合の比が換算輪数になるので、

$$\frac{1/N_p}{1/N_0} = \frac{1/k_1 \varepsilon_p^{-k_2} E^{-k_3}}{1/k_1 \varepsilon_0^{-k_2} E^{-k_3}} = \left(\frac{\varepsilon_p}{\varepsilon_0}\right)^{k_2} = \left(\frac{P}{49}\right)^{k_2} \tag{C9.2}$$

となります。ただし、弾性計算なので引張ひずみは荷重に比例するとしています。ここでk_2を4.0とすれば4乗則になります。実際にはk_2が3.291なので、4乗則はおおよそ正しいといえます。

さて、コンクリート舗装の場合はどうなるでしょうか。コンクリート舗装の場合の疲労曲線は以下のようになります。

$$\log N = \frac{a - SL}{b} \tag{C9.3}$$

ここで，温度応力は無視して49kN輪荷重の荷重応力による応力レベル SL_0 と PkN 輪荷重の荷重応力による応力レベル SL_p を考えれば，合成応力はそれぞれの荷重の大きさに比例します。先ほどと同様に1回の49kNと PkN の輪荷重による疲労の進み具合の比が換算輪数になるので，その対数が定数になればアスファルト舗装と同様に換算則が成立します。ところが，

$$\log\left(\frac{1/N_p}{1/N_0}\right)=\log\left(\frac{10^{\frac{a-SL_0}{b}}}{10^{\frac{a-SL_p}{b}}}\right)=\frac{(SL_p-SL_0)}{b} \tag{C9.4}$$

となり，比の対数が合成レベルの差で表現されるため，応力レベルの関数となりアスファルト舗装とは異なります。ただし，式からわかるように応力レベルの差の関数なので温度応力が等しければそれは差し引きされ等しい比となるため，温度応力の影響は無視できます。アスファルト舗装とコンクリート舗装の輪荷重換算係数の違いを図－C9.1に示します。

このようにコンクリート舗装においては49kN換算輪数の計算はできないわけではありませんが複雑になります。そもそも，コンクリート舗装に対して交通量のデータから図－C9.1の関係を使って49kN換算輪数を算定して，計画交通量との関係をまとめる作業を行っていないので，N_1～N_7のような交通量区分ができません。このようなことからコンクリート舗装においては49kN換算輪数を規定せず，疲労度によって設計を行うのです。

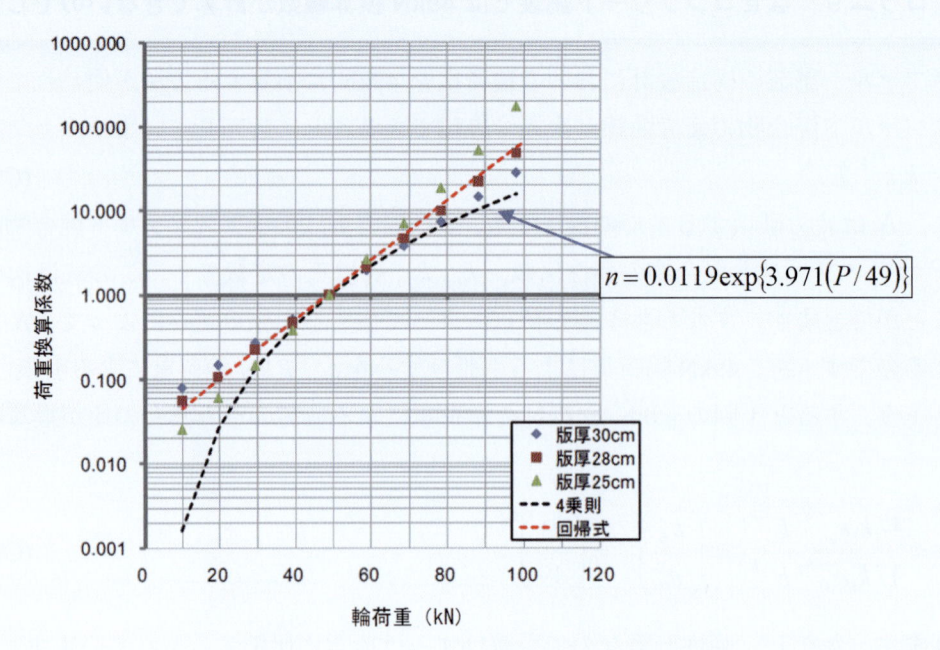

図－C9.1 コンクリート舗装における49kN換算輪数の輪荷重ごとの係数

【参考文献】
1) (公社) 土木学会：舗装工学ライブラリー7　舗装工学の基礎，平成24年
2) 野田 悦郎，田井 文夫：コンクリート舗装の理論設計における49kN輪荷重換算係数の検討，第30回日本道路会議論文集，平成25年

コラム10　コンクリート版上下面の温度差とその発生頻度

コンクリート版内部に発生する応力には輪荷重応力と温度応力があります。温度応力は，コンクリート版の上下面の温度差で生じるそり変形が，版の自重や目地部により拘束されて発生します。この上下面の温度差は，地域の環境条件により異なることから，理論的設計方法で構造設計を行う場合には現地で実測することが望ましいのですが，実測が困難な場合には，舗装設計便覧に掲載されている計測例（温度差が大きな地域，小さな地域）や，以下に示すような実測例を参考にして設定してください。

表−C10.1　温度差の発生頻度の例（版厚25cm）[1]

温度差 (℃)	実測値から算出した頻度								舗装設計便覧	
	北海道 苫小牧市	宮城県 多賀城市	茨城県 つくば市	愛知県 名古屋市	広島県 広島市	福岡県 久留米市	鹿児島県 鹿児島市	沖縄県 豊見城市	温度差小	温度差大
21	0.000	0.000	0.000	0.000	0.000	0.003	0.000	0.000	0.000	0.000
19	0.000	0.000	0.000	0.000	0.000	0.016	0.002	0.000	0.000	0.005
17	0.001	0.010	0.000	0.014	0.005	0.033	0.021	0.005	0.000	0.018
15	0.013	0.030	0.016	0.042	0.033	0.050	0.048	0.032	0.002	0.032
13	0.040	0.044	0.038	0.054	0.056	0.063	0.065	0.071	0.016	0.040
11	0.065	0.060	0.082	0.085	0.089	0.082	0.073	0.079	0.037	0.050
9	0.084	0.089	0.101	0.093	0.098	0.098	0.101	0.099	0.085	0.080
7	0.103	0.124	0.127	0.135	0.125	0.116	0.106	0.118	0.110	0.100
5	0.129	0.160	0.164	0.147	0.149	0.128	0.128	0.136	0.155	0.125
3	0.208	0.198	0.194	0.177	0.179	0.156	0.167	0.187	0.205	0.190
1	0.357	0.286	0.279	0.251	0.265	0.255	0.291	0.273	0.390	0.360
−1	0.462	0.330	0.344	0.322	0.276	0.270	0.333	0.470	0.600	0.410
−3	0.334	0.448	0.444	0.446	0.405	0.386	0.420	0.458	0.335	0.320
−5	0.162	0.214	0.206	0.217	0.276	0.257	0.220	0.071	0.063	0.220
−7	0.039	0.007	0.005	0.015	0.044	0.086	0.028	0.000	0.002	0.048
−9	0.002	0.000	0.000	0.000	0.000	0.001	0.000	0.000	0.000	0.002

【参考文献】

1) 畠山 慶吾，久保 和幸，堀内 智司，小梁川 雅，竹内 康，西澤 辰男，吉本 徹：コンクリート舗装の理論的設計法の温度差に関する一検討，土木学会第66回年次学術講演会，平成23年9月

4-4 構造細目

普通コンクリート舗装では，コンクリート版や路盤の厚さを設定する構造設計の他に，目地構造やコンクリート版に入れる鉄筋，鉄網などを適切に定める必要がある。ここでは，普通コンクリート版の構造細目について記述する。

4-4-1 目地の分類と構造

（1）目地の分類

普通コンクリート版には，膨張，収縮，そり等をある程度自由に起こさせることによって，応力を軽減する目的で目地を設ける。目地には，道路の横断方向に設ける横目地と縦断方向に設ける縦目地があり，それぞれ，目地の働きによって，横目地は横収縮目地と横膨張目地に，縦目地は縦そり目地と縦膨張目地に分類される。また，これら目地はダミー目地や突合せ目地など，その構造や施工方法により分類されている。普通コンクリート版の目地の分類と呼称を図－4.4.1に示す。

```
                                                                    ＜　＞は呼称
┌──────────┐  ┌──────────┐  ┌────────────────────────┐
│場所による分類│  │働きによる分類│  │   構造や施工方法による分類   │
└──────────┘  └──────────┘  └────────────────────────┘

                  ┌─ 収縮目地 ──┬─ ダウエルバーを用いた「ダミー目地」
                  │ ＜横収縮目地＞│   ＜横収縮・ダミー目地＞
  ┌─────┐  │              └─ ダウエルバーを用いた「突合せ目地」
  │ 横目地 │──┤                  ＜横収縮・突合せ目地（横施工目地）＞
  └─────┘  │
                  └─ 膨張目地 ── ダウエルバーと目地板を用いた「突合せ目地」
                     ＜横膨張目地＞   ＜横膨張目地＞

                  ┌─ そり目地 ──┬─ タイバーを用いた「ダミー目地」
                  │ ＜縦そり目地＞│   ＜縦そり・ダミー目地＞
  ┌─────┐  │              └─ タイバーを用いた「突合せ目地」
  │ 縦目地 │──┤                  ＜縦そり・突合せ目地（縦施工目地）＞
  └─────┘  │
                  └─ 膨張目地 ── 排水溝などに接する目地板を用いた「突合せ目地」
                     ＜縦膨張目地＞  （ダウエルバーやタイバーは用いない）
                                     ＜縦膨張目地＞
```

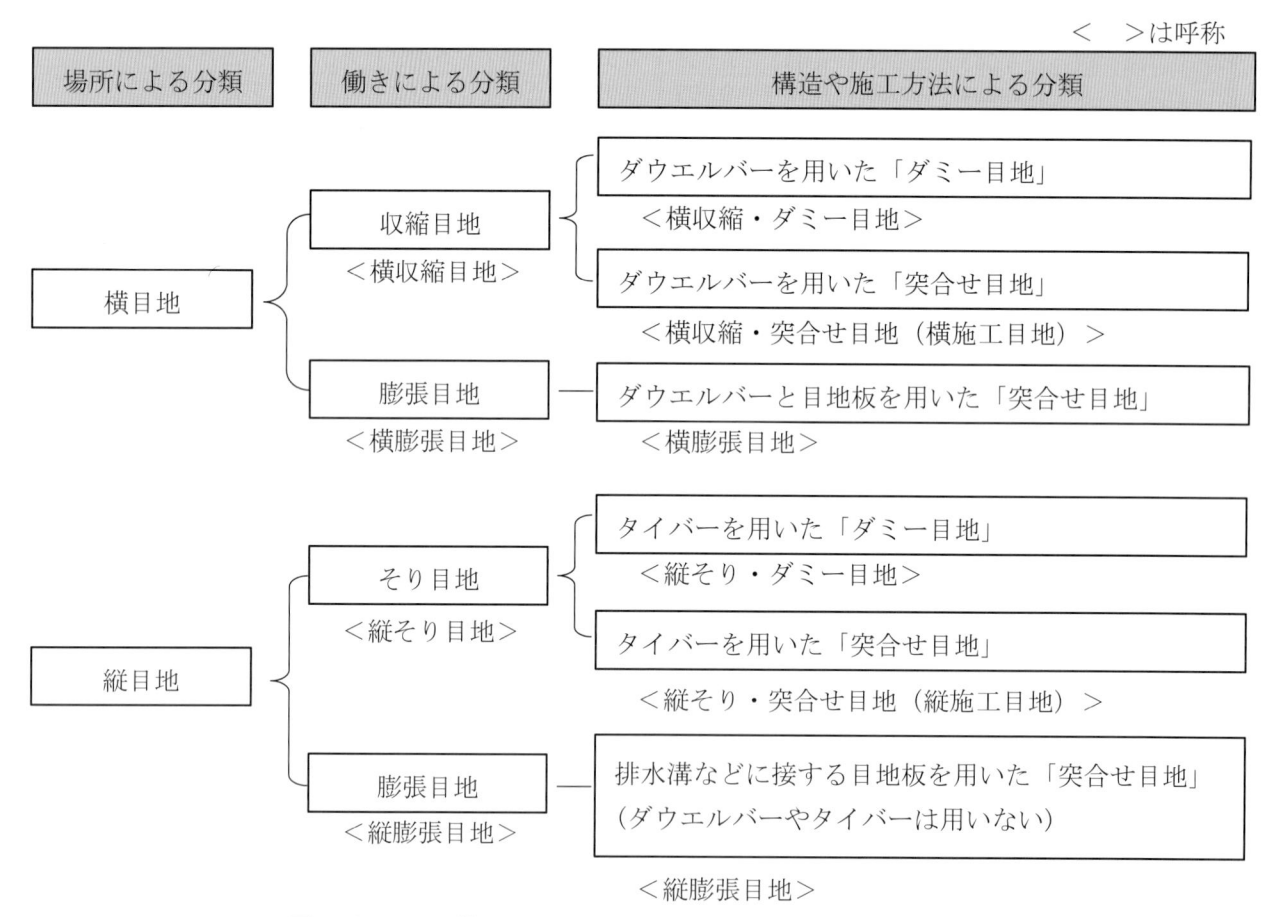

図－4.4.1　普通コンクリート版の目地の分類と呼称

1）目地の働きによる分類
　①　収縮目地
　　　収縮目地は，コンクリート版の収縮を自由に起こさせることによって応力の軽減をはかり，ひび割れの発生を抑制するために設けるもので，ダウエルバーを用いたダミー目地やダウエルバーを用いた突合せ目地とする。
　②　膨張目地
　　　膨張目地は，コンクリート版の膨張を妨げないことによって，温度上昇によりコンクリート版が持ち上がったり，隣り合うコンクリート版との目地や構造物を破壊するのを防止する。横膨張目地はダウエルバーと目地板を用いた突合せ目地とし，縦膨張目地は目地板を用いた突合せ目地としてダウエルバーは用いない。
　③　縦そり目地
　　　縦そり目地は，温度変化にともなうそり応力によるひび割れの発生を抑制するもので，タイバーを用いたダミー目地や突合せ目地とする。通常，供用後の車線を区分する位置に設けることが望ましいが，施工方法等も考慮して適切に決定するとよい。

2）構造や施工方法による分類
　①　ダミー目地
　　　ダミー目地は，不規則な初期ひび割れの発生を抑制するため，版の上部に溝を設けひび割れの発生を誘導するもので，原則的に，コンクリートの硬化後にカッタを用いて目地溝を切るカッタ目地とする。
　　　横収縮目地におけるカッタ目地では，コンクリートがある程度硬化した時に，まず1枚刃のカッタで切削して不規則な初期ひび割れの発生を抑止し，硬化後に改めてカッタを用いて規定の目地溝とする場合もある。また，気温の高い時期の施工時には，コンクリートがまだ固まらないうちに振動目地切り機械などを用いて溝を造り，仮挿入物を埋め込む打込み目地を設ける場合もある。
　②　突合せ目地
　　　突合せ目地は，硬化したコンクリート版に突き合せて隣り合ってコンクリート版を舗設することによってできる目地のことをいい，施工目地（横方向や縦方向の施工継ぎ目）はこの突合せ目地に該当する。

3）目地間隔
　①　横収縮目地
　　　横収縮目地の間隔は，**表－4.4.1**を標準とする。
　　　鉄網および縁部補強鉄筋を用いる設計とする場合の横収縮目地間隔は，版厚に応じて8mまたは10mとする。
　　　また，鉄網および縁部補強鉄筋を用いない設計とする場合の横収縮目地間隔は，版厚に応じて5mまたは6mとするとよい。

表－4.4.1　横収縮目地間隔

版の構造	版　厚	
	25cm 未満	25cm 以上
鉄網および縁部補強鉄筋を使用	8m	10m
鉄網および縁部補強鉄筋を省略	5m	6m

② 横膨張目地

　横膨張目地の間隔は，理論的に厳密に決めることはできないが，一般には，橋梁，横断構造物の位置，収縮目地間隔および1日の舗装延長等をもとにして適切な間隔で設けるとよい。

③ 縦目地

　縦目地の間隔は，縦目地と縦目地，または縦目地と縦自由縁部との間隔である。その間隔は，通常，3.25m，3.5m または 3.75m である。なお，目地以外への縦ひび割れを避けるためには，5m 以上の間隔にしないことが望ましい。

④ 縦膨張目地

　縦膨張目地は，コンクリート版の縦自由縁部が側溝や街渠と接する位置に設けられ，その長さは構造物等に接する全延長とする。

（2）目地構造

　目地の構造は，目地の機能に応じたものとする。

1）横収縮目地

　横収縮目地はダウエルバー（普通丸鋼）を用いたダミー目地構造（横収縮・ダミー目地）を標準とし，1日の舗設の終わりに設ける横収縮目地はダウエルバーを用いた突合せ目地（横収縮・突合せ目地）とする。

　ダミー目地による横収縮目地の構造例を**図－4.4.2**および**図－4.4.3**に示す。なお，1日の最高気温と最低気温の差が大きくなる時期や，1日の最高気温が高くなる時期の舗設においては，30m 程度ごとに，ひび割れを誘導できるようにあらかじめフレッシュな状態のコンクリートに目地溝を設ける（打込み目地）場合がある。

　カッタ目地の場合，目地溝は幅 6〜10mm，深さは版厚に応じて 50〜70mm とする。打込み目地の場合，仮挿入物は 80mm まで挿入し，カッタで幅 6〜10mm，深さ 40mm まで切削後，注入目地材で充填する。なお，版厚が厚く目地溝が深い場合では，夏期における注入目地材のはみ出しを少なくするためにバックアップ材を用い，上部深さ 40mm に注入目地材を充填してもよい。

　ダウエルバーは径 25mm，長さ 70cm のものを**表－4.4.2**に示すような間隔で配置する。

　ダウエルバーは，道路中心線および路盤面に平行に正しく埋め込まれるようにチェアで支持して設置する。ただし，スリップフォームペーバ等でダウエルバーインサータを使用する場合は，チェアを設置しないで挿入することもある。

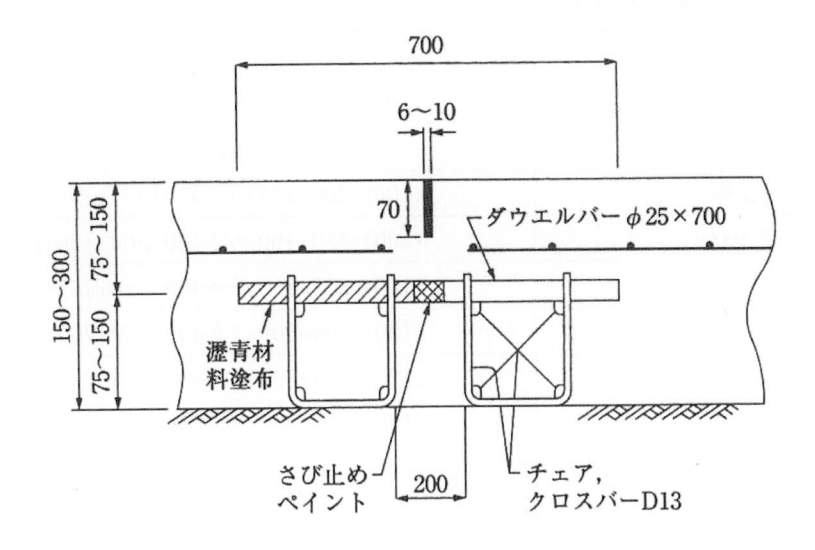

図—4.4.2　一般的な横収縮・ダミー目地の構造例（単位：mm）

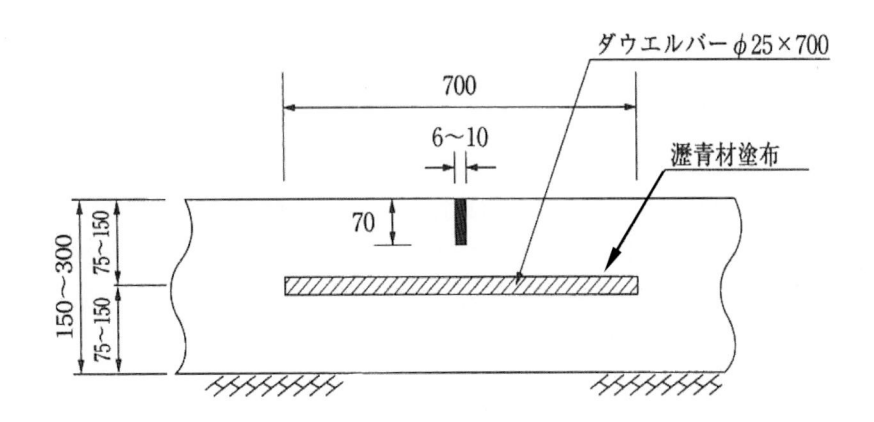

図—4.4.3　舗設時にダウエルバーを挿入する横収縮・ダミー目地の構造例（単位：mm）

表-4.4.2 ダウエルバーの設置間隔の標準値

コンクリート版の幅（mm）	ダウエルバーの間隔（mm）
2,750	(100)+175+300+4@400+300+175+(100)
3,000	(100)+200+6@400+200+(100)
3,250	(100)+200+325+5@400+325+200+(100)
3,500	(100)+150+300+6@400+300+150+(100)
3,750	(100)+225+350+6@400+350+225+(100)
4,000	(100)+200+300+7@400+300+200+(100)
4,250	(150)+225+350+7@400+350+225+(150)
4,500	(150)+200+300+8@400+300+200+(150)

〔注1〕幅は縦自由縁部と縦そり目地の間隔をいう。
〔注2〕（　）内の数字は縦自由縁部または縦そり目地とダウエルバーの間隔を示す。

2）横膨張目地

　横膨張目地の構造例は図-4.4.4に示すとおりであり，ダウエルバーと目地板とをチェアおよびクロスバーを用いて組み立て，目地溝に注入目地材を充填する構造とする。注入目地材は目地からの雨水の浸入を防ぐために用いるものであり，その目地溝は幅25mm，深さ40mm程度とする。

　ダウエルバーは径28mm，長さ70cmのものを標準とし，表-4.4.2に示す間隔に配置する。ダウエルバーの一端にはゴム管等を詰めたキャップをかぶせ，道路中心線および路盤面に平行に正しく埋め込まれるようにチェアで支持して設置する。チェアは径13mmの鉄筋とし，クロスバーを溶接して施工中に変形しないように留意する。なお，大型車交通量が極めて多い場合には，ダウエルバーは径32mmのものを用いる。

(a) 平面図

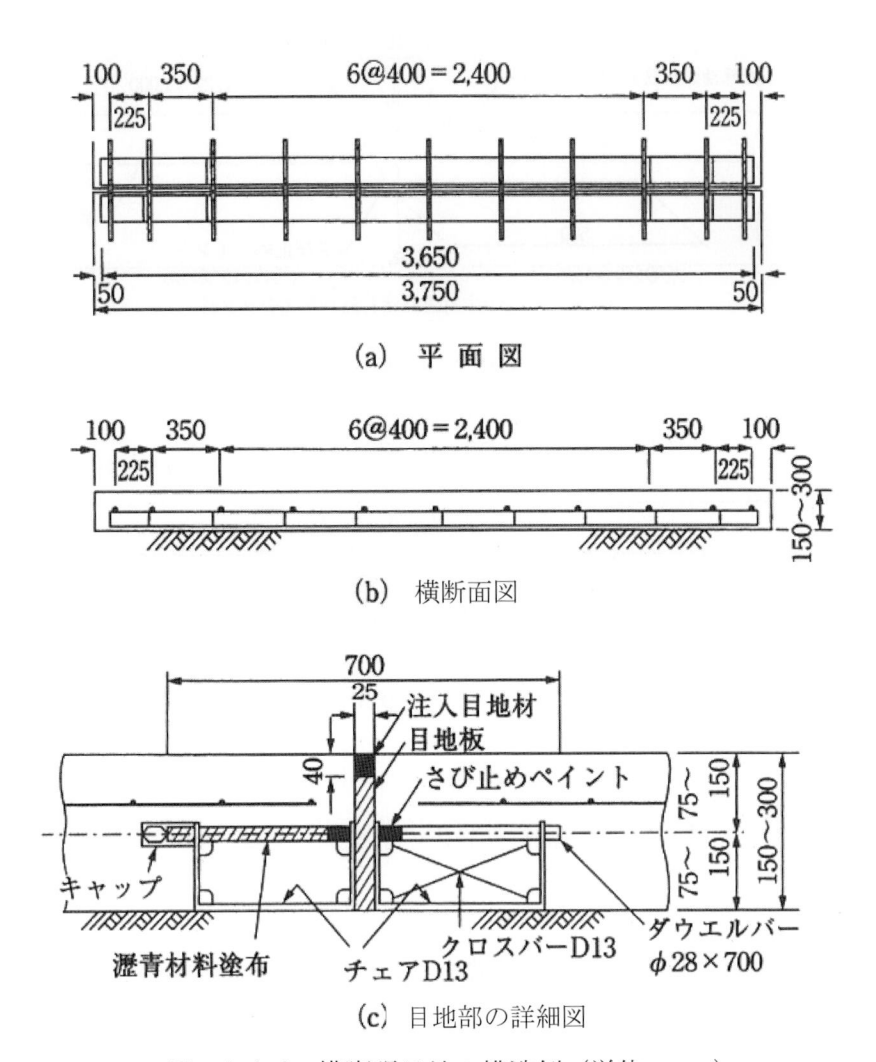

(b) 横断面図

(c) 目地部の詳細図

図－4.4.4　横膨張目地の構造例（単位：mm）

3）縦そり目地

　縦そり目地の設置は，2車線を同時舗設する場合は，縦そり目地位置にD22，長さ1mのタイバー（異形棒鋼）を使った縦そり・ダミー目地を設ける。車線ごとに舗設する場合は，D22，長さ1mのネジ付きタイバーを使った縦そり・突合せ目地とする。また，スリップフォーム工法で突合せ目地とする場合では，あらかじめキャップを付けたタイバーを設置する方法や，先行舗設レーンにドリル等で穿孔してエポキシ樹脂等でタイバーを固定する方法を検討するとよい。

　なお，タイバーは版厚の中央の位置に1m間隔で設置し，目地溝は幅6～10mm，深さ40mmとし，注入目地材で充填する。縦目地の構造例を**図－4.4.5**に示す。

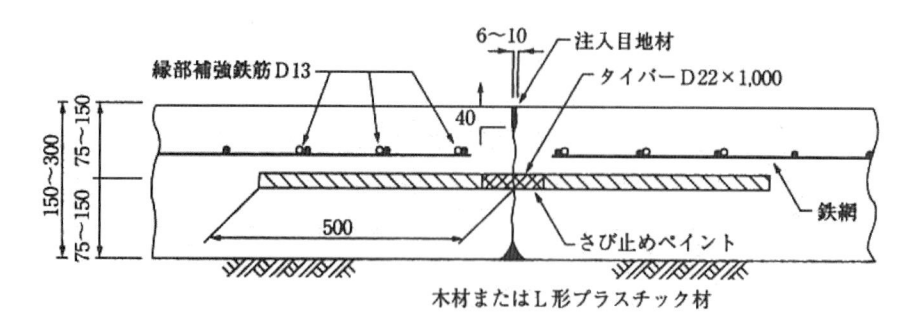

(a) 縦そり・ダミー目地の断面図

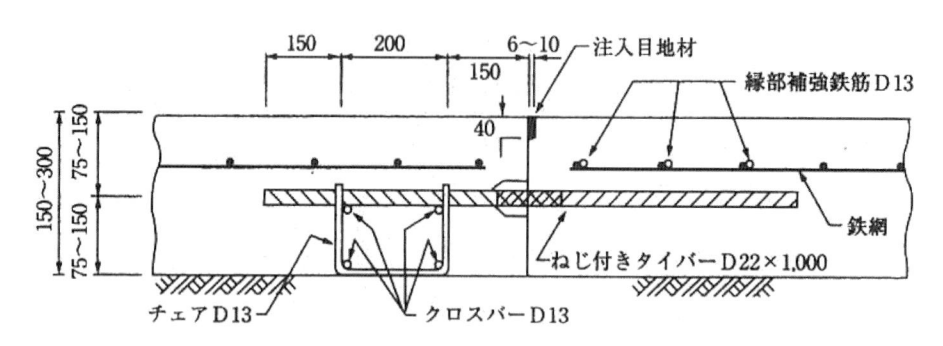

(b) 縦そり・突合せ目地の断面図

図−4.4.5 縦そり目地の構造例（単位：mm）

4）縦膨張目地

コンクリート版の縦自由縁部が排水溝などに接する場合の縦膨張目地は，**図−4.4.6** に示す構造例のような構造とする。

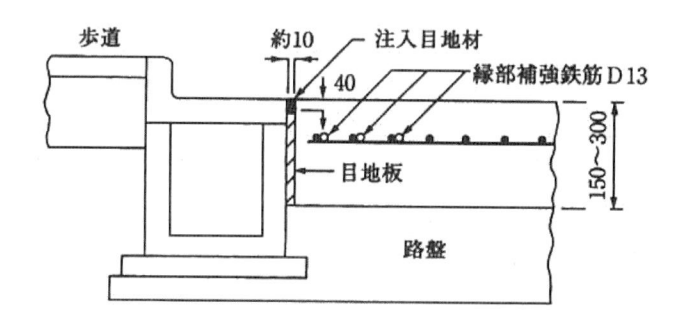

図−4.4.6 排水溝に接する縦膨張目地の構造例（単位：mm）

4-4-2 鉄網および縁部補強鉄筋

普通コンクリート版に用いる鉄網は，通常D6の異形棒鋼を溶接で格子に組み上げたものとし，その鉄筋量は1m^{2}につき約3kgを標準とする。また，縁部補強鉄筋は，D13の異形棒鋼3本を鉄網に結束し，コンクリート版の縦縁部を補強する。

鉄網の敷設位置は，表面から版厚のほぼ1/3の位置とする。ただし，15cmの版厚の場合には版の中央の位置とする。

鉄網の大きさは，コンクリート版縁部より10cm程度狭くする。1枚の鉄網の長さは，重ね合わせる幅を20cm程度とし，目地間隔の間に収まるように，かつ運搬が便利なように決める。鉄網と縁部補強鉄筋の設置例を図－4.4.7に示す。

縦目地が突合せ目地となり，タイバーをチェアとクロスバーで組み立てたもの（バーアセンブリ）で設置する場合には，チェアをつなぐクロスバーを縁部補強鉄筋として兼用させてよい。

鉄網を用いない場合には，一般に縁部補強鉄筋も設置しない。

なお，「コラム 4」で述べているような，目地間隔は従前のまま鉄網を用いない普通コンクリート舗装を試験施工する場合には，事前に有識者委員会等を設け，追跡調査によるモニタリングを行ったうえで構造を評価するとよい。

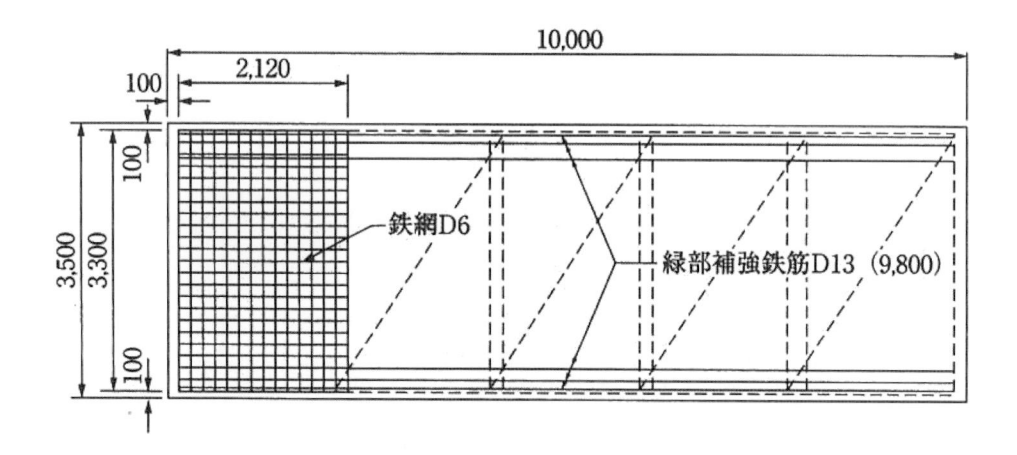

図－4.4.7　鉄網および縁部補強鉄筋の例（単位：mm）

4-4-3　路面処理

コンクリート舗装の路面には，すべり抵抗性の確保と防眩効果の観点から，ほうき目仕上げ，グルービング，骨材露出工法などの粗面仕上げを行う。

4-4-4　アスファルト中間層

普通コンクリート舗装の路盤の最上部にアスファルト中間層を設けることがある。アスファルト中間層は，耐久性や耐水性の向上などの役割をもち，良好なコンクリート版の施工基盤となる。

アスファルト中間層は，一般に，交通量区分がN_6およびN_7の場合に用いられ，厚さの標準は4cmである。アスファルト中間層を用いた場合，アスファルト中間層4cmに相当する厚さとして，通常，粒度調整砕石路盤で10cm，セメント安定処理路盤で5cmの厚さを低減することができる。ただし，低減後の最小厚さは15cmとすることが望ましい。

アスファルト中間層には，一般に，密粒度アスファルト混合物(13)が用いられるが，コンクリート版の周囲や目地部からの雨水等の浸入による耐久性を考慮する必要がある。混合物の配合設計，アスファルト中間層の施工については，「舗装施工便覧」を参照するとよい。

4-4-5 コンクリート版の補強

コンクリート版は，同じ輪荷重を受ける場合であっても，版の位置および状態によってその構造的な強さは相違する。すなわち，橋台やボックスカルバートに接する箇所に，一般部と同様のコンクリート版を用いると構造的に弱いものとなる。このような箇所のコンクリート版は厚さを増し，鉄筋等で補強することにより，舗装全体の耐久性が高まるように設計する。

図－4.4.8および図－4.4.9は，普通コンクリート舗装におけるコンクリート版の補強の例であり，以下に示す具体的な方法を参考として適用箇所に応じた対策をとるとよい。また，路肩および側帯についての留意事項等も併せて示す。

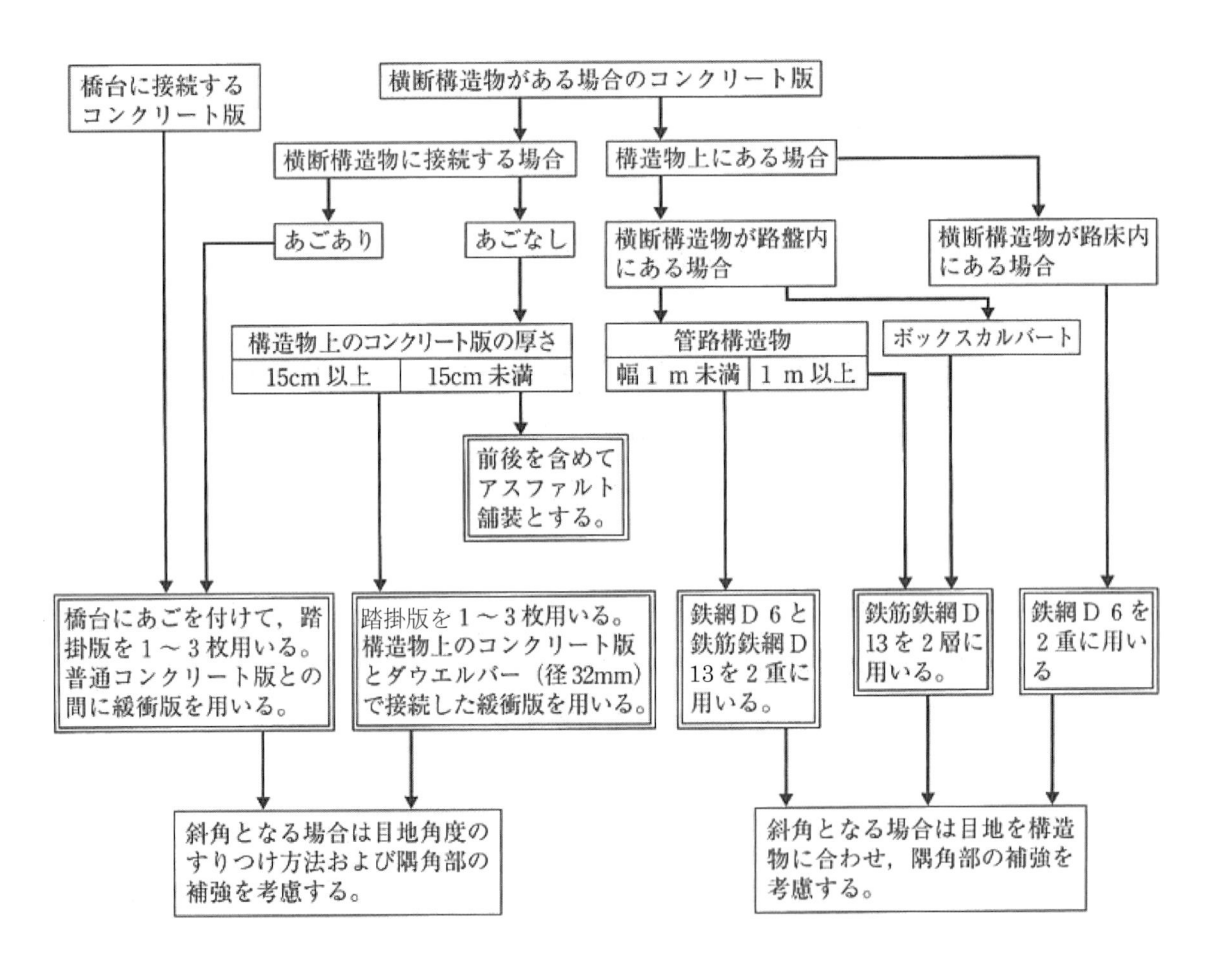

図－4.4.8 コンクリート版の補強の方法例（その1）

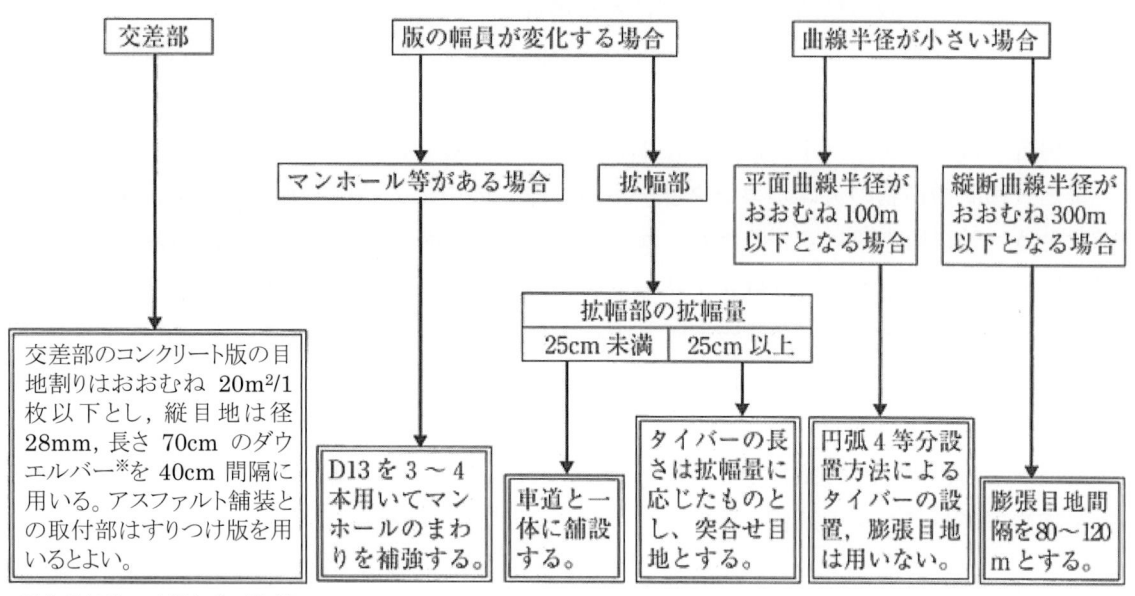

第4章　普通コンクリート舗装

```
┌─────┐          ┌──────────────┐        ┌──────────────┐
│交差部│          │版の幅員が変化する場合│    │曲線半径が小さい場合│
└──┬──┘          └──────┬───────┘        └──────┬───────┘
   │         ┌──────────┼──────────┐      ┌─────┴─────┐
   │    ┌────┴─────┐    │          │      │           │
   │    │マンホール等│  ┌─┴──┐  ┌──┴───┐  ┌─┴────┐  ┌───┴────┐
   │    │がある場合 │  │拡幅部│  │      │  │平面曲線│  │縦断曲線│
   │    └────┬─────┘  └─┬──┘   │      │  │半径がお│  │半径がお│
   │         │       ┌──┴────┐ │      │  │おむね  │  │おむね  │
   │         │       │拡幅部の拡幅量│  │100m   │  │300m   │
   │         │       │25cm未満│25cm以上│ │以下と │  │以下と │
   │         │       └──┬──┴──┬──┘    │なる場合│  │なる場合│
   │         │          │     │       └──┬───┘  └────┬───┘
```

交差部	マンホール等がある場合	拡幅部	拡幅量25cm未満	拡幅量25cm以上	平面曲線半径100m以下	縦断曲線半径300m以下
交差部のコンクリート版の目地割りはおおむね 20m²/1枚以下とし，縦目地は径28mm，長さ 70cm のダウエルバー※を 40cm 間隔に用いる。アスファルト舗装との取付部はすりつけ版を用いるとよい。	D13を3～4本用いてマンホールのまわりを補強する。	車道と一体に舗設する。	タイバーの長さは拡幅量に応じたものとし，突合せ目地とする。	円弧4等分設置方法によるタイバーの設置，膨張目地は用いない。	膨張目地間隔を80～120mとする。

※荷重伝達の確保および収縮を拘束しないため

図－4.4.9　コンクリート版の補強の方法例（その2）

（1）橋台に接合する場合

　コンクリート舗装が橋台に接合する箇所では，踏掛版が設けられる。踏掛版の設計方法については，「道路橋示方書・同解説，Ⅳ下部構造編」を参照するとよい。

　なお，一般に踏掛版は，**図－4.4.10**に示すように1～3枚設置し，一端を構造物のあごの上に載せてずれ止め鉄筋でつなぎ，踏掛版相互はそり目地としてタイバーで連結する。通常のコンクリート版と踏掛版との間には緩衝版を設け，緩衝版と通常のコンクリート版とは膨張目地としてダウエルバーで，また，緩衝版と踏掛版とはそり目地としてタイバーで連結する。

（a）踏掛版の配置（縦断方向の断面図）

（b）踏掛版と通常のコンクリート版の接続部

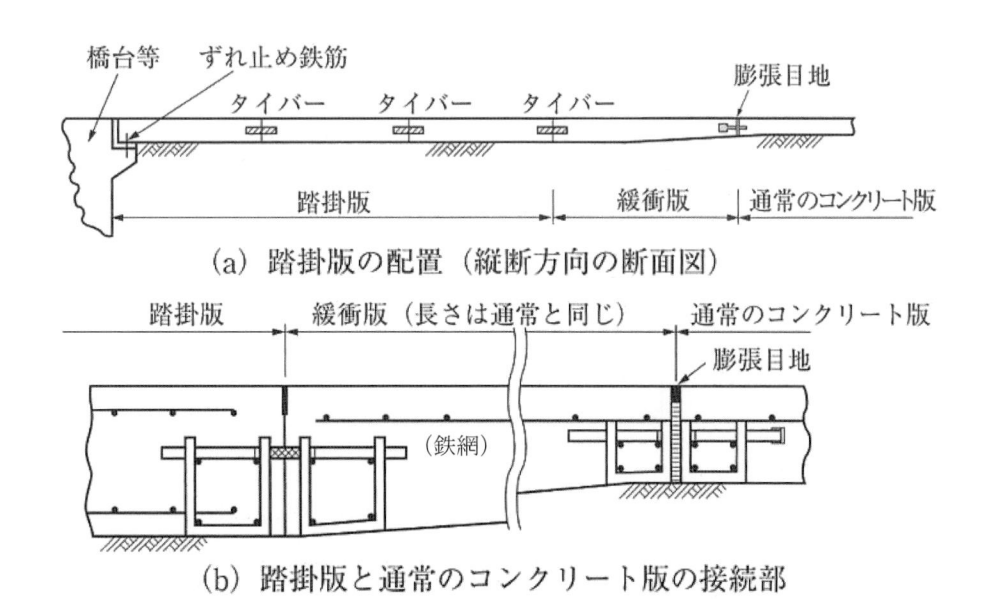

図－4.4.10　踏掛版の例

第4章　普通コンクリート舗装

(2) コンクリート版が横断構造物に接合する場合

　コンクリート版がボックスカルバート等の横断構造物に接合する場合には，横断構造物の背面にあごを付けることを原則とする。なお，横断構造物の天端とコンクリート版が同じ高さとなる場合には，上記の(1)に示した橋台に接続する場合に準じる。

　また，横断構造物の天端がコンクリート版の厚さの中に入るような場合でも，図－4.4.11に示すように踏掛版を設ける。ただし，コンクリート版と横断構造物との高さの差が15cm以上の場合には，構造物上の舗装はコンクリート版とし，15cm未満の場合には一般にアスファルト舗装とする。15cm未満でコンクリート版とする場合には，構造物と完全に付着させるようにする。

　あごが付いていない場合で，構造物上に15cm以上のコンクリート版を舗設できる場合は，図－4.4.12に示すように1～3枚の踏掛版を設け，コンクリート版と踏掛版の間は径32mmのダウエルバーを密に用いた膨張目地とする。また，15cm未満となる場合は，構造物上およびその前後を含めてアスファルト舗装とする。

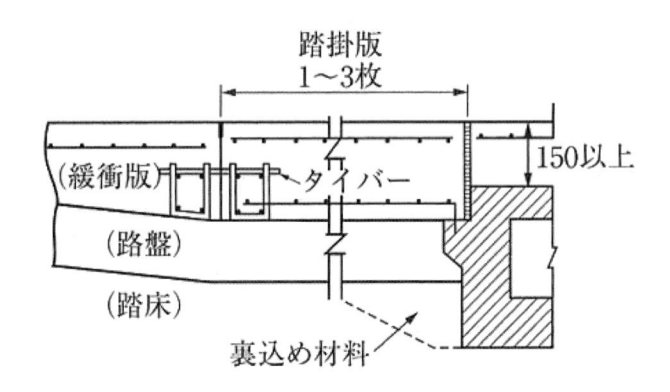

図－4.4.11　コンクリート版にくい込む場合の設計例（単位：mm）

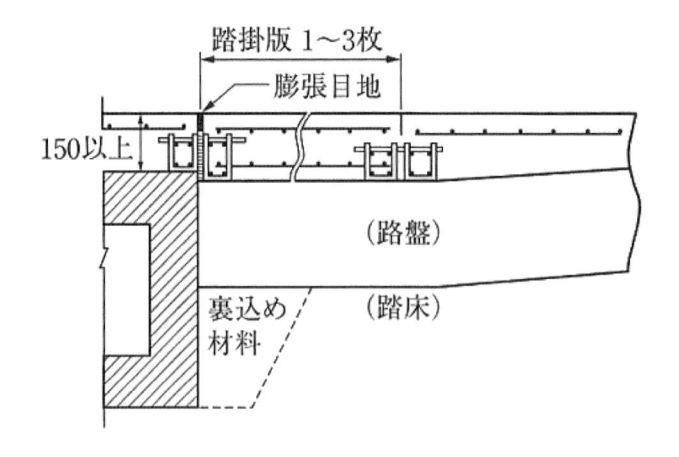

図－4.4.12　あごが付いていない場合の設計例（単位：mm）

（3）コンクリート版が横断構造物上にある場合
 1）横断構造物が路盤内にある場合
　　横断構造物が路盤内にある場合には，**図－4.4.13**に示すように，横断構造物上を含めて前後を鉄筋で補強したコンクリート版とし，長さは構造物の前後にそれぞれおおむね6mを加えたものとする。
　　この箇所のコンクリート版厚は一般部と同一とするが，最小厚は20cmとする。また，横断構造物の両端縁の直上部にはカッタ目地を設けて目地材を充填し，構造物上の路盤厚が10cm以下のときは路盤をならしコンクリートとする。
　　横断構造物が道路中心線に対して斜角の場合は，構造物両端縁上のカッタ目地はすべて構造物の斜角に合わせる。鉄筋で補強したコンクリート版端部の目地は収縮目地とし，50°以上の斜角の場合の端部の収縮目地の角度は90°とする。50°未満の場合は，収縮目地の角度を50°としてその鋭隅角部は，D13の異形棒鋼を20cm×20cmの鉄筋鉄網としたものを上下2層で用い，鉄筋の継手長さは鉄筋径の30倍とする。
 2）管路構造物が路盤内にある場合
　　管路構造物が路盤内にある場合には，**図－4.4.14**に示すように，管路上のコンクリート版を鉄筋鉄網と鉄網を二重に用いて補強し，版厚は一般部と同一とする。管路構造物の中心にはカッタ目地を設け，中心よりそれぞれ6m程度の位置に収縮目地を設ける。
　　管路構造物が斜角の場合，管路構造物の幅が1m程度より大きい場合，あるいは路盤厚が10cm以下となる場合には，上記の1）に準じる。
 3）横断構造物が路床内にある場合
　　横断構造物が路床内にある場合には，**図－4.4.15**に示すように，鉄網を二重に用いたコンクリート版とする。補強した版の長さは，上記1），2）に準じ，また，横断構造物の両端縁の直上または中心上にはカッタ目地を設けるとよい。

第4章　普通コンクリート舗装

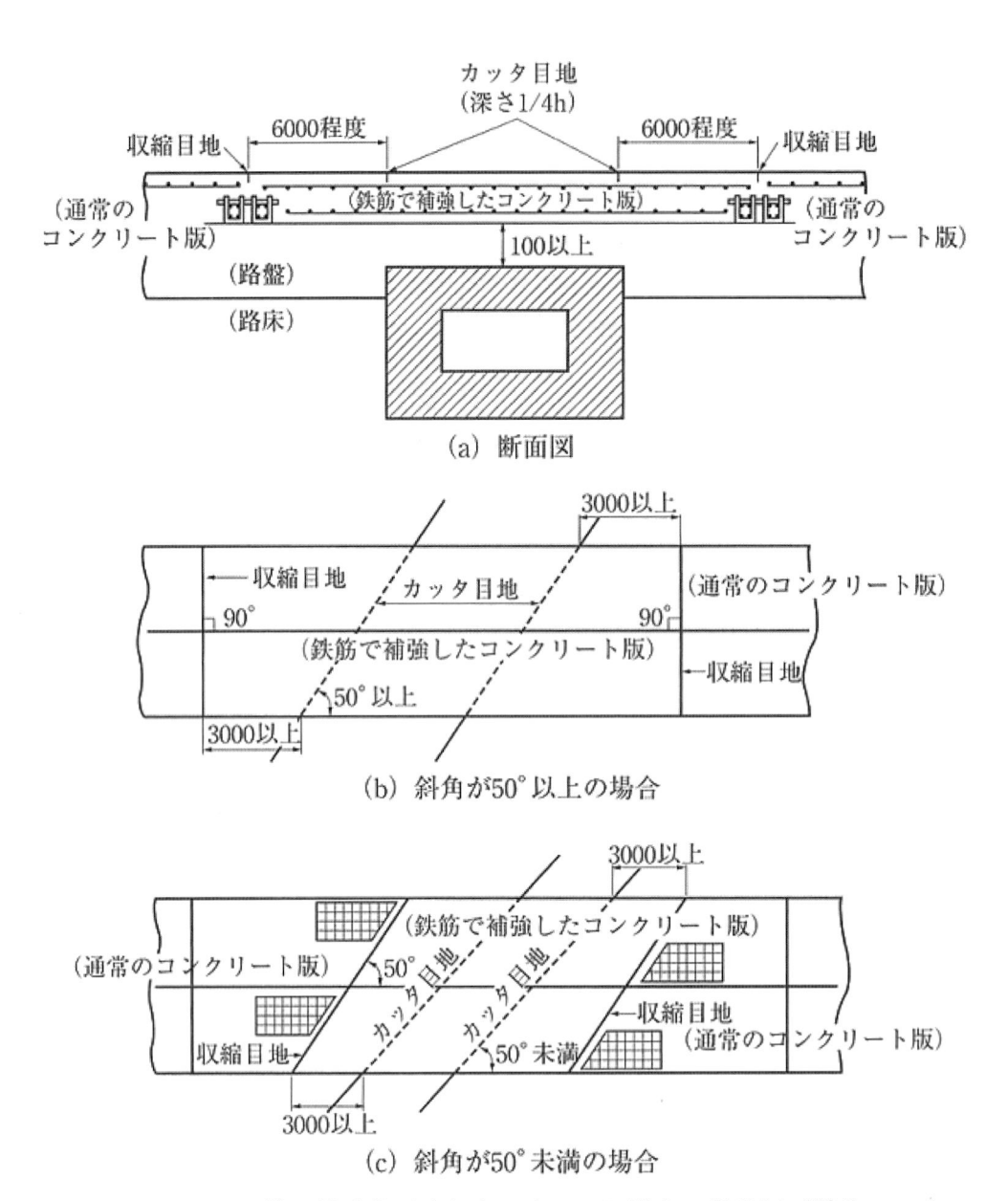

図－4.4.13　横断構造物が路盤内にくい込む場合の設計例（単位：mm）

(a) 断面図
(b) 斜角が50°以上の場合
(c) 斜角が50°未満の場合

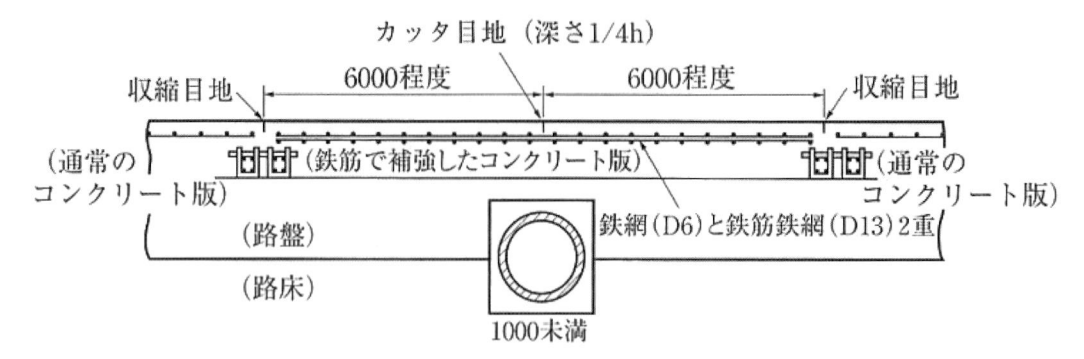

図－4.4.14　管路構造物が路盤内にある場合の設計例（単位：mm）

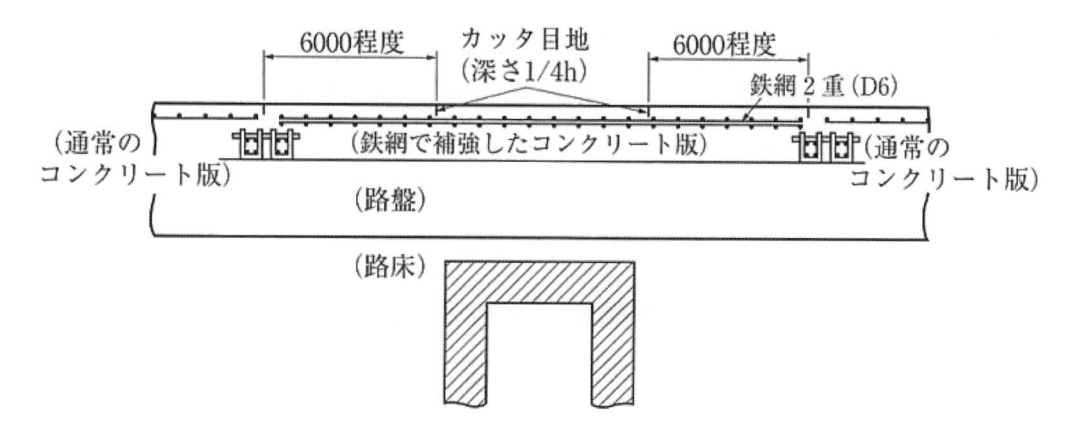

図-4.4.15　横断構造物が路床内にある場合の設計例（単位：mm）

(4) 交差部の場合
1) 交差する道路がコンクリート舗装の場合

　交差部における目地割りの例を図-4.4.16に示す。図-4.4.16の太線は膨張目地，細線は収縮目地，点線は縦目地を示している。

　交差部のコンクリート舗装の目地割りは，次の点に留意して設計する。
① 運転者になめらかな感じを与えること。
② 勾配の急変を避けて排水を容易にすること。
③ 鋭隅角をできるだけつくらないこと。
④ 長い曲線の目地をつくらないこと。
⑤ 個々のコンクリート版の面積をおおむね20m^{2}以下とすること。
⑥ 一辺の長さを1m以上とすること。

　交差部の縦目地は，径28mmで長さ70cmの普通丸鋼のダウエルバーを横目地から40cm間隔に設置するとよい。また，隅角部では，鉄網を二重にしたり，鉄筋鉄網を組み合せて用いたりして適切に補強するとよい。

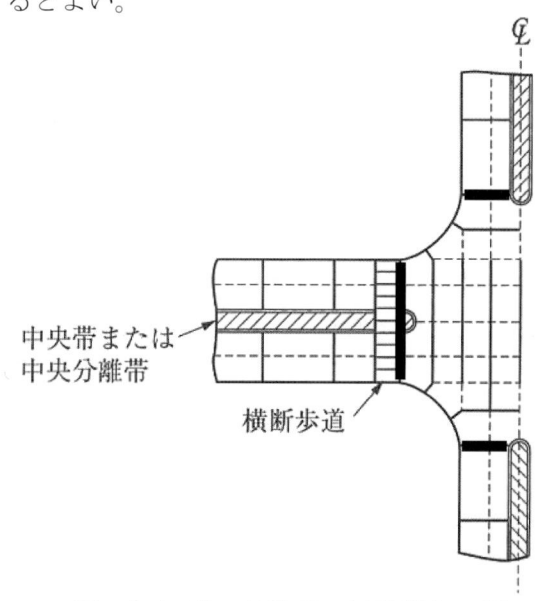

図-4.4.16　交差部の目地割りの例

2）交差する道路がアスファルト舗装の場合

アスファルト舗装の取付部の沈下を緩和するために，コンクリート舗装の版厚が20cm以上の場合には，図－4.4.17に示すようなすりつけ版を設けるとよい。なお，すりつけ版との目地には，D29で長さ70cmの異形棒鋼のタイバーを40cm間隔に用いる。

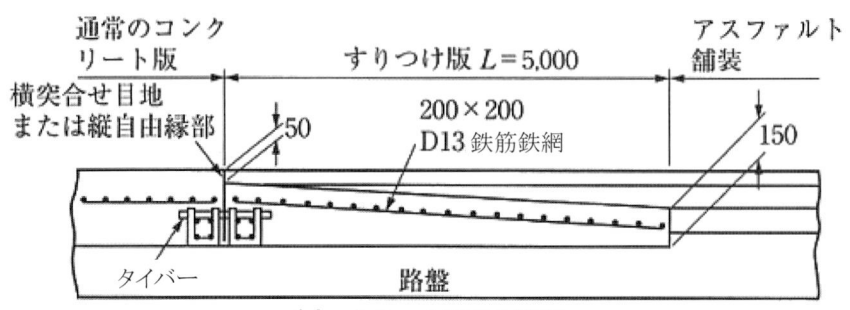

(a) すりつけ版の構造

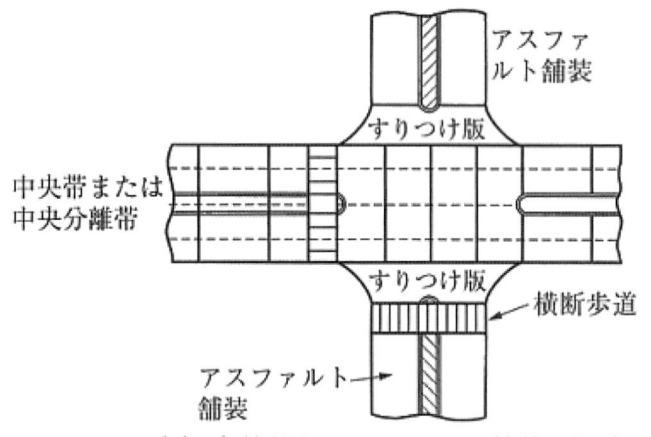

(b) 交差部がコンクリート舗装の場合の配置

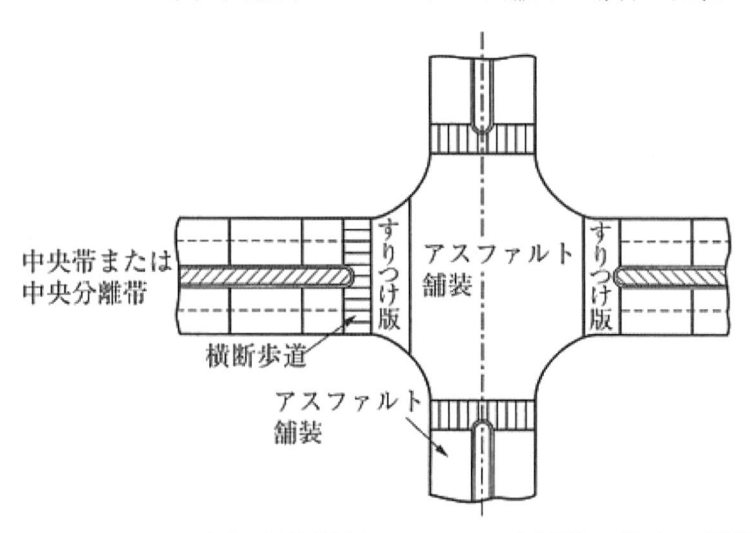

(c) 交差部がアスファルト舗装の場合の配置

図－4.4.17　すりつけ版の設計例（単位：mm）

（5）コンクリート版の幅員が変化する場合
 1）マンホール等がコンクリート版の中にある場合

　　マンホール等がコンクリート版の中にある場合の目地の配置と，マンホール等に接する部分のコンクリート版の補強は，**図－4.4.18**に示すようにするとよい。なお，コンクリート版を舗設した後にマンホール等を設置することは，コンクリート版に悪影響があるので極力避ける。

　　また，料金所等で構造物に接続する部分で，コンクリート版の形状が変化する場合も，上記と同様の目地割りと鉄筋での補強を行うとよい。なお，下部に構造物がある場合には，鉄網を用いて二重に補強する。

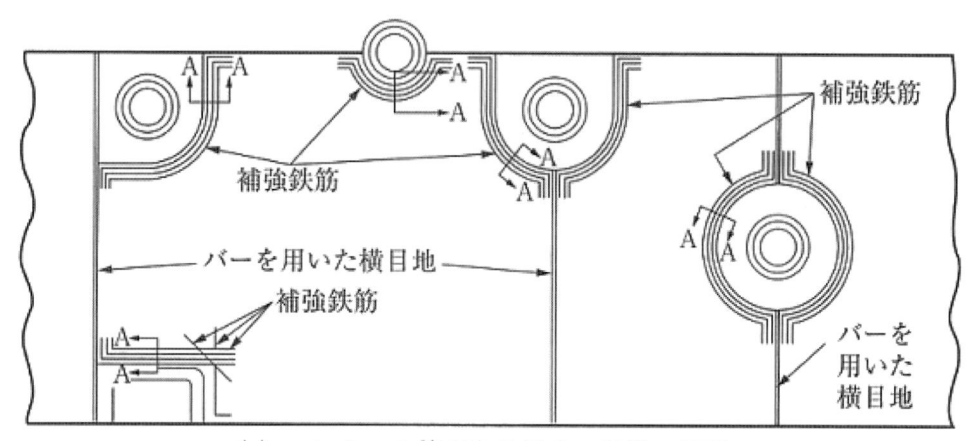

(a) マンホール等がある場合の目地の配置

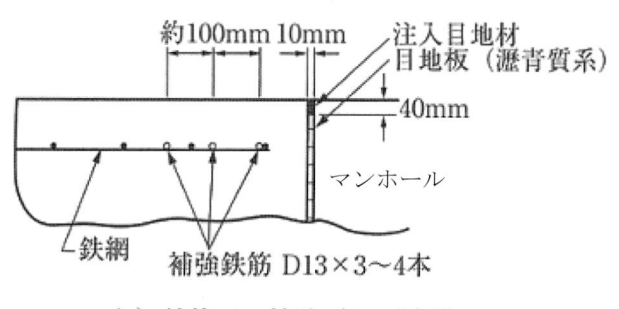

(b) 鉄筋での補強（A-A断面）

図－4.4.18　マンホール付近における目地の設計例

 2）拡幅部

　　拡幅部や非常駐車帯等で，コンクリート版を拡幅する必要がある場合には，**図－4.4.19**に示すように拡幅量がおおむね25cmまではなるべく車道と一体に舗設する。これ以上の拡幅部は別途舗設し，その間はタイバーを用いた突合せ目地とし，タイバーの長さは拡幅量に応じたものとする。なお，拡幅部が1m未満となる箇所を別途舗設する場合は，その拡幅部の目地間隔を通常の1/2とし，鉄網は用いない。1m以上の箇所については，通常のコンクリート版と同じにする。

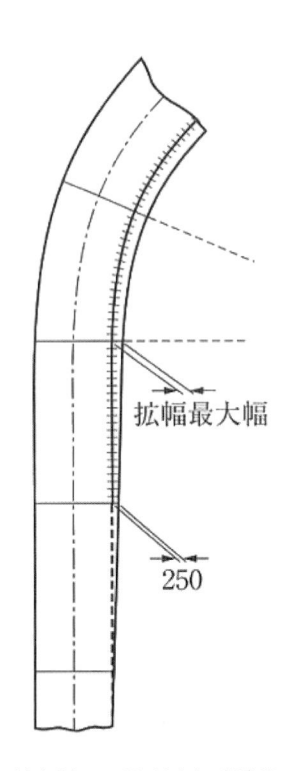

図－4.4.19 拡幅部の設計例（単位：mm）

（6）曲線半径が小さい場合
 1）平面曲線半径が小さい区間
　　曲線半径が100m以下の曲線区間の縦目地は，図－4.4.20に示すように，曲線区間を4等分し，全長の半分に相当する中央の1/2の部分は通常の1/2の間隔でタイバーを設置し，曲線の初めと終わりの1/4の区間にはタイバーを用いない。なお，この場合，膨張目地は曲線区間内には設けない。

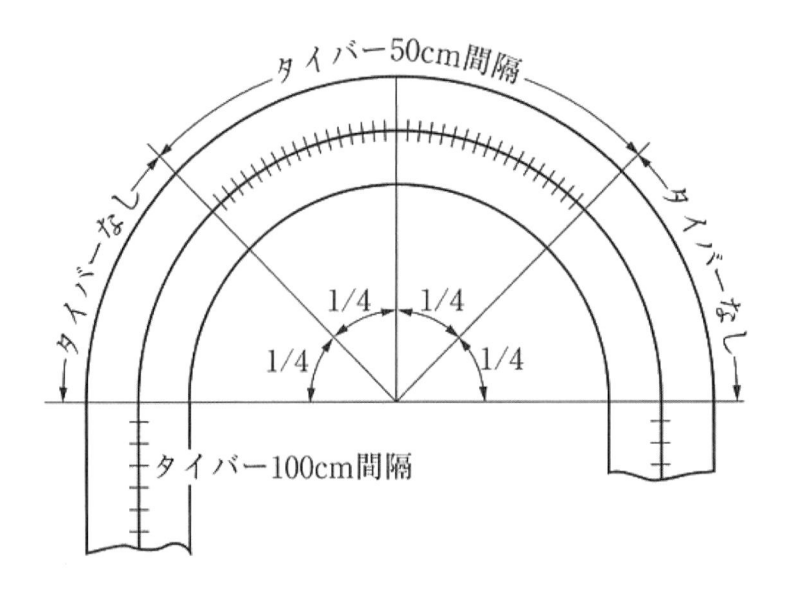

図－4.4.20 曲線部におけるタイバーの設計例

2）縦断曲線半径が小さい区間

　　曲線半径がおおむね300m以下となる曲線区間を含む場合は，膨張目地間隔を80～120mとする。

（7）路肩および側帯

　側帯は，車道に接続して設けられる帯状の中央帯または路肩の部分であり，車輪がその上に乗ることが多いので車道と同じ構造とする。なお，路肩においては，側帯を設ける場合と設けない場合とがある。

　① 中央帯の側帯は，車道と一体に舗設することが望ましく，この場合，側帯と車道との間には目地を設ける必要はない。
　② 路肩の側帯は，車道と一体に舗設することが望ましい。側帯を除く路肩は，車道に比べると車輪が乗ることが少ないので，その路肩の舗装は，一般に車道よりも簡単な構造とし，アスファルト舗装とすることも多い。また，コンクリート舗装とする場合には，コンクリート版厚を10cm程度とし，路盤厚は交通条件に応じて10～15cm程度設けることがある。なお，凍上が予想される地域においては，別途凍上抑制層を考慮する。
　③ 側帯を設けない路肩にあっては，路肩のうち側帯相当幅員として0.25mを車道と同じ構造とすることが望ましい。側帯相当幅員0.25m幅を除いた路肩幅が0.5m未満の場合は，これを含めて車道と同じ構造とすることが望ましい。また，街渠がある場合は，その位置まで車道と同じ構造にするとよい。
　④ 車道と側帯を一体に舗設出来ない場合には，側帯と車道を分けて舗設することになるが，その間の目地は舗設幅に応じた長さのタイバーを用いた突合せ目地とする。また，横目地間隔は，車道の目地間隔の1/2として鉄網は使わない。なお，この横目地が車道の膨張目地ならびに横収縮目地と一致する目地では，車道と同じ構造とし，それ以外の横収縮目地は打込み目地として，ダウエルバーは用いなくてもよい。この場合の目地割りの留意点を「コラム11，12」に示す。

コラム 11　目地割りの注意点 ①

　コンクリート舗装において，目地割りはとても重要なものです。しかも，非常にわかりづらいものです。目地割り（目地の平面設計），目地構造設計（ダウエルバーまたはタイバー）を行う上で理解してもらいたい事項や留意してもらいたい事項をいくつか紹介します。

①コンクリート舗装対象区域の外周部を除いて，目地がT字のような寸止めはやめましょう。

　目地の幅は，日中は狭まり，夜間に広くなります。目地が図－C11.1のようにT型で止まってしまうとこの動きを拘束し，若材齢でコンクリート強度が低い場合にはひび割れを誘発してしまうこともあります。注意が必要です。

　では，図－C11.2ではどうでしょうか？

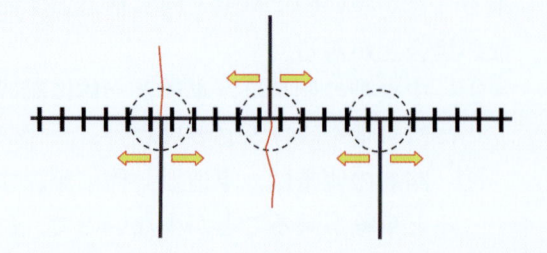

図－C11.1　T型目地割り

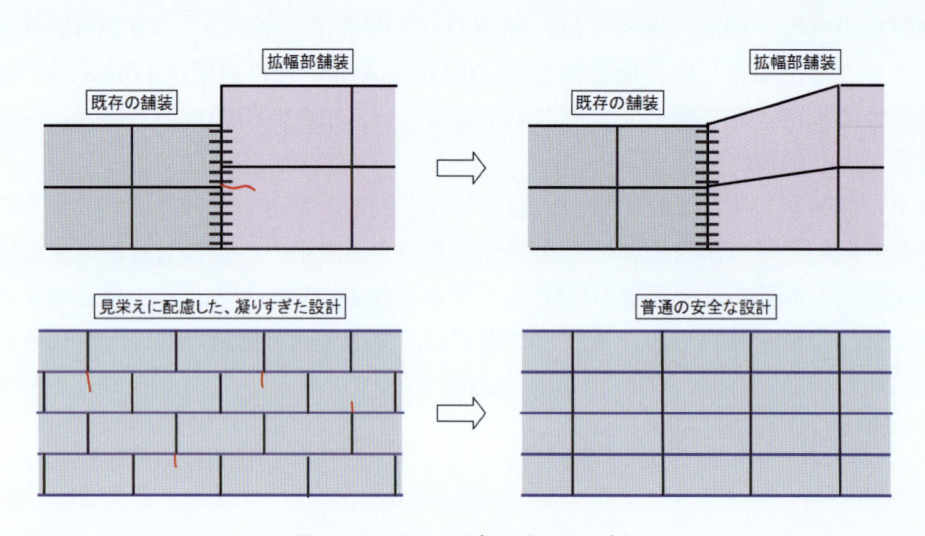

図－C11.2　不適切な目地割

　幅員の異なるコンクリート版を接続する場合にも，これに当てはまります。
　ダウエルバーで接続するのですが，縦目地を合わせた方がコンクリート版の膨張収縮を拘束しないので，ひび割れは発生しづらい構造になります。その下の図は見栄えをよくするためなのかどうかは不明ですが，横目地がちどり配置になっています。これもひび割れが発生する原因となります。

②ダウエルバーとタイバーの使い分けはどうするの？

　ダウエルバーは丸鋼であり，タイバーは異形棒鋼です。タイバーを埋め込む場合には，コンクリート版が開かないようにするためであり，ダウエルバーは目地部が自由に伸縮できるようにするためです。もし，幅の広い道路や駐車場のように縦断方向や横断方向に多くの版を連結する場合には，縦目地，横目地には，どちらのバーを埋め込めばよいと思いますか？
　このような場合に注意してもらいたいことがあります。

 a) 　一番外側の版と2枚目の版とはタイバーを使用した方がよい
  ［これは，一番外側の版が，自由に外側に移動し，目地幅が広くなることを防止するため

 b) 　コンクリート版には4つの辺があり，経験的に3辺以上にタイバーは使用しない方がよい
  ［詳細な根拠はありませんが，コンクリート版の挙動をタイバーで拘束すると，ひび割れが発生しやすいため］

 c) 　どちらを選択した方がよいのかがわからない場合には，ダウエルバーにした方がよい
  ［ダウエルバーを選択した方が，いろいろなリスクが少ない］

③道路の縦目地と横目地の違いを理解しましょう。

 道路の場合には，縦目地と横目地に使用するバーの径が異なっていることにお気づきでしょうか？　通常，縦目地にはD22×1,000を1,000mm間隔に配置しますが，横収縮目地にはφ25×700，横膨張目地には径28mm，長さ700mmの普通丸鋼を400mm間隔に配置します。明らかに，横目地の方が多くの鉄筋を配置することになります。これは，縦目地の上を車両が通過しないという条件で設計されているのに対して，横目地の上は車両が頻繁に通過するため，目地を挟んだ両側のコンクリート版の荷重伝達を図るように設計されているためです。一般に，縦目地上にラインを設けますので，蛇行でもしない限り縦目地上を通過することはありません。

第4章　普通コンクリート舗装

コラム12　目地割りの注意点 ②　～駐車場への適用～

　本ガイドブックでは，目地構造についてとりまとめています。さらに，交差点内のコンクリート舗装についても，図-4.4.9 に記述しています。この交差点部の目地割りの考え方の下で，広い駐車場（60×100m）にコンクリート舗装を適用する場合は，すべて 5×5m の版として，目地割りは次の図-C12.1 のようになります。

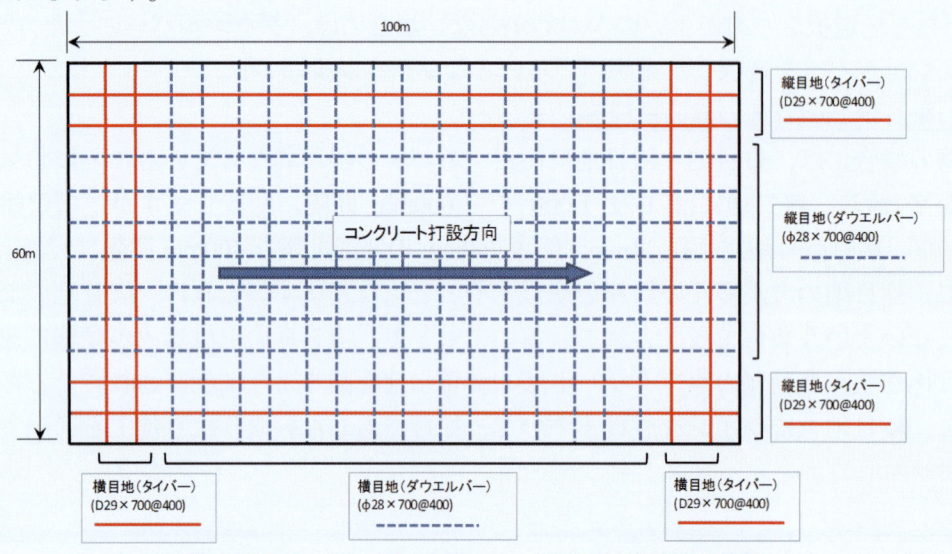

図-C12.1　広い駐車場における目地割り図の例

（図中ラベル）
- 縦目地（タイバー）（D29×700@400）
- 縦目地（ダウエルバー）（φ28×700@400）
- 縦目地（タイバー）（D29×700@400）
- 横目地（タイバー）（D29×700@400）
- 横目地（ダウエルバー）（φ28×700@400）
- 横目地（タイバー）（D29×700@400）
- コンクリート打設方向
- 100m、60m

　道路の舗装と同じように設計すると，1レーンの大きさは，図-C12.1 において左から右に施工しますので，幅員5m，横収縮目地間隔10mとして，長手方向100mに対して5×10mの10枚のコンクリート版で舗装するようになります。これらは，すべてダウエルバーで接続します。そして，12レーン（60÷5＝12）をタイバーで接続します。

　この目地割りの問題点は次のとおりです。

a) 駐車場内では，交差点内と同様に，車両は前後左右，色々な方向に走行します。道路ではせいぜい2車線で幅員10mであるのに対して，12レーンのコンクリート版がすべてタイバーで接続されると，幅員が60mになります。そのため，60mの中央付近に施工方向と平行にひび割れが発生する危険性が高くなります。

b) 本ガイドブックでは，ひび割れの発生を抑制するため，車両の走行する幅員については，最大5mと記述しています。しかし，この駐車場で施工方向と直角に走行する場合，幅員が10m（横目地間隔が幅員となる）になりますので，ひび割れの発生が懸念されます。

　これらのリスクを回避するために，図-C12.1のように，5×5mの版としてダウエルバーで接続します。ただし，この駐車場のすべての目地部にダウエルバーを配置しますと，縁部に近い目地が開いてしまうことがあります。このため，縁部から12m以内の目地はタイバーで連結しています。

　コンクリート舗装の目地割りは難しいと思われていますが，守るべきことは次の2つです。

a) コンクリートは必ず伸縮するので，この動きを吸収するダウエルバーで接続すること
b) 駐車場の目地は，縦，横にかかわらず荷重伝達を考慮した径，配置間隔でバーを設置すること

4-5 材　料

　舗装に用いる材料は，設計条件および施工条件を満足するもので，安全性，環境保全，地域条件なども考慮し，均質で経済的なものを選定する。材料の選定は，「舗装設計施工指針」にもとづいて実施するが，要求性能に適合する材料定数などを有した品質の材料であることを確認する必要がある。また，循環型社会を目指す観点から，路盤材や加熱アスファルト混合物などからの舗装発生材ばかりでなく，他産業の発生材や再生資源も，積極的に有効利用することが望ましい。
　本章では，構築路床，路盤およびコンクリート版に用いる主な材料に関して記述する。

4-5-1　構築路床用材料

　構築路床は，交通荷重を支持する層として適切な支持力と変形抵抗性が要求される。したがって，構築路床は与えられた条件を満足するように，適切な材料および工法を選定し，築造することが重要となる。
　構築路床に用いる材料には，盛土材料，セメントや石灰等による安定処理材料，置換え材料等があり，それぞれ所要とするCBR等を考慮して選定する。また，寒冷地域などの凍結深さから設ける凍上抑制層には，凍上を起こしにくい材料を選定する。なお，路床の設計CBRが3未満の軟弱路床の場合は，通常安定処理を施すか，良質土で置き換える。
　構築路床の各材料の用途および選定上の留意点を，以下に示す。

（1）盛土材料

　　盛土材料は，在来地盤の上に盛り上げて構築路床とする場合や，水田地帯等の地下水位が高く，路床土が軟弱な箇所で，支持力を改善する場合等に用いる。一般に，良質土や地域産材料を安定処理したもの等を用いる。

（2）安定処理材料

　　安定処理材料は，現位置で路床土とセメントや石灰等の安定材を混合し，路床の支持力を改善する場合に用いられる。安定材は通常，砂質土に対してはセメントが適し，粘性土に対しては石灰が適している。しかし，一般に固化材と呼ばれている，セメント系または石灰系の安定処理用の固化材が効果的な場合も多い。なお，粒状材料のPI（塑性指数）が大きい場合等は，セメント系固化材を用いたほうが効果的な場合もある。
　　セメント安定処理に用いる安定材には，JISに規定されている普通ポルトランドセメント（JIS R 5210），および高炉セメント（JIS R 5211）やセメント系固化材等がある。セメント系固化材は，セメントを母体とし，これに石膏，水砕スラグ，フライアッシュ等の各種成分を添加したものである。セメントや石灰では安定処理効果が低い，有機質土や高含水比の粘性土等に対しても，セメント系固化材は安定処理の効果が期待できる。軟弱土用，高有機質土用など，種々の固化材もあるので，対象土の土質等により適宜選定する。
　　なお，選定に当たっては，対象とする土などと混合された安定処理材料が，六価クロムの溶出量等の環境基準に適合していることを確認しておくことが必要である。また，六価クロム溶出抑制対策を施したセメント系固化材もあり，現場条件等を考慮して安定処理材料を選択することが望ましい。

石灰安定処理に用いる安定材には，工業用石灰（JIS R 9001）に規定される生石灰（特号および1号），消石灰（特号および1号），またはそれらを主成分とする石灰系固化材がある。

石灰系固化材は，生石灰や消石灰に，石膏・セメント・スラグ粉末・フライアッシュ等のポゾラン物質を加え，石灰の安定処理効果を高めたもので，有機質土，粘性土，ヘドロ等の固化に有効なことが多い。

生石灰は水に接すると発熱するので，貯蔵に当たっては雨水の浸透や吸湿等を防止するとともに，可燃物との遮断にも十分に注意する。また作業時の取扱いにおける火傷などにも留意する。なお，生石灰（酸化カルシウム80％以上を含有するもの）の500kg以上の取扱いまたは貯蔵については，最寄りの消防署への届出が必要である。

一方，消石灰は発熱作用がなく，消防署への届出の必要はないが，貯蔵時の雨水の浸透等への防止対策は必要である。

（3）置換え材料

置換え材料は，切土箇所で軟弱な部分がある場合等に，路床の一部を掘削して良質土で置き換える場合に用いる。置換え材料には，一般に良質土や地域産材料を安定処理したもの等がある。

（4）凍上抑制層用材料

凍結融解を受ける寒冷地域においては，その地区の凍結深さから求めた必要な置換え深さと，舗装厚を比較して，凍上抑制層の検討を行う。置換え深さの方が大きい場合には，路盤の下にその厚さの差だけ，凍上を起こしにくい材料を用いて，凍上抑制層を構築する。

凍上抑制層には，排水性がよく，凍上を起こしにくい砂，切込み砂利およびクラッシャラン等の粒状材料を用いる。その他の凍上抑制対策工法としては，板状の押出し発泡ポリスチレンなどの断熱材を，路盤と路床の境界付近に設置する工法がある。また，発泡ビーズ，セメント，砂等を混合した気泡コンクリートを，断熱層に利用する断熱工法や，セメントや石灰などの固化材を用いる安定処理工法等がある。

凍上を起こしにくい材料の目安を，**表－4.5.1**に示す。なお，凍上抑制層に関する詳細は，「道路土工要綱（平成21年度版）」を参照する。

表－4.5.1　凍上を起しにくい材料の目安

材料名	摘　要
砂	75μmふるいの通過質量百分率が全試料の6％以下となるもの。
切込砂利	全試料について75μmふるいを通過する量が4.75mmふるいを通過する量に対して9％以下となるもの。
クラッシャラン	全試料について75μmふるいを通過する量が4.75mmふるいを通過する量に対して15％以下となるもの。

4-5-2　路盤用材料

路盤に用いる材料には，粒状材料，安定処理材料およびアスファルト中間層用材料等があり，それぞれ設計条件，施工条件，気象条件，地域性，経済性等を考慮して，所要の支持力や耐久性が得られるものを選定する。なお，路盤材料には，資源の有効利用，舗装発生材の活用等の観点

から，地域産材料や再生路盤材等を積極的に利用することが望ましい。再生路盤材等の使用については「舗装再生便覧」を参照する。

(1) 粒状路盤材料
 1) 粒状路盤材料の種類

粒状路盤材料には，一般に，下層路盤に用いられるクラッシャラン等や，上層路盤に用いられる粒度調整砕石等がある。粒状路盤材料の主な種類を，**表-4.5.2**に示す。

粒状路盤材料は，一般に，施工現場付近で経済的に入手しやすい材料を用いる。また，粒状路盤材料には，使用目的により強度および材質に規格が設けられている。強度としては修正CBR，材質として粒度，PI（塑性指数）などが定められている。また，スラグについてはこれらの他に水浸膨張比や呈色判定等がある。

粒状路盤材料は，主に路盤材として使用するもので，骨材の粒度や性状は，舗装の供用性に大きく影響を与えるので，その選定や使用に当たっては慎重に行う必要がある。

表-4.5.2 粒状路盤材料の主な種類

主な適用層	粒状路盤材料の種類
下層路盤	クラッシャラン（JIS A 5001 道路用砕石） クラッシャラン鉄鋼スラグ（JIS A 5015 道路用鉄鋼スラグ） 再生クラッシャラン（再生便覧） 切込砂利 山砂利 砂
上層路盤	粒度調整砕石（JIS A 5001 道路用砕石） 粒度調整鉄鋼スラグ（JIS A 5015 道路用鉄鋼スラグ） 再生粒度調整砕石（再生便覧） 水硬性粒度調整鉄鋼スラグ（JIS A 5015 道路用鉄鋼スラグ）

 2) 粒度調整砕石，クラッシャラン

粒度調整砕石およびクラッシャランは，**表-4.5.3**に示す粒度の規格に適合するとともに，**表-4.5.4**に示す路盤材の品質規格を満足するものとする。粒度調整路盤材料に用いる玉砕は，60%以上が少なくとも二つの破砕面を持つものであることが望ましい。

表-4.5.3 粒状材料の粒度（JIS A 5001）

呼び名		ふるい目の開き(mm) 粒度範囲(mm)	通過質量百分率（%）									
			53	37.5	31.5	26.5	19	13.2	4.75	2.36	425 μm	75 μm
粒度調整砕石	M-40	40～0	100	95～100	—	—	60～90	—	30～65	20～50	10～30	2～10
	M-30	30～0	—	100	95～100	—	60～90	—	30～65	20～50	10～30	2～10
	M-25	25～0	—	—	100	95～100	—	55～85	30～65	20～50	10～30	2～10
クラッシャラン	C-40	40～0	100	95～100	—	—	50～80	—	15～40	5～25	—	—
	C-30	30～0	—	100	95～100	—	55～85	—	15～45	5～30	—	—
	C-20	20～0	—	—	—	100	95～100	60～90	20～50	10～35	—	—

〔注〕クラッシャランは原石を機械的に破砕したもので，粒度調整砕石は砕石，クラッシャラン，砂等を単独または複数適当な比率で混合し，表の粒度範囲に入るよう調整したものである。

表-4.5.4 路盤材料の品質規格

材料名	修正CBR（%）	PI
粒度調整砕石	80 以上	4 以下
クラッシャラン	20 以上	6 以下

3）鉄鋼スラグ

路盤に使用する鉄鋼スラグの種類と主な用途を表-4.5.5に示す。

表-4.5.5 鉄鋼スラグの種類と主な用途

材料名	呼び名	主な用途
粒度調整鉄鋼スラグ	MS	上層路盤材料
水硬性粒度調整鉄鋼スラグ	HMS	上層路盤材料
クラッシャラン鉄鋼スラグ	CS	下層路盤材料

鉄鋼スラグは，鉄鋼の製造過程で生産されるスラグを破砕したもので，銑鉄の製造過程で高炉から生成される高炉スラグと，鋼の製造過程で生成される製鋼スラグに分けられる。また，高炉スラグは冷却方法の違いによって，高炉徐冷スラグと高炉水砕スラグに分けられ，製鋼スラグは鋼の製造方法の違いによって，転炉スラグと電気炉スラグに分けられる（図-4.5.1参照）。

路盤に用いる鉄鋼スラグは，高炉徐冷スラグと製鋼スラグを素材とし，これらの素材を単独あるいは組み合わせて，道路路盤用として製造したものである。

```
鉄鋼スラグ ─┬─ 高炉スラグ ─┬─ 高炉徐冷スラグ
            │              └─ 高炉水砕スラグ
            └─ 製鋼スラグ ─┬─ 転炉スラグ
                          └─ 電気炉スラグ ─┬─ 電気炉酸化スラグ
                                          └─ 電気炉還元スラグ
```

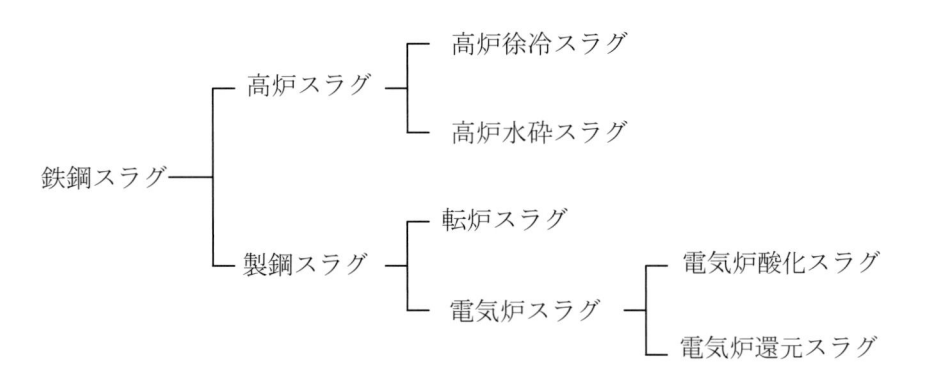

図-4.5.1　鉄鋼スラグの種類

　粒状路盤材料として使用する，水硬性粒度調整鉄鋼スラグ（HMS），粒度調整鉄鋼スラグ（MS）およびクラッシャラン鉄鋼スラグ（CS）の品質規格を，**表-4.5.6**および**表-4.5.7**に示す。なお，粒度については，砕石の粒度に準ずるが，水硬性粒度調整鉄鋼スラグの場合は，JIS A 5015（道路用鉄鋼スラグ）を参照し，最大粒径25mmのものを使用するとよい。

　鉄鋼スラグは，細長いあるいは偏平なもの，ごみ，泥，有機物等を有害量含んでいてはならない（**表-4.5.12**参照）。なお，鉄鋼スラグのうち高炉徐冷スラグのなかには，水浸すると硫黄および硫化物が溶出して透過水が黄色を呈し，環境上の支障を生じるものがある。したがって，エージング等を十分に行って黄濁水の発生を防止し，呈色判定試験に合格したものを使用しなければならない。また，製鋼スラグは，スラグ中に存在する遊離石灰が，水と反応して膨張する性質があるため，一定期間のエージングを行い，水浸膨張比が規格値以下になったものを使用する。

表-4.5.6　鉄鋼スラグ（主として路盤材料）の物理的・化学的性質

呼び名	呈色判定	単位容積質量 (kg/L)	一軸圧縮強さ (MPa)	修正CBR (%)	水浸膨張比 (%)
HMS	呈色なし	1.50以上	1.2以上	80以上	1.0以下
MS	呈色なし	1.50以上	─	80以上	1.0以下
CS	呈色なし	─	─	30以上	1.0以下

〔注1〕呈色判定は，高炉徐冷スラグを用いた鉄鋼スラグに適用する。
〔注2〕水浸膨張比は，製鋼スラグを用いた鉄鋼スラグに適用する。また，数値は鉄鋼スラグ路盤設計施工指針（（一社）土木研究センター，平成27年3月）に準拠している。

表-4.5.7　鉄鋼スラグ（主として路盤材料）の安全環境品質基準

項目	溶出量 (mg/L)	含有量 (mg/kg)
カドミウム	0.01 以下	150 以下
鉛	0.01 以下	150 以下
六価クロム	0.05 以下	250 以下
ひ素	0.01 以下	150 以下
水銀	0.0005 以下	15 以下
セレン	0.01 以下	150 以下
ふっ素	0.8 以下	4,000 以下
ほう素	1 以下	4,000 以下

路盤用鉄鋼スラグに用いる製鋼スラグは，蒸気エージング（配管方式，加圧方式）または6ヶ月以上大気エージングしたものでなければならない。ただし，電気炉系スラグを3ヶ月以上大気エージングしたもので，水浸膨張比が0.6%以下となる場合は，施工実績等を参考にし，膨張性が安定したことを十分確認してエージング期間を短縮することができる。

4）砂

砂の品質については，その使用目的に応じたものを用いる。

砂には，天然砂，人工砂，スクリーニングス，および特殊な砂等がある。天然砂は，採取場所によって川砂，山砂および海砂等に分かれる。人工砂は，岩石や玉石を破砕して製造したものである。スクリーニングスは，砕石や玉砕を製造する場合に生じる，粒径2.36mm以下の細かい部分をいう。特殊な砂には，シリカサンド，高炉水砕スラグおよびクリンカーアッシュ等がある。

クリンカーアッシュを下層路盤材料として使用する場合には，**表－4.5.4**に示す品質を満足していることを確認する。

5）再生路盤材料

再生路盤材料は，所定の品質を満足するものを用いる。再生路盤材料の骨材としては，アスファルトコンクリート再生骨材およびセメントコンクリート再生骨材を使用する。再生路盤材料の品質は「舗装再生便覧」を参照する。

再生路盤材料には，単独または組合せあるいは，必要に応じて補足材（砕石，高炉徐冷スラグ，クラッシャラン，砂等）を加えて，所定の品質が得られるように調整した，再生クラッシャランや再生粒度調整砕石等がある。

（2）安定処理路盤材料

安定処理路盤材料は，砕石，砂利，スラグ，砂，再生骨材等の骨材に，セメント系や石灰系，瀝青系の安定材を，プラントまたは現位置で混合したものである。安定処理路盤材料には，一般に，下層路盤に用いられるセメント安定処理材料，石灰安定処理材料および，上層路盤に用いられるセメント安定処理材料，石灰安定処理材料，瀝青安定処理材料，セメント・瀝青安定処理材料等があり，所要の支持力や耐久性が得られるものを選定する。

安定処理路盤材料の種類を**表－4.5.8**に示す。

試験路盤により支持力等の品質を確認して使用するか，過去の実例で耐久性が確認されている材料を使用するとよい。

安定処理に用いる骨材の品質の目安を**表－4.5.9**に示す。この品質は経済的な安定材の添加量の範囲で所定の強度が得られる目安を示したものである。再生路盤材料を単独または安定処理して用いる場合，その品質は「舗装再生便覧」を参照する。

表-4.5.8 安定処理路盤材料

主な適用層	材料名
下層路盤	セメント安定処理材料
	再生セメント安定処理材料
	石灰安定処理材料
	再生石灰安定処理材料
上層路盤	セメント安定処理材料
	再生セメント安定処理材料
	石灰安定処理材料
	再生石灰安定処理材料
	瀝青安定処理材料
	再生瀝青安定処理材料
	セメント・瀝青安定処理材料
	再生セメント・瀝青安定処理材料

表-4.5.9 安定処理に用いる骨材の品質の目安(下層路盤・上層路盤)

対象	項目	工法	セメント安定処理	石灰安定処理	瀝青安定処理	セメント・瀝青安定処理
下層路盤	修正 CBR (%)		10以上	10以上	—	—
	PI		9以下	6~18	—	—
上層路盤	通過質量百分率 (%)	53mm	100			
		37.5mm	95~100			
		19mm	50~100			
		2.36mm	20~60			
		75μm	0~15	2~20	0~10	0~15
	修正 CBR (%)		20以上	20以上	—	20以上
	PI		9以下	6~18	9以下	9以下

(3) アスファルト中間層

アスファルト中間層は,路盤の耐水性および耐久性を改善する等の目的で,コンクリート舗装の路盤の最上部に設けるものである。アスファルト中間層は,コンクリート版の施工の基盤となる。コンクリート版の施工時には型枠を設置する基盤となり,また,スリップフォームペーバなど舗設機械の走行基盤として用いられる場合もある。したがって,アスファルト混合物は,所要の条件を満足する支持力や耐久性,耐水性を有し,かつ平たんな仕上がり性に優れたものである必要がある。

アスファルト中間層に用いるアスファルト混合物は,一般に品質規格を満足する密粒度アスファルト混合物(13)が使用される。

4-5-3 コンクリート版用素材

コンクリート版に用いるコンクリート材料および素材は，耐久性，施工性，安全性，経済性および省資源・リサイクルの可能性等を考慮し，要求される性能，品質を有するものを選定する。

（1）セメント

コンクリートに用いるセメントは，通常 JIS の規格に適合したものを用いる。

JIS に規定されているセメントには，ポルトランドセメント（JIS R 5210），高炉セメント（JIS R 5211），シリカセメント（JIS R 5212），フライアッシュセメント（JIS R 5213）およびエコセメント（JIS R 5214）がある。

現在までの使用実績では，普通ポルトランドセメントならびに，冬季施工や比較的早期の交通開放を必要とする場合には，早強ポルトランドセメントを使用するのが一般的である。

高炉セメントは，アルカリシリカ反応や塩化物イオンの浸透の抑制に有効なセメントの一つである。高炉セメントは，かつては普通ポルトランドセメントよりも水和熱が小さいため，コンクリートの温度上昇を小さくし，温度ひび割れの低減に効果があった。しかし，近年では初期強度を高めるためにスラグ混合率および粉末度等が調整されたことにより，コンクリートの断熱温度上昇量が普通ポルトランドセメントよりも高くなる場合もあり，版寸法や拘束条件，環境条件等によっては温度応力によるひび割れが発生する事例が報告されている。したがって，使用に当たっては，特に外気温の高い場合や外気温の日変化が大きい場合に注意が必要である（「4-8-11　初期ひび割れ対策」参照）。

また，高炉セメントを使用したコンクリートの熱膨張係数は，他のセメントと比較して高いため，版に生じる温度応力が大きくなる。したがって，使用に当たっては，セメントの特性を十分把握して使用する必要がある。一般的に，コンクリートの熱膨張係数は高炉セメント B 種を使用した場合，12×10^{-6}/℃，その他のポルトランドセメントを使用した場合，10×10^{-6}/℃とする。

高炉セメント等の混合セメントは，長期にわたる強度発現性に優れるが，その特性を発揮させるためには，十分な湿潤養生を必要とする場合があるので留意する。特に高炉セメントの水和反応は，他のセメント種類と比較して温度依存性が大きく，低温では進行しにくいため，特に外気温の低い場合には養生温度および湿潤養生の期間が十分でないと，所要の品質が得られないおそれがある。また，横収縮目地をカッタ目地とする場合には，その切削時期の管理に十分な配慮が必要である（「4-8-6　目地の施工」参照）。

このほか，初期水和熱による温度応力の低減を目的とした，中庸熱ポルトランドセメントや低熱ポルトランドセメント，および都市ごみ焼却灰や下水汚泥などの廃棄物を主原料とした，エコセメントがある。

これら JIS に規定されたセメント以外にも，局部的な補修や早期交通開放に適した，超速硬セメントや超早強コンクリート用セメントがある。使用に当たっては，それぞれのセメントの特性を十分把握する必要がある。

（2）水

コンクリートの練混ぜに用いる水は，有害物を多量に含むものを使用すると，コンクリートの凝結時間が大きく変わったり強度の低下が生じたりすることがあるので留意する。

コンクリートの練混ぜに用いる水は，上水道水などの飲用に適するものであれば通常は問題がない。飲用に適さない水や飲用されているものでも，塩分の影響等が懸念される場合には，JIS A 5308 附属書C（規定）（レディーミクストコンクリートの練混ぜに用いる水）に適合していることを確認して使用する。

なお，海水は，鋼材の腐食やアルカリシリカ反応を促進させるなど，悪影響をもたらすことがあるので，原則として練混ぜ水や養生水として用いてはならない。

（3）細骨材

細骨材は，川砂，山砂および海砂等の天然砂と，砕砂および高炉スラグ細骨材等の人工砂がある。粒度，粒形，耐久性等から，川砂が最も適している。しかし，良質な川砂の入手が困難な地域では，山砂や海砂あるいは，JIS A 5005（コンクリート用砕石及び砕砂）JIS A 5011（コンクリート用スラグ骨材）あるいは，JIS A 5021（コンクリート用再生骨材H）の規定に適合する細骨材を使用する。これらは単独で使用可能なものもあるが，一般的には，粗粒のものと細粒のものとの混合砂として使用される。特に，スラグ細骨材の単独使用は避け，砕砂や天然砂等と併用して用いることが必要である。

以下に，細骨材の品質等に関する事項について示す。

① 細骨材は，細粒分と粗粒分が適度に分布しているもので，**表－4.5.10**に示す粒度範囲を標準とする。細骨材の粗粒率は，一般に2.2～3.3の範囲にある。粗粒率が小さいものを用いると単位水量が増加する傾向にあり，粗粒率が大きいものを用いるとブリーディング率が増加する傾向にある。細骨材の粒度は，コンクリートのワーカビリティーや，フィニッシャビリティーに大きく影響するので，工事を通じて安定した品質のものを使用できるよう，留意することが重要である。なお細骨材の粗粒率が，コンクリートの配合設定時のものから0.2以上変化したときは，配合の修正を行う。

表－4.5.10 細骨材の粒度の標準

ふるい目の開き 種類	通過質量百分率　　　（%）						
	9.5mm	4.75mm	2.36mm	1.18mm	600μm	300μm	150μm
砂	100	90～100	80～100	50～90	25～65	10～35	2～10
砕砂	100	90～100	80～100	50～90	25～65	10～35	2～15
スラグ細骨材	100	90～100	80～100	50～90	25～65	10～35	2～15
再生細骨材H	100	90～100	80～100	50～90	25～65	10～35	2～15

② 細骨材は，清浄，堅硬，耐久的で適度な粒度を持ち，ごみ，泥，有機不純物，塩分等を有害量含んでいてはならない。

細骨材の有害物の含有量は，**表－4.5.11**に示す値とする。それぞれの試験方法は，JIS A 1137（骨材中に含まれる粘土塊量の試験方法）およびJIS A 1103（骨材の微粒分量試験方法）によって行う。また，高炉スラグ細骨材および電気炉酸化スラグ細骨材を用いる場合は，**表－4.5.7**に示す環境安全品質基準に適合していることを確認して使用する。

天然砂に含まれている有機不純物は，JIS A 1105（砂の有機不純物試験方法）によって試験し，試験溶液の色合いが標準色より濃い場合は，JIS A 1142（有機不純物を含む細骨材の

モルタルの圧縮強度による試験方法）による圧縮強度比が，90%以上であれば使用してよい。

表－4.5.11　細骨材の有害物含有量の限度

品　質　項　目		品質規格
粘土塊量	(%)	1.0以下
微粒分量[注1]	(%)	3.0以下
塩化物量[注2]	(%)	0.04以下

〔注1〕砕砂を使用する場合あるいは砕砂とスラグ細骨材あるいは再生細骨材 H を混合使用する場合で，微粒分量試験で失われるものが粘土，シルト等を含まないときは最大値を 5.0%にすることができる。
〔注2〕塩化物量は，砂の絶乾質量に対し，NaCl に換算した値である。

③　細骨材の耐久性は，JIS A 1122（硫酸ナトリウムによる骨材の安定性試験方法）によって試験し，損失質量が 10%以下であれば使用してよい。また，反応性の鉱物が含まれるおそれがある細骨材は，その化学的安定性についての試験結果等から，有害な影響をもたらさないものであると認められた場合についてのみ，使用することができる。なお，細骨材の化学的安定性に関し，アルカリシリカ反応の懸念がある場合には，アルカリ総量規制や混合セメント等の使用による抑制対策を検討する。これらの方法が適用できない場合には，JIS A 1145（骨材のアルカリシリカ反応性試験方法：化学法）あるいは，JIS A 1146（骨材のアルカリシリカ反応性試験方法：モルタルバー法）によって試験を行い，使用の可否を判断するとよい。

④　コンクリート中に塩化物が多くあると，鋼材の腐食やアルカリシリカ反応を促進する。塩化物を含む砂を使用する場合でも，コンクリート中の塩化物イオンの総量は，一般的に $0.30kg/m^3$ 以下となるようにする。

（4）粗骨材

粗骨材は，清浄，堅硬，耐久的で適度な粒度を持ち，薄い石片，細長い石片，有機不純物などを有害量含んでいてはならない（**表－4.5.12** 参照）。

粗骨材には，砂利（川砂利，陸砂利，海砂利），砕石等がある。一般には，JIS A 5005（コンクリート用砕石及び砕砂），JIS A 5011（コンクリート用スラグ骨材）あるいは，JIS A 5021（コンクリート用再生骨材 H）に規定する粗骨材を使用する。

表－4.5.12　粗骨材の有害物含有量の限度

品　質　項　目		品質規格
粘土塊量	(%)	0.25以下
微粒分量[注]	(%)	1.0以下

〔注〕砕石の場合で，微粒分量試験で失われるものが砕石粉であるときは，品質規格を 1.5%にすることができる。また，高炉スラグ粗骨材および電気炉酸化スラグ粗骨材の場合には品質規格を 5.0%にすることができる。

以下には，粗骨材の品質等に関する事項について示す。

①　粗骨材の最大寸法は，40，25 および 20mm の 3 種類を標準とし，大小粒子が適度に混合しているもので，その粒度範囲は**表－4.5.13**を標準とする。

表－4.5.13 粗骨材の粒度の標準

粗骨材の最大寸法 (mm)	通過質量百分率（％） ふるい目の開き（mm）								
	53	37.5	31.5	26.5	19	16	9.5	4.75	2.36
40	100	95～100	―	―	35～70	―	10～30	0～5	―
25			100	95～100	―	30～70	―	0～10	0～5
20				100	90～100	―	20～55	0～10	0～5

② 粗骨材の有害物の含有量の試験は，JIS A 1137（骨材中に含まれる粘土塊量の試験方法）およびJIS A 1103（骨材の微粒分量試験方法）により行う。含有量の限度は**表－4.5.12**に示す値とする。

③ 粗骨材の耐久性は，JIS A 1122（硫酸ナトリウムによる骨材の安定性試験方法）によって評価する。この場合の損失質量の限度は，一般に12％以下とする。なお，その粗骨材を用いたコンクリートの，凍結融解試験等の促進耐久性試験から判断する場合もある。

また，粗骨材の化学的安定性に関し，アルカリシリカ反応が懸念される場合には，アルカリ総量規制や混合セメント等の使用による抑制対策を検討する。これらの方法が適用できない場合には，JIS A 1145（骨材のアルカリシリカ反応性試験方法：化学法）あるいは，JIS A 1146（骨材のアルカリシリカ反応性試験方法：モルタルバー法）によって試験を行い，使用の可否を判断するとよい。

④ 粗骨材のすり減りに対する抵抗性は，JIS A 1121（ロサンゼルス試験機による粗骨材のすり減り試験方法）によって評価する。すり減り減量の限度は，一般に35％以下とする。なお積雪寒冷地において，タイヤチェーンなどによる激しい摩耗作用を受ける場合には，すり減り減量が25％以下のものを使用することが望ましい。

（5）繊　維

コンクリートの補強用繊維としては，鋼繊維やプラスチック等の合成繊維がある。

このうち鋼繊維は，JSCE-E 101（コンクリート用鋼繊維品質規格（案）　土木学会基準）に適合するものを用いるとよい。なお，鋼繊維は長いほど補強効果が優れる傾向がある。一般には30mm以上のものを用いるが，長すぎるとコンクリートの製造や施工中に，鋼繊維が折れ曲がることがあるので注意する必要がある。

（6）混和材料

コンクリートの品質の改善を目的に用いる混和材料には，**表－4.5.14**に示すようなものがあり，その使用量の多少に応じて混和剤と混和材に分類されている。

表－4.5.14　混和材料の種類

種　別	混和材料の種類
混　和　剤	AE剤，減水剤，AE減水剤，高性能AE減水剤，高性能減水剤，流動化剤，硬化促進剤，凝結遅延剤，収縮低減剤，防凍剤
混　和　材	高炉スラグ微粉末，フライアッシュ，膨張材，着色材

1）混和剤

混和剤を主な機能別に分類すれば次のようなものがある。
① ワーカビリティー，耐凍害性等を改善させるもの・・・AE剤，AE減水剤
② ワーカビリティーを向上させ，所要の単位水量および単位セメント量を減少させるもの・・・減水剤，AE減水剤
③ 大きな減水効果が得られ，強度を著しく高めることも可能なもの・・・高性能AE減水剤，高性能減水剤
④ 所要の単位水量を著しく減少させ，耐凍害性も改善させるもの・・・高性能AE減水剤
⑤ 配合や硬化後の品質を変えることなく，流動性を大幅に改善させるもの・・・流動化剤
⑥ 凝結，硬化時間を調節するもの・・・硬化促進剤，凝結遅延剤
⑦ 乾燥収縮ひずみを低減させるもの・・・収縮低減剤，収縮低減成分が配合されたAE減水剤・高性能AE減水剤

混和剤を使用する場合は，次の点に注意する。
① AE減水剤，AE剤および減水剤などの混和剤は，JIS A 6204（コンクリート用化学混和剤）の規定に適合するものとする。
② AE減水剤および減水剤には，コンクリートの凝結時間を調節する目的で，標準形，遅延形，促進形のものがある。暑中に舗設する場合には遅延形の使用を検討し，寒中に舗設する場合には促進形の使用を検討する等，施工条件によって適切なものを選定することが望ましい。
③ 高性能AE減水剤は，空気連行性を有するとともに，通常のAE減水剤よりも高い減水性能があるため，単位水量を大幅に減少できる。また流動化剤は，単位水量を変えずにワーカビリティーを著しく改善できる効果がある。しかし，両者とも条件によってはスランプが比較的短時間に低下することがあるので，事前に十分検討して用いることが必要である。

2）混和材

混和材を主な機能別に分類すれば次のようなものがある。
① ポゾラン活性が利用できるもの・・・フライアッシュ
② 主として潜在水硬性が利用できるもの・・・高炉スラグ微粉末
③ 硬化過程において膨張を起こさせるもの・・・膨張材

混和材を使用する場合は，次の点に注意する。
① 膨張材を用いる場合は，各種の要因により膨張量が異なるので，JIS A 6202（コンクリート用膨張材）に適合するとともに，十分な試験を行ってから用いる必要がある。収縮補償を目的とした膨張材の使用量は，一般に20kg/m^{3}が標準である。
② 混和材として高炉スラグ微粉末，フライアッシュなどを用いる場合は，使用目的や効果等を十分検討するとともに，それぞれJIS A 6206（コンクリート用高炉スラグ微粉末），JIS A 6201（コンクリート用フライアッシュ）に適合するものとする。また，コンクリート製造時のプラントにおける供給方法，貯蔵方法，混合方法等についても十分確認しておく

必要がある。高炉スラグ微粉末を用いたコンクリートは，養生温度および湿潤養生の期間を十分にとらないと，所定の強度が得られない場合や硬化体組織が粗となり，中性化速度の増加やひび割れ抵抗性の低下やすり減り抵抗性が低下する等のおそれがある。

4-5-4 その他の材料

（1）鋼　材

コンクリート版に用いる鋼材には，鉄網，鉄筋，ダウエルバーおよびタイバー等があり，それぞれ設計条件，施工条件にあったものを使用する。

鋼材の使用上の留意点を以下に示す。

① コンクリート版に用いる鉄網は，JIS G 3551（溶接鉄筋及び鉄筋格子）に規定するもののうち，BFS295A が一般的である。

② コンクリート版の補強に用いる鉄筋は，JIS G 3112（鉄筋コンクリート用棒鋼）あるいは，JIS G 3117（鉄筋コンクリート用再生棒鋼）に規定するもののうち，SD295A が一般的である。なお，連続鉄筋コンクリート版に用いる鉄筋は，SD295A あるいは SD345 が用いられる。また，ダウエルバーおよびタイバーを舗設時に固定するチェアやクロスバーは，SD295A の D13 が一般的である。

③ 鉄筋はその表面に油類が付着すると，コンクリートとの付着が悪くなるので，取扱いには留意する必要がある。

④ ダウエルバーは，横膨張目地や横収縮目地において，隣接する版どうしの荷重伝達を図る目的で設置される鋼材である。

ダウエルバーは，JIS A 3112（鉄筋コンクリート用棒鋼）に規定する丸鋼 SR235 が一般的に用いられ，横膨張目地では呼び径 28mm，横収縮目地では呼び径 25mm のものが一般的に使用される。

ダウエルバーの長さは 700mm のものを標準とする。一端を片側のコンクリート版に固定し，他端をもう一方のコンクリート版中で滑動させるようにする。このため，伸縮側には瀝青材料等を塗布し，目地位置に相当する中央部の 10cm 区間は，錆止めのための処置を施したものとする。

この防錆処理は，目地からの雨水や塩化物の浸透による鋼材の腐食を防いで，長期にわたり版間の荷重伝達を確保するためのものである。なお，積雪寒冷地において凍結防止剤（融雪剤）を多用せざるを得ない場合や，海岸が近い地域で飛来する塩化物の影響が予想される場合がある。この場合には，防錆材料をダウエルバーの全面に塗装したり，ダウエルバーの材質をステンレス鋼としたりするなど，供用条件によって防錆処理を選定するとよい。

⑤ タイバーは，縦目地等を横断してコンクリート版に挿入する異形棒鋼であり，目地が開いたり，くい違ったりするのを防ぐ働きをする。

タイバーは，JIS A 3112（鉄筋コンクリート用棒鋼）に規定する，異形棒鋼 SD295A の呼び径 22mm，長さ 1000mm のものを標準とする。なお，タイバーの防錆処置が必要と考えられる場合は，ダウエルバーに準じることが望ましい。

（2）目地材料

目地材料には，目地板（杉板，瀝青系目地板など），注入目地材（加熱型注入材，常温型注

入材など）および成型目地材があり，それぞれ設計条件，施工条件にあったものを使用する。
　目地板は，コンクリート版の膨張収縮によく順応し，膨張時にはみ出さず，収縮時にはコンクリート版との間に空隙を生じることなく，かつ耐久的なものとする。
　目地板としては，材質別に木材系，ゴムスポンジ・樹脂発泡体系，瀝青繊維質系，瀝青質系に分類される。目地板は，「舗装調査・試験法便覧」に示されている目地板の試験方法により，あらかじめ品質の確認を行うことが望ましい。**表－4.5.15**に目地板の試験結果の例を示す。

表－4.5.15　目地板の品質試験結果の例

試験項目 \ 目地板の種類	木材系（杉板）	ゴムスポンジ・樹脂発泡体系	瀝青繊維質系	瀝青質系
圧縮応力度(注)　（MPa）	6.3～30.4	0.1～0.5	2～10.0	0.8～5.7
復元率　（%）	58～74	93～100	65～72	50～64
はみ出し　（mm）	1.4～5.6	1.5～4.6	1.0～3.7	50～64
曲げ剛性　（N）	140～410	0～48	2～32	2～49

〔注〕市販されている代表的な目地板（厚さ20mm）の22℃における試験結果を示している。

それぞれの特徴や施工上の留意点などを以下に示す。
① 　木材系は，一般に適当な圧縮抵抗性を持ち，曲がりにくいために施工時の取扱いが容易である等の特長を有している。厚さの復元率が十分でない等の欠点はあるものの，横膨張目地に一般的に使用されている。なお，木材系は，節の有無によりその部分の圧縮強度が異なるので，節の少ない均等質なものを選ぶとよい。
② 　ゴムスポンジ・樹脂発泡体系は，コンクリート版の膨張収縮に対する順応性等は優れているが，曲がりやすいので施工時の注意が必要である。
③ 　瀝青繊維質系は，瀝青質系よりはみ出しは少ないが，コンクリート版の膨張収縮に対する順応性が十分でなく，施工時の難点もある。
④ 　瀝青質系は，目地幅の挙動に対するはみ出しが大きいため，横膨張目地のように挙動量の大きい目地には一般に使用されない。しかしながら，路側構造物との間の縦目地では，目地幅の挙動量が少ないため比較的多く用いられている。

　注入目地材は，加熱施工式のものが通常用いられている。加熱施工式注入目地材は，一般に瀝青材にゴムなどの改質剤（ポリマー）を混入して弾性を高めたものであり，低弾性タイプと高弾性タイプの2種類がある。注入目地材の良否は，コンクリート版の構造的耐久性に大きく影響するので，使用する目地材は，「舗装試験法便覧」に示されている加熱施工式注入目地材の試験方法によりその品質を確認し，**表－4.5.16**に示す品質の標準に従って選定するとよい。なお，注入目地材用のプライマーは，注入目地材に適合するものを選定する。

表−4.5.16　加熱施工式注入目地材の品質の標準

試　験　項　目	低弾性タイプ	高弾性タイプ
針入度（円すい針）(mm)	6以下	9以下
弾性　　（球針）	−	初期貫入量0.5～1.5mm 復元率60%以上
流動　　　　　　(mm)	5以下	3以下
引張量　　　　　(mm)	3以上	10以上

　加熱施工式注入目地材のうち高弾性タイプのものは，常温時には十分な弾性を持ち，低温時の引張量が大きいことから，寒冷地やトンネル内等の維持作業が困難な箇所に適している。また，注入目地材のはみ出しを少なくするために用いられるバックアップ材は，加熱注入時に変形，変質しないものを使用する。

　この加熱施工式のほかにも，常温施工式（2成分硬化型）のものもあるので，要求性能などに応じて適切な材料を選定して使用するとよい。

　これらの注入目地材の代わりに，ガスケットタイプの中空ゴムの成型品を挿入し，接着剤で固定する方法（中空目地）と，注入目地材と同等の性質を持った成型目地材を，舗設時にコンクリートに挿入してよく接着させ，ダミー目地とする方法もある。特に中空目地材を使用する場合は，予想されるコンクリート版の膨張収縮に，よく順応するものを用いる必要がある。

　このほか打込み目地に用いる仮挿入物としては，スレート板が一般的に使用されている。

(3) その他の舗装用素材

　その他の素材として，発泡スチロールやジオテキスタイルなどを，構築路床や路盤の補強材として用いることがある。

　発泡スチロールは，軟弱地盤が厚く堆積し，交通開放後も沈下が予想される箇所や軽量盛土として使用される。

　ジオテキスタイルは，合成樹脂から製造されるもので，シート，グリッド不織布等があり，瀝青材料を浸透させたものである。主として盛土の補強や軟弱路床の安定化等に用いられる。

　これらの材料は，その材質や形状等さまざまのものがある。使用に当たっては材料の特性を十分把握し，その効果が充分発揮できるように施工する。

4-5-5　材料の貯蔵

(1) セメントの貯蔵
① セメントは防湿的な構造を有するサイロまたは倉庫に貯蔵するのがよい。
② 長期間貯蔵したセメントは，その品質を確認してから用いなければならない。
③ セメントの温度が過度に高いときは，温度を下げてから使用しなければならない。
　一般に，50℃程度以下の温度のセメントを使用すれば，問題が生じることは少ない。

(2) 骨材の貯蔵
① 骨材は，ごみ，雑物等が混入しないように貯蔵しなければならない。細，粗骨材は各々区分して貯蔵し，骨材を取り扱うときは大小粒が分離しないように注意する。

粗骨材は，細骨材に比較して分離を起こしやすいので，その取扱いには十分注意する必要がある。特に最大寸法40mmの場合，2種以上にふるい分け貯蔵することが望ましい。
② 骨材の表面水量の変化が著しいときは，しばしばコンクリートの計量水量を変更しなければならなくなる。これを適正に行うことは困難であるので，骨材の入荷後，一定時間排水を行い，表面水量をほぼ一定とすることが大切である。この所要時間は，石質，粒度，表面水量，貯蔵の状況等によって異なるが，少なくとも24時間以上水を切って用いることが望ましい。すなわち，貯蔵能力を大きくすることが何よりも大切である。

雨天には，細骨材の表面水量が著しく変化することのないように，シート等で覆うことが望ましい。
③ 高炉スラグ細骨材は，潜在水硬性があるため高気温時に長期間貯蔵されると，骨材粒子が固結する性質がある。このため貯蔵ビンのゲートからの排出が困難になったり，固結したものが練りまぜによってもほぐれず，コンクリートの品質に悪影響を与えたりすることもあるので貯蔵管理には注意する必要がある。

なお，高炉スラグ細骨材の高気温時における貯蔵安定性の判定は，スラグ製造者が行うJIS A 5011-1 附属書B（規定）（高炉スラグ細骨材の貯蔵の安定性の試験方法）による試験結果を参考にするのがよい。

（3）混和剤の貯蔵
① 混和剤は，ごみ，その他の不純物が混入しないように注意して貯蔵しなければならない。
粉末状の混和剤は吸湿しやすく，固まりやすいので，湿気を防ぐよう倉庫内に貯蔵しなければならない。液状の混和剤は長期にわたって貯蔵したり，また変質させるおそれがある容器に入れて貯蔵したりしてはならない。

特に日光の直射，火気を避けること，凍結させないことが大切である。
② 混和剤に異常を認めたときは，試験を行い，所定の性質が得られなければその混和剤は用いてはならない。

（4）混和材の貯蔵
① 混和材は吸湿しやすく，固まったり，性能が低下したりしやすく，また，異なる種類の混和材が混ざると予期した効果が得られないこともあるので，湿気を防ぐような倉庫内に品種別に区分し，互いに混合しないように貯蔵しなければならない。
② 混和材に異常を認めたときは，試験を行い，所定の性質が得られなければその混和材は用いてはならない。
③ 粉末状の混和材は，飛散しないように，その取扱いに注意しなければならない。

（5）鋼材の貯蔵
鋼材の貯蔵に当たっては，変形を防ぐために直接地上に置いてはならない。また，長期間貯蔵するときは，シート等で覆い雨水が直接当たらないようにするなど，適切な処置を施して腐食を防止する必要がある。

(6) 目地材料の貯蔵
① 目地板および注入目地材は，倉庫内または適当な覆いをして貯蔵するのがよい。
② 目地板は平らな板の上に置き，変形しないように貯蔵するのがよい。
③ 注入目地材のうち常温施工式のものは，有効期間内に使用しなければならない。

(7) 石油アスファルト乳剤の貯蔵
① 種類の異なる乳剤は混合してはならない。
② 冬期においては，倉庫等に保管して凍結を防止しなければならない。
③ 2か月以上保管したものは，その品質を確認して用いなければならない。
④ 使用するときはよく撹拌しなければならない。

(8) 石灰の貯蔵
① 石灰の貯蔵には種々の注意が必要であるため，施工規模等を考慮して，あまり大量に，また長期間の貯蔵にならないようにする。
② 生石灰は水を加えると発熱するので，貯蔵に当たっては雨水の浸透，吸湿等による水分を防止し，可燃物と遮断するため，仮倉庫を設け，床はコンクリートまたはトタン張りとすることが望ましい。
③ 消石灰は発熱作用がないが，雨水の浸透を防ぐため床面に板を敷いたり，あるいは床をかさ上げして，ビニールシート等で覆って貯蔵するとよい。

〔注1〕 石灰の荷姿には1000kg入りフレキシブルコンテナ，20kg入り袋詰めおよびバラの3種類がある。通常，フレキシブルコンテナ，袋詰めが多く用いられるが，これらの貯蔵方法は本質的に同じである。

〔注2〕 生石灰は，消防法2種危険物第3種に指定されており，500kg以上の貯蔵については最寄りの消防署の許可が必要である。なお，消石灰は消防法の指定外である。

4-5-6　レディーミクストコンクリート

① レディーミクストコンクリートは，「4-6　コンクリートの配合」に示す所要の品質（所要の強度を持ち，耐久性，すりへり抵抗が大きく，品質のばらつきが少ないもの）と作業に適するワーカビリティーが得られるものでなければならない。

② レディーミクストコンクリートの製造工場の選定に当たっては，舗設工程と見合って円滑に出荷でき，かつ舗設現場と密に連絡のとれるようなJIS表示認証工場であることが望ましい。

③ レディーミクストコンクリートを用いるに当たっては，製造者から，使用材料の試験結果，レディーミクストコンクリート配合計画書および基礎資料等を提示させ，所要の品質のコンクリートが納入できることを事前に確認しておくとともに，コンクリートの運搬方法，受取り時期，検査方法等について十分打ち合わせておかなければならない。

なお，配合計画書に記載された配合が各工場で設定する標準配合であるのか，または季節の相違，運搬時間の相違，骨材品質の大幅な変動を考慮して，標準配合を修正した修正標準配合であるかを明記することがJIS A 5308に規定されている。

コラム 13　高炉セメントの特徴　—使用上の注意点を中心に—

　高炉スラグは銑鉄を製造する際に発生する産業副産物であり，30%を超える高炉スラグを使用した高炉セメントは，石灰石資源の節約，省エネルギー効果，CO_2 発生抑制効果が認められ，グリーン購入法の特定調達品目に指定，土木工事に多く用いられています。しかし近年，土木分野のコンクリート構造物のひび割れ発生事例が少なからず報告されており，その一因は高炉スラグを使用したコンクリートの特性および適切な使用法などについて，発注者，設計者および施工者が十分に理解していないことが考えられます。

　ここでは，最近の研究成果にもとづく高炉セメント B 種（高炉スラグ混入率 40～45%）を使用したコンクリートの特徴[1]を，普通ポルトランドセメントを使用したコンクリートと比較して整理しました。

(1) 強度発現性：低温環境下では注意が必要

　低温度環境下では強度発現性が劣ります（特に初期材齢）。冬季の強度発現性を確保するためには，保温養生および養生期間を長くすることが重要です。

　なお 20℃程度の環境下では，材齢 28 日ではほぼ同等，長期強度は大きくなります。

(2) 水和発熱：同等かやや大きい

　高炉スラグは温度依存性が大きく，温度が高くなると反応が促進され，その結果，発熱量が大きくなります。近年では高炉セメントの比表面積が従来より大きい傾向にあり，水和発熱は普通ポルトランドセメントと同等かやや大きくなります。また一方で，セメント粒子を粗くした低発熱型の高炉セメントが開発され実用化されています。

(3) 熱膨張係数：やや大きく注意が必要

　コンクリート舗装の版厚設計に大きく影響を及ぼす熱膨張係数は，セメントの種類に依らずに 10×10^{-6}/℃を用いるのが一般でしたが，高炉セメント使用コンクリートは普通ポルトランドセメントを使用した場合に比べて 1.2 倍程度であることが近年の研究・調査により判明し，文献 2)では高炉セメントを使用したコンクリートの熱膨張係数の設計値を 12×10^{-6}/℃としています。

(4) 収縮：乾燥収縮は同等，自己収縮は 1.4～1.5 倍

　自己収縮は水和反応による収縮現象で，水を十分に与えた養生を行っても収縮は生じる厄介な現象といえます。水セメント比が小さいほど，温度が高いほど，自己収縮は大きくなる傾向があり，舗装用コンクリートは水セメント比が 40～45%と比較的小さく，30cm 程度の版厚でも水和による温度上昇も小さくないため，施工条件によっては目地カッタの施工前にひび割れが発生する危険が高くなるなど，その影響は小さくないといえます。文献 3)において計算される自己収縮ひずみの予測値（最終値）は，水セメント比 0.42，コンクリート版内の最高温度を50℃とすると，高炉セメントを用いた場合は -280×10^{-6} 程度で普通ポルトランドセメントを用いた場合に比べて 1.4～1.5 倍になります。

(5) アルカリシリカ反応性：アルカリシリカ反応抑制対策では有効

　セメント中に含まれるアルカリが普通ポルトランドセメントに比べて少ないことから，アルカリシリカ反応を抑制する効果が期待できます。アルカリシリカ反応抑制対策の一つです。

(6) 塩分遮へい性：舗装用コンクリートの塩化物イオン拡散係数は約 1/3

　高炉セメントはその潜在水硬性によりセメント硬化体の組織が緻密になり，塩化物イオンなど外来劣化要因のコンクリート中への透過速度が小さく塩分遮へい性に優れています。文献3）で計算される見かけの拡散係数は，水セメント比 0.42 とした場合，普通ポルトランドセメントを用いた場合の約 1/3 になります。

　このように，見た目は同じセメントでもそれを使ったコンクリートの特性は大きく異なります。よりよいコンクリート舗装の構築のために，施工条件や環境条件等を考慮したセメント選定はきわめて重要です。

【参考文献】
1）横室 隆・宮澤 伸吾・川上 勝弥：コンクリート用高炉スラグ活用ハンドブック，セメントジャーナル社，平成 23 年
2）（社）日本コンクリート工学協会：マスコンクリートのひび割れ制御指針 2008，平成 20 年
3）（公社）土木学会：2012 年制定コンクリート標準示方書設計編，平成 25 年

4-6 コンクリートの配合

舗装用コンクリートの配合は，所要の強度や耐久性などの品質と，作業に適するワーカビリティーが得られるように定める。コンクリート版は，その厚さが延長方向の長さに比べて薄く，気象作用による乾湿，温度変化の繰返しなどの影響を受ける。また，路面が直接車両走行面になっていることから，高い品質のコンクリートが要求される。そのため，舗装に用いるコンクリートは，次の条件を満足する配合とする。

① 所定の強度が得られ，疲労抵抗性が高い。
② 乾湿の繰返し，凍結融解，融氷剤などに対する抵抗性が高い。
③ 乾燥収縮などによる体積変化が小さい。
④ 車両走行に対するすべり，すり減り抵抗性が高い。

舗装用コンクリートの製造は，レディーミクストコンクリート工場で行う場合と，現場に設置した専用プラントで行う場合とがあるが，一般的には前者とする場合が多い。

ここでは，普通コンクリート版の配合設計について示す。

4-6-1 配合条件

舗装用コンクリートの配合は，所要の強度，耐久性と舗設時のワーカビリティーが得られる範囲内で，単位水量が少なく，経済的なコンクリートが得られるように，以下の項目に十分な配慮を行いながら定める。

配合設計の考え方を**図－4.6.1**に示す。

第4章　普通コンクリート舗装

図-4.6.1　配合設計の考え方

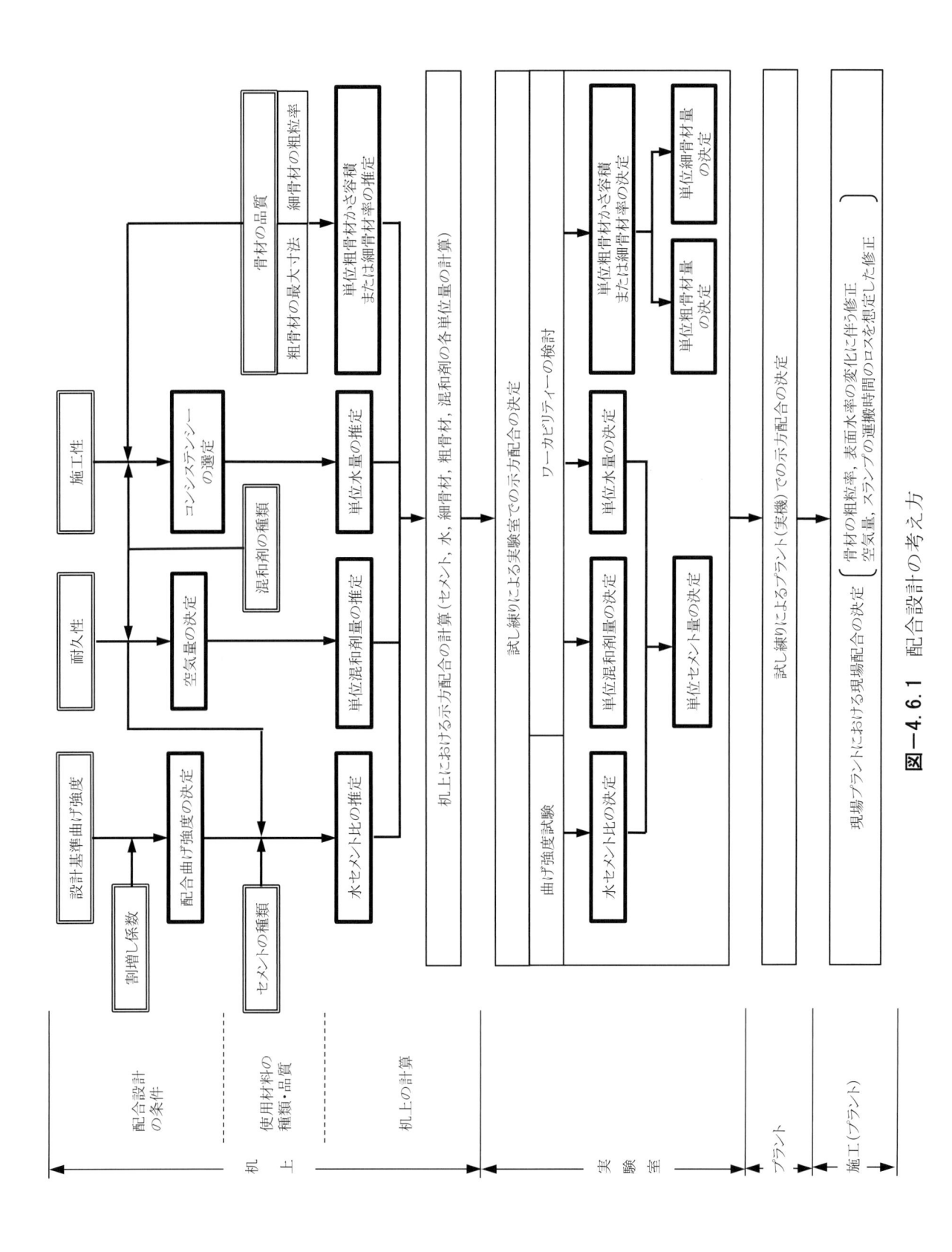

（1）設計基準曲げ強度と配合曲げ強度

　コンクリート舗装の設計は，設計期間内に繰返し発生する曲げ応力によって疲労破壊を生じないように行われていることから，設計基準強度としては曲げ強度が用いられている。

　設計基準曲げ強度 f_{bk} は，4.4MPaを原則としている。また，舗装計画交通量250（台/日・方向）未満の場合には，設計基準曲げ強度を3.9MPaに設定する場合もある。ただし，設計基準曲げ強度を3.9MPaに設定した場合は，コンクリート舗装版厚を大きくする必要がある。

　配合設計時の目標とする曲げ強度は，コンクリートの製造・施工時の強度のばらつきを考慮して，設計基準曲げ強度 f_{bk} を割り増した配合曲げ強度 f_{br} を定める。

　配合曲げ強度 f_{br} は，舗装用コンクリートの曲げ強度が設計基準曲げ強度 f_{bk} を所定の割合で下回ることのないように品質を保証するために，設計基準曲げ強度に割増し係数 p を乗じて求める。

　舗装用コンクリートの品質を保証するためには，品質判定における危険率の設定，使用するコンクリート品質の変動の把握状況，コンクリートの製造に関わる品質管理状況等に応じて，適切な割増し係数を設定して配合設計することが非常に重要となる。

　舗装用コンクリートでは，舗装工事の規模に応じて下記の①あるいは②の考え方にもとづいて割増し係数を設定してきた。ここで，工事の規模に応じて設定方法を変える理由は，次のとおりである。

　工事規模が大きい場合は，コンクリートの製造および品質試験の実績から変動係数を把握することができる。一方，小規模工事の場合では，コンクリート品質に関する変動が十分把握できない。この違いにより，製造されるコンクリートの品質に対する安全性を確保するため①と②の二つの方法が示されてきた。

　品質保証にはいくつかの種類があり，それにもとづいて割増し係数の求め方があり，これまでは次の二つの方法が用いられている。

① 小規模工事（試験回数が7回未満）の場合，JIS A 5308（レディーミクストコンクリート）の規定を用いる。同規定は，曲げ強度試験3回の試験結果から，次の二つの条件を満足するように割増し係数 p を求める。
　a） 1回の試験結果が f_{bk} の85％以上である。
　b） 3回の試験結果の平均値が f_{bk} を下回らない。

② 施工規模が大きい場合，次の二つの条件を満足するように割増し係数 p を求める。
　a） 曲げ強度の試験値が f_{bk} を1/5以上の確率で下回らない。
　b） $0.8 f_{bk}$ を1/30以上の確率で下回らない。

　①および②の変動係数に応じた割増し係数 p の値は，図－4.6.2および表－4.6.1に示すとおりとなる。

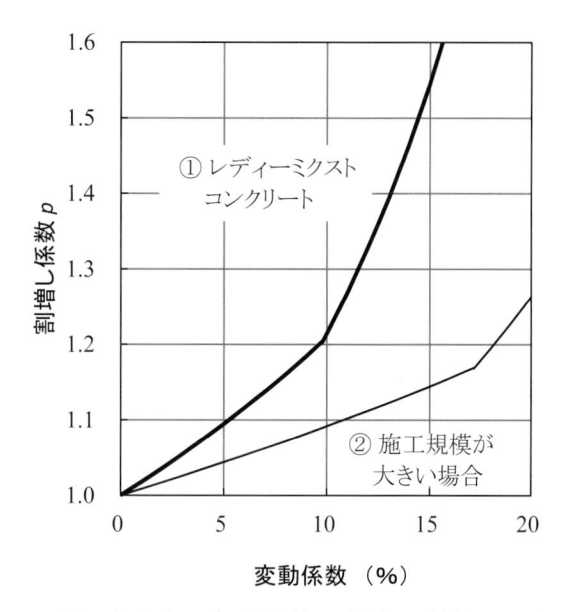

図－4.6.2　変動係数と割増し係数の関係

表－4.6.1　割増し係数 p の値

変動係数（％）	7.5	10.0	12.5	16.0
① JIS A 5308（レディーミクストコンクリート）	1.15	1.21	1.36	1.63
② 施工規模が大きい場合（セメントコンクリート舗装要綱）	1.06	1.09	1.12	1.15

　ここで，曲げ強度の変動係数は，工事ごとに求めるべきであるが，工事の当初において適切な予想は困難であり，実際には安全を見込んで大きい変動係数を仮定する。

　最近はほとんどJIS A 5308（レディーミクストコンクリート）が使用されており，その場合の割増し係数は①を用いる。ただし，変動係数が10％を上回ると，p の値が著しく大きくなり，単位セメント量が多くなるので，工場の選択に当たっては，品質の変動が少ないことに留意する必要がある。

　②の施工規模が大きい場合，実態調査の結果より，変動係数10％以下と推定される工事は約80％であり，割増し係数 p は1.15（変動係数16％）を採用していた。

　配合設計において曲げ強度を求める材齢は，一般に28日を標準とする。ただし，施工期間等の制約から，特殊なセメントを使用して早期の交通開放を目指すような場合には，3時間，1日，3日，7日など，必要に応じた材齢における強度試験から定めることがある。

　このように，一般にはコンクリートの配合は，曲げ強度試験の結果をもとにして定めることを原則としているが，曲げ強度以外の引張強度や圧縮強度で管理等を行う場合は，「舗装設計施工指針」を参照する。

（2）ワーカビリティー

　コンクリートは，舗設方法，気象条件，現場条件などに応じたワーカビリティーを持ち，所要の締固めや平たん性が容易に得られるようなフィニッシャビリティーを持つものとする。そ

して，コンクリートの強度発現や乾燥収縮にともなう初期ひび割れの発生防止などを考慮すると，コンクリートは舗設作業ができる範囲内で，できるだけ単位水量が少なく，スランプの小さいものが望ましい。

しかし，あまりにも硬練りすぎると施工において締固めが不十分となり，コンクリート中に空隙が残り，強度への影響が懸念されるので（空隙1%の増加は曲げ強度4%程度の減少となる），舗設に使用する機械の性能に応じて，スランプを適切に定める必要がある。これまでの実績から，施工方法に応じた舗設位置におけるスランプの標準的な値は**表−4.6.2**を参考にするとよい。

従来の舗装用コンクリートはスランプ2.5cmで，ダンプトラックで運搬していた。最近は，施工条件に応じてさまざまな施工方法を採用することを検討せざるを得ず，トラックアジテータで運搬する工法も増えてきている。

トラックアジテータによる舗装用コンクリート運搬では，排出能力の観点から最小スランプを5cmとしていた。しかし，最近ではスリップフォーム工法による施工において，スランプ3〜5cmのコンクリートを整備されたトラックアジテータで運搬することが一般的となっている。ただし，整備の不十分なトラックアジテータでは排出が困難となるため，事前に生コン工場との調整が必要である。

また，トンネル内でダンプアップが困難なような場合にも，トラックアジテータを使用する。その場合，舗設位置でスランプ3〜8cmの範囲とする。スランプが8cm以上になるとブリーディングなどが大きくなり，仕上げにくくなるほか，単位セメント量が増えて不経済となる。また，プラスチック収縮ひび割れや温度ひび割れを生じやすくなる。したがって，スランプは，3〜8cmのうち舗設，運搬，荷おろしが可能な範囲でできる限り小さくする。ただし，トラックアジテータによっては，スランプが5cmを下回ると排出効率が落ちる場合があるので，事前の確認が必要である。

表−4.6.2 施工方法および運搬方法に応じたスランプの設定例

施工方法	運搬方法	スランプ(cm)	備考
機械施工（セットフォーム工法）	ダンプトラック	2.5	
機械施工（スリップフォーム工法）	トラックアジテータ	3〜5	ダンプトラックの場合あり
機械施工（セットフォーム工法）	トラックアジテータ	3〜8 [注]	トンネル内などダンプアップが困難な場合
簡易な舗設機械および人力で舗設する場合	トラックアジテータ	3〜8 [注]	
鉄筋コンクリート版，踏掛版などの配筋量の多い版を舗設する場合	トラックアジテータ	3〜8 [注]	横断構造物に接続するなど特殊箇所に適用する場合

〔注〕舗設時のスランプを3〜8cmとする場合，AE減水剤などを用いて単位水量および単位セメント量をできる限り少ない範囲にとどめるように配慮する。

（3）単位粗骨材かさ容積または細骨材率

　舗装用コンクリートの配合設計のベースは，フィニッシャの締固めを考慮して沈下度と単位粗骨材かさ容積によって作られている（**表－4.6.3**）。

　単位粗骨材かさ容積は，コンクリート$1m^3$をつくるときに用いる粗骨材のかさ容積で，次式で示される。

$$\text{単位粗骨材かさ容積} G/D_b = \frac{\text{単位粗骨材量} G}{\text{粗骨材の単位容積質量} D_b}$$

　一方，一般的な土木用コンクリートの配合設計では，全骨材中に占める粗骨材もしくは細骨材容積量を表わす指標として，単位粗骨材かさ容積ではなく，細骨材率を用いることが多い。細骨材率は，コンクリート中の全骨材量に対する細骨材量の絶対容積比を百分率で表わした値である。

　単位粗骨材かさ容積で表わすか，あるいは細骨材率によって表わすかにかかわらず，所要のワーカビリティーならびにフィニッシャビリティーが得られる範囲内で，コンクリートの単位水量ができる限り少なくなるように配合を定めるという原則は同じである。

　一般に，単位粗骨材かさ容積を大きく（細骨材率を小さく）すると，所要のコンシステンシーを得るために必要な単位水量は減少するが，単位粗骨材かさ容積をある程度より大きく（細骨材率をある程度より小さく）すると，単位水量は増加し，コンクリートが荒々しくなり，材料分離の傾向が大きくなってワーカビリティーの悪いコンクリートとなる。

　通常の場合，単位粗骨材かさ容積は，**表－4.6.3**の配合参考表により求めればよい。この方法によれば，粗骨材の最大寸法と細骨材の粒度に応じてコンクリートの単位粗骨材かさ容積が定まり，配合の補正が容易となる。

　鉄筋コンクリート構造物など一般の土木構造物用途のコンクリートでは，「コンクリート標準示方書［施工編］」（(公社)土木学会）に示されている概略値などの細骨材率を用いて配合設計される場合が多い。しかし，同示方書は舗装用コンクリートを対象としていないため，**表－4.6.3**の配合参考表を用いて配合設計した場合よりも単位粗骨材かさ容積が著しく小さく（細骨材率が大きく）なっている場合がある。細骨材率が大きすぎると，期待どおりの耐摩耗性が確保されない可能性がある。**表－4.6.3**を参考に，砕石を用いる場合は単位粗骨材かさ容積 0.73，砂利の場合 0.76 に相当する細骨材率を初期値として配合設計すれば，単位粗骨材かさ容積を用いた場合とほぼ同じ示方配合が得られる。

表−4.6.3　単位粗骨材かさ容積による配合参考表

この表の値は，粗粒率FM=2.80の細骨材を用いたスランプ約2.5cm（沈下度約30秒）のAEコンクリート（空気量4.5%の場合）で，ミキサから排出直後のものに適用する。				
粗骨材の最大寸法(mm)	砂利コンクリート		砕石コンクリート	
	単位粗骨材かさ容積	単位水量(kg/m³)	単位粗骨材かさ容積	単位水量(kg/m³)
40	0.76	115	0.73	130
25または20		125		140
上記と条件の異なる場合の補正				
条件の変化	単位粗骨材かさ容積		単位水量	
細骨材の粗粒率（FM）の増減に対して	単位粗骨材かさ容積＝（上記単位粗骨材かさ容積）×（1.37−0.133FM）		補正しない	
沈下度10秒の増減に対して	補正しない		∓2.5 kg/m³	
空気量1%の増減に対して	補正しない		∓2.5%	

〔注1〕砂利に砕石が混入している場合の単位水量および単位粗骨材かさ容積は，上記表の値が直線的に変化するものとして求める。
〔注2〕単位水量と沈下度との関係はlog（沈下度）−単位水量が直線的関係にあるため，沈下度10秒に相当する単位水量の変化は，沈下度30秒程度の場合は2.5kg/m³，沈下度50秒程度の場合は1.5kg/m³，沈下度80秒程度の場合は1 kg/m³である。
〔注3〕スランプ6.5cmの場合の単位水量は上記表の値より8kg/m³増加する。
〔注4〕単位水量とスランプとの関係は，スランプ1cmに相当する単位水量の変化は，スランプ8cm程度の場合は1.5kg/m³，スランプ5cm程度の場合は2kg/m³，スランプ2.5cm程度の場合は4kg/m³，スランプ1cm程度の場合は7kg/m³である。
〔注5〕細骨材のFMの増減に伴う単位粗骨材かさ容積の補正は，細骨材のFMが2.2〜3.3の範囲にある場合に適用される式を示した。
〔注6〕高炉スラグ粗骨材を使用するコンクリートの場合は，表に示されている砕石コンクリートと同じとしてよい。

（4）単位水量

　単位水量は，コンクリートの舗設作業ができる範囲で，できる限り少なくなるように試験によって定める。

　この場合，所要のコンシステンシーを得るために必要なコンクリートの単位水量は，粗骨材の最大寸法，骨材の粒度および形状，混和剤の種類，コンクリートの空気量等によって異なる。また，実際の施工においては，気温，運搬時間などによるコンシステンシーの変化も考慮して，単位水量を設定しなければならない。

　粗骨材の最大寸法40mmで良質の混和剤を用いた，スランプ2.5cm，空気量4.5%程度のコンクリートにおける単位水量は，一般に110〜120kg/m³程度である。粗骨材に砕石を用いた場合は，これよりも10〜20kg/m³多く，細骨材として砕砂を用いた場合は，さらに5〜10kg/m³程度多く必要

となる。

一般に，スランプ2.5cmのコンクリートの単位水量が150kg/m³以上となる場合には，骨材の粒度および形状が適当でないと考えてよい。

また，プラントで練り混ぜたコンクリートは，運搬中において水分の蒸発および空気量の損失等によりスランプが小さくなる。スランプの低下量は，気温，湿度，運搬距離および混和剤の種類等により異なるので，試験を行って求めておくとよい。図－4.6.3にダンプトラックの運搬によるスランプの変化の例を示す。

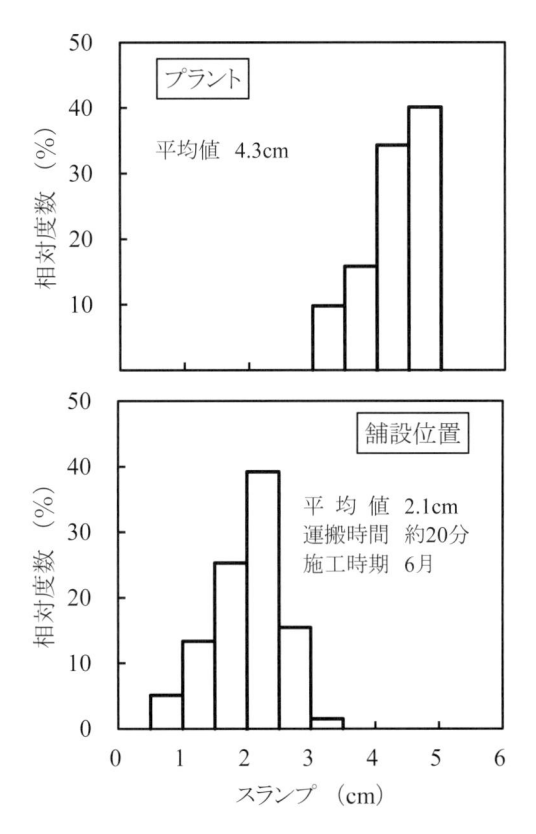

図－4.6.3　ダンプトラックの運搬によるスランプの変化の例

（5）単位セメント量
1）単位セメント量は，所要の品質が得られるように定める。単位セメント量の標準は，一般に280～350kg/m³程度である。この範囲は，スランプ2.5cmのコンクリートを対象とした，配合曲げ強度5.1MPa（4.4MPa×1.15）を得るための標準を示したものである。スランプを6.5cmとする場合や骨材の品質がよくない場合には，上記の範囲を上回ることもある。

しかし，単位セメント量を多く用いる場合には，乾燥収縮によるひび割れ，温度ひび割れ等が発生するおそれもある。このような場合は，高性能AE減水剤（または流動化剤）の使用や，経済性も考慮し，使用材料を含めた総合的な配合の見直しを行うのがよい。

2）強度をもとにして単位セメント量を定める場合は，強度試験によらなければならない。一般に，配合曲げ強度が5.1MPaから0.1MPa大きくなるごとに，単位セメント量は約8kg/m³増加する。しかし，骨材の品質によっては，単位セメント量を増加しても強度の増加につながらない場合もある。単位セメント量が標準の上限を10%も超えるような場合には，高性能AE減

水剤等の使用や，使用材料を含めた総合的な配合の見直しを行うのがよい。

なお，舗装計画交通量250（台/日・方向）未満の場合には，設計基準曲げ強度を3.9MPaとすることがある。

3) 耐久性をもとにして単位セメント量を定める場合の水セメント比は，**表－4.6.4**に示す値以下でなければならない。コンクリートの耐久性は，水セメント比および空気量のみならず，材料，練混ぜ，敷きならし，締固め，養生等，多くの条件によって影響される。**表－4.6.4**の値は，予想される環境条件に対して，耐久性から定まる水セメント比の最大値を示したものである。したがって，現場においては，骨材の表面水の変動，材料の計量誤差等を考慮して，この表の値よりやや小さい値を用いるとよい。また，養生時の環境条件が悪い場合には，それよりもさらに小さい値とするのが望ましい。

表－4.6.4 耐久性から定まる水セメント比の最大値

環　境　条　件	水セメント比（%）
特に厳しい気候で凍結融解がしばしば繰り返される場合	45
凍結融解がときどき起こる場合	50

（6）空気量

舗設位置におけるコンクリートの空気量は，セットフォーム工法の場合4.5%，スリップフォーム工法の場合は型枠を抜きやすくするために5.5%を標準とする。空気量の試験は，JIS A 1128（フレッシュコンクリートの空気量の圧力による試験方法）の規定による。

なお，プラントにおける練混ぜ直後の空気量は，運搬中の損失量を見込んでおく必要がある。**図－4.6.4**は，ダンプトラックの運搬による空気量の変化の例を示したものである。空気量の変化は，気温，湿度，運搬距離，混和剤の種類等により異なるので試験を行って求めておくとよい。

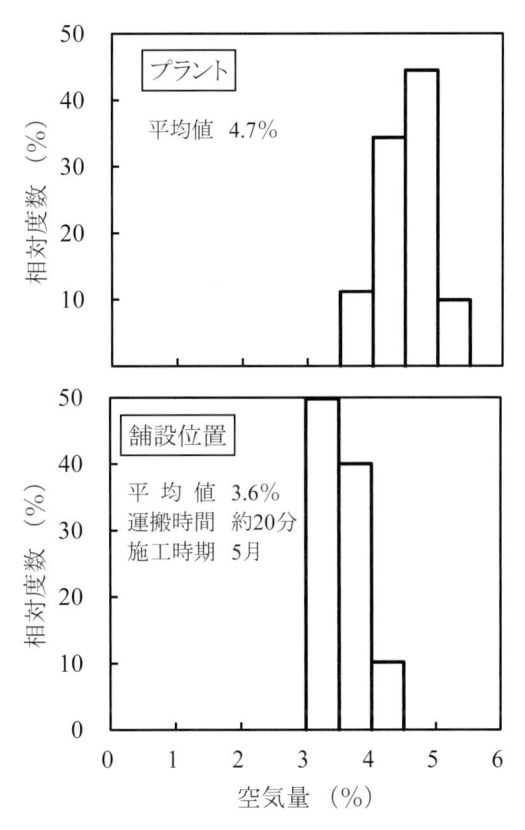

図−4.6.4　ダンプトラックの運搬による空気量の変化の例

(7) 粗骨材の最大寸法

　粗骨材の最大寸法は，40mm，25mm，20mmのうちから適切なものを選定する。舗装用コンクリートの粗骨材の最大寸法は，これまでは40mmが一般的であったが，最近は良質な40mmの粗骨材が採取できる地域は限られている。粗骨材の最大寸法が大きければ，単位水量を少なくできるなどの長所がある一方，材料分離しやすいなどの短所もある。これに対して，粗骨材最大寸法を小さくすると，単位水量が増えるなどの短所はあるが，材料分離抵抗性は向上するなどの長所もある。このようなことから，粗骨材の最大寸法の選定に当たっては，40mmに限定することなく，地域ごとの骨材事情，施工条件，コンクリート版の種類などを勘案することが大切である。

4-6-2　配合設計の一般的な手順

　コンクリートの配合設計は，選定された材料を用いて，所要の強度，作業に適するワーカビリティーおよび耐久性を有するコンクリートが，できる限り少ない単位水量で得られるよう，各材料の単位量を定めることである。また，適切な配合を定めるためには，舗設方法，運搬方法，気温，湿度，天候等を把握することも必要である。

　舗装用コンクリートの配合を定める手順は次のとおりである（図−4.6.1 参照）。これらはごく一般的な手順を示したものである。配合設計は，それまでに蓄積されている配合に関する資料を参考に行うが，骨材品質の経年変化など用いる資料の正確さ等に応じてその順序や方法を適宜省略したり，追加して合理的に定める。図−4.6.5に，より詳細な配合設計のフローを示す。

① コンクリートに用いる素材の品質を確認する。
② 配合参考表（**表−4.6.3**）および経験にもとづく資料などを用いて，単位水量，単位粗骨材かさ容積および水セメント比を定め，所要の品質を満足するコンクリートが得られるような仮の配合を定める。
③ ②で定めた配合を用いて試し練りを行い，コンシステンシーや空気量が適当であるかどうかを検討する。
④ 配合の異なるいくつかのコンクリートを練り混ぜ，作製した供試体の強度試験を行い，この結果から所要の強度が得られる単位セメント量を定める。
⑤ ③および④で定めた配合をもとに，実際のミキサおよび舗設機械の性能ならびに運搬中に生じるコンシステンシーおよび空気量の変化を考慮して，さらに修正して示方配合を得る。

なお，コンクリートの製造時に使用する現場配合は，日々の表面水率や施工の状況に応じて適宜修正を繰り返す。

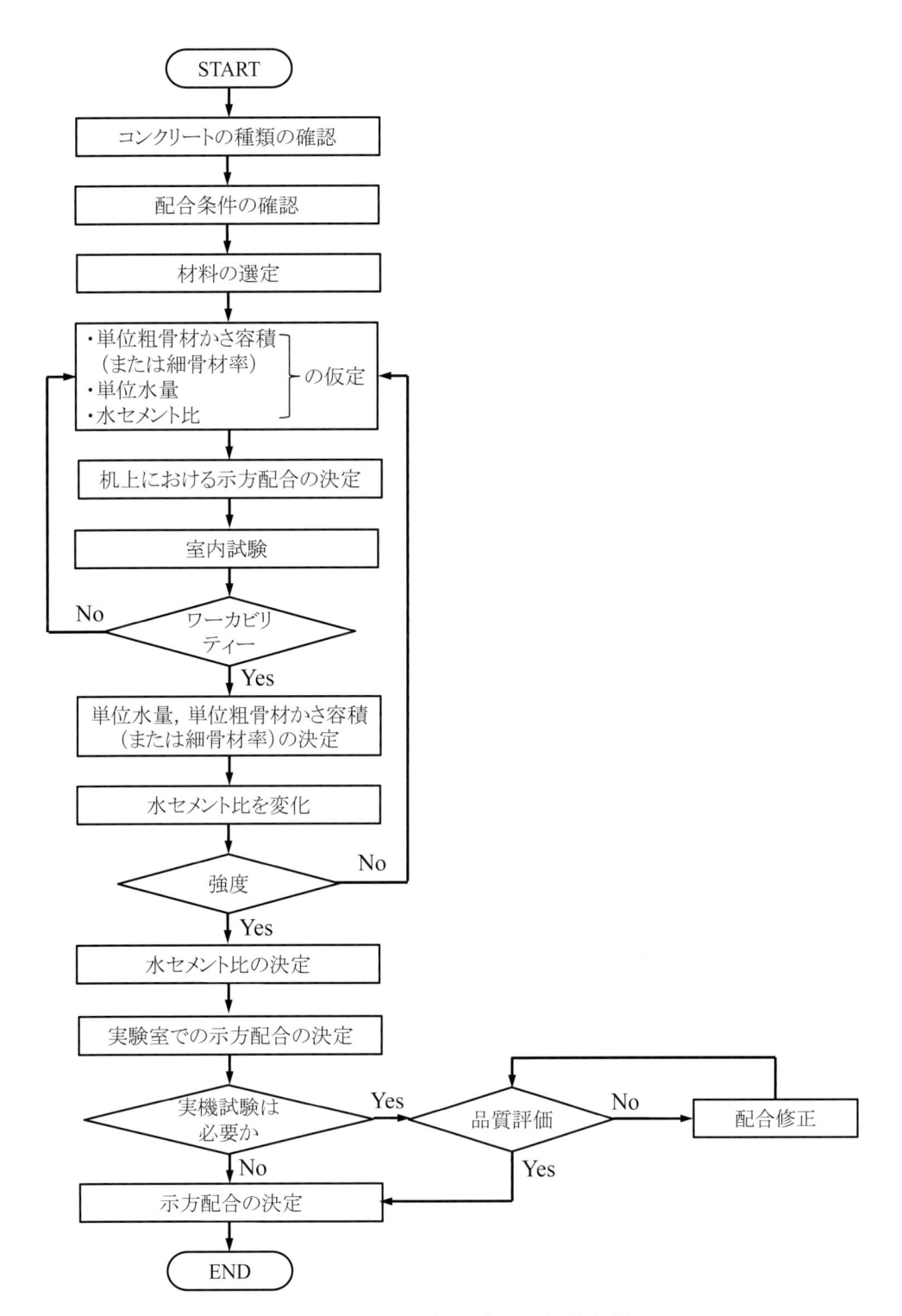

```
                    ┌─ START ─┐
                         │
                 コンクリートの種類の確認
                         │
                   配合条件の確認
                         │
                    材料の選定
                         │
         ┌──────────────▼──────────────┐
         │  ・単位粗骨材かさ容積          │
         │   （または細骨材率）   ─┐     │
    ┌───▶│  ・単位水量            ├の仮定 │◀───┐
    │    │  ・水セメント比        ─┘     │    │
    │    └──────────────┬──────────────┘    │
    │                   │                   │
    │          机上における示方配合の決定      │
    │                   │                   │
    │              室内試験                  │
    │                   │                   │
    │    No          ◇ワーカビリ◇            │
    └──────────────   ティー                 │
                     Yes                    │
                      │                     │
         単位水量,単位粗骨材かさ容積          │
           （または細骨材率）の決定           │
                      │                     │
               水セメント比を変化             │
                      │                     │
                   ◇強度◇  No ──────────────┘
                    Yes
                     │
              水セメント比の決定
                     │
            実験室での示方配合の決定
                     │
           ◇実機試験は◇ Yes    ┌──────────────┐
             必要か    ────▶◇品質評価◇ No ──▶ 配合修正
                                  │Yes     ▲
              No                  │        │
              │                   └────────┘
              ▼◀──────────────────┘
          示方配合の決定
              │
           ┌─ END ─┐
```

図－4.6.5　配合設計の一般的な流れ

コラム 14　早期交通開放型コンクリート舗装（1DAY PAVE）

　コンクリート舗装は，長い養生期間を必要とし，交通規制による渋滞を生むことなどから，敬遠される大きな原因の一つとなっています。

　そこで，(一社)セメント協会では，①コンクリートの養生を1日に短縮，②汎用的な材料を用いてコスト低減，③特殊な施工方法は不要，④舗装の基本性能を確保，を目標とする早期交通開放型コンクリート舗装（1DAY PAVE）を補修用に開発しました。

　1DAY PAVEは，早強ポルトランドセメントと高性能AE減水剤を用いて，低水セメント比としており，材齢1日で必要な強度を得ることができ，早期交通開放が可能です。また，通常の舗装用コンクリートはスランプ2.5cmの硬練りであり，機械施工が前提になっています。これに対し1DAY PAVEは，スランプ8cmからスランプフロー40cmの施工実績があり，人力施工や小規模な舗装工事に適用します。

　また，早期交通開放が可能であることから，工期の短縮が図られ，経済性の向上，低水セメント比であることから強度が高いだけでなく，すり減り抵抗性の向上など，耐久性の向上も図られています。

　一方，気温の変動によるワーカビリティーの変化が大きくなる可能性もあるため，すみやかな施工，初期乾燥に配慮した養生対策を講じるなどの注意が必要です。また，単位セメント量が多いためすべり対策の点からしっかりした表面の粗面仕上げも必要です。

4-7　路床・路盤の施工

　路床・路盤はコンクリート版を支持する層である。したがって，路床・路盤の施工に当たっては，排水に留意するとともに，密実に締め固めて均一な支持力を得る必要がある。またコンクリート版の厚さおよび平たん性は，路盤の平たん性に影響されるため，その施工に当たっては所定の計画高と平たん性の確保が必要である。

4-7-1　路床・路盤の施工計画

　路床・路盤の施工計画においては，第一に築造工法を選定する必要がある。築造工法については，本ガイドブックの「4-7-2　路床・路盤の築造工法」を参照して実施する。この際，路床・路盤のそれぞれについて配慮すべき事項を次に示す。

　　　路床・・・原地盤の支持力，目標とする支持力，地域性，施工性，経済性，安全性，環境保全等，路床の必要とするCBRと計画高さ，残土処分地および良質土の有無など

　　　路盤・・・目標とする路盤の強度，地域性，施工性，経済性，安全性，環境保全など

　第二に，それぞれの層において選定された築造工法に応じた施工機械を本ガイドブックの「4-7-3　路床・路盤の施工機械」を参考に選定する。

　路床・路盤の施工は，適用する工法の特徴を把握したうえで，既設路床や施工終了した下の層の支持力を低下させないように留意しながら，所定の品質，高さおよび形状に仕上げる。詳細は本ガイドブックの「4-7-5　下層路盤の施工」から「4-7-8　アスファルト中間層の施工」に示す。

　なお，各層の施工上の留意点は次のとおりである。

　　　路床・・・舗装の施工（下層路盤）までに相当の期間がある場合には，工事用車両の通過により仕上げ面が荒らされたり，降雨によって軟弱化したり流出したりするおそれがある。したがって仕上げ面の保護や仮排水の設置などに配慮する必要がある。湧水の発生や地下水面が高い場合は路床排水工などの排水対策を実施する必要がある。

　　　路盤・・・コンクリート舗装の型枠の設置やスリップフォームペーバの走行に支障がないよう，コンクリート版縦縁部付近の路盤の締固めと平たん性を確保する必要がある。

4-7-2　路床・路盤の築造工法

　路床・路盤における工法の種類と特徴は以下のとおりである。

（1）路床の築造工法

1）切土路床工法

　　切土路床工法は，路床面を原地盤面より低くするために地山を切り下げて路床面を形成する工法である。

2）盛土路床工法

　　盛土路床工法は，良質土を原地盤の上に盛り上げて構築路床を築造する工法である。水田地帯等地下水位が高く現状路床土が軟弱な箇所において，その支持力を改善する工法として適用することもある。また，良質土の他に，地域産材料を安定処理して用いることもある。

3）路床安定処理工法

路床安定処理工法は，現位置で現状路床土とセメントや石灰などの安定材を混合し，その支持力を改善して構築路床を築造する工法である。安定処理工法は，現状路床土の有効利用を目的としてCBRが3未満の軟弱土に適用する場合と，舗装の長寿命化や舗装厚の低減等を目的としてCBRが3以上の良質土に適用する場合とがある。

　4）置換え工法および凍上抑制層

　　　置換え工法は，切土部分で軟弱な現状路床土がある場合等に，その一部または全部を掘削して良質土で置き換える工法である。良質土の他に，地域産材料を安定処理して用いることもある。

　　　凍上抑制層は，凍結深さから求めた必要な置換え深さと舗装の厚さを比較し，置換え深さが大きい場合に，路盤の下にその厚さの差だけ凍上の生じにくい材料で置き換えたものである。

（2）下層路盤の築造工法

下層路盤における工法の種類と特徴は以下のとおりである。各路盤材料の品質は，本ガイドブックの「4-5-2（1）粒状路盤材料」を参照する。

　1）粒状路盤工法

　　　粒状路盤工法は，クラッシャラン，クラッシャラン鉄鋼スラグ，砂利あるいは砂などを用いる工法である。修正CBRが30%未満の路盤材料を使用する場合には，特に締固めに留意する必要がある。また，粒状路盤材料として砂等の締固めを適切に行うために，その上にクラッシャラン等を置いて同時に締め固める方法もある。なお，スラグ系材料は地域によっては入手が困難な場合があるため，採用に当たっては留意する必要がある。

　2）セメント安定処理工法

　　　下層路盤のセメント安定処理工法は，現地発生材，地域産材料またはこれらに補足材を加えたものを骨材とし，これにセメントもしくはセメント系固化材を添加して処理する工法である。下層路盤に用いるセメント安定処理路盤材料は，中央混合方式により製造することもあるが，一般には路上混合方式によって製造する。この工法は，セメントもしくはセメント系固化材の添加により処理した層の強度を高めるとともに，路盤の不透水性を増し，乾燥，湿潤および凍結などの気象作用に対して耐久性を向上させるなどの特長がある。骨材の粒度範囲は特に規定しないが，混合や締固めなどの施工性を考慮した場合，ある程度の粗骨材を含む連続した粒度を用いる必要がある。またPIについては，経済的なセメント量の範囲で所定の強度を得るために**表-4.5.9**の品質を満たすものを用いる。なお，骨材の粒度が著しく不良な場合やPIが大きい場合には，セメント量が多くなり不経済になることがあるため，他の工法の適用も併せて検討する必要がある。セメントは，ポルトランドセメント，高炉セメント，セメント系固化材などのいずれも使用することができる。骨材のPIがやや大きい場合や六価クロムの溶出が懸念される材料には，セメント系固化材を用いた方が効果的な場合もある。なお，セメント系固化材については本ガイドブックの「4-5-1（2）安定処理材料」を参照する。

　3）石灰安定処理工法

　　　下層路盤の石灰安定処理工法は，現地発生材，地域産材料またはこれらに補足材を加えたものを骨材とし，これに石灰を添加して処理する工法である。この工法は，骨材中の粘土鉱物と石灰との化学反応によって安定させるものであり，強度の発現はセメント安定処理に比

べて遅いが，長期的には耐久性および安定性が期待できる。対象とする骨材の PI については，**表−4.5.9** の品質を満たすものを用いると経済的である。石灰は一般に消石灰を用いるが，含水比が高い場合には生石灰を用いることもある。なお，石灰に適した骨材であっても，PI が大きい場合等には，石灰系固化材を用いた方が効果的な場合もある。また，骨材の粒度が著しく不良な場合や PI が大きい場合には，石灰量が多くなり不経済になることがあるため，他の工法も併せて検討する必要がある。石灰系固化材は本ガイドブックの「4-5-1（2）安定処理材料」を参照する。石灰安定処理路盤材料の製造方式については，上記「2）セメント安定処理工法」を参照する。

（3）上層路盤の築造工法

上層路盤における工法の種類と特徴は以下のとおりである。

1）粒度調整工法

粒度調整工法は，良好な粒度になるように調整した骨材を用いる工法である。粒度調整した骨材は粒度が良好であるため，敷きならしや締固めが容易である。骨材には粒度調整砕石，粒度調整鉄鋼スラグ，水硬性粒度調整鉄鋼スラグなどを用いる。また，砕石，鉄鋼スラグ，砂，スクリーニングスなどを適当な比率で混合して**表−4.5.3**に示す粒度範囲に入るようにして用いることもある。各路盤材料の品質等は本ガイドブックの「4-5-2（1）粒状路盤材料」を参照する。また，骨材の 75μm ふるい通過量が 10%以下の場合でも，水を含むと泥寧化することがあるため，75μm ふるい通過量は締固めが行える範囲でできるだけ少ないものを用いる。なお，スラグ系材料は，地域によっては入手が困難な場合もあるため採用に当たって留意する必要がある。

2）セメント安定処理工法

セメント安定処理工法は，骨材にセメントを添加して処理する工法である。この工法は，強度が増加し，さらに含水比の変化による強度の低下を抑制できるため，耐久性を向上させる特長がある。骨材は，クラッシャランまたは地域産材料に必要に応じて砕石，砂利，鉄鋼スラグ，砂などの補足材を加えて調整したもので，多量の軟石やシルト，粘土の塊を含まないものを使用する。セメントは普通ポルトランドセメント，高炉セメントなどのいずれも使用することができる。ひび割れの発生を抑制する目的でフライアッシュ等をセメントと併用することもある。なお，アスファルト中間層を用いる場合に，セメント量が多くなると，安定処理層の収縮ひび割れにより上層のアスファルト混合物層にリフレクションクラックが発生することもあるため注意する必要がある。

3）石灰安定処理工法

石灰安定処理工法は，本項の（2）に示すほかは，本ガイドブックの「4-7-6（3）セメント，石灰安定処理路盤の施工」を参照する。

4）瀝青安定処理工法

瀝青安定処理工法は，骨材に瀝青材料を添加して処理する工法である。この工法は，平たん性がよく，また，たわみ性や耐久性に富む特長がある。骨材は，単粒度砕石，砂などを適当な比率で配合したもの，もしくはクラッシャランまたは地域産材料に必要に応じて砕石，砂利，鉄鋼スラグ，砂などの補足材を加えたものを使用する。瀝青材料は，舗装用石油アスファルトを用いてアスファルトプラントにおいて加熱混合方式により処理する工法が最も一般的で，これを加熱アスファルト安定処理という。なお，舗装用石油アスファルトのほかにアスファルト

乳剤などを用いることもある。加熱アスファルト安定処理には，1層の仕上がり厚を10cm以下で行う工法と，それを超えた厚さで仕上げる工法とがある。後者を，シックリフト工法と呼び，大規模工事や急速施工の工事などで用いることがある。これについては，本ガイドブックの「4-7-6（4）瀝青安定処理路盤の施工」を参照する。

加熱アスファルト安定処理に使用する舗装用石油アスファルトは，通常，ストレートアスファルト60〜80または80〜100を用いる。骨材は，著しく吸水率が大きい砕石や軟石，シルト，粘土などを含まないものを使用する。また，粒度分布がなめらかなほど施工性に優れ，粒度範囲内で細粒分が少ないほど必要なアスファルト量は少なくなる場合が多い。なお，地域産材料の有効利用の観点から，やむを得ず吸水率が大きな骨材や多量の細砂などを使用するときは，水分が残留するおそれもあるため，プラントで試験練りを行い，適否を検討するとよい。

5）セメント・瀝青安定処理工法

セメント・瀝青安定処理工法は，骨材にセメントおよび瀝青材料を添加して処理する工法である。この工法は，適度な剛性と変形に対する追従性を有する特長がある。骨材は，舗装発生材，地域産材料またはこれらに補足材を加えたものを使用する。セメントは，セメント安定処理と同様のものを用いる。瀝青材料は，ノニオン系の石油アスファルト乳剤（MN－1），または舗装用石油アスファルトを混合しやすいように発泡させたフォームドアスファルトを用いる。骨材は，多量の軟石やシルト，粘土の塊を含まないものを使用する。

4-7-3 路床・路盤の施工機械

路床・路盤の施工は，一般に，各種の施工機械を組み合わせた機械化施工によって行う。路床・路盤用施工機械には，機能，性能，型式などの異なるさまざまな仕様のものがあるため，以下に示す事項を勘案の上，使用目的や施工条件に適した機種を選定する。

（1）所定の性能指標の値，出来形および品質の確保が可能であれば，特定の機種に限定する必要はない。また，自動化・高度化を図った新機種や全く新しい方式の施工機械も開発されており，必要に応じてこれらを積極的に活用するとよい。さらに，環境面から，低騒音，低振動ならびに排出ガスの低減に配慮した機械を用いることが大切である。

（2）施工機械の能力については，以下の事項を考慮する。
　① 施工規模：施工面積，施工幅員，施工厚，日施工量など
　② 施工条件：交通規制方法，作業時間帯，材料の供給能力・供給方法など
　③ 現場条件：道路の幾何構造（線形，縦横断勾配），周辺状況など
　④ 他の施工機械との施工能力のバランス
　⑤ これらを総合的にみた経済性（「時間当たり機械経費／時間当たり作業量」の最小化など）

（3）施工機械

路床・路盤の使用目的に応じた主な施工機械には，**表－4.7.1**に示すものがある。

表－4.7.1　路床・路盤の施工に用いる主な施工機械

使用目的に応じた施工機械の種類	主な施工機械の名称
路上混合機械	スタビライザ
掘削，積込み機械	バックホウ，トラクタショベル，ホイールローダ
整形機械	モーターグレーダ，ブルドーザ
散布機械	安定材散布機，アスファルトディストリビュータ
敷きならし機械	モーターグレーダ，ブルドーザ，ベースペーバ　アスファルトフィニッシャ
締固め機械	ロードローラ，タイヤローラ，振動ローラ

〔スタビライザ〕　　　〔モーターグレーダ〕

1) 路上混合機械

路上混合機械は，路床土または骨材と安定材とを路上で均一に混合できるものとする。一般には，それぞれの目的に応じて，以下の機械を使用する。

① 路上混合方式の安定処理においては，通常スタビライザを使用する。スタビライザの混合装置にはロータ式，ラダー式などが，また，走行方式にはホイール式とクローラ式とがある。そのほか，水散布装置やセメント・瀝青安定処理用にアスファルト乳剤散布装置あるいはアスファルトをフォームド化して散布する装置を具備したものもある。

② 路床安定処理において工事規模が小さい場合や特殊な箇所では，バックホウやバックホウのバケット部に混合装置を取り付けたものなどを用いることがある。

2) 掘削，積込み，整形機械

掘削および積込み機械は，路床などを適切に掘削して運搬車に積み込めるものを使用する。また，整形機械は，路床または路盤を所定の形状に整形できるものを使用する。

一般には，それぞれの目的に応じて，以下の機械を使用する。

① 通常，深い掘削にはバックホウを，浅い掘削にはバックホウまたはトラクタショベルを使用する。また，現場条件によっては，トラクタショベルとブルドーザなどを併用する場合もある。

② 路床の整形にはモーターグレーダまたはブルドーザを，路盤の整形には主としてモータ

ーグレーダを用いる。

3）散布機械

散布機械は，散布する材料を均一に散布できるものとし，散布する材料や施工規模によって，一般に以下に示すものが用いられる。

① 比較的施工面積の広い現場におけるセメント安定処理および石灰安定処理の施工では，安定材の散布に専用の安定材散布機を使用する。

② 安定材散布機の散布装置にはロータ式，ベルトコンベア式などが，走行方式にはホイール式とクローラ式とがある。

③ プライムコートのアスファルト乳剤の散布には，アスファルトディストリビュータを使用する。ただし，小規模の施工や狭い箇所での施工には，アスファルトエンジンスプレーヤを使用する。

4）敷きならし機械

敷きならし機械は，路床土，路盤材料を所定の厚さおよび形状に敷きならせるものとし，敷きならす材料によって，一般に以下に示すものが用いられる。

① 路床における盛土材料や置換え材料などの敷きならしには，ブルドーザやモーターグレーダを使用する。

② 路盤材料（瀝青安定処理路盤材料を除く）の敷きならしには，モーターグレーダやブルドーザを使用する。また，大規模施工では路盤材料の敷きならしにベースペーバを用いることがある。

③ 瀝青安定処理路盤材料の敷きならしには，アスファルトフィニッシャを使用する。なお，シックリフト工法における瀝青安定処理路盤材料の敷きならしには，モーターグレーダまたはブルドーザを用いることがある。

5）締固め機械

締固め機械は，路床土および路盤材料を所定の密度に締め固めることのできるものとし，一般に以下に示すものが用いられる。

① 路床および路盤の締固めには，ロードローラ，タイヤローラ，振動ローラ等を用いる。また，補助機械としてハンドガイド式振動ローラや振動コンパクタ等を用いることがある。

② 路床の転圧において，ローラによる締固めではこねかえしや過転圧となるような場合，代替機械としてブルドーザを使用することもある。

4-7-4　路床の施工

（1）路床工の基本

路床工の基本は，以下のとおりである。

① 路床は，工法の特徴を把握したうえで路床の支持力を低下させないように，所定の品質，縦横断形状に仕上げる。

② 施工機械の選定および締固め回数は，路床土の性質および含水状態をよく考慮して定める。

③ 路床の破壊原因としては水の浸透によることが多い。したがって路床の排水に留意する必要がある。

④ 路床面は工事用車両，機械の走行により荒らされることが多い。そこで，路床面の最終

整正は路盤の施工工程に合わせて実施するとよい。

(2) 切土路床工法の施工

切土路床工法においては，特に支持力を低下させないように，工事用機械による作業や工事用車両の走行により路床面を乱さないよう注意して，在来地盤を掘削，整形し，締め固めて仕上げる。切土路床工の施工に当たっては，以下の点を留意するとよい。

① 掘削により路床の緩んだ部分は取り除き，締固めを行う。

② 路床土が粘性土の場合，含水量が多くなるとこね返し現象により強度低下する。したがって施工中の排水に注意する必要がある。

③ 切土路床では，路床の品質，強度および路床支持力の均一性が確保されないことがある。そこで不良箇所を発見する方法として，路床の全面にわたってプルーフローリングの実施を検討する。プルーフローリングは，ダンプトラックまたはタイヤローラ等を，低速で路床面を走行させ，目視によってたわみを観察・確認するものである。プルーフローリングの結果，相対的にたわみが大きい箇所は，路床不良の場合が多い。

④ プルーフローリングの方法の一例としては，ダンプトラックまたはタイヤローラを時速4km程度で路床上を走行させる方法がある。評価は目視により，たわみ量の大きい箇所をマーキングする。たわみ量が大きい箇所は，必要に応じてベンケルマンビームによるたわみ量測定を行う。たわみ量の標準はおおむね3～5mm程度であり，これよりたわみ量が大きい場合は路床不良と判定する。

⑤ 路床不良箇所において，路床土の含水比が高い場合は，土をかき起こして，曝気乾燥させ，必要に応じて良質材を補充して締め固めなおす必要がある。また路床土が不良土の場合は，置換え工法を検討する。路床面から30cm程度以内に木根，転石等の路床の均一性を損なうものがある場合には，これらを取り除いて仕上げる。

(3) 盛土路床工法の施工

盛土路床工法は，使用する盛土材の性質をよく把握したうえで，強度を低下させないよう，均一に敷きならし，十分に締め固めて仕上げる必要がある。盛土路床工法の施工に当たっては，以下の点を考慮するとよい。

① 盛土材は，最大寸法，塑性指数，CBR値およびスレーキング率などの規格に合格した材料を用いる。

② 土取り場においては，土の含水比をなるべく最適含水比に近づけるために，土取り場の表面排水を良好にし，地山に雨水の浸透を防ぐことが有効である。土取り場では雑草や木の根の混入を防ぐとともに，土質の変化が著しい場合は，規格に合格しない土材料が混入しないよう注意する必要がある。

③ 盛土材の敷きならしは，材料分離を発生させず，所定厚の確保に留意する必要がある。1層の敷きならし厚さは，仕上がり厚で20cm以下を目安とする。所定の仕上がり厚を確保するためには，転圧減を考慮したまき出し厚の割増しが必要である。土質により転圧減は異なるが，おおむね20～30%である。

④ 路床の敷きならしはやや高めに盛土材料をまき出し，モーターグレーダにより削って整正するほうが施工効率がよい。路床面の高さが不足し，薄層で盛土材料を補足する場合は，既に締め固めた下層とのなじみをよくするために，下層表面を掻き起こし，層厚が10～20cm程度になるように敷きならしたのち転圧する必要がある。

⑤　路床の転圧は，所定の締固め度が得られるように締め固める。土質とその含水比によって転圧回数と締固め度の関係は異なることから，試験施工により事前に確認する必要がある。転圧時において，路床材の含水比が室内締固め試験における最適含水比の乾燥側の場合は，敷きならしや締固め時に加水調整を行う。また，最適含水比よりも湿潤側の場合は，曝気乾燥させる必要がある。

⑥　特に地山の自然含水比は最適含水比より高いことが多く，盛土材の含水比を最適含水比に完全に調整することは困難な場合が多い。盛土材が最適含水比の乾燥側にある場合は，最適含水比の場合よりも，大きな締固めエネルギーが必要となることから，転圧回数の割増しを行う必要がある。また湿潤側の場合は，過転圧に留意する必要があることから，タイヤローラの質量を軽くする方法，タイヤ空気圧を減らす方法や，代替機械としてブルドーザを使用する方法などを用いた転圧作業を実施する必要がある。

⑦　盛土路床の品質，強度および路床支持力の均一性の確認のため，路床の全面にわたってプルーフローリングの実施を検討する。

⑧　盛土路床の施工後の降雨排水対策として，縁部に仮排水溝の設置を検討する。

(4) 安定処理工法の施工

　安定処理工法による構築路床の施工は，現状路床土と安定材を均一に混合し，締め固めて仕上げる。構築路床の安定処理は，一般に路上混合方式で行い，所定の締固め度を得られることが確認できれば，全厚を1層で仕上げる。**写真－4.7.1**に路上混合方式による安定処理工法の施工状況を示す。なお，地山または中央プラントで安定処理した材料を，盛土路床工や置換え工法に用いることもある。以下に安定処理における配合設計の方法と施工について示す。

写真－4.7.1 路盤安定処理工法の施工状況

1) 配合設計

　構築路床における安定処理の配合設計は，安定材の添加量と CBR の関係から目標とする CBR に対応する安定材の添加量を求め，この量に割増率を乗じたものを設計添加量とする割増率方式と，目標とする CBR に安全率を乗じたものに対応する安定材の添加量を設計添加量とする安全率方式がある。以下に配合設計上の留意点について示す。

①　目標とする CBR は，舗装の構造設計によって与えられる。

② 配合設計に使用する試料は，安定処理対象区間の代表的なものを使用する。含水比が特に大きく変化する場所では，それぞれの地点の試料を採取し，各々について配合設計を行う。

③ 安定材については，本ガイドブックの「4-5-1（2）安定処理材料」を参照する。

④ 供試体の作製方法およびCBR試験方法は「舗装調査・試験法便覧」を参照する。ただし，路床土が極めて軟弱で突固めが困難な場合には，同便覧に示される「締固めをともなわない安定処理土のCBR試験方法」を参照する。なお，安定材に生石灰を用いる場合の供試体作製は，いったん混合したのち3時間以上適当な覆いをかぶせて放置し，生石灰が消化してから再び混合して突き固める。

⑤ 配合設計における安定材の添加量は，セメントまたは石灰の適当と予測される添加量を中心に数%ずつ変化させた3点を標準とする。

⑥ 割増率方式における安定材の添加量の割増率は，現状路床土の土質，含水比，混合比および施工時期などを考慮して決めるが，一般に処理厚50cm未満の場合は15～20%，処理厚50cm以上の場合は砂質土で20～40%，粘性土で30～50%の範囲とする。

⑦ 割増率方式による安定材の設計添加量を求める方法の一例を図－4.7.1に示す。同図の曲線①において，安定処理後の路床土の目標CBRを12とした場合の添加量はa%となり，割増率を20%とすれば設計添加量はa×(1＋0.2)＝1.2a%となる。曲線②は，目標CBRを8とした場合のもので，割増率を30%（砂質土）とすれば設計添加量は1.3b%となる。安定材の添加量が極めて多く不経済となる場合には，目標とするCBRを下げて処理厚を大きくする等の変更を検討する。

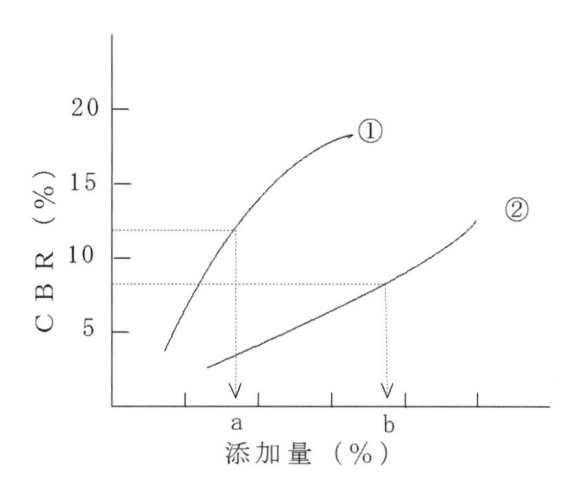

図－4.7.1 安定材の添加量とCBR

⑧ 安定処理土の六価クロム溶出量の確認

セメントおよびセメント系固化材を使用した安定処理土は，「セメントおよびセメント系固化材を使用した改良土の六価クロム溶出試験要領（案）」（国土交通省，平成13年4月）にもとづき，六価クロムの溶出量が土壌環境基準（環境庁，平成3年8月）に適合していることを確認する。

2）施　工

安定処理の一般的な施工手順および施工上の留意点を以下に示す。

① 安定材の散布に先立って現状路床の不陸整正や，必要に応じて仮排水溝の設置などを行う。

② 所定量の安定材を散布機械または人力により均等に散布する。

③ 散布が終わったら，適切な混合機械を用いて所定の深さまで混合する。混合中は混合深さの確認を行い，混合むらが生じた場合には再混合する。

④ 粒状の生石灰を用いる場合には，1回目の混合が終了したのち仮転圧して放置し，生石灰の消化を待ってから再び混合する。ただし，粉状の生石灰（0～5mm）を使用する場合は，1回の混合で済ませてもよい。

⑤ 散布および混合に際して粉塵対策を施す必要がある場合には，防塵型の安定材の使用やシートの設置，などといった対策をとる。

⑥ 混合終了後，タイヤローラなどによる仮転圧を行う。次に，ブルドーザやモーターグレーダなどにより所定の形状に整形し，タイヤローラなどにより締め固める。軟弱で締固め機械が入れない場合には，湿地ブルドーザなどで軽く転圧を行い，数日間養生後，整形してタイヤローラなどで締め固める。なお，厚層で締め固める場合には，振動ローラを用いる。

（5）置換え工法および凍上抑制層の施工

置換え工法および凍上抑制層は，原地盤を所定の深さまで掘削し，掘削面以下の層をできるだけ乱さないように留意しながら，良質土または凍上抑制効果のある材料を敷きならし，締め固めて仕上げる。置換え工法および凍上抑制層の1層の敷きならし厚さは，仕上がり厚で20cm以下を目安とする。

4-7-5　下層路盤の施工

（1）下層路盤工の基本

下層路盤工の基本は，路盤材を所定の仕上がり厚さが得られるように均一に敷きならし，所定の締固め度が得られるまで締め固め，かつ所定の形状に平たんに仕上げる。

（2）路盤準備工

路盤の施工に先立ち，路床面が荒らされている場合は路床不陸整正をおこない，路盤準備工として路床面の整備を行う。路盤を施工する場合に路床が乾燥しているときは，路盤材の含水比を低減させないために，路床面に散水の実施を検討する。

（3）粒状路盤の施工

粒状路盤の施工に当たっては，特に材料分離に留意しながら粒状路盤材料を均一に敷きならし，締め固めて仕上げる。施工上の留意点を以下に示す。

① 1層の仕上がり厚さは20cm以下を標準とし，敷きならしは一般にモーターグレーダで行う。なお，1層の仕上がり厚さが20cmを超える場合において，所要の締固め度が保証される施工方法が確認されていれば，その仕上がり厚さを用いる。

② 敷きならした材料の厚さが不均一の場合，または所定の縦横断形状に敷きならされていない場合は，あらかじめタイヤローラ等で全面を軽く転圧した後に，モーターグレーダで整形を行う。

③ 敷きならしは，少し厚めにおこない，モーターグレーダで削って仕上げると均一な路盤が得られやすい。厚さが不足する箇所に路盤材料を補足するときは，下層の表面を軽くかき起こしておく必要がある。

④ 施工規模が大きい場合は敷きならしにベースペーバを使用することで施工の効率を図れる場合が多い。

⑤ 締固めは，一般に10～12tのロードローラと8～20tのタイヤローラまたはこれらと同等以上の効果がある振動ローラを用いる。

⑥ 締固めは，材料の移動を少なくし，側方からの拘束を与えるため，路肩側から転圧作業を開始し道路の中央に，また高さが低い方から高い方に向けて行う。

⑦ 締固め時の含水比は最適含水比付近に調整することが大切である。

⑧ 締固め前に降雨などにより，粒状路盤材料が著しく水を含み締固めが困難な場合には，晴天を待って曝気乾燥を行う。また，少量の石灰またはセメントを散布，混合して締め固めることもある。

(4) セメントあるいは石灰安定処理路盤の施工

下層路盤の安定処理は，骨材と安定材とを均一に混合したのち，締め固めて仕上げる。以下に安定処理の配合設計と施工を示す。

1) 配合設計

セメントあるいは石灰による安定処理工法の配合設計は，安定材の添加量と一軸圧縮強さとの関係から所定の強度に対応する添加量を求め，これを設計添加量とする。ただし，中央混合方式による場合で，同一の材料と配合とによって，良好な結果を得ている過去の配合を利用する場合には，配合設計を省略することができる。以下に配合設計方法および留意点を示す。

① 下層路盤安定処理の骨材については本ガイドブックの「4-5-2 (2) 安定処理路盤材料」を，安定材については本ガイドブックの「4-5-1 (2) 安定処理材料」を参照する。

② 供試体作製時の混合物の含水比は，骨材に適当と予測される添加量の安定材を加えたもので求めた最適含水比とする。一軸圧縮試験方法は，「舗装調査・試験法便覧」を参照する。

③ 配合設計における安定材の添加量は，セメントあるいは石灰の添加量は，適当と予想した量を中心に1～2%変化させた3～4点で一軸圧縮強度試験を実施して決定する。

④ 安定材の設計添加量は一軸圧縮強さとの関係より，図－4.7.2に示す所定の一軸圧縮強さに対応した添加量とする。路上混合方式による場合は，必要に応じて15～20%の範囲で割増しした値を設計添加量とする。ただし，配合設計によって得られた設計添加量が少なすぎると混合の均一性が悪くなるため，中央混合方式では2%，路上混合方式では3%を下限とする場合が多い。図－4.7.2には，下層および上層路盤において，セメントあるいは石灰を用いて安定処理した場合の安定材添加量を求めるための添加量と一軸圧縮強さとの関係例を示す。

⑤ セメントあるいはセメント系固化材を使用した安定処理路盤材料は，「セメントおよびセメント系固化材を使用した改良土の六価クロム溶出試験要領（案）」（国土交通省，平成13年4月）にもとづき，六価クロムの溶出量が土壌環境基準（環境庁，平成3年8月）に適合していることを確認する。

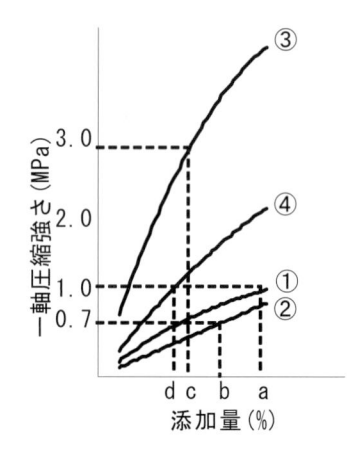

区分		一軸圧縮強さ MPa	添加量 %
下層路盤	①セメント安定処理	0.98	a
	②石灰安定処理	0.7	b
上層路盤	③セメント安定処理	2.9	c
	④石灰安定処理	0.98	d

図－4.7.2　安定材の添加量と一軸圧縮強さ

2）施　工

路上混合方式によるセメントあるいは石灰安定処理工法の一般的な施工手順および施工上の留意点を以下に示す。

① 施工に先立ち，既設路盤層などをモーターグレーダのスカリファイア等で所定の深さまでかき起こし，必要に応じて散水を行い，含水比を調整したのち整正する。
② 地域産材料や補足材を用いる場合は，整正した既設路盤層などの上に均一に敷き広げる。
③ 安定材の散布，骨材との混合は，本ガイドブックの「4-7-4（4）2）施工」にもとづいて行う。
④ 混合が終わったらモーターグレーダ等で粗ならしを行い，タイヤローラで軽く締め固める。次に，再びモーターグレーダ等で所定の形状に整形し，8～20tのタイヤローラまたはこれらと同等以上の効果がある振動ローラを用いて所定の締固め度が得られるまで転圧する。転圧には二種類以上のローラを併用すると効果的である。
⑤ 1層の仕上がり厚は，15～30cmを標準とする。
⑥ 締固め終了後直ちに交通開放しても差し支えないが，含水比を一定に保つとともに表面を保護する目的で，必要に応じてアスファルト乳剤等を散布する。
⑦ 路上混合方式の場合，前日の施工端部を乱してから新たに施工を行う。ただし，日時をおくと施工継目にひび割れを生じることがあるため，できるだけ早い時期に打ち継ぐことが望ましい。中央混合方式の場合の施工継目は，本ガイドブックの「4-7-6（3）セメントあるいは石灰安定処理路盤の施工」を参照する。

4-7-6　上層路盤の施工

（1）上層路盤工の基本

上層路盤工の基本は，路盤材を所定の仕上がり厚さが得られるように均一に敷きならし，所定の締固め度が得られるまで締め固め，かつ所定の形状に平たんに仕上げる。

（2）粒度調整路盤の施工

粒度調整路盤の施工に当たっては，特に材料分離に留意しながら粒状路盤材料を均一に敷きならし，締め固めて仕上げる。施工上の留意点を以下に示す。

① 1層の仕上がり厚さは15cm以下を標準とし，敷きならしはモーターグレーダ，ベースペ

ーバ等を用いて行う。ただし，振動ローラを用いる場合は，1層の仕上がり厚さを上限20cmとする。
② 敷きならした材料の厚さが不均一である場合や，所定の縦横断形状に敷きならされていない場合は，全面をあらかじめタイヤローラ等で軽く転圧した後に，モーターグレーダで整形を行う。
③ 敷きならしは，少し厚めにおこない，モーターグレーダで削って仕上げると均一な路盤が得られやすい。厚さが不足する箇所に路盤材料を補足するときは，下層の表面を軽くかき起こしておく必要がある。
④ 施工規模が大きい場合は敷きならしにベースペーバを使用することで施工の効率を図れる場合が多いので検討する。
⑤ 締固めは，一般に10～12tのロードローラと8～20tのタイヤローラ，またはこれらと同等以上の効果がある振動ローラを用いる。
⑥ 締固めは，材料の移動を少なくし，側方からの拘束を与えるため，路肩側から転圧作業を開始し道路の中央に，また高さが低い方から高い方に向けて行う。
⑦ 締固め時の含水比は最適含水比付近に調整することが大切である。
⑧ 締固め前に降雨などにより，粒状路盤材料が著しく水を含み締固めが困難な場合には，晴天を待って曝気乾燥を行う。また，少量の石灰またはセメントを散布，混合して締め固めることもある。

(3) セメントあるいは石灰安定処理路盤の施工

上層路盤におけるセメント安定処理または石灰安定処理は，安定処理路盤材料を中央混合方式または路上混合方式により製造し，均一に敷きならした後，締め固めて仕上げる。以下に配合設計の方法と施工について示す。

1) 配合設計

配合設計は，本ガイドブックの「4-7-5（4）1）配合設計」を参照する。安定材の設計添加量は一軸圧縮強さとの関係より，**図ー4.7.2**に示す所定の一軸圧縮強さに対応した添加量とする。また，セメントあるいはセメント系固化材を使用した安定処理路盤材料は，「セメントおよびセメント固化材を使用した改良土の六価クロム溶出試験要領（案）」（国土交通省，平成13年4月）にもとづき，六価クロムの溶出量が土壌環境基準（環境庁，平成3年8月）に適合していることを確認する。

2) 施 工

セメント安定処理あるいは石灰安定処理路盤の施工は，本ガイドブックの「4-7-5 下層路盤の施工」に準ずる。ただし，以下の点に留意する。
① 1層の仕上がり厚は10～20cmを標準とするが，振動ローラを使用する場合は30cm以下で所要の締固め度が確保できる厚さとしてもよい。
② 敷きならした路盤材料は，すみやかに締め固める。なお，セメント安定処理の場合は，硬化が始まる前までに締固めを完了することが重要である。
③ 石灰安定処理路盤材料の締固めは，最適含水比よりやや湿潤状態で行うとよい。
④ 締固め終了後直ちに交通開放しても差し支えないが，含水比を一定に保つとともに表面を保護する目的で必要に応じてアスファルト乳剤等をプライムコートとして散布する。
⑤ 横方向の施工継目は，セメントを用いた場合は施工端部を垂直に切り取り，石灰を用い

た場合は前日の施工端部を乱して，各々新しい材料を打ち継ぐ。また，縦方向の施工継目は，あらかじめ仕上がり厚さに等しい型枠を設置し，転圧終了後取り去るようにする。新しい材料を打ち継ぐ場合は，日時をおくと施工継目にひび割れを生じることがあるため，できるだけ早い時期に打ち継ぐことが望ましい。

（4）瀝青安定処理路盤の施工

瀝青安定処理路盤は，瀝青安定処理路盤材料を均一に敷きならし，締め固めて仕上げる。以下に配合設計の方法と施工について示す。

1）配合設計

瀝青安定処理工法においては，マーシャル安定度試験または経験により設計アスファルト量を決定する。マーシャル安定度試験による場合は「舗装施工便覧」にもとづき，経済性を考慮して決める。なお，経験にもとづき設計アスファルト量を決定する場合には，マーシャル安定度試験による配合設計を省略してもよい。

マーシャル安定度試験による配合設計は，「舗装施工便覧」に準ずる。供試体作製時における突固め回数は，両面各50回とする。25mmを超える骨材は，同質量だけ13～25mmの骨材と置き換える。

マーシャル安定度試験により瀝青安定処理の配合設計を行った場合，必要に応じて試験練り，試験施工を行うなどして，現場配合を定める。

なお，配合設計を行う際に，細粒分が少なくて安定度が基準値以下になる場合には，フィラーを添加すると安定度が向上することがある。

2）施　工

ここでは，最も一般的な加熱混合方式により製造した加熱アスファルト安定処理路盤材料の施工について述べる。施工方法には，1層の仕上がり厚が10cm以下の「一般工法」とそれを超える「シックリフト工法」とがある。以下にそれぞれの施工上の留意点について示すが，シックリフト工法を採用するに当たっては，過去の実績や与えられた条件等を勘案して敷きならし厚さや施工方法を慎重に決定する。

なお，加熱アスファルト安定処理路盤の施工に際して，下層の路盤面にプライムコートを施す必要があるが，これについては，本ガイドブックの「4-7-7　プライムコート」を参照する。

① 　一般工法

加熱アスファルト安定処理路盤材料は，基層および表層用混合物に比べてアスファルト量が少ないため，あまり混合時間を長くするとアスファルトの劣化が進むので注意しなければならない。混合性をよくするためにフォームドアスファルトを用いることもある。敷きならしには，一般にアスファルトフィニッシャを用いるが，まれにブルドーザやモーターグレーダ等を用いることもある。ただし，アスファルトフィニッシャ以外で敷きならす場合は，材料の分離に留意する。

② 　シックリフト工法

敷きならし時の混合物温度は，一般工法と同様に110℃を下回らないようにする。敷きならし作業は連続的に行う。特に，敷きならし厚さが厚くなることから，時間当たりの混合物使用量が多くなるため，アスファルトプラントの製造能力に配慮する。敷きならしには，アスファルトフィニッシャのほかにブルドーザやモーターグレーダを用いることがあ

る。ブルドーザやモーターグレーダ等により敷きならした場合は，敷きならした混合物が緩んだ状態にあり不陸を生じやすいため，初転圧に先立ち軽いローラなどを用いて仮転圧を行う。側方端部は温度降下が速いため，最初に締固めを行う。側方端部を拘束するものがない場合は，締固めにより混合物が横にずれることのないようにタンパ等の小型の締固め機械で締め固める必要がある。型枠や構造物等で拘束される場合には，振動ローラなどで締め固める。施工厚さが厚いために混合物の温度が低下しにくく，締め固め終了後早期に交通開放を行うと初期にわだち掘れが発生しやすい。やむを得ず早期に交通開放する場合には，舗設後冷却するなどの処置が必要である。また，早期に交通開放するために中温化技術の適用を検討するとよい。なお，夏期の高気温時に交通開放した場合には，わだち掘れの発生を防止することが難しいため，この時期の施工はできるだけ避けることが望ましい。

（5）セメント・瀝青安定処理路盤の施工

セメント・瀝青安定処理路盤は，安定処理路盤材料を路上混合方式または中央混合方式により製造し，材料分離に留意しながら均一に敷きならし，締め固めて仕上げる。以下に配合設計の方法と施工について示す。

1）配合設計

セメント・瀝青安定処理工法の配合設計は，「舗装再生便覧」に準じて行う。中央混合方式の場合は，施工において予想される製造から舗設までの運搬時間を考慮して，混合から一軸圧縮試験用供試体の作製までに同じ時間をとり，必要に応じて試験練り，試験施工を行うなどして最終的に配合を定めることが望ましい。

2）施　工

セメント・瀝青安定処理路盤の施工は，「舗装再生便覧」を参照する。

4-7-7　プライムコート

プライムコートは，路盤（瀝青安定処理を除く）を仕上げた後，すみやかに瀝青材料を所定量均一に散布して養生する。

（1）プライムコートの目的

① 路盤の上にアスファルト混合物を施工する場合は，路盤とアスファルト混合物とのなじみをよくする。また，路盤の上にコンクリートを施工する場合は，打設したコンクリートからの水分の吸収を防止する。

② 路盤表面部に浸透し，その部分を安定させる。

③ 降雨による路盤の洗掘または表面水の浸透などを防止する。

④ 路盤からの水分の蒸発を遮断する。

（2）使用材料および標準使用量

プライムコートには，通常，アスファルト乳剤（PK-3）を用いるが，これ以外に路盤への浸透性を特に高めた専用の高浸透性乳剤（PK-P）を使用することもある。これらの材料の散布量は一般に $1 \sim 2 \mathrm{L/m^2}$ が標準である。

（3）施工上の留意点

① 寒冷期などにおいては，養生期間を短縮するため加温して散布する。

② 散布したアスファルト乳剤の施工機械等への付着およびはがれを防止するため，必要最

小限の砂（通常 100m² 当たり 0.2～0.5m³）を散布する。
③ 瀝青材料が路盤に浸透せず厚い皮膜を作ったり，養生が不十分な場合には，上層の施工時にブリーディングが起きたり，層の間でずれて上層にひび割れを生じることがあるため留意する。

4-7-8　アスファルト中間層の施工

アスファルト中間層は，一般に密粒度アスファルト混合物(13)を均一に敷きならし，締め固めて仕上げる。以下に配合設計の方法と施工について示す。

（1）配合設計

コンクリート舗装の中間層に用いる密粒度アスファルト混合物(13)の配合設計は，「舗装施工便覧」に準ずる。

① マーシャル安定度試験における供試体作製時の突固め回数は 50 回とし，「舗装施工便覧」に準じて，経済性を考慮して設計アスファルト量等の配合を決定する。

② アスファルト中間層は，コンクリート版の周囲や目地部からの雨水等の浸入による耐久性を考慮して，残留安定度は 75%以上あることが望ましく，必要に応じて剥離防止対策を施す。

（2）施　工

アスファルト中間層の施工は，「舗装施工便覧」に準じて行う。

コラム 15　路床・路盤の情報化施工

　情報化施工は，建設事業の調査，設計，施工，監督・検査，維持管理という建設生産プロセスのうち「施工」に注目して，ICT（Information and Communication Technology；情報通信技術）の活用により各プロセスから得られる電子情報を活用して高効率・高精度な施工を実現し，さらに施工で得られる電子情報を他のプロセスに活用することによって，建設生産プロセス全体における生産性の向上や品質の確保を図ることを目的としたシステムです。

　路床・路盤の情報化施工技術としては，自動追尾トータルステーションや全地球航法衛星システム＝Global Navigation Satellite System(s) (GNSS)などを用いて，モーターグレーダ，ブルドーザ，アスファルトフィニッシャなどの施工機械の敷きならし高さを自動制御するシステムなどが普及してきている上に，路床・路盤工の合理化，省熟練化および高精度化に寄与しています。

　この情報化施工は，CIM（Construction Information Modeling）の一翼を担う技術です。CIMとは，計画・調査・設計段階から3次元モデルを導入し，その後の施工，維持管理の各段階においても3次元モデルに連携・発展させ，併せて事業全体にわたる関係者間で情報を共有することにより，一連の建設生産システムの効率化・高度化を図るものです。

　今後は，CIM導入の検討と連携し，CIMにより共有される3次元モデルからの情報化施工に必要な3次元データの簡便で効率的な作成や，施工中に取得できる情報の維持管理での活用が期待されています。

写真－C14.1　路盤の情報化施工技術の一例　　**図－C14.1　情報化施工のイメージ**

4-8 コンクリート版の施工

普通コンクリート舗装における標準的な施工の流れを図-4.8.1に示す。コンクリート版の施工は，所要の出来形と品質および性能を確保するために，荷おろし，敷きならし，締固め，養生までをバランスよく連続して作業することが肝要であり，コンクリートの製造や運搬も含めて連続的かつ効率的な施工計画を立てることが大切である。また，施工の良否は，コンクリート版の強度，目地の挙動および平たん性等に与える影響が大きく，施工管理を適切に行うことが極めて重要である。

ここでは，普通コンクリート版の施工について，施工計画からコンクリートの製造・運搬に関する概要と留意すべき事項を示すとともに，セットフォーム工法，スリップフォーム工法および人力施工の場合の具体的な舗設方法と留意事項，初期・後期養生の方法，暑中および寒中施工における対策，ならびに初期ひび割れについての対策などを示す。

4-8-1 施工計画

（1）コンクリートの製造と運搬の計画

材料貯蔵，計量および練混ぜ設備を持ったプラントでコンクリートを練り混ぜ，それを現場まで運搬する。レディーミクストコンクリートを利用する場合と，現場付近にプラントを設置する場合とがあり，近年ではレディーミクストコンクリートの使用が多いことから，以下ではレディーミクストコンクリートに関する製造と運搬の計画について述べる。

1）コンクリートの製造計画

コンクリートプラントの選定に当たっては，舗設工程に見合った必要な品質と数量のコンクリートを円滑に出荷でき，かつ，舗設現場と密な連絡がとれるような JIS 表示認証工場を選定するよう計画をたてることが望ましい。プラントの日最大製造量や舗装用コンクリートの出荷可能量等を調査し，現場の舗設条件に適したプラントを選定することが大切である。出荷プラントが定まったら，コンクリートの配合，運搬方法，納入時期，納入数量および検査方法等について事前に十分打合せをしておくことが肝要である。

2）コンクリートの運搬計画

コンクリートの運搬には，コンクリートのコンシステンシーに応じて，ダンプトラックまたはトラックアジテータを用いる。コンシステンシーがスランプ 2.5cm の場合はダンプトラックを，またスランプ 5～8cm の場合にはトラックアジテータを用いて運搬するのが一般的である。また，スリップフォーム工法用のコンクリートはトラックアジテータで運搬することが多い。

運搬計画に際しては，事前に現場までの運搬経路を調査し，走行時の安全対策，周囲への環境対策に十分配慮するとともに，所要時間を適切に把握することが大切である。

たとえば，プラントでの所用のコンクリートの製造能力を $40m^3/h$ とし，運搬には 10t のダンプトラックを用い，プラントから舗設位置までの平均距離を 5km と仮定すると，運搬車の平均必要台数は次のようになる。まず，1 台当たり $4.0m^3$ 積みとすれば 1 時間に延べ 10 台積み込むことになる。トラックは平均時速 25km で走行するとすれば，プラントと現場の往復に 25 分掛かり，さらにプラントで 5 分，現場で 5 分の待ち時間を加味すると，1 サイクルは 35 分となり，運搬車の平均必要台数は，10 台÷(60 分÷35 分)＝5.8 台≒6 台が必要となる。

第4章　普通コンクリート舗装

〔ボックススプレッダ〕

密度が均等になるようにコンクリートを敷きならす。

〔コンクリートフィニッシャ〕

十分に締め固めて所定の高さに荒仕上げをする。

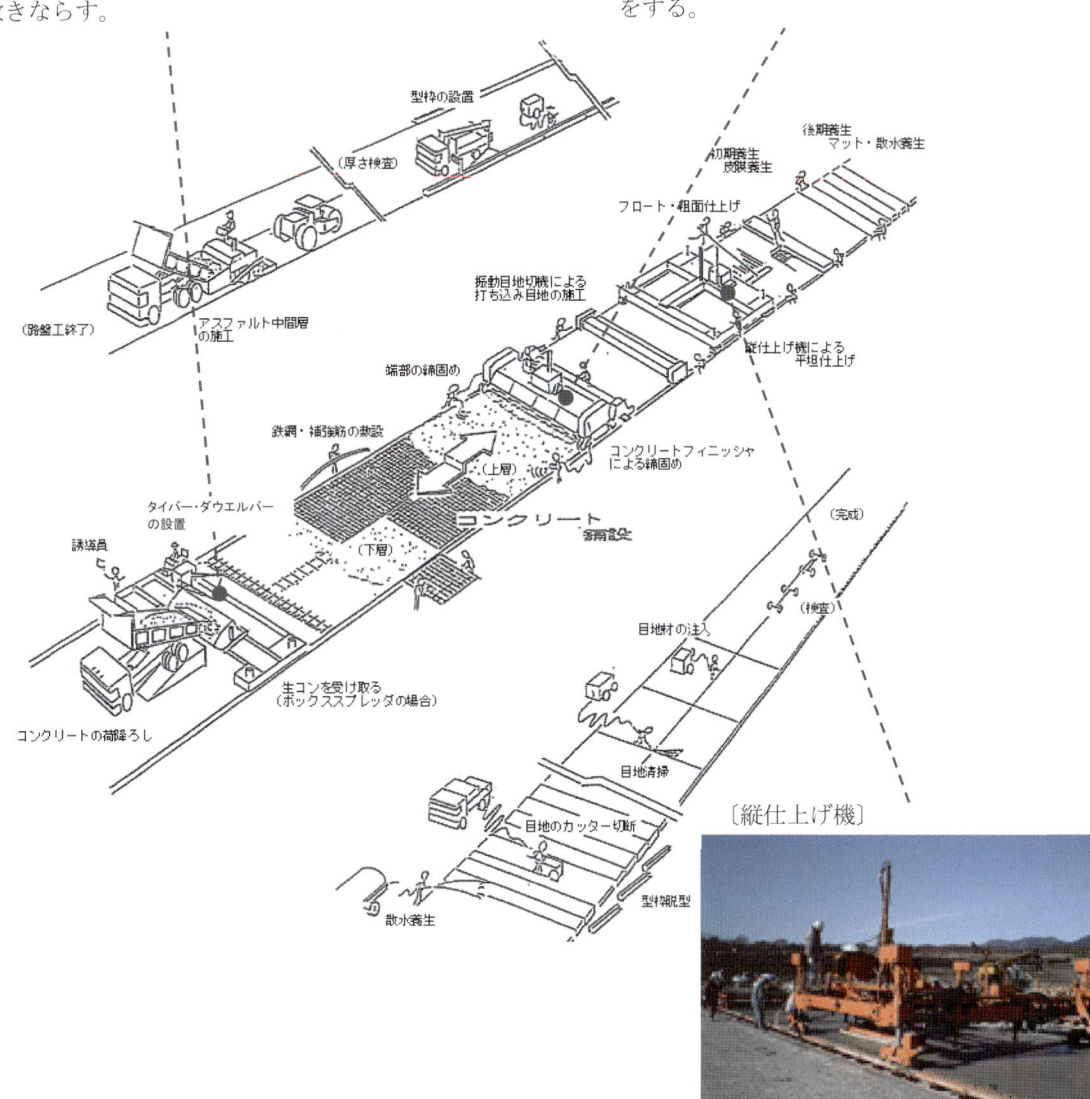

〔縦仕上げ機〕

コンクリート表面を緻密で平たんに仕上げる。

図－4.8.1　普通コンクリート舗装の施工の流れ（例）
※ コンクリートの敷きならしを上・下層とも1台のボックススプレッダで対応し，
　打込み目地の施工を平たん仕上げより先行して行う場合の例

（2）機械舗設計画

舗設機械の選定とその組合せは，次のような条件を考慮して，能率よくコンクリートの舗設ができるように計画することが大切である。

① 1日の舗設延長
② コンクリート舗設（敷きならし，締固め）が1層式か2層式か
③ 舗設車線外からコンクリートの供給が可能か
④ 機械の種類および台数

舗設機械の組合せには各種あるが，代表的な組合せ例を示すと**図－4.8.2**に示すとおりである。これらの中から，上記諸条件と工事の規模等を考慮して選定する。

図－4.8.2に示す舗設機械組合せ例について説明すると次のとおりである。

(a) は，コンクリートを舗設車線内のみから供給するときの例で，まず下層のコンクリートをブレード型スプレッダで適当な延長を敷きならし，その上に鉄網を設置する。次に上層のコンクリートを荷おろしし，これを同じスプレッダで敷きならす。この場合，バーアセンブリが移動しないように十分注意する必要がある。

この組合せ例は，コンクリートの過不足の調整が難しいので，1回の敷きならし延長は，横目地間隔くらいまでである。

なお，バーアセンブリは舗設と並行して設置しなければならない。

(b) は，(a) と同一条件で，舗設能力を大きくする目的でボックス型スプレッダを用い，縦取り型荷おろし機械（または可搬式の架台）を併用した組合せの例である。

(c) は，舗設車線外からコンクリートを供給するのに横取り型荷おろし機械とボックス型スプレッダを使用した組合せ例である。この場合の利点は，あらかじめバーアセンブリを設置しておけることおよびダンプトラックの後進延長が少なくなることである。

(d) は，上層と下層のコンクリートの荷おろし方法を変えて，(b) および(c) の場合より舗設能力を大きくする場合での組合せの例である。すなわち，(a)，(b)，および (c) では，スプレッダの敷きならし高さを上層と下層とで変える必要があり，このため敷きならし能力が低下するがこの点を改良した組合せの例である。

(e) は，交通量区分 N_1〜N_4 の場合で，鉄網を省いてコンクリートを1層で敷きならし，締め固める場合の機械の組合せの例で (a) の場合と同様であるが，スプレッダの敷きならし高さを変える必要がなく，(a) の場合より舗設能力は大きくなる。

第4章 普通コンクリート舗装

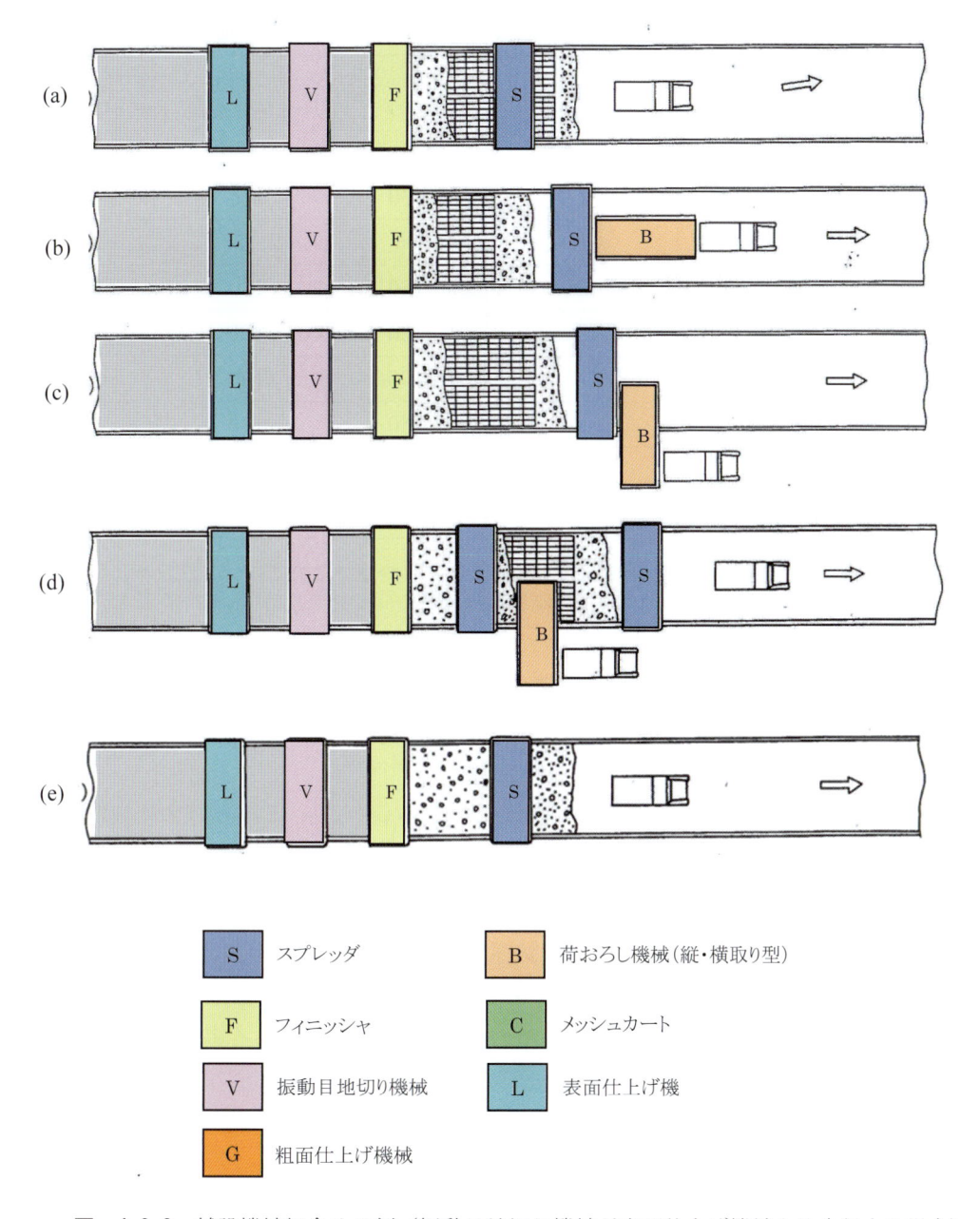

図－4.8.2 舗設機械組合せの例（振動目地切り機械が表面仕上げ機械より先行する場合）

凡例：
- S スプレッダ
- F フィニッシャ
- V 振動目地切り機械
- G 粗面仕上げ機械
- B 荷おろし機械（縦・横取り型）
- C メッシュカート
- L 表面仕上げ機

　コンクリートの舗設能力は，個々の工事の諸条件，すなわちコンクリート版厚，舗設幅員，舗設車線外の余裕幅，コンクリートの供給能力，線形，コンクリート版の補強の種類，気象条件および環境条件等により著しく相違するものである。

　したがって，機械舗設計画でコンクリートの舗設能力を検討する場合には，個々の現場の諸条件を詳細に調査，検討して定める。

　個々の工事について，舗設上の諸条件を正確に把握してコンクリートの舗設能力を示すことは難しいが，それらを総括的に評価した場合のコンクリートの舗設能力の概略を示すと**表－4.8.1**のようである。

表-4.8.1 舗設機械の組合せとコンクリートの舗設能力（概略）の例

舗設機械の組合せ	舗設車線の数	舗設条件の難易度による概略のコンクリート舗設量（m^2/h）		
		A [注1]	B [注2]	C [注3]
(a) の場合	2	130	110	90
	1	90	75	60
(b),(c) の場合 [注4]	2	150	130	100
	1	120	100	80
(d) の場合	2	190	160	120
	1	150	130	100
(e) の場合	2	140	120	100
	1	110	100	80

〔注1〕A：舗設上の条件として，バイパス工事のように一般交通に無関係で，コンクリートの供給が支障なく，曲線が少なく，舗設幅員が一定で，かつ気候温和な地域である等，ほぼ理想的な場合

〔注2〕B：AとCの中間で最も一般的な工事の場合

〔注3〕C：曲線が多い山間部，一般交通に供用している市街地，トンネル等の場合のように，舗設機械の能力以外の要因で舗設能力が左右される場合

〔注4〕(b) と (c) では本来 (c) の方が舗設能力が多少大きいが，(c) は実例が少なく舗設車線外の条件によっては (b) より舗設能力が低下することもあるので，ここでは一応 (b)，(c) とも同じ舗設能力で示した。

舗設機械の荷おろし，組立て，整備および試運転等に要する日数としては，図-4.8.2 の組合せの例の (a) および (e) で 3～4 日，(b)～(d) で 5～6 日程度を少なくとも見込んでおく必要がある。なお，舗設途中で幅員が変化し，舗設機械の変更を行う必要のある場合には，再組立てに近い作業になるので，この場合にもほぼ同じ所要日数を見込む必要がある。また，舗設機械の運搬，荷おろしには，トレーラやクレーン等を使用するので，安全な作業スペースの確保も必要となる。

（3）簡易な舗設機械および人力による舗設計画

1 日の舗設延長や全工事量が比較的小規模な場合および機械舗設が難しい区間等では，簡易な舗設機械および人力による舗設方法による。

簡易な舗設機械および人力による舗設方法の組合せの考え方の例を図-4.8.3 に示す。なお，ここでの 小規模工事とは，通常 3～4 日程度で舗設を終了する場合等であり，機械舗設が難しい箇所とは，踏掛版，鉄筋で補強したコンクリート版等の補強鉄筋を多く用いている版および路側構造物等の関係から舗設機械を用いることが困難な場合等を想定している。

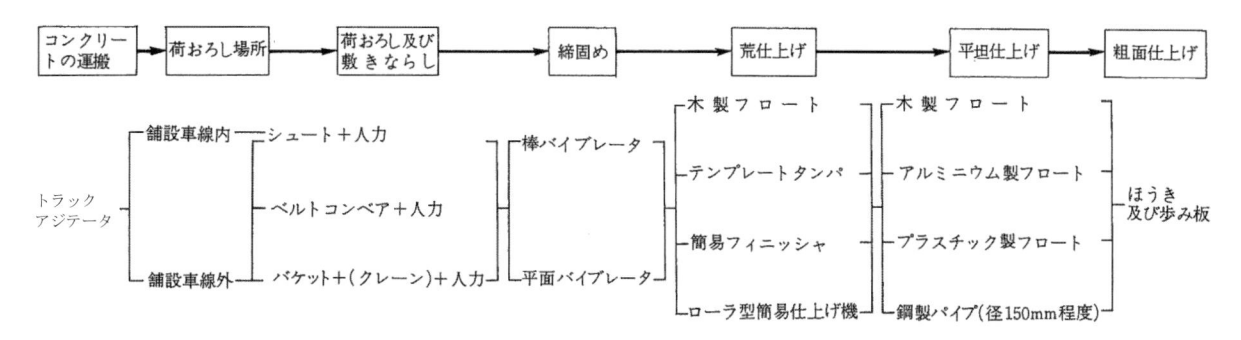

図-4.8.3　簡易な舗設機械および人力による舗設方法の例

（4）その他の計画

　舗設計画には，既述の計画に必要な工程計画や，これに合わせた材料使用計画，機械使用計画，労務計画および仮設計画が，また規定の品質や出来形および工程の進捗状況を確認する管理計画ならびに工事期間中の安全対策を含む保安計画等がある。

4-8-2　コンクリートの製造と運搬

（1）コンクリートの製造

　舗装に用いるコンクリートは，レディーミクストコンクリートを利用する場合と，現場に設置した専用プラントで製造する場合とがある。一般的には前者による場合が多いので，施工においては，所定の品質のコンクリートを円滑に出荷できるJIS表示認証工場を選定するとよい。また，コンクリートの製造は，作業標準にしたがい，所定の品質基準の範囲に入るように行う必要があり，以下の点に留意する。

① コンクリートプラントは，使用開始前に性能検査を行う。性能検査では，計量器検査，練混ぜ検査および品質管理体制の確認等を行う。ただし，コンクリートプラントがJIS表示認証工場の場合は，定期的に性能検査が行われているので，工事ごとに性能検査を行う必要はない。

② コンクリートの製造量は，路盤面あるいはアスファルト中間層上面およびコンクリート版面の，仕上がり高さの誤差等によるコンクリートのロスとして，版厚に応じて設計量よりも3～4%程度余分に見込む必要がある。

③ コンクリートの配合やワーカビリティーは，コンクリート版の種類や舗設方法に応じて適切なものを選定する。たとえば，セットフォーム工法やスリップフォーム工法とでは配合やワーカビリティーがそれぞれ異なる。

（2）コンクリートの運搬

　コンクリートの運搬は，よく清掃した運搬車を用い，材料分離が生じないように行う必要があり，以下の点に留意する。

① 一般に，スランプ2.5cmの硬練りコンクリートの運搬はダンプトラックで行い，スランプ5～8cmのコンクリートの運搬はトラックアジテータで行う。

② コンクリートの練り上がりから，舗設開始までの時間の限度の目安は，ダンプトラックによる運搬の場合で約1時間以内，トラックアジテータによる運搬の場合で約1.5時間以内とする。

4-8-3 セットフォーム工法

（1）概　説

　セットフォーム工法は，路盤上あるいはアスファルト中間層上にあらかじめ設置した型枠内に，コンクリートを舗設する方法である。普通コンクリート版の施工には，鉄網を用いる場合，一般にセットフォーム工法で行うことが多い。セットフォーム工法においては，正しい位置と仕上がり高さになるように堅牢な型枠を据え付けることが，所定の厚さを確保し，良好な平たん性を有するコンクリート舗装を構築する基本となる。型枠は，十分清掃し，まがり，ねじれ等変形のない堅固な構造とし，コンクリート打設中に移動や傾きがないように所定の位置に堅固に据え付ける。さらに，機械施工においては，施工機械の走行レールを型枠に配置するため，型枠には施工機械の荷重によるたわみの小さい，高い剛性を必要とする。また，型枠の取りはずしに当たっては，舗設したコンクリート版に損傷を与えない時期と方法を決定しなくてはならない。**図－4.8.4**にセットフォーム工法による普通コンクリート版の施工工程の例を示す。

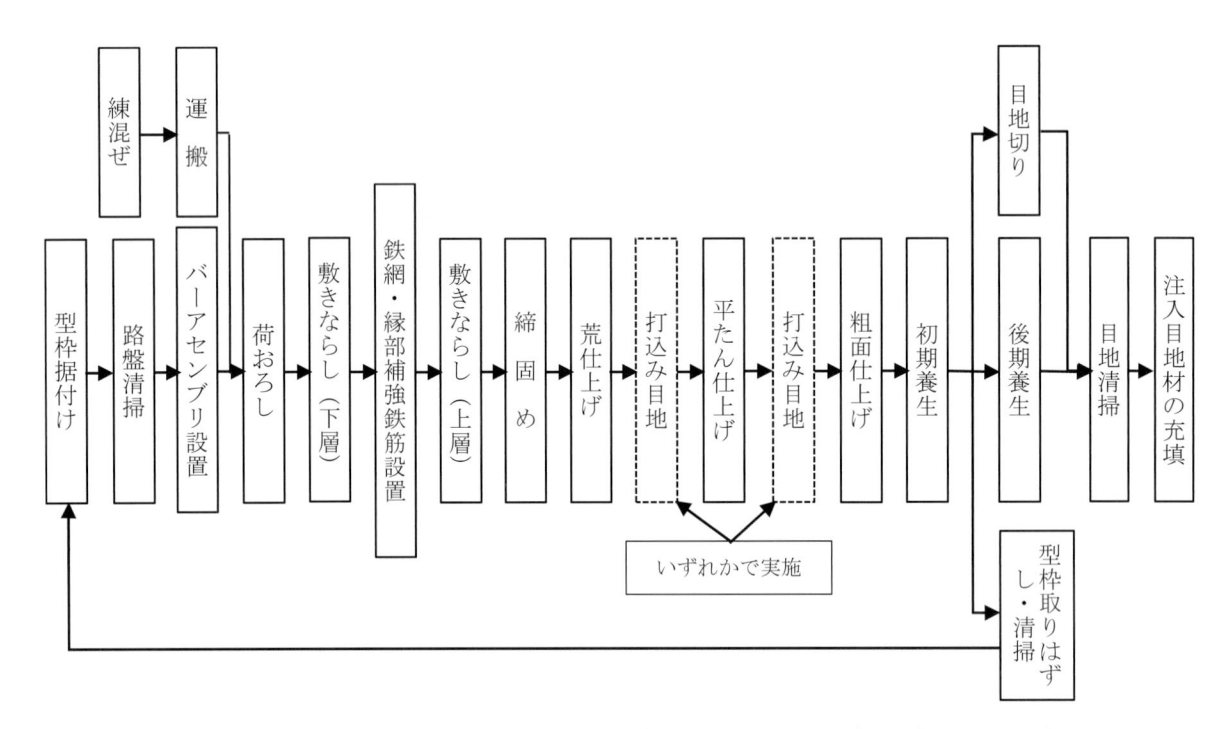

図－4.8.4　セットフォーム工法による普通コンクリート版の施工工程の例

（2）型枠の形状と取扱い

① コンクリート舗装に使用する型枠は鋼製を標準とし，取扱いの容易さから長さは3m程度とする。型枠の継手には二重鉄板で隣接型枠にはめ込むタイプ，突合せタイプをボルトで固定するタイプや副板をあてるタイプ等がある。いかなる構造でも，型枠間の隙間からモルタルを流出させないような対策を講じる必要がある。

　　a）型枠は簡単な構造で取り扱いやすいものがよい。型枠をあまり複雑な構造にすると，施工中に付着したコンクリートを除去するのも困難となる。

　　b）**図－4.8.5**は，型枠に走行レールを取り付ける形式のもので，レール固定用支函上にねじを用いてレールを両側から固定するもので広く用いられているものである。

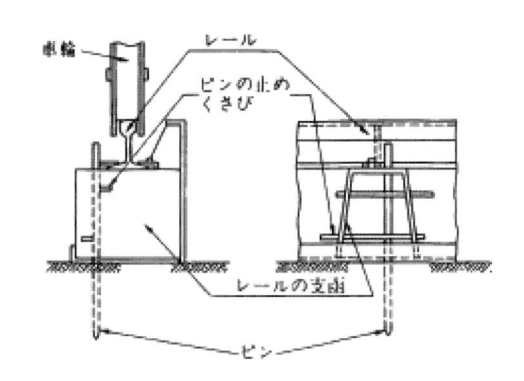

図－4.8.5　型枠の形状の例

② 型枠底面の幅は，転倒防止の観点から，型枠高さの80％以上とすることが好ましい。
③ 型枠上部の延長方向の凹凸は，3mm以下とすることが好ましい。また，型枠内面の延長方向の曲がりは6mm以下とすることが好ましい。
④ レールは，5～6個の型枠の支函上にねじと座金によって堅固に固定しなくてはならない。レールの質量は，通常12，15あるいは22kgのものを使用するが，大型の舗設機械を使用する場合には15kg以上できれば22kgを使用することが望ましい。
⑤ 高さを調整して使用できるように設計された型枠，あるいは高さが不足し鋼材や木材などを用いて継ぎ足して改造した型枠についても，上記①～③を適用するとよい。
⑥ コンクリートの敷きならしと締固めを簡易な舗設機械および人力による舗設とする場合には，メタルフォームや木製型枠等を用いてもよい。
⑦ 既設コンクリート版や別打ちした路肩等を機械舗設の型枠として使用する場合にはレールだけを設置するが，レールにズレやたわみが生じないように注意する必要がある。この場合レールを連結し，適切な間隔に**図－4.8.6**のようなレール押えを置くのも一つの方法である。

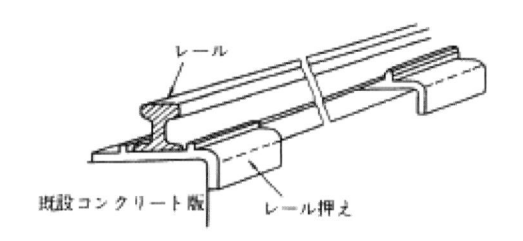

図－4.8.6　レール押えの例

⑧ 型枠の保管に当たっては，付着したモルタルやコンクリートおよび錆を除去し，水平に積み上げるとともに，錆が発生しないような対策を講じる。
⑨ 型枠の準備数量は，据付け，舗設および存置期間を考慮して決定する。通常は，1日の舗設延長の5～6日分とし，損傷や変形によるロス分は3％程度とする。
⑩ 型枠（レール）の設置延長には，開始位置手前と終点位置先に据付け延長（機械待避用）が必要である。延長量については，施工機械の組合せで異なる。

（3）型枠の据付け
① 型枠は，**図－4.8.7，写真－4.8.1**に示すようにコンクリート版よりも各々50cm程度広

く施工した路盤に正確に設置する。アスファルト中間層を設ける場合には，粒状路盤は60cm程度広くし，アスファルト中間層を50cm程度広く施工する。

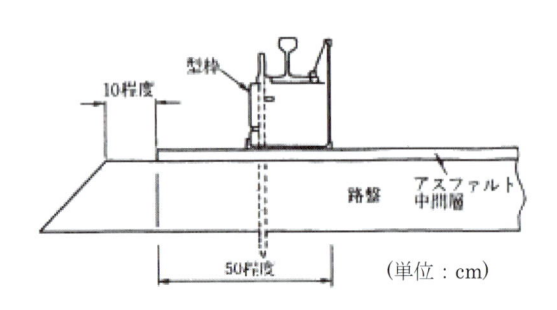

図-4.8.7 型枠設置の例　　　　　**写真-4.8.1** 型枠設置の例

② 型枠設置に当たっては，丁張りを設け，これを基準に所定の位置に据え付け，鉄ピンを用いて堅固に固定する。鉄ピンの打ち込みにより，アスファルト中間層や安定処理路盤が損傷する場合には，あらかじめドリル等で穿孔しておくとよい。

型枠の裾付けに先立って，**図-4.8.8**のような堅固な丁張を設置し，高さ（丁張の横天端およびそれより引いた水糸），通り（くぎとそれより縦方向に引いた水糸）を確認して据え付ける。

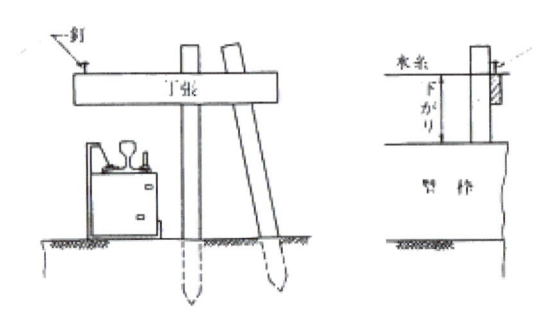

図-4.8.8 型枠据付のための丁張の例

③ アスファルト中間層や安定処理路盤等は，計画高に修正することは難しい。このような場合，平たん性等を考慮し型枠をアスファルト中間層またはセメント安定処理路盤上にそのまま並べ，目で見て不陸の大きい場所を補正すればよい。通常，計画高との差が20m区間内で10mm程度以下であれば平たん性に与える影響は少ない。

④ 粒状路盤の場合には，型枠下の路盤材を若干削り取ったり，盛り上げたりの調整はできるが，削りすぎると型枠が下がりすぎることからコンクリート版の厚さが不足する。また，盛りすぎると型枠高さが上がり，局部的に無駄なコンクリートを舗設することになるため注意する。

⑤ コンクリート版厚と同一高さの型枠を使用することが好ましいが，困難な場合には型枠の高さ調整が必要である。通常，型枠の下全面に木材を敷く，あるいは，高さ調整用ブロックの配置とモルタル充填等の処置を施すことになるが，いかなる場合にも敷き材は型枠面に合わせることが重要である。

⑥ 型枠設置後，再度，型枠同士のズレ，不陸等を確認する。

（4）舗設の準備
　① コンクリート舗設作業は多くの工程から構成される流れ作業であり，所定の品質のコンクリート舗装版を構築するためには，各々の作業がバランスの取れた状態で連続的にできるように事前の準備が非常に重要である。このため，路盤面，型枠，鉄網，バーアセンブリならびに舗設機械器具等が，版の構造・寸法を正しく確保できるような状態になっているか等の事前点検が舗設の準備として極めて大切である。
　② 舗設位置における準備としては，まず搬入した各種舗設機械の組立て，整備および試運転等を十分に行い，一連の舗設作業に支障のないよう，また，舗設期間中に故障のないように十分な調整をしておかなければならない。
　③ 舗設に当たっては，舗設予定箇所の状態を前日までに必ず確認・点検し，路盤面と型枠の状況，バーアセンブリや鉄網等の各種材料が，適切な状態になっているか等を再確認しておくとともに，各種舗設機械の整備状態や各種器具の配置状況がコンクリートの荷おろしから養生までの一連の流れ作業を円滑に進められる状態になっていることも再確認しておかなければならない。

（5）舗設機械，器具の確認
　① 機械施工に使用する舗設機械は大型であるため，最終組立は現場搬入後に現場内で実施することになる。組立完了後，整備，試運転を実施するが，機械の整備状態の確認は重要であり，特に以下の事項は非常に重要である。
　　a） コンクリートの敷きならし，締固め，仕上げを行う舗設機械については，コンクリートとの接触面が縦横断方向に直線であるかどうかを確認する。また，接触面の摩耗等についての確認も必要である。
　　b） コンクリートの敷きならし，締固め，仕上げ作業の高さ調整機能の作動が円滑であることを確認する。高品質なコンクリート舗装版を構築するためには，コンクリートのコンシステンシーに応じた敷きならし高さ，バイブレータの挿入深さ，良好な平たん性を確保するための仕上げ状況など，各舗設機械の高さ調整機能は非常に重要となる。
　② コンクリート舗設期間中においては，稼働時間，稼働時の状況に応じて，舗設機械の定期的な点検，整備が必要である。
　　a） 機械施工のコンクリート舗装では，スランプ2.5cmの硬練りコンクリートを使用するため，多くの舗設機械を使用する。このため，機械の故障は，施工中断あるいは中止につながる事例が多い。さらに，いずれかの機械が故障した場合には，人力施工で対応することが困難である。
　　b） 舗設機械の故障は，重大なものを除いては，部品交換で対応できる場合が多いことから，使用機械の過去の故障パターンの把握や摩耗の激しい消耗部品の準備は非常に重要である。
　③ コンクリート舗装に使用する器具類については，事前にチェックシート等を作成し，予備も含めた必要数量が準備されていることを確認する。

（6）路盤面，型枠の確認
　コンクリート舗設に先立って路盤面の状態，型枠やバーアセンブリの状態を確認する。
　① 路盤面は清掃され，表面に乱れはないか（路盤面に異物がないか，路盤面に水たまりはないか，路盤面が緩んでないか，フォークリフト等の走行で乱れてないか等）を確認する。

② 型枠の内面と天端高の通りおよびレール面の高さと通りを目視で確認する。**図-4.8.9**に示すような専用のゲージ（スクラッチテンプレート）等を型枠上に置き，下がりを確認することでコンクリート版厚を確認することができる。型枠上を移動させた際に，路盤に当該プレートについているボルトで筋が出来た箇所は版厚が薄くなると判断される。

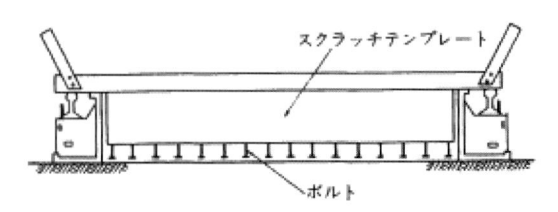

図-4.8.9　スクラッチテンプレートを用いたコンクリート版厚の舗設前確認方法

③ 型枠固定のピンや型枠のレール止めに緩みがないことを確認する。
④ 型枠上に，膨張目地，収縮目地位置が明示されているかを確認する。その際に，コンクリート舗設後にカッタを使用した目地切りを行う際の位置だしのために型枠に明示することが重要である。また，脱型後に目地切りを行う場合には，コンクリート表面にペイント等で明示することも重要である。

(7) 各種材料の確認
① バーアセンブリは正しい位置に配置されているか（横取り方式），あるいは，識別された状態で型枠近傍に準備されているか（縦取り方式）を確認する。ここで，設置されたバーアセンブリについて確認する主な点は，ダウエルバーでは道路中心線に対する平行性，目地板では路面に対する垂直性と横断方向の通り等である。なお，突合せ目地にネジ付きタイバーを用いる場合には，ソケットの凹側のネジ部が型枠にきちんと接しているかどうかも確認する必要がある。
② 鉄網や縁部補強鉄筋（D13）は適切に保護された状態で準備されているかを確認する。
③ 被膜養生剤，養生マット，雨対策シート等が適当量準備されていることを確認する。
④ 日施工の終点に設ける止め型枠は準備されているかを確認する。また，止め型枠の設置は煩雑な作業となるため，事前に組立，設置方法の確認を行うことが好ましい。
⑤ コンクリートプラントに対して，運搬方法，保護方法，運行ルート，運搬時間，出荷間隔，運搬車台数等について再度確認する。

(8) 機械舗設
機械舗設に当たっては，使用する機械組合せによって舗設能力，作業方法が異なるため，1日の施工延長，施工幅員等のほかに，コンクリートの運搬，荷おろし，敷きならしおよび締固め等について現場条件，環境条件を検討し，舗設機械を適切に選定しなければならない。機械舗設において高品質なコンクリート舗装を構築するためには，良好なワーカビリティーを有する舗装用コンクリートを適切な間隔で現場に搬入するとともに，荷おろしから養生までの各作業を全体的に均衡の取れた状態で連続的に進行させることが非常に重要である。このため，いずれの工程も次工程に支障を与えないことに配慮しながら作業する必要がある。**表-4.8.2**にセットフォーム工法における施工機械の組合せ例を示す。

表-4.8.2 セットフォーム工法における施工機械の組合せ例

作業	使用機械		小 ← 施工能力 → 大				
			舗設車線外の余裕幅なし		舗設車線外の余裕幅あり		
荷おろし(下層)	運搬車	ダンプトラック	(直おろし)			(直おろし)	
		トラックアジテータ					
	荷おろし機械	横取り型			○		○
		縦取り型		○			
敷きならし(下層)	敷きならし機械(スプレッダ)	ブレード型	○			○	○
		ボックス型		○	○		
荷おろし(上層)	運搬車	ダンプトラック	(直おろし)				
		トラックアジテータ					
	荷おろし機械	横取り型			(○:下層併用)	○	○
		縦取り型		(○:下層併用)			
敷きならし(上層)	敷きならし機械(スプレッダ)	ブレード型	(○:下層併用)			○	○
		ボックス型		(○:下層併用)	(○:下層併用)		
締固め	コンクリートフィニッシャ		○	○	○	○	○
平たん仕上げ	レベリングフィニッシャ	○	○	○	○	○	○
		斜め型					
主要な機械台数			3	4	4	5	6

〔注1〕表中の○は機械台数:1台を示す。
〔注2〕機械舗設で必ず用いられる機械は,敷きならし機械(スプレッダ),締固め・荒仕上げ機械(フィニッシャ),平たん仕上げ機械(レベリングフィニッシャ)である。
〔注3〕多くの舗設機械を組合せるほど,舗設作業全体の延長が長くなるため,各作業工程の連携が重要になる。このためには,コンクリートの品質と搬入間隔を適切に保つとともに,全体の作業状況および人力による補助作業等の連携にも配慮し,連続性を損なわないようにすることが重要である。

(9)荷おろし

コンクリートの荷おろし方法は,ダンプトラックあるいはトラックアジテータから直接荷おろしする方法と,荷おろし機を用いて荷おろしする方法がある。表-4.8.3にコンクリートの荷おろし方法の概要を示すが,用いる敷きならし機械の種類,舗設車線外の余裕幅の有無により,さらに細かく分類される。

第4章　普通コンクリート舗装

表-4.8.3　コンクリートの荷おろし方法の概要

	コンクリートの荷おろし方法	敷きならし機械	舗設車線外の余裕幅の有無	コンクリートの荷おろし方法の概略
荷おろし機械を用いないで直接荷おろしする場合	ダンプトラックから路盤上や下層コンクリート上へ直接荷おろし	ブレード型スプレッダ	無	舗設車線内を後進させたダンプトラックから直接荷おろしする。舗設車線内をダンプトラックが後進するため、バーアセンブリなどは前もって設置しておくことはできない。
			有	舗設車線外で90°方向回転させたダンプトラックから舗設車線内に直接荷おろしする。可搬式の架台の設置とダンプトラックの方向回転のための余裕幅として10m程度必要とする。このため、一般にはほとんど用いられない。
	ダンプトラックからボックス型スプレッダのボックスへ直接荷おろし	ボックス型スプレッダ	無	舗設車線内を後進させたダンプトラックからボックス型スプレッダのボックスへ直接荷おろしする。ボックスの受け口の高さまでダンプトラックの荷台の高さを上げるための可搬式の架台を必要とする。
			有	舗設車線外でダンプトラックを90°方向回転させる以外は上欄とほぼ同じ。ただし、可搬式の架台はかなり大型のものとなり、この架台分も含めた余裕幅は10m以上を必要とする。このため、一般にはほとんど用いられない。
荷おろし機械を用いて荷おろしする場合	荷おろし機械を用いてボックス型スプレッダのボックスへ荷おろし	ボックス型スプレッダ	無	舗設車線内に縦取り荷おろし機を置き、舗設車線内を後進させたダンプトラックからのコンクリートは荷おろし機械によってボックス型スプレッダのボックスへ荷おろしする。
			有	舗設車線外に横取り荷おろし機を置き、舗設車線外を進行させたダンプトラックからのコンクリートは荷おろし機械によってボックス型スプレッダのボックスへ荷おろしする。
	荷おろし機械を用いて路盤上や下層コンクリート上へ直接荷おろし	ブレード型スプレッダ	無	舗設車線内に縦取り荷おろし機を置き、舗設車線内を後進させたダンプトラックからのコンクリートを路盤上や下層コンクリート上へ荷おろしする。荷おろし機械の使用方法として効果的ではないため、ほとんど用いられない。
			有	舗設車線外に横取り荷おろし機を置き、舗設車線外を進行させたダンプトラックからのコンクリートを路盤上や下層コンクリート上へ荷おろしする。荷おろし機械の使用方法として効果的ではないが、上層コンクリートの荷おろしに使われることがある。

　コンクリートの荷おろしに際しては、搬入されたコンクリートのワーカビリティー、コンシステンシーの良否や材料分離の状態を荷おろし前に確認し、不良なコンクリートが荷おろしされないことに留意する。また、荷おろし時にコンクリートが分離しないよう、バーアセンブリの移動や変形を生じさせないよう荷おろしすることが重要である。

①　均等質なコンクリート版が構築できるかどうかは、均等質なコンクリートが搬入されるかどうかにかかっている。このため、特に工事の初期においては荷おろし直前のコンクリートの品質に注意することが大切である。搬入されたコンクリートのワーカビリティーは、ダンプトラック上におけるコンクリートの状態、足で踏みしめたときの軟らかさ、モルタルの浮き具合等からでも判断できる。

②　コンクリートの観察、確認の結果をプラントに連絡し、常に均等質なコンクリートが現場に搬入されるように留意する。

③　舗装用コンクリートは粗骨材量が多くモルタル量が少ないため、材料分離しやすい。特に、落下高さが高い場合や急激に荷おろしすると、材料分離を助長させるので注意する。

1) 直接荷おろし

　直接荷おろしには、荷おろし機械を使用せずにダンプトラックやトラックアジテータから直接路盤上や下層コンクリート上に荷おろしする方法と、ボックス型スプレッダのボックスに荷おろしする方法がある。前者は、敷きならしにブレード型スプレッダを使用する。これらの荷おろし方法は、一般に舗設車線内を後進する運搬車両から行う。

① ダンプトラックやトラックアジテータから直接路盤上や下層コンクリート上にコンクリートを荷おろしする場合には，荷おろし時の材料分離を防止するとともに，次工程の敷きならし作業を容易にするために小分けして荷おろしすることが非常に重要である。
   a) コンクリートを大きな山にして荷おろしすると，粗骨材が分離するとともに，敷きならし時に山の部分と敷きならしで埋められた谷の部分で密度差が生じ，締固め後に密度と高さにバラツキが生じる。
   b) 下層コンクリート上に上層コンクリートを荷おろしする場合，バーアセンブリが下層コンクリートに埋もれていることから，荷おろし時に移動させる危険が高い。これを防止するためには，荷おろしを小分けすることと，バーアセンブリの位置を型枠に表示することが重要である。
② ダンプトラックから直接ボックス型スプレッダのボックスにコンクリートを荷おろしする場合には，ボックス型スプレッダの前に可傾式の架台が必要となる。この場合，荷おろし時にコンクリートがダンプトラックの荷台から急激に落下し，ボックス型スプレッダや型枠・レールに大きな衝撃が加わり，故障や脱線の原因となる。これを防止するためには，少量ずつ数回に分けて荷おろしすることが重要である。
③ 一般にボックス型スプレッダのボックスの受け口はダンプトラックの荷台より高いため，図－4.8.10に示すようにボックス型スプレッダの前に可搬式の架台を置き，この上にダンプトラックを乗り上げて荷おろしをする必要がある。また，このように高い位置からコンクリートを急激に荷おろしすると，その衝撃によってボックス型スプレッダの各部を傷めやすいばかりでなく，型枠が動いてしまうこともあるので注意が必要である。

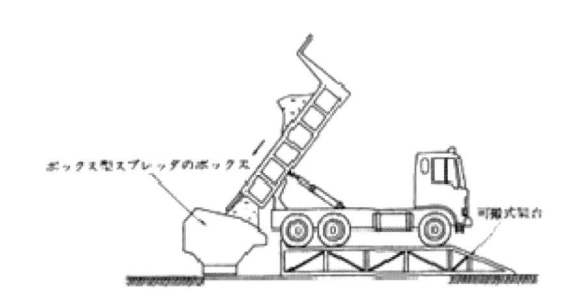

図－4.8.10　可搬式架台を用いた直接荷おろし方法の例

2) 専用の荷おろし機械を用いた荷おろし

専用の荷おろし機械を用いて荷おろしする方法には，ボックス型スプレッダのボックスにコンクリートを荷おろしする方法と，荷おろし機械によって直接路盤または下層コンクリート上に荷おろしする方法がある。後者は，敷きならしにブレード型スプレッダを使用する。荷おろし機械はボックス型スプレッダと組み合わせた時に最も効果的に用いることができ，後者はあらかじめ舗設レーンに鉄筋を配置している連続鉄筋コンクリート舗装等，やや特殊な方法である。荷おろし機械は，その使用方法によって，横取り型と縦取り型の2種類あるが，一般には1台の機械で横取り，縦取りのどちらにも組み替えられるものが多い。また，走行もオンレールタイプやオフレールタイプがある。横取り型荷おろし機械は，舗設車線外のダンプトラックやトラックアジテータから舗設車線内にコンクリートを荷おろしするた

第4章　普通コンクリート舗装

めのものであり，縦取り型荷おろし機械は舗設車線内を後進するコンクリート運搬車両から荷おろしするためのものである。したがって，横取り型荷おろし機械を使用する場合には，舗設車線外で荷おろし作業を可能にする作業スペース（余裕幅）が必要となる。

a) 荷おろし機械は，**図－4.8.11**および**写真-4.8.2**，**図－4.8.12**および**写真-4.8.3**に示すような形式のものが多い。すなわち，ホッパに受けたコンクリートを機械下部のベルトで横方向または縦方向に搬送するものである。一般にベルト型のものはコンクリートを大量，迅速に搬送できるため多用されるが，ダンプトラックから急激にコンクリートを荷おろしすると故障につながり，供給の連続性を損なうことになるので，搬送ベルトに荷をかけすぎないようにする必要がある。

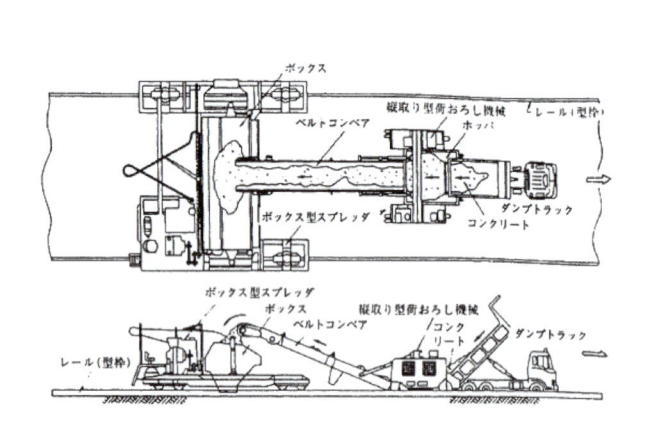

図－4.8.11　荷おろし機械の例（縦取り型）　　図－4.8.12　荷おろし機械の例（横取り型）

写真－4.8.2　荷おろし機械の例（縦取り型）　　写真－4.8.3　荷おろし機械の例（横取り型）

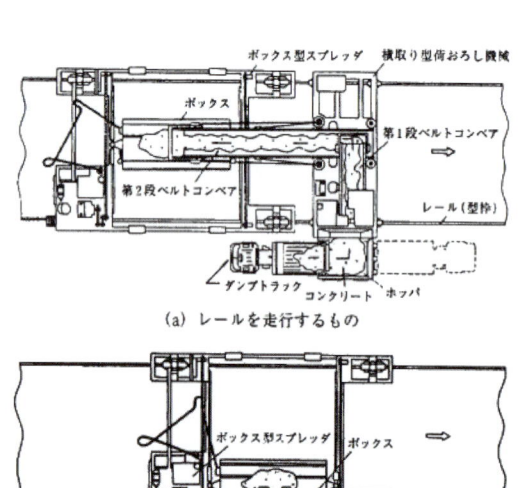

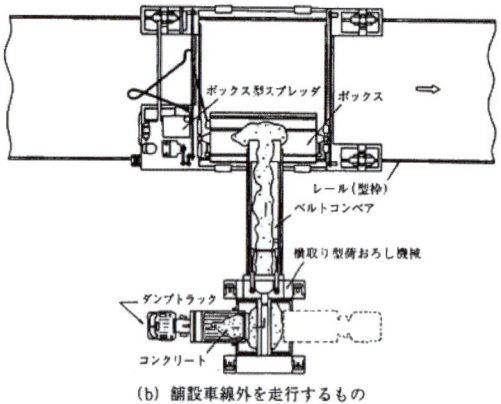

b) その他の機械で荷おろしのできるものは，バケットが旋回できるようになっているショベルローダやクレーン車にバケットを組み合わせたものがある。ショベルローダ等のバケットで荷おろしをする場合は，コンクリートの分離やこぼれを防ぐため，ダンプトラックのコンクリート積載量，荷台幅等とバケットの容量，寸法等の関係を検討しておく必要がある。

① 縦取り型荷おろし機械を用いてボックス型スプレッダに荷おろしする方法は，舗設車線外に余裕幅のない場合に多く用いられる方法である。この荷おろし方法は，**図−4.8.11**に示すように舗設車線内を後進させた運搬車から荷おろしを行う方法で，以下のような注意が必要である。

　a) コンクリート運搬車が舗設車線内を走行するため，事前に横目地用のバーアセンブリを配置することができない。縦目地用のバーアセンブリについては，施工幅員に余裕があれば事前の設置も可能である。

　b) 各バーアセンブリは，下層コンクリート舗設前に設置するため，荷おろし作業を行う場所はバーアセンブリ設置作業場所を十分に確保できる前方となる。

　c) 荷おろしが舗設レーン上であるため，荷おろし作業場所は路盤上にシートを敷設するなどの保護対策が必要である。

② 横取り型荷おろし機械を用いてボックス型スプレッダに荷おろしする方法は，舗設車線外に荷おろし機械やコンクリート運搬車が走行できる余裕幅のある場合に用いられる方法である。この荷おろし方法は，舗設車線内にコンクリート運搬車を進入させないため，荷おろし機械の能力が最も効果的に発揮できる方法である。

　a) 舗設車線内にバーアセンブリを事前に配置できる。

　b) 舗設レーン横の余裕幅が少ない場合には，コンクリート運搬車を荷おろし機械まで後進させる必要があり，舗設車線を後進させる以上に危険をともなうため，十分な安全管理が必要である。

　c) 横取り型荷おろし機械用に必要な舗設車線外の余裕幅は**図−4.8.12**のように機械本体がレール上を走行しホッパのみ舗設車線外にでる形式の場合で，一般に3.5m以上必要である。**図−4.8.12**の場合，機械本体が舗設車線外を走行するので一部の機械を除いて，一般に6.0m以上の余裕が必要である。

　d) ボックス型スプレッダへの荷おろし時には，それを前後に移動させながらボックスに均等にコンクリートを荷おろしする。

　e) 既設の隣接コンクリート版上から荷おろしする場合には，それの表面を汚さないように注意する必要がある。

　f) 横取り型荷おろし機械の諸元の例を示すと**表−4.8.4**のようである。

表－4.8.4　横取り型荷おろし機械の諸元の例

全体寸法（長さ×幅×高さ）	12m×4.25m×3.4m
質　　量	約 19.5t
走行速度	0～30m/min.
ベルト幅	1.5m
ベルト速度	30～60m/min.

③　横取り型荷おろし機械を用いて上層コンクリートを荷おろしする方法は，**図－4.8.12**に示される舗設機械の組合せの場合で，上層コンクリートの敷きならしをブレード型スプレッダで行う場合にも用いられることがある。

(10) 敷きならし

コンクリートの敷きならしは，鉄網を境として下層と上層に分けて敷きならすことを原則とする。敷きならしにはスプレッダを使用するが，スプレッダにはブレード型スプレッダとボックス型スプレッダに分けられる。いずれの場合でも，敷きならしたコンクリートの全面がなるべく均等な密度になるように行うとともに，締固め後に所定の横断勾配が得られるように適切な余盛を付けて敷きならす。コンクリートの敷きならしについての注意事項は以下のとおりである。

①　型枠およびバーアセンブリ付近は均等な密度になりにくいので，敷きならしには特に注意が必要である。

②　コンクリートは締固め時に勾配の低い方に流動するため，**図－4.8.13**に示すように横断勾配の高い方の余盛を多くし，低い方の余盛を少なくする必要がある。

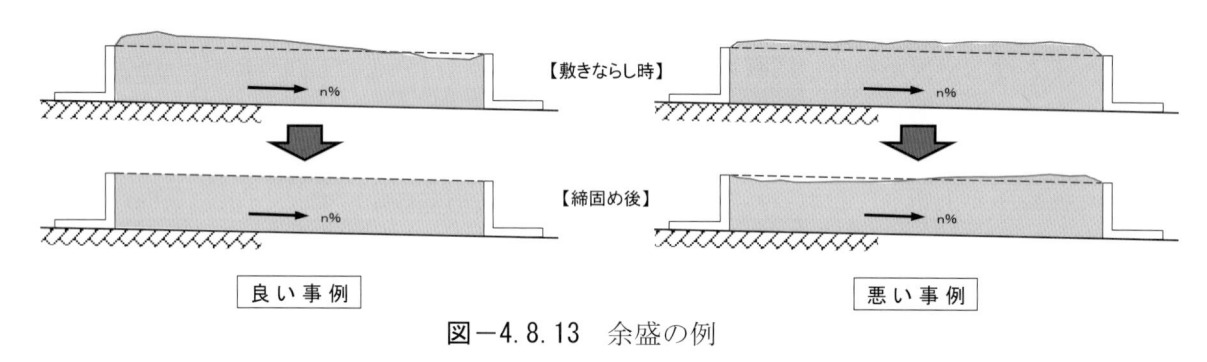

図－4.8.13　余盛の例

a）　余盛高は，横断勾配，敷きならし厚さ，コンシステンシーおよび舗設方法等により異なるので，実際に舗設してみて定める。一般に余盛高の目標値は，横断勾配の高い方で締固め厚さの15～20%程度，低い方で0か場合によっては逆に下げる必要がある。

b）　鉄網を省いたコンクリート版の場合には，下層，上層の2層に分けて敷きならさないで全厚を1層で敷きならしてよい。この場合，余盛高の設定には特に注意する必要がある。

1）ブレード型スプレッダによる敷きならし

ブレード型スプレッダによる敷きならしは，最も一般的に行われる方法である。ブレード型スプレッダはレール上を前後進でき，**図－4.8.14**，**写真－4.8.4**に示すようにガイドレー

ルに取り付けられたブレードが前後左右，回転することでコンクリートを自由に敷きならすものである。敷きならし厚さの調整は，レール上の両脚を前後方向に開閉することで行う。ブレード型スプレッダは，ボックス型スプレッダと比較して質量が軽く熟練すると操作しやすいため多用されるが，敷きならし能力はボックス型スプレッダより劣る。

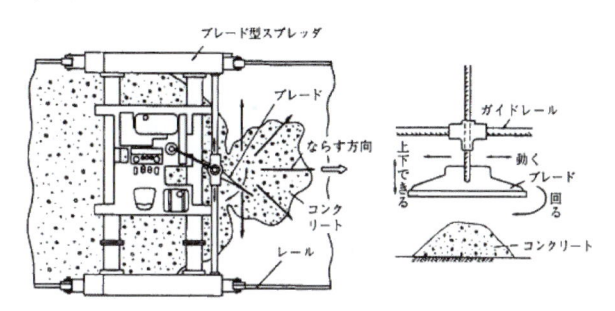

図－4.8.14 ブレード型スプレッダによる敷きならしの例

写真－4.8.4 ブレード型スプレッダによる敷きならしの例

ブレード型スプレッダによって敷きならしを行う際の注意事項は以下のとおりである。
① 下層コンクリートの荷おろしは，ブレードで敷きならしやすいように，できるだけ小さな山になるように何回にも分けて荷おろしする。さらに，敷きならし時に材料分離が発生しないように注意する。
② 上層コンクリートの敷きならしは，過不足の調整に時間を要するので，1回の敷きならし延長は横目地間隔程度を目安とする。
③ 型枠際やバーアセンブリ付近の敷きならしでは，材料分離したコンクリートが集まらないようにするとともに，ブレードとの接触で型枠やバーアセンブリを移動，変形させないよう留意する。バーアセンブリの移動，変形は，目地近傍に発生するひび割れの原因となりやすいため，特に注意が必要である。

ブレード型スプレッダの諸元の例を示すと**表－4.8.5**のようである。

表-4.8.5　ブレード型スプレッダの諸元の例

舗設幅（幅の調整は25cm間隔）	3.0～8.5m
質　量（舗設備7.5m）	約10t
ブレード寸法（長さ×高さ）	150cm×50cm
ブレードの昇降調節範囲	レール面より上へ11cm レール面より下へ32cm
走行速度	最高30m/min.

2）ボックス型スプレッダによる敷きならし

　ボックス型スプレッダによるコンクリートの敷きならしは，敷きならし能力が高く均等な密度で正確な高さに敷きならすことができ，また故障も少ないなどの点で多用されている。ボックス型スプレッダによる敷きならし方法は，**図-4.8.15**，**写真-4.8.5**に示すようにボックス下端のゲートを閉じた状態でコンクリートを受け，敷きならし位置までコンクリートを運搬した後にボックスの下端のゲートを静かに開け，ボックス型スプレッダを前後に移動させながらボックスを左右に移動させてコンクリートを所定の高さに敷きならすものである。すなわち，ボックスの下端がカットオフプレートの働きをするため，正確な高さが得られる。

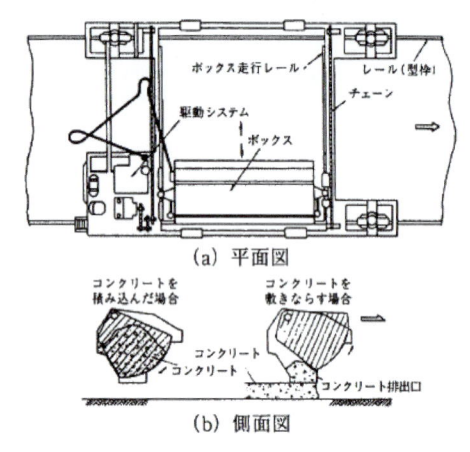

図-4.8.15　ボックス型スプレッダによる敷きならしの例

写真-4.8.5　ボックス型スプレッダによる敷きならしの例

　ボックス型スプレッダによって敷きならしを行う場合には，次のような注意が必要である。
① コンクリートを一度ボックスに受け，排出口を閉じたままで使えば，コンクリートの運搬車にもなるので上層および下層とも自由に運搬することができる。しかし下層コンクリートの敷きならし長さは，続いて行われる鉄網，縁部補強鉄筋の設置，上層コンクリートの敷きならし，コンクリートの締固め等の各舗設作業に支障を生じるほど長く先行して敷きならしてはならない。
② 敷きならしに当たっては，ブレード型スプレッダの場合と異なり，まず横目地や縦目地のバーアセンブリの直上にボックスを持っていき，バーアセンブリに沿って土手状にコンクリートを敷きならし，次にその他の部分に敷きならす。このようにすることによ

り，敷きならし時におけるバーアセンブリの変形・移動を防止できる。
③ ボックスにコンクリートを満載したときのたわみは相当に大きく，この場合の敷きならし高さは設定よりも低くなる。このため，ボックスにコンクリートを少し残した状態で再度所定の高さに全体を切りならすと，敷きならし高さを正確に管理することができる。
  a) ボックス型スプレッダのボックスは，機械の進行方向に対して縦横いずれの方向にも設置できる。敷きならし能力は，ボックス型スプレッダの進行方向に対してボックスの長手方向が平行になるように組立てれば施工能力が高くなる。
  b) ボックス型スプレッダの諸元の例を示すと**表−4.8.6**のようである。

表−4.8.6 ボックス型スプレッダの諸元の例

舗設幅 （幅の調整は 25cm 間隔）	4.5〜8.5m（横取り型の場合） 5.0〜8.5m（縦取り型の場合）
質　量（舗設備 7.5m，無載荷）	約 15t
ボックス	吐出口　4.4m×0.55m 容　量　3m³，4.5m³
ボックスの昇降調節範囲	レール面より上へ 15cm レール面より下へ 21cm
走行速度	最高 45m/min.

(11) 鉄網および縁部補強鉄筋の設置

　鉄網および縁部補強鉄筋は路肩側に適切な間隔で仮置きしておくか，あるいはメッシュカートに載せて，下層コンクリートの敷きならし後にその上に順次人力で設置する。鉄網は一般にコンクリート版の上部 1/3 の位置の深さに設置することを目標とするがその誤差は目標に対し±3cm の範囲に入ればよい。鉄網は，搬入時の荷おろしや現場内の運搬の際に曲がったり溶接がはずれたりしないようにていねいに扱わなければならない。また保管に当たっては高積みをして変形させてはならない。鉄網の継手はすべて重ね継手とし，その重なりは 20cm 程度で継手は焼きなまし鉄線で結束する。縁部補強鉄筋を継いで用いる場合の継手は，鉄筋径の 30 倍以上の重ね継手としその結束は焼きなまし鉄線で 2 箇所程度行う。縁部補強鉄筋は，コンクリート打設中に移動しないように鉄網上に配置し，焼きなまし鉄線で結束するのが一般的である。

 1）路肩側に仮置きした場合

　　1 日当りの舗設延長があまり長くなく，路肩側に余裕幅がある場合，鉄網，縁部補強鉄筋は路肩側に仮置きしておき，下層コンクリートの敷きならし後，その上に人力で運搬して設置する。

 2）メッシュカートを用いた場合の設置

　　1 日当りの舗設量が多い場合，または路肩側に鉄網の仮置きが困難な場合等には，**図−4.8.16**に示すようなメッシュカートを使用することがある。メッシュカートは鉄網を積載し運搬する台車で，一般に敷きならし機械の次に配置する。鉄網の設置は，通常，人力で台車より引きおろして行うが，台車に小型クレーンを載せ，これによりおろす場合もある。

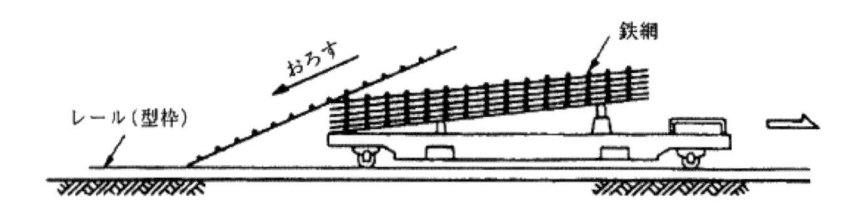

図-4.8.16　メッシュカートを用いた場合の設置

(12) 締固め

コンクリートの締固めは，下層および上層コンクリートの全厚を1層で締め固めることを原則とする。一般に，コンクリート版厚30cmまでの締固めには表面振動式のフィニッシャによって行うが，30cmより厚い版厚では内部振動式の締め固め機械で締め固める。フィニッシャには，振動板の表面振動だけで締め固める通常型と，振動板の先端が上下動してコンクリート面を加圧しながら締め固める加圧型とがある。また，内部振動式の締め固め機械には斜め挿入式と垂直挿入式がある。

いずれの締固め機械の場合でも，型枠縁部，隅角部，目地部等は締固めが不十分となりやすいため，棒状バイブレータ等を用いてこれらの部分を先行して締め固め，全体として均等な締固めにする。これを怠ると，コンクリート版側面のジャンカ，目地近傍にひび割れが発生するなどの不具合が発生する。

1) コンクリートフィニッシャによる締固め

フィニッシャの一般的な機構を示すと図-4.8.17のとおりで，スプレッダで敷きならしたコンクリートをファーストスクリードやロータリーストライクオフでもう一度切りならし，振動板で締め固め，フィニッシングスクリードで荒仕上げをする機械である（**写真-4.8.6参照**）。したがって，フィニッシャによる締固めの際には，フィニッシャ各部の前方に抱え込まれるコンクリートの量，振動板で締め固めた後のコンクリート面およびフィニッシングスクリード通過後に得られる荒仕上げ面等の状態に常に注意を払い，十分な締固めと適切な荒仕上げ面を得るようにしなければならない。

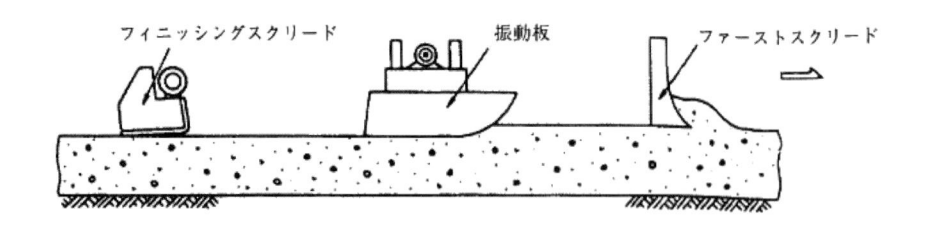

図-4.8.17　フィニッシャの一般的な機構

写真－4.8.6　コンクリートフィニッシャの例

フィニッシャによる締固めには，次のような注意が必要である。
① ファーストスクリードまたはロータリーストライクオフにおける切りならしの際，多量のコンクリートを前方に抱え込むような場合，あるいは振動板の下面にコンクリートが一様に接していないような場合などは，敷きならし時の余盛が適切でないため，再度高さ調整を行う必要がある。
② フィニッシャの振動板は，全体が均等にコンクリート面に接して締固めを行うようにするとともに，振動板の通過後には適度のモルタルが表面に上がるように十分に締め固める必要がある。
　〔注〕適度なモルタル厚さについて，明確に示した資料はないものの，機械通過後にジャンカが残らず全面がモルタルで覆われている状況で，さらに，粗骨材が沈み込まない状態として，モルタル厚さは5mm前後が好ましい。
③ 均一な荒仕上げ面を得るには，フィニッシングスクリードの手前に適当量のコンクリートが常に抱え込まれていることが重要である。
　　a) 振動板の長さが舗設幅より短い場合，型枠縁部が十分に締め固められないこともあるので，型枠縁部は必ず棒状バイブレータで先に締め固めておく必要がある。
　　b) 振動板による締固めの場合，モルタルが過剰に浮く場合や，逆に少ない場合には，余盛高を確認するとともにコンクリートのスランプや配合（特に単位粗骨材量）およびフィニッシャの振動板の振動機構等を再検討する必要がある。
　　c) 余盛の再調整等で締固め作業を一時中止したような場合には，状況に応じてはコンクリート表面からの蒸発水分を補う程度のフォグスプレイ等を行うとよい。
　　d) フィニッシャの諸元の例を示すと**表－4.8.7**のようである。

表－4.8.7　フィニッシャの諸元の例

舗設幅（幅の調整は25cm間隔）	3.0～8.5m
質　量（舗設備7.5m）	約10t
走行速度	0.7～40m/min.
バイブレータ	振動数　4,000vpm 全振幅　約0.2cm
振動板の昇降調節範囲	レール面より上へ75mm レール面より下へ250mm

2）内部振動式の締固め機械による締固め

　内部振動式締固め機械には，図－4.8.18に示すように斜め挿入式と垂直挿入式があり，このバイブレータをコンクリート中に挿入し，内部から締め固めるものである。この機械は一般にレール上を走行するものである。なお，斜めおよび垂直挿入式とも，締固め後には図－4.8.17のフィニッシャ等で荒仕上げを行う必要がある。

① 斜め挿入式は，進行方向に連続して締め固めることができ，図－4.8.18に示すように上層コンクリートから締め固めても下層まで締め固められる方式である。ただし，バイブレータが通過した部分に線状にモルタルが集中し，収縮ひび割れが発生することがある。

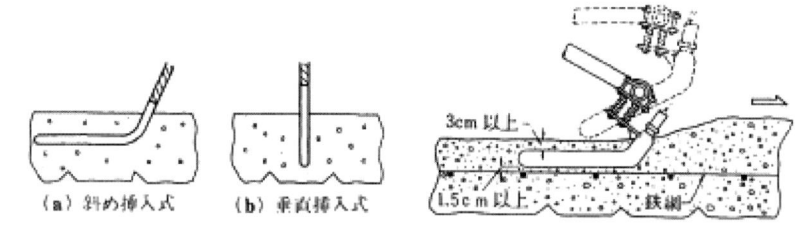

図－4.8.18　内部振動式締固め機械の例

a) 挿入位置が浅い場合には，コンクリートに部分的な材料分離が生じ，初期ひび割れの発生するおそれがある。
b) 鉄網を用いる場合，棒状バイブレータが鉄網に接触して進むと早期に損傷するおそれがあるので，図－4.8.18に示すように1.5cm以上離す必要がある。
c) 自走型の斜め挿入式締固め機械の諸元の例を示すと表－4.8.8のようである。

表－4.8.8　自走型の斜め挿入式締固め機械の諸元の例

舗　設　幅	5.0～7.5m
質　　量	約6t
走行速度	1.3～17.3m/min.
棒状バイブレータ	径60mm，10,500vpm，間隔75cm

② 垂直挿入式は，並列の棒状バイブレータを図－4.8.18に示すように，固定位置で垂直にコンクリート中へ挿入して締め固め，その部分が締め固まったらその都度垂直に引き上げ，

次に移動するという締固め方法である。最近では，垂直挿入式が一般的となっている。
(13) 表面仕上げ

コンクリート版の表面は，緻密堅硬で平たん性がよく，特に縦方向の小波が少ないように仕上げることが大切である。また，表面のすべり抵抗と防眩効果を高めるために粗面に仕上げなければならない。表面仕上げは，フィニッシャによる荒仕上げ，平たん仕上げ機械による平たん仕上げおよび粗面仕上げの順序で行うのが一般的である。

1) 荒仕上げ

荒仕上げは，フィニッシャのフィニッシングスクリードで行う。荒仕上げ面の仕上り高さおよびその表面状態は，その後の平たん仕上げの精度に大きく影響するので，所定の高さで均一な仕上げ面となるように注意しなければならない。

ここで，荒仕上げ面の高さに過不足のある場合には，フィニッシャの振動板，フィニッシングスクリードの高さを調整する必要がある。また，締固めが不十分であったり，コンクリートの量が適量でなく，荒仕上げ面に過不足が生じたりした場合には，フィニッシャにより再仕上げする必要がある。

2) 平たん仕上げ

荒仕上げ終了後，平たん仕上げ機械により平たん仕上げを行う。平たん仕上げ機械には，スクリードを縦方向に摺動させる縦型平たん仕上げ機械と，斜め方向に摺動させる斜め型平たん仕上げ機械の2種類がある。

① 平たん仕上げに当たっては，いずれの平たん仕上げ機械による場合でも，次のような注意が必要である。

a) 仕上げ速度は，コンクリートのコンシステンシー，フィニッシャビリティー，機械の特性等を考慮して決める。

b) 仕上げ高さの基準となるレールあるいは型枠の天端は，機械が円滑に通れるように常に清掃しておく。

c) 表面が低い場合にはコンクリートを補うが，作業の容易さからモルタルの多いコンクリートを補ってはならない。

d) 仕上げ作業中は，原則としてコンクリートの表面に水を加えてはならない。直射日光や風で著しく乾燥するような場合にはフォグスプレイを行う。

e) スクリードの摺動方向に平行な微小な小波が残る場合や，縦型平たん仕上げ機械のスクリード端部に残るモルタルは，フロートや木ごてを使用して早期に修正または取り除く。

f) 仕上げ後，適宜，平たん性の確認を行い，必要があれば再仕上げを行う。

g) 仕上げ機通過後，コンクリート表面に一定厚さのモルタルが浮いていることが，次工程の粗面仕上げの出来具合に大きな影響を及ぼすため，適宜モルタル厚さを確認することが重要である。

h) 平たん仕上げ機械による仕上げ面をフロートや木ごてで過度に修正すると，コンクリート版表面に弱い層をつくるばかりでなく養生が遅れるので好ましくない。

② 縦型平たん仕上げ機械は図-4.8.19に示すように，コンクリート表面上を縦方向に長いスクリードを縦に摺動させながら横方向に往復移動させ，本体の前進によりコンクリート版表面を平たんに仕上げるものである。したがって，スクリード横行時の前面側に

は少量のモルタルが常に運ばれているようにして仕上げることが大切である。スクリードにより運ばれるモルタルが多い場合には，スクリードで型枠端部から外に落とすことを原則とし，コテ等で薄く敷きのばすことは好ましくない。縦型平たん仕上げ機械の例を**写真－4.8.7**に示す。

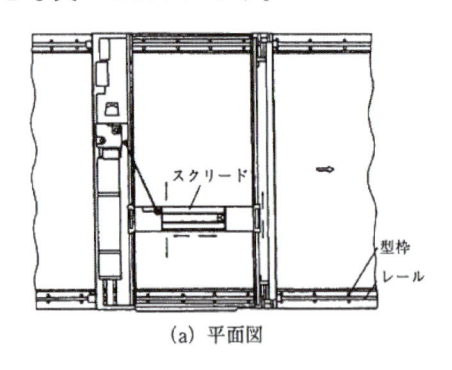

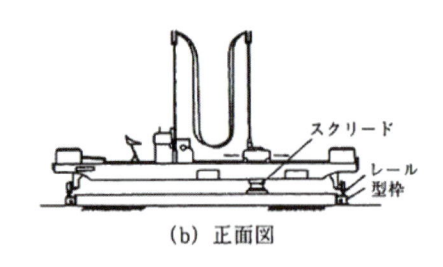

図－4.8.19 縦型平たん仕上げ機械の例

写真－4.8.7 縦型平たん仕上げ機械の例（左：全景，右：スクリード近影）

a) 縦型平たん仕上げ機械は，その構造上縦方向の小波は除きやすいが，コンシステンシーの著しく小さい場合には仕上げ作業が困難となる場合があるので，コンシステンシーの管理を十分行う必要がある。
b) 縦型平たん仕上げ機械の諸元の例を示すと**表－4.8.9**のようである。

表－4.8.9 縦型平たん仕上げ機械の諸元の例

舗設幅（幅の調整は 25cm 間隔）	3.0～8.5m
スクリード寸法（長さ×幅）	3.6m×0.3m
摺動サイクル	50 回/min.
摺動ストローク	152mm
横行速度	8.6m/min.
昇降調節範囲	レール上面より上へ 90mm レール上面より下へ 100mm
作業速度	1.2～1.9m/min.
走行速度	最高 43m/min.

③ 斜め型平たん仕上げ機械は，**図－4.8.20**，**写真－4.8.8** に示すようにスクリードを斜め方向に摺動させながら本体を前進させ，コンクリート版の表面を平たんに仕上げるものである。この場合，スクリードがコンクリート表面を押える力は縦型平たん仕上げ機械の場合よりも大きいので，より硬い表面でもスクリードの摺動によって比較的容易に平たん仕上げをすることができる。しかし，作業速度をあまり早めるとスクリードに平行な小波が残りやすいので注意する必要がある。

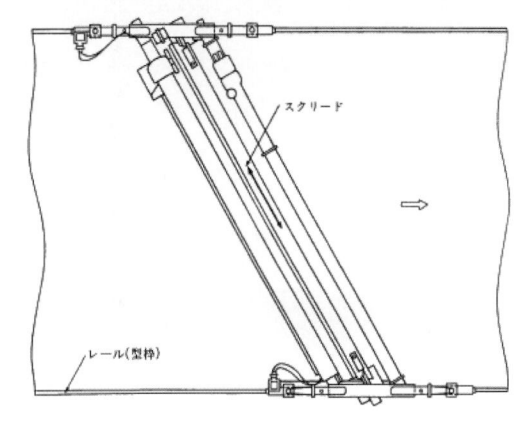

図－4.8.20 斜め型平たん仕上げ機械の例　　**写真－4.8.8** 斜め型平たん仕上げ機械の例

a) 仕上げ作業を一時中止する場合，スクリードの押跡がコンクリート表面につきやすいので注意する必要がある。このような場合，1m 程度後退して仕上げ作業を開始するとよい。

b) 斜め型平たん仕上げ機械の諸元の例を示すと**表－4.8.10** のようである。

表－4.8.10 斜め型平たん仕上げ機械の諸元の例

舗設幅（幅の調整は 50cm 間隔）	4.0～8.5m
スクリード寸法（長さ×幅）	4.5～9.5m×0.25m
角　　度	20～30°
摺動サイクル	30～50 回/min.
摺動ストローク	80～120mm
昇降調節範囲	レール上面より上へ 75mm レール上面より下へ 175mm
作業速度	最高 5m/min.
走行速度	最高 10m/min.

3）粗面仕上げ

平たん仕上げが終了し表面の水光りが消えたら，粗面仕上げ機械または人力により粗面仕上げを行う。粗面仕上げ機械は，**図－4.8.21**，**写真－4.8.9** に示すように，型枠上をけん引または自走するフレームに沿って，ナイロン，スチールまたはシュロ等で作られたほうきや刷毛をコンクリート表面に当てて横断方向に走らせ，コンクリート表面に比較的浅い溝を付けて粗面にするものである。このためコンクリート表面の軟らかさが一定でないと，均一な

粗面を得ることが難しくなる。曲線半径の小さい区間，比較的高速走行の多い区間，制動・発進の多い区間等のコンクリート表面の粗さの程度は，すべり摩擦抵抗を高めるため，やや深めにするとよい。なお，溝の深さを大きくして路面の排水効果を高めるために行うグルービング仕上げや，トンネル内における粉塵発生抑制のための骨材露出仕上げも粗面仕上げの一種である。

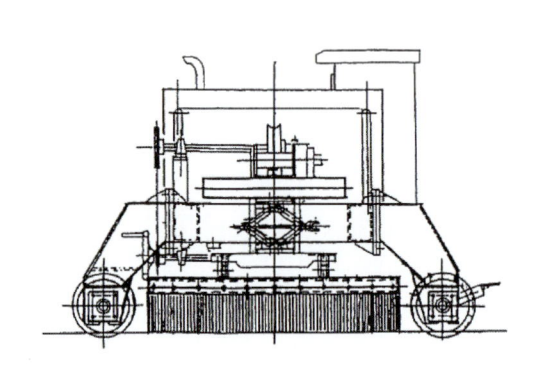

図−4.8.21 粗面仕上げ機械の例　　　　　**写真−4.8.9 粗面仕上げ機械の例**

① 人力で行う粗面仕上げ方法は「4-8-5 簡易な施工機械および人力による施工」による。
② 均一で良好な粗面を得るためには，ほうきや刷毛は適宜水洗いして清浄にしておくとともに，すり減ったら早めに交換することが大切である。
③ 粗面仕上げ機械の作業速度は一般に大きいため，仕上げ時期が早くなりがちであるので注意が必要である。
④ 著しい浮き水やレイタンスが生じるような場合，プラスチックひび割れや摩耗の原因となるため，配合等を検討する必要がある。
⑤ 粗面仕上げをグルービングで行う方法には，コンクリート硬化前にスチール製タイン（たとえば径 3mm，長さ 25cm のピアノ線を 3cm 間隔程度に配列したもの）を使用して溝切りを行う方法と，硬化後にカッターブレードを複数枚配置したグルービングマシンを使用する方法等がある。
⑥ 骨材露出仕上げとは，コンクリート表面のモルタルを除去し，粗骨材を露出させる工法である。コンクリート舗設後の硬化前に凝結遅延剤を適量散布した後にブラシやウォータージェット等でモルタルを除去する方法や，強度発現前にショットブラスト等でモルタルを除去する方法などがある。
⑦ 粗面仕上げ機械の諸元の例を示すと**表−4.8.11**のようである。

表-4.8.11 粗面仕上げ機械の諸元の例

舗設幅（幅の調整は50cm間隔）	3.5～8.5m
質　量（舗設幅8.5m）	3t
全　長（舗設幅8.5m）	9.5m
全　高	3.3m
作業速度	1～2m/min.
走行速度	6～25m/min.
ブラシ横行速度	最高30m/min.
ブラシ昇降量	100mm

コラム16　高速道路におけるコンクリート舗装の粗面仕上げについて

　高速道路では，路面のすべり抵抗を確保するために，コンクリート舗装の採用当初から様々な取り組みがなされてきました。

　日本の高速道路における初めてのコンクリート舗装は東北道（矢板～白河：昭和49年供用）で，当時はナイロンブラシによる粗面仕上げが行われましたが，その後，高速走行下でもすべり抵抗の保持が期待できるタイングルービング工法が採用されました。この工法は，供用直後のマクロなキメを確保し，スパイクタイヤ等により路面のすり減りが生じる際には，粗骨材とモルタルの摩耗速度の違いから，路面凹凸を期待するというものでした[1]。

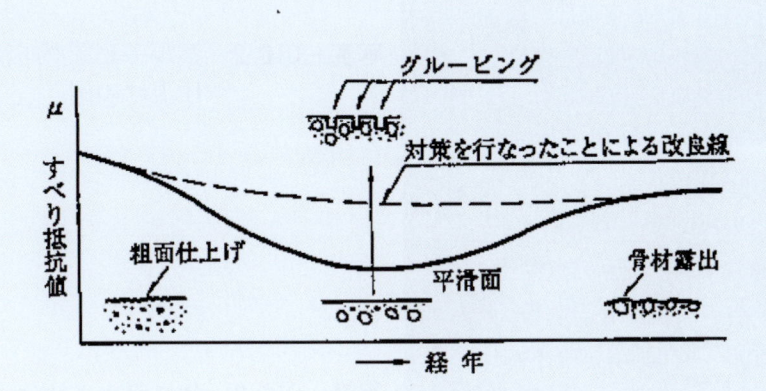

図-C16.1　コンクリート舗装の表面処理とすべり摩擦の関係[2]

　しかしながら，供用後の実態を調査する中で，グルービング溝の消滅に伴いすべり摩擦の経年低下が見られたことや，摩耗粉じんに伴うトンネル内の視環境低下，走行騒音が大きくなる等の課題が指摘されました。

　これを踏まえ，昭和60年代に入り導入されたのが骨材露出工法です。これは，打設直後のコンクリートに凝結遅延剤を散布することにより表面のモルタル分の硬化を遅らせ，まだ固まらない表面のモルタル分を除去することにより路面に粗骨材を露出させるものです。

　さらには，粗骨材の最大粒径を小さくすることにより，表面性状が均一になり，騒音低減効果が大きくなるとされており，日本道路公団（当時）の室内試験や試験施工における検証を踏まえ，

高速道路においては，料金所以外でコンクリート舗装を用いる場合，その表面処理は骨材露出工法によるものとし，その際に使用する粗骨材の最大粒径は従来の40mmから20mmへ変更されました[3]。なお，骨材露出工法の詳細は，本ガイドブックのP.232〜234をご覧下さい。

以上のように，コンクリート路面の摩擦を確保するためには粗面仕上げ（ほうき目仕上げ），タイングルービング工法，骨材露出工法などの方法があります。適用箇所の条件に応じて，工法を選択されるとよいでしょう。

写真－C16.1 粗面仕上げ（ほうき目仕上げ）の例

写真－C16.2 グルービング工法による仕上げの例

写真－C16.2 骨材露出工法による仕上げの例

【参考文献】
1）杉村 顕一，藤田 栄三：高速道路のコンクリート舗装 －山陽道・赤穂〜備前間の施工－，舗装 Vol.17 No.7，p.3-9，昭和57年7月
2）（財）高速道路調査会：高速道路はじめて事典 p.130，平成9年9月
3）七五三野 茂，小松原 昭則，小川 澄：コンクリート舗装，低騒音化への道－高速道路における小粒径骨材露出工法の適用性の検討－，セメントコンクリート No.610，p.16-26，平成9年12月

(14) 型枠の取りはずし
　① 型枠は，コンクリート舗設後 20 時間以上経過した後に取りはずす。ただし，取りはずし作業によりコンクリート版に角欠けが発生する場合，気温が低い場合，強度発現の遅い高炉セメントやフライアッシュセメントを使用している場合などには，取りはずし時期を遅らせる。

　　a) コンクリートの舗設後 20 時間とは，気温が 10℃を下らない場合で，しかも型枠を最小の数量で有効に転用できるよう必要最小限の時間を規定したものであり，安全のため 1 日のコンクリートの舗設終了後からの時間とする。なお，気温が 10℃以下の場合や型枠の取りはずしの際にコンクリート版の縁部が欠損するようであれば，型枠の取りはずし時期を前述の規定より 1 日くらい延ばすものとする。

　　b) 型枠の取りはずしは，まず型枠固定ピンをパイプレンチや油圧ジャッキ等を用いて抜き取り，型枠長さとレール長さが同じでない場合はまずレールを，最後にクレーンなどを用いて型枠を取りはずす。

　② 型枠の取りはずしは，コンクリート版や型枠を損傷させないように留意して行う。型枠を下から持ち上げてはずすと角欠けを起こすので，型枠とコンクリートの間にバール等を差し込んで横方向にはずす。なお，バールの差し込みは舗装表面部ではなく，側面部とする。

　③ 取りはずした型枠の清掃を行い，転用箇所に運搬する。取りはずした型枠に付着しているコンクリートやモルタルを取り除く際には，型枠を傷つけないように留意する。コンクリート打設前に，離型剤を型枠の打ち込み面だけではなく，背面（外側）にも塗布することで，清掃作業が容易になる。

4-8-4 スリップフォーム工法

　スリップフォーム工法は，コンクリートの供給，敷きならし，締固め，成型，平たん仕上げなどの機能を有する機械を使用し，型枠を設置しないでコンクリート版を連続的に打設する工法である。一般に，コンクリート版の舗設には型枠およびレールを設置してスプレッダ，フィニッシャなどの機械がレール上を走行してコンクリートを打ち込む，いわゆるセットフォーム工法が主流であったが，最近では施工能力の増大，作業環境の改善，省力化などから自走できるスリップフォーム工法の採用が増加している。スリップフォーム工法は，工事規模が大きく，舗設作業が連続的にでき，かつコンクリートの供給が円滑に行える場合にその効果をよく発揮する。また，スリップフォーム工法は，幅員寸法の変化がない箇所に適用するのが効果的である。なお，スリップフォーム工法を適用する場合は，ペーバなどの走行のために必要な幅員やセンサライン設置幅などを含めて，適用する機種に応じて舗設するコンクリート版の側方に機械が走行するための施工余裕幅（0.6～1.8m）が必要である。敷きならし，締固め，成型および平たん仕上げ機構の概念を図－4.8.22に示す。

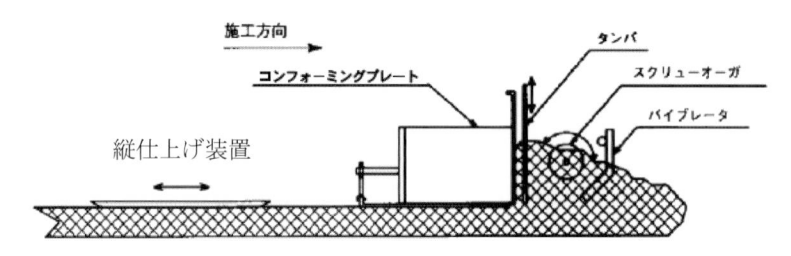

図－4.8.22　スリップフォームペーバの敷きならし，締固め，成型および平たん仕上げの概念

（1）舗設の準備
　1）路盤の平たん性，支持力の確認
　　① スリップフォーム工法用の舗設機械は路盤面を走行するため，路盤面は平たんに仕上げる。
　　② 路盤支持力の不均一はコンクリートの出来形に影響を及ぼすため，プルーフローリング等により事前に確認する。
　2）スリップフォーム工法用コンクリートの準備
　　① スリップフォーム工法用のコンクリートはJIS化されていないため，コンクリートプラントでは出荷配合が決定されていない事例が多く，工場選定から配合試験までをすみやかに行う。
　　② スランプの変動を最小とするためには，打設現場近傍のコンクリートプラントを選定する。
　3）舗設機械の組立，整備，試運転，各種装置の調整
　　① 各種舗設機械の整備状況の最終的な確認は，舗設初日に負荷をかけた状態で行う。
　　② 故障しやすい箇所の交換部品をあらかじめ用意する（油圧ホース等）。
　4）舗設に必要な機材，資材の準備，確認
　　① 器具，小道具類の確認
　　　舗設初日では，器具，小道具類の備えに不備があるため，チェックリストをあらかじめ作成しておき，それによって事前に点検を行うことが重要である。

② 各種材料の確認
- バーアセンブリの組立状況，配置状況
- タイバー，鉄網，縁部補強鉄筋等の数量および配置状況
- 被膜養生剤および散布機，養生マット，養生用水，にわか雨用シート等の準備
- 止め型枠および鉄ピン等

（2）機械舗設

1）概　説

　スリップフォーム工法に用いる機械には，幅員 6m 程度以上の舗設が可能な大型機と幅員 6m 程度以下の舗設が可能な中型機がある。大型機には，コンクリートの荷おろし，敷きならしを行うスリップフォームスプレッダ，コンクリートの締固め，成型，仕上げを行うスリップフォームペーバ，コンクリートの粗面仕上げ，養生剤散布などを行うキュアリングマシンがある。中型機は，コンクリート構造物にも適用できる汎用機械で，舗装用の鋼製型枠（モールド）を装着することによりコンクリート舗装版の施工を行うものである。スリップフォーム工法による普通コンクリート版の施工工程の例を図－4.8.23に示す。

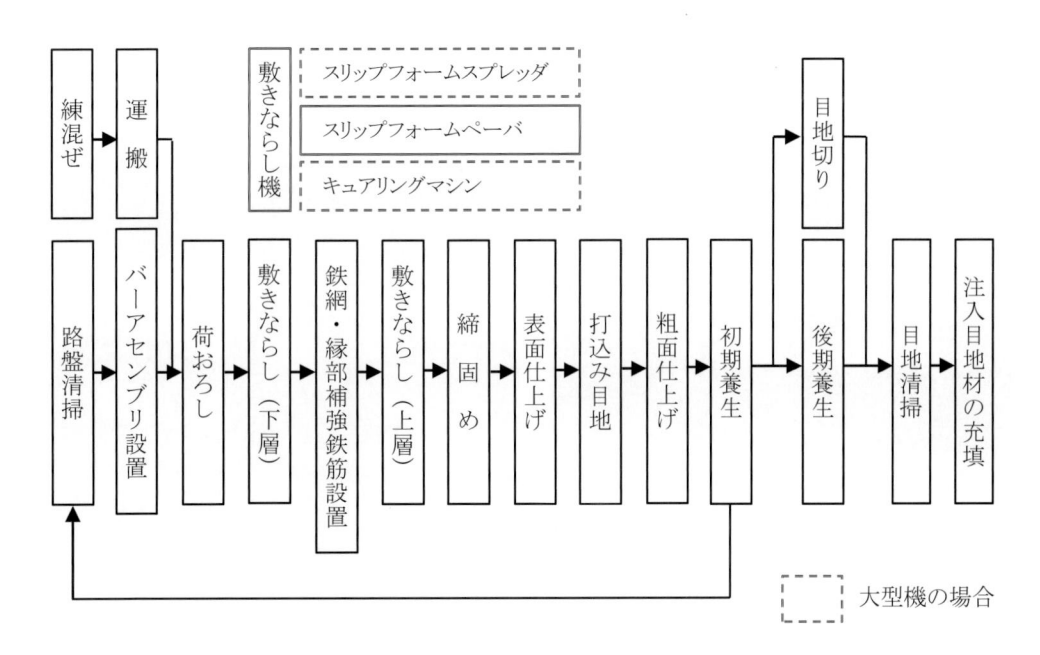

図－4.8.23　スリップフォーム工法による普通コンクリート版の施工工程の例

2）施工機械の概要

①　大型機による大規模施工

　a）スリップフォームスプレッダ

　　スリップフォームスプレッダは，一般にホッパにベルトコンベアを装備した横取り機能とスクリューオーガによりコンクリートを路盤上に敷きならす機能を兼ね備えた機械である。コンクリートの横取り機能は，トラックアジテータまたはダンプトラックより受けたコンクリートをベルトコンベアによって路盤の中央部に送り込むもので，横に張り出したホッパは蝶番構造により折りたたみ開閉されるか，スライドして内部に収められ，トラックアジテータまたはダンプトラックの側方通行や障害物の

回避を可能としている。敷きならし機能は，前面に送り込まれた路盤上のコンクリートをスクリューオーガによって敷きならすものである。スリップフォームスプレッダの概要を**図-4.8.24**,**写真-4.8.10**，諸元例を**表-4.8.12**に示す。

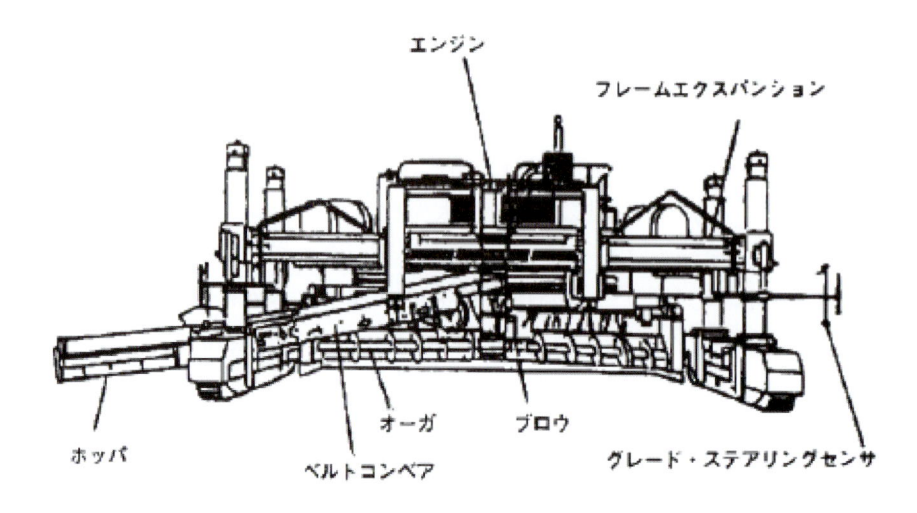

図-4.8.24 スリップフォームスプレッダの例

写真-4.8.10 スリップフォームスプレッダの例

表-4.8.12 スリップフォームスプレッダの諸元の例[1]

メーカ		G社	W社
全　　長	(m)	6.6	9.71
全　　高	(m)	3.45	3.0
全　　幅	(m)	8.92～15.01	13.65
質　　量	(t)	41.7（幅9.75m時）	32.0
走行装置	(脚)	2	4
走行速度	(m/min.)	0～18.29	0～20
施工幅員	(m)	3.66～9.75	4.75～9.5
施　工　厚	(cm)	15～50.8	15～45
施工速度	(m/min.)	0～7.0	0～5.0

b) スリップフォームペーバ

　スリップフォームペーバは，スリップフォームスプレッダによって敷きならしたコンクリートをさらに適当な高さにならし，締固め，成型，平たん仕上げまでの一連作業を一台で行う機械である。スリップフォームペーバの概要を図—4.8.25，写真—4.8.11に，諸元例を表—4.8.13に示す。

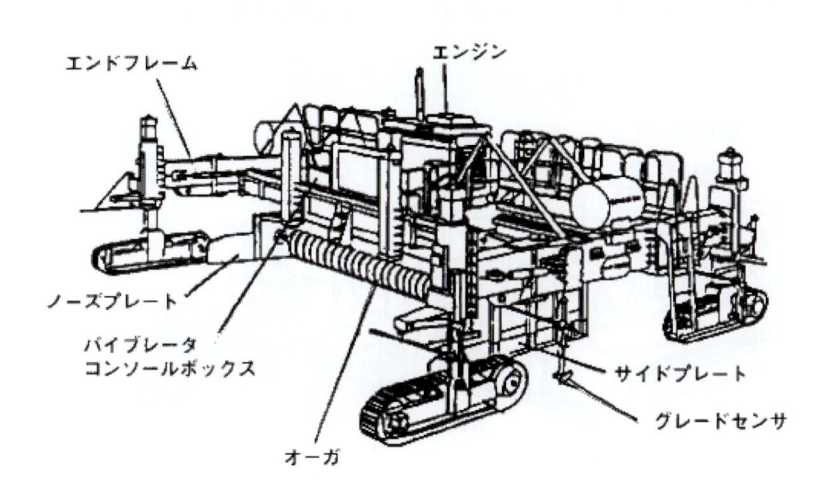

図—4.8.25　スリップフォームペーバの例

写真—4.8.11　スリップフォームペーバの例

表—4.8.13　スリップフォームペーバの諸元の例[1]

メーカ		G社	W社
全　　長	(m)	8.19	9.28
全　　高	(m)	3.4	3.0
全　　幅	(m)	5.86〜13.34	10.5
質　　量	(t)	44.3	38.5
走行装置		4脚クローラ	4脚クローラ
速　　度	(m/min.)	0〜22.3	0〜20
施工幅員	(m)	3.66〜10.5	2.6〜9.5
施 工 厚	(cm)	15〜48	15〜45
施工速度	(m/min.)	0〜5	0〜5

c) テクスチャ／キュアリングマシン

　テクスチャ／キュアリングマシン（粗面仕上げ機）は，スリップフォームペーバによって平たん仕上げが完了した表面をナイロン，スチールまたはシュロ等のブラシで横断方向に比較的浅い溝を付け，粗面に仕上げる機械である。また，養生剤散布機能を装備したものもある。テクスチャ／キュアリングマシン（粗面仕上げ機／養生剤散布機）の概要を図－4.8.26，写真－4.8.12に，諸元例を表－4.8.14に示す。

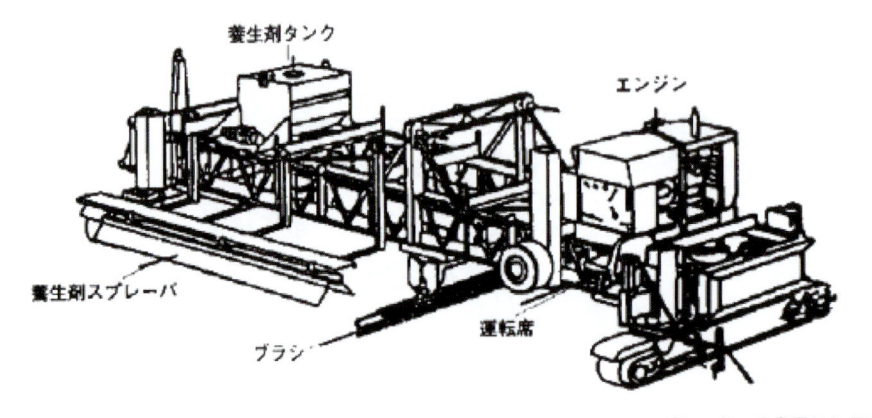

図－4.8.26　テクスチャ／キュアリングマシンの例

写真－4.8.12　テクスチャ／キュアリングマシンの例

表-4.8.14 テクスチャ／キュアリングマシンの諸元の例[1]

メーカ		G 社	W 社
全 長	(m)	2.92	6.6
全 高	(m)	2.64	2.25
全 幅	(m)	7.3～17.1	10.5
質 量	(t)	4.3	7.5
走行装置		タイヤ4輪	タイヤ4輪
速 度	(m/min.)	0.5～33.5	0～20
施工幅員	(m)	5.0～17.07	3.75～9.5
施 工 厚	(cm)	15～45	15～45
施工速度	(m/min.)	0～7	0～20

d) 施工機械の組合せ

鉄網を配置する普通コンクリート舗装版および鉄網を省略した無筋コンクリート舗装版の舗設において，大型機による大規模施工における機械の組合せ例を**図-4.8.27**に示す。

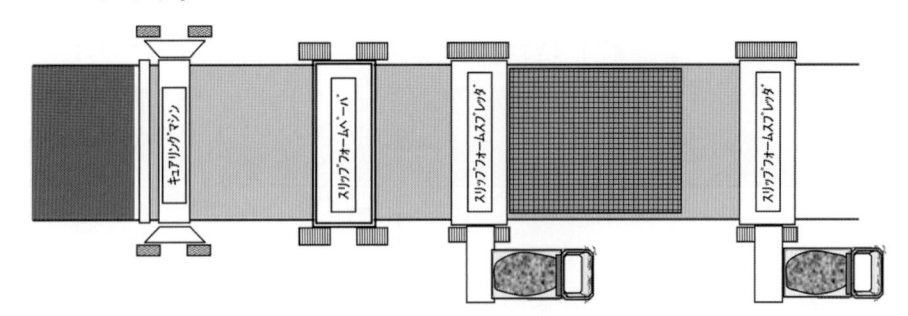

図-4.8.27 大型機による機械組合せの例

② 中型機による中規模施工

a) 中型機

中型機は，荷おろしされたコンクリートの敷きならし，締固め，成型，平たん仕上げまでの一連の作業を一台で行う。コンクリートをバイブレータで流動化しながら締固め，スクリューオーガでならしながらコンフォーミングプレートに押し込み，成型されたコンクリート版の表面を縦仕上げ装置にて平たんに仕上げる機械である。中型機の諸元例を**表-4.8.15**に示す。

表－4.8.15　中型機の諸元の例[1]

メーカ		G社	W社	P社
全　長	(m)	8.94	7.00	6.92
全　高	(m)	2.77	2.95	2.74
全　幅	(m)	2.56	2.45	2.59
質　量	(t)	12.9	10～20	13.6
走行装置		4脚クローラ	4脚クローラ	4脚クローラ
速　度	(m/min.)	0～16.8	0～17	0～18.3
施工幅員	(m)	3.35～6.0	2.0～6.0	2.0～5.0
施工厚	(cm)	48	5～30	10～25
施工速度	(m/min.)	0～8.53	0～5	0～18.3

b）施工機械の組合せ

　　鉄網を配置する普通コンクリート舗装版の舗設において，中型機による中規模施工における機械の組合せ例を図－4.8.28に示す。

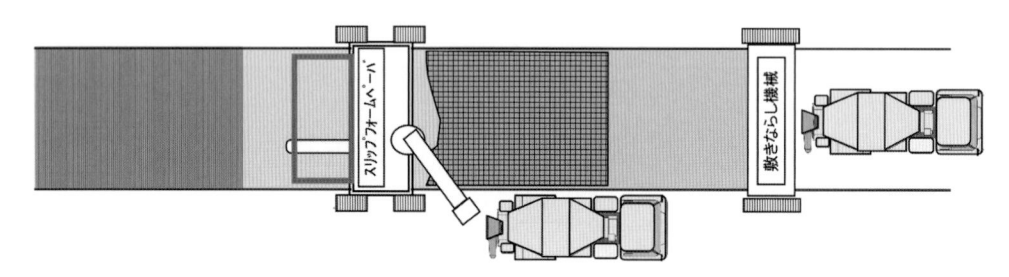

図－4.8.28　中型機による中規模施工における機械の組合せ例

3）センサラインの設置

　　センサラインとは，スリップフォーム工法で舗設するコンクリート版に沿って設置する基準線をいい，スリップフォームペーバ等の機械本体に取り付けた棒状のセンサでこれをたどり，施工機械が自動制御走行するためのものである（図－4.8.29，写真－4.8.13参照）。センサラインの設置に当たっては，センサピン，クランプ，ロッドを用いロッド先端の溝にロープをはめ込んで架線するのが一般的である。センサライン設置上の注意点を以下に示す。

① コンクリート版の平たん性，基準高さ，方向をコントロールするセンサラインは，通常，径3mmのスチールワイヤロープを用い，5m間隔程度に設置された専用のセンサピンにクランプで固定されたロッドに架線する。ロッドはセンサロープの微調整ができるように，水平および垂直方向に動かすことができるものでなければならない。

② ロープの張り具合が弱い場合，センサの接触によってたるみが生じ，舗設機械の走行位置や高さの制御に影響を及ぼす可能性があるため，ロープは十分な緊張力で設置する。

③ センサライン設置後，舗設機械が通過するまでの間に作業員等が触れて動くこともあるので，舗設前には異常がないかの確認をする。

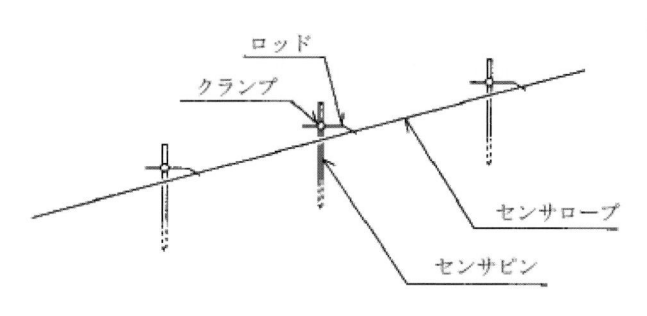

図-4.8.29 センサラインの設置例 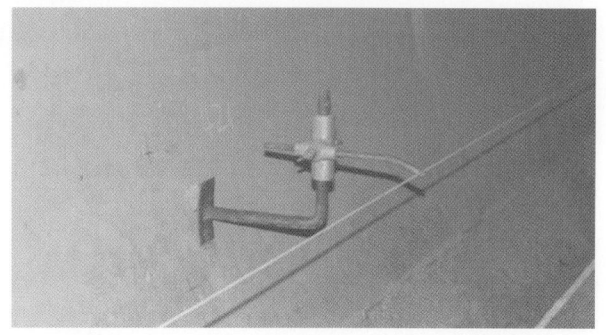　　　　**写真-4.8.13** センサラインの設置例

4) 荷おろし

　コンクリートの荷おろし方法には，トラックアジテータまたはダンプトラックから路盤上に直接荷おろしする方法と荷おろし機械を用いる方法がある。荷おろし機械には，機械の形式によって横取り型，縦取り型の2種類があり，施工方法によって使い分ける。横取り型荷おろし機械を用いる場合は，舗設幅員外にトラックアジテータまたはダンプトラックからのコンクリート荷おろし作業を可能とする側方余裕幅を確保できることが必要である。

　コンクリートの荷おろしを行う場合の注意点を以下に示す。

① 普通コンクリート舗装では鉄網を敷設するため，荷おろしは下層コンクリートと上層コンクリートの2回に分けて行うことになる。

② 横取り型荷おろし機械を用いる場合は，スリップフォームペーバなどの走行に必要な余裕幅の他に，コンクリートの荷おろし作業を行うためにトラックアジテータまたはダンプトラックの走行が可能な余裕幅（一般に3.5m以上）が必要である。

③ スリップフォーム工法に用いる舗設機械は，直接路盤上を走行しながらコンクリート版の舗設を行うのが一般的であるが，施工方法によっては舗設済みのコンクリート版上を走行する（片側または両側）場合もある。舗設済みのコンクリート版を舗設機械の走行や材料，資材の運搬などに供する場合は，それらの走行荷重に十分耐えるだけの強度が得られていることが必要である。

5) 敷きならし

　敷きならしは，下層コンクリートの敷きならしに専用機械を使用し，上層コンクリートの敷きならしはスリップフォームペーバで行う事例が多い。

　コンクリートの敷きならしをスリップフォームスプレッダまたはスリップフォームペーバで行う場合の注意点を以下に示す。

① スリップフォームスプレッダの場合

　a) スリップフォームスプレッダのホッパに一度に多量のコンクリートを入れると，ベルトの駆動が停止したり，コンクリートがホッパの外部にこぼれたりすることで機械走行の支障となるため，コンクリート量を調節しながら荷おろしを行う。

　b) トラックアジテータまたはダンプトラックからホッパにコンクリートを荷おろしする場合の投入量の調節，荷台に残ったコンクリートのかき落とし，コンクリートがホッパ外にこぼれ落ちたときの除去，その他周辺汎用作業のために，スリップフォームスプレッダの近辺にバックホウ等を配置するのがよい。

　c) スリップフォームペーバ前面のコンクリート量が，常に適量になるようにスリップフ

オームスプレッダでコンクリートを横取りする。
- d) コンクリートの敷きならしは，スリップフォームペーバの前面のコンクリート量が多くなると，ペーバのスムーズな作動に支障をきたすことがあるので，過不足なく連続して均等になるように敷きならさなければならない。
- e) スプレッダによるコンクリートの敷きならしが先行しすぎると，コンクリートが乾燥して締固めや仕上げが困難になる場合があるので，スリップフォームペーバの間隔を適度に保ちながら施工する。

② スリップフォームペーバの場合

縦取り機械等を用いてコンクリートを荷おろしする場合で，スリップフォームペーバにより敷きならしを行う場合の注意点を以下に示す。
- a) スリップフォームペーバ前部のオーガによるコンクリートの送り出しは，コンクリート版の両端部まで十分にいきわたるようにしなければならない。
- b) スリップフォームペーバなどのクローラ走行位置上にコンクリートなどがこぼれていると，コンクリート版の平たん性に悪影響を及ぼすことがあるので，直ちにこれを取り除かなければならない。

なお，いずれの機械も，情報化施工により実施する場合がある。情報化施工による実施例を**写真-4.8.14**に示す。

写真-4.8.14 スリップフォーム工法における情報化施工の例

6) 締固め，成型

スリップフォームペーバによるコンクリートの締固め，成型は，バイブレータの振動による締固めとモールドやサイドプレートによる押出しによるものである。したがって，締固めに際しては，適度な余盛量を保ち，なるべく一定速度で行い，作業を中断しないようにしなければならない。コンクリートの余盛量が不足したり，施工速度に極端なむらが生じたり，作業が中断すると，良好な表面性状や平たん性が得られないことがあるので注意が必要である。締固め，成型を行う際の注意点を以下に示す。
① コンクリート版の横断線形と高さおよび平たん性をコントロールするセンサラインが正しくセットされているか，作業中に引っかけられて外れていないかを絶えずチェックする。
② 舗設中，コンクリートの荷おろし，敷きならし，仕上がり状況に絶えず注意し，施工速

度を調整して連続施工を心がける。
③ 版端でエッジスランプ（肩ダレ）現象が生じた場合でも，舗設は止めずに人力で修正しながら舗設を進める。エッジスランプ部の修正方法の例を**図−4.8.30**，**写真−4.8.15**に示す。

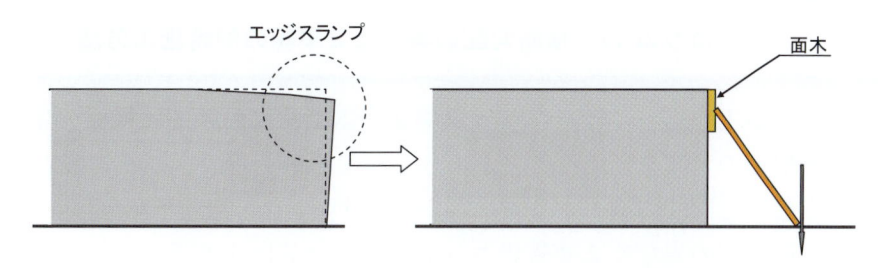

図−4.8.30 エッジスランプ部の修正方法例

写真−4.8.15 エッジスランプ防止の対応例

④ 成型後のコンクリート版表面に多少のムラが生じたとしても，それらは縦仕上げ装置や人力フロートなどにて仕上げ，舗設は連続して行う。

7）平たん仕上げ

コンクリート版の表面は，緻密堅硬で特に平たん性に影響を与えるような縦方向の小波が少なくなるように仕上げることが大切である。スリップフォームペーバで平たん仕上げを行う場合は，縦仕上げ装置などによりコンクリート表面を平たんに仕上げる。また，一般に，表面のすべり抵抗と防眩効果を高めるために粗面仕上げを行う。粗面仕上げは，テクスチャ／キュアリングマシンによるほうき目仕上げか人力によるほうき目仕上げを行う。また，骨材露出工法やグルービング工法を実施する場合もある。

平たん仕上げおよび粗面仕上げを行う際の注意点を以下に示す。
① コンクリート面の平たん仕上げや粗面仕上げを人力で行う場合は，コンクリート版を跨ぐ足場台車を用いて行う。
② 粗面仕上げに用いるブラシの材料，形状は所定の粗面仕上げに適しているか確認する。
③ 粗面仕上げは，平たん仕上げ後，コンクリート表面の水光りが消えたらできるだけ早く

始める。ただし，縦縁部の仕上げに際しては肩が崩れないよう，ゆっくりと丁寧に仕上げる。

コラム17　横断勾配の異なる2車線の同時施工方法

　セットフォーム工法もしくは，スリップフォーム工法において，機械の中央部でコンクリート用の舗装機械の角度を変えることができる施工機械を用い，横断勾配の異なる2車線のコンクリート舗装を同時に施工する方法があります。

　通常は，横断勾配の異なる2車線のコンクリート舗装は1車線ずつ施工しますが，当該機械を用いることで，中央部における型枠やレールの設置を行うことを省略できることから，工期短縮工法としての期待を集めています。

＜特長＞
① 2車線目を施工するための強度確保までの養生待ち，型枠設置・撤去，レールの移設，施工機械の移動がかなりの部分で省略できるため，工期短縮が可能です。
② 1車線ずつ施工する際に用いる型枠やタイバー用のチェアが不要です。
③ 型枠のズレによる縦目地の曲がりがありません。
④ 横目地のカッタ切断は同時に実施することから，両車線の目地位置がずれません。

＜留意点＞
① 横断勾配確保のためにスランプの管理がより厳しくなります。
② コンクリートの搬入方法および養生時の散水に工夫が必要となります。
③ 施工時は工事用車両も含めて通り抜けができません。

写真－C17.1　横断勾配の異なる2車線の同時施工の例

4-8-5　簡易な施工機械および人力による施工

普通コンクリート版の施工において，機械化施工とすることが不経済であったり，不可能であったりする条件としては，以下のようなことがある。

① 工事規模が小さく，日施工量が少ない場合
② 施工幅員が狭く，勾配が大きく，曲率半径が小さく，交差点等目地割りが複雑なうえに，人孔等が多くあるような場合
③ 鉄筋コンクリート版構造であるような場合

このような場合には，簡易な施工機械および人力による施工が適切となる。人力による施工が適切となる目安は，おおむね以下のとおりである。

① 施工延長：200m程度以下
② 日施工量：300m^{2}程度以下
③ 施工幅員：3m程度以下
④ 縦断勾配：7%程度以上
⑤ 曲率半径：100m程度以下

簡易な施工機械および人力による施工の場合も，機械化施工の場合と同様に所要の出来形と品質および性能が得られるように施工を行う。

以下に施工の手順および留意点等を示す。

（1）運搬および荷おろし

コンクリートの運搬は，通常，トラックアジテータを用いて行う。荷おろしは，トラックアジテータから路盤上に直接行う場合には，シュートを利用し適切な位置に必要量を分離しないように行う。

（2）敷きならし

コンクリートの敷きならしは，全体ができるだけ均等な密度になるように行う。鉄網を用いる場合は，下層コンクリートを敷きならした後，コンクリート版の上面から1/3の深さを目標に設置し，上層コンクリートを敷きならす。

（3）締固めおよび荒仕上げ

敷きならしたコンクリートは，棒状バイブレータ等により十分に締め固め，その後，簡易フィニッシャ等でさらに締め固めながら荒仕上げを行う。

（4）平たん仕上げおよび粗面仕上げ

荒仕上げの終了後，直ちにフロートあるいはパイプ等を用いて，平たん仕上げを行う。コンクリート表面の水びかりが消えた後，シュロぼうき等により，粗面に仕上げる。

（5）養　　生

粗面仕上げ終了後，初期養生および後期養生を所定の期間行う。

4-8-6　目地の施工

　普通コンクリート版の目地は，設置位置によって種類が異なるので，その働きや構造をあらかじめ熟知し，所要の性能が発揮できるように，所定の位置に正しく設置することが重要である。その施工が不適切な場合には，コンクリート舗装の構造上の弱点となりやすく，乗り心地も損なうので，特に入念に施工する必要がある。普通コンクリート版に設ける目地の構造の詳細は，本ガイドブック「4-4-1　目地の分類と構造」を参照するとよい。

　目地の施工においては，目地がコンクリート版面に垂直になるように施工すること，目地を挟んだ隣接コンクリート版との間に段差が生じないようにすることなどが留意事項としてあげられるが，以下に，普通コンクリート版の目地の施工上の留意点を示す。

（1）横目地

　① 横収縮・ダミー目地に設けるダウエルバーは，路面および道路軸に平行で，所定の高さ（一般には版厚の1/2）に設置する。バーアセンブリ（チェア，クロスバーおよびダウエルバーを組み立てたもの）は，舗設時に移動しないように十分に固定する。1日の舗設の終わりに設ける横膨張目地の施工例を**図－4.8.31**に，また，横収縮・ダミー目地の施工例を**図－4.8.32**に示す。

　② 横収縮・ダミー目地に設ける目地溝は，カッタ切削時において，コンクリート版に有害な角欠けが生じない範囲内で，できるだけ早期に行う。カッタによる目地溝は，所定の位置に所要の幅および深さまで垂直に切り込んで設置する。

　③ 横収縮・ダミー目地として打込み目地を設ける場合は，一般に，平たん仕上げ終了後に振動目地切り機を用いて溝を設け，仮挿入物を埋め込む。コンクリートの硬化後に仮挿入物の上部をカッタで切削して目地溝とする。ただし，スリップフォーム工法に打込み目地を設ける場合には，版端の崩れに注意が必要である。

　④ 1日の施工の終わり，あるいは天候等の理由で施工途中に設ける横収縮・突合せ目地（横施工目地）は，予定の目地位置に設置する。また，コンクリートは止め型枠の際まで均等かつ十分に締め固める必要がある。

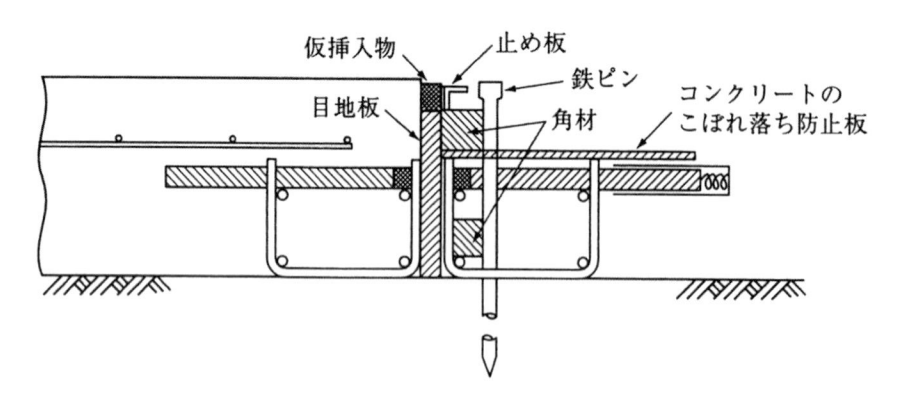

図－4.8.31　1日の舗設の終わりに設ける横膨張目地の施工例

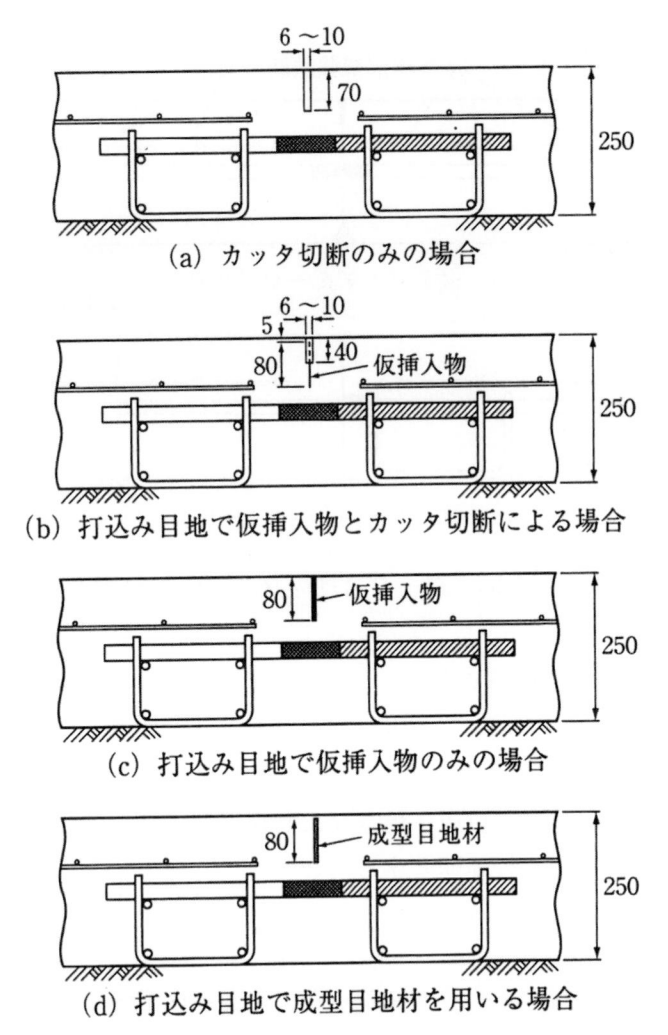

図－4.8.32　横収縮・ダミー目地の施工例（単位：mm）

(2) 縦そり目地
① 縦そり・ダミー目地とする場合（2車線同時施工等）には，下層コンクリートを敷ならした後，タイバーを所定の間隔，位置，高さ（一般に版厚の1/2）に挿入して設置する。鉄網と縁部補強鉄筋を用いる場合は，それらも設置してから上層コンクリートを舗設し，硬化後カッタによる目地溝を設ける。縦そり・ダミー目地におけるタイバーの設置例を**図－4.8.33(a)**に示す。
② 縦そり・突合せ目地の場合（1車線ずつの施工）には，あらかじめネジ付きタイバーを用いたタイバーアセンブリを設置してコンクリートを舗設する。また，隣接のコンクリート版を舗設する際には，ネジ付きタイバーの接続が完全に行われていることを確認する。スリップフォーム工法の場合は，締め固めたコンクリートの側面に，タイバーインサータを用いてタイバーを設置したり，コンクリートの硬化後に削孔しタイバーを設置したりすることもある。縦そり・突合せ目地におけるタイバーの設置例を**図－4.8.33(b)**に示す。
③ コンクリート版の種類にかかわらず，路側構造物との境界面に設ける縦膨張目地の施工では，目地板が舗設時に変形したり，移動したりしないようにする。

(a) 縦そり・ダミー目地の例

(b) 縦そり・突合せ目地の例

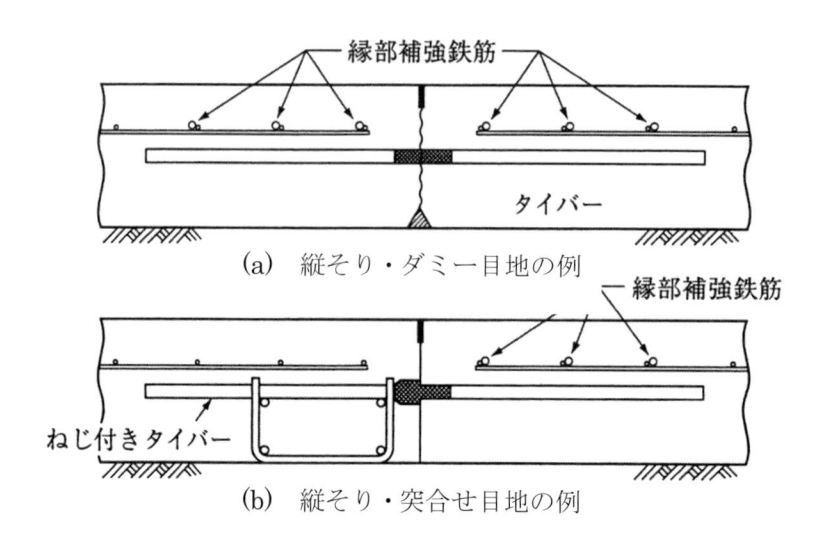

図-4.8.33 縦そり目地のタイバーの設置例

4-8-7 鉄網および縁部補強鉄筋の設置

鉄網および縁部補強鉄筋は，下層コンクリートを敷きならした後，コンクリート版の上面から1/3の深さを目標に設置する。このとき，鉄網の継手はすべて重ね継手とし，焼きなまし鉄線で結束する。縁部補強鉄筋も，所定の位置に焼きなまし鉄線で鉄網と結束する。なお，鉄網の設置位置は，目標とする位置の±3cmの範囲とする。

4-8-8 養生

養生は，表面仕上げした直後から，表面を荒らさずに養生作業ができる程度に，コンクリートが硬化するまで行う初期養生と，初期養生に引き続き，コンクリートの硬化を十分に行わせるために，水分の蒸発や急激な温度変化等を防ぐ目的で，一定期間散水などをして湿潤状態に保つ後期養生とに，分けられる。

養生作業は，舗設したコンクリート版が所要の品質を得て，交通開放ができるようになるまで，有害な影響を受けないように行うことが重要である。

なお，補修工事で早期交通開放を必要とする場合等に，真空コンクリート工法による真空養生が行われることがある。

養生における留意点を以下に示す。

（1）初期養生
① 初期養生は，コンクリート版の表面仕上げに引き続き行い，後期養生ができるまでの間，コンクリート表面の急激な乾燥を防止するために行う。コンクリート版の表面が日光の直射や風などにより急激に乾燥すると，プラスチック収縮ひび割れが発生することがあるので留意する。
② 初期養生としては，一般に舗設したコンクリート表面に養生剤を噴霧散布する方法で行われる。また，大規模工事ではそれに加えて三角屋根養生を併用することがある。
③ コンクリート表面の養生剤には，被膜型と浸透型がある。養生剤は，種類に応じた適切な散布量を適切な時期に均一に散布する。なお，養生剤には，初期・後期の一貫養生が可

能としている材料もあるが，使用にあたっては現場条件を含めた事前の検討が必要である。
（2）後期養生
　①　後期養生は，その期間中，養生マット等を用いてコンクリート版表面をすき間なく覆い，完全に湿潤状態になるように散水する。
　②　後期養生は初期養生より養生効果が大きいので，コンクリート表面を荒らさないで，後期養生ができるようになったら，なるべく早く実施する。
　③　養生期間中は，車両等の荷重が加わらないようにする。
（3）真空養生
　①　真空養生は，コンクリートの平たん仕上げに引き続いて行う。真空養生後に粗面仕上げ等の表面仕上げをして後期養生を行う。
　②　真空養生の方法は，平たん仕上げ後のコンクリート面に真空マットを置き，真空ポンプによりマット内の圧力を下げ，コンクリート中の余分な水分を吸い出すものである。この方法は，大気圧を利用してコンクリートを締め固める効果もある。真空養生の例を**写真－4.8.14**に示す。
　③　真空ポンプによる吸引時間は，15～20分程度である。表面仕上げ後の湿潤養生が大切である。湿潤養生は前述の後期養生と同様に行う。
　④　真空養生したコンクリートは，フレッシュコンクリートのダレが抑えられ，また，コンクリート版の強度発現が早いので，急坂路や早期の交通開放が必要とされる箇所などに適用することがある。

写真－4.8.14　真空養生の例

（4）養生期間
　①　養生期間を試験によって定める場合，その期間は，現場養生を行った供試体の曲げ強度が配合強度の70％以上となるまでとする。交通への開放時期は，この養生期間の完了後とするが，設計基準曲げ強度が4.4MPa未満の場合は，現場養生を行った供試体の曲げ強度が

3.5MPa以上とする。
② 養生期間を試験によらないで定める場合には，早強ポルトランドセメントを使用の場合は1週間，普通ポルトランドセメントを使用の場合は2週間，高炉セメント，中庸熱ポルトランドセメントおよびフライアッシュセメントを使用の場合は3週間を標準とする。
③ 真空養生を適用したコンクリートの養生期間を，試験によらないで定める場合には，早強ポルトランドセメントの場合は2日，普通ポルトランドセメントの場合は3日を標準とする。
④ タイヤチェーンなどを装着した車両が走行する地域では，交通による路面の損傷が生じなくなるまで交通開放を遅らせるのがよい。

4-8-9 特殊箇所の施工

特殊箇所のコンクリート版には，各種横断構造物に接続または，その上に舗設する踏掛版や鉄筋で補強したコンクリート版，トンネル内および拡幅部，交差部等のコンクリート版がある。これらの舗設方法は，通常の舗設方法と施工条件等に相違点が多いので，十分な準備と綿密な施工計画を立て，所要の出来形と品質および性能が得られるように仕上げる必要がある。以下に施工上の留意点を示す。

（1）踏掛版および鉄筋で補強したコンクリート版の施工

橋台やボックスカルバートなどの横断構造物の背面にできる不等沈下に対応するための踏掛版および鉄筋で補強したコンクリート版は，通常の舗装用コンクリート版と異なり，コンクリート版の補強のため鉄筋量が多いので，舗設方法も通常の場合と異なる。

① 鉄筋はあらかじめ所定の設置位置に，スペーサおよび組立筋等を用いて組み立てる。この場合のスペーサおよび組立筋の必要量は，コンクリートの荷おろし，敷きならし，締固め作業に際しての鉄筋の変位を考慮して定める。
② 橋梁付近は施工立地条件が悪く，また，踏掛版の鉄筋等は既に組み上がっているので，その上から直にコンクリートを打ち込むのが難しいことが多い。そのため，踏掛版の施工は人力施工となる場合が多く，現場条件によってはコンクリート舗設位置での運搬および荷おろし方法としてコンクリートポンプの使用を検討するとよい。
③ 人力施工および機械施工とも棒状バイブレータなどを併用して十分に締め固める。
④ コンクリート版を2車線舗設する場合において，踏掛版および鉄筋コンクリート版の延長が長く，かつ路肩側に資材運搬路が確保できないためにコンクリート運搬車の進入が困難な場合等では，この踏掛版および鉄筋コンクリート版を1車線ずつ分離して舗設する。

（2）トンネル内のコンクリート版の施工

トンネル内のコンクリート版の施工方法は，明かり部と基本的に同じである。しかし，トンネル内という限られた空間で施工するため，内空断面，路側構造物等トンネル内の構造により種々の施工上の制約を受けることが多い。また，作業時における安全や環境対策が重要となる。以下に施工上の留意点を示す。

① 路側構造物が先行して施工されている場合が多く，またコンクリート版表面と路側構造物との間に段差があることも多い。路側構造物が施工されている場合のコンクリート版を舗設する機械の走行レールの設置例を図－4.8.34に示す。舗設機械の走行レール固定法は舗設機械走行時に路側構造物が破損を生じないことを事前に検討確認し，平たん性と安全

を考慮して十分に固定することが重要である。

② トンネルの起終点付近は，狭隘な場合が多く，また各種の設備工事と競合する場合も多いので，安全で円滑に施工機械を組立，解体，搬出入するためには，吊上げ機械も余裕のある能力のものを準備する必要がある。

③ 施工に当たっては，施工の精度と安全のために十分な照明を確保する。また，施工機械ならびに運搬車の排気対策や粉塵対策を実施する。必要に応じて，換気装置や粉塵対策用の散水噴霧装置を配置する。

④ 安全な作業環境の確保と作業効率の向上から，運搬車の方向転換を行うターンテーブルを設置すると有効なことが多い。

⑤ ダンプトラックによりコンクリートを荷おろしする場合，トンネル内空高さに制約され，所要の荷おろし角度が得られないような場合は，トラックアジテータでの運搬によらねばならない。この場合の，コンクリートのスランプは5～8cmがよい。

⑥ トンネル内の歩道や監査路等をコンクリートで施工する場合の収縮目地間隔は，2.5m程度とし，打込み目地かカッタ目地とする。施工に当たっては，トンネル内の歩道や監査路等の目地位置が構造物の目地等に合わせてあるかどうかを確認する。

⑦ トンネル内のコンクリート版も明かり部と同様に，できるだけ早く後期養生，すなわち湿潤養生を行うことが大切である。トンネルは，直射日光はないが風の通りがよく，乾燥しやすいこと，また冬季には寒気が吹き込むことがあるので，必要に応じて坑口にシートなどの覆いを付けるとよい。

⑧ 後期養生に用いる養生水は，コンクリート版を1車線ずつ舗設する場合は明かり部とおなじように散水車で行えるが，2車線同時舗設の場合には散水車が使用できないため，路肩側に給水パイプ等を仮設して散水し養生する。

第4章 普通コンクリート舗装

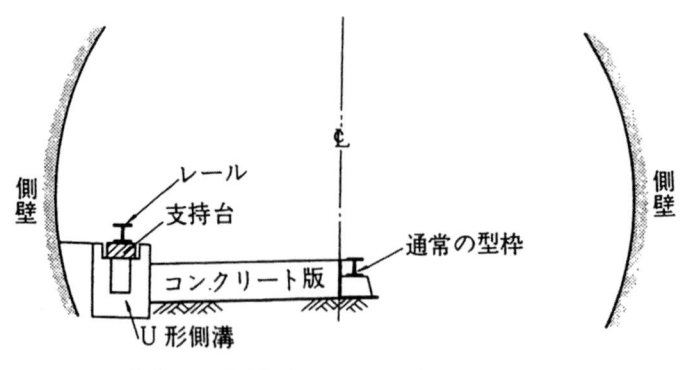

(a) 1車線舗設の例（U形側溝）

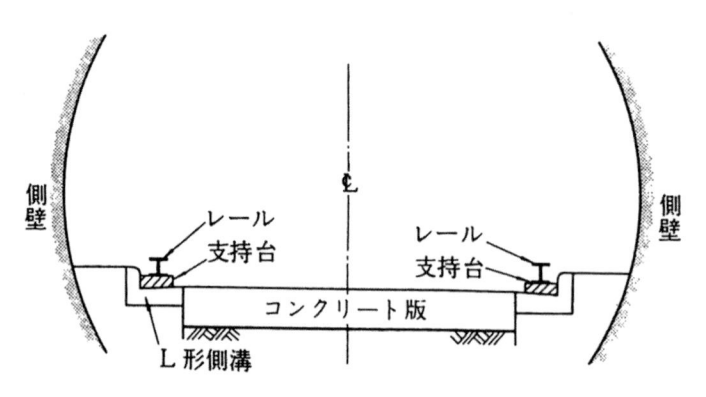

(b) 2車線同時舗設の例（L形側溝）

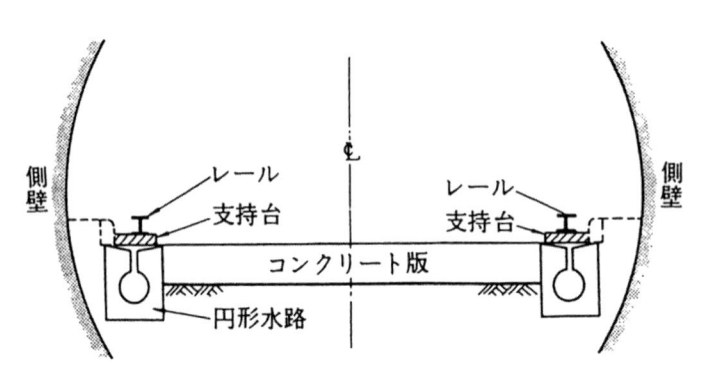

(c) 2車線同時舗設の例（円形水路）

図－4.8.34 路側構造物がある場合のレール設置例

4-8-10 暑中および寒中におけるコンクリート版の施工

　暑中とは，日平均気温が 25℃以上になることが予想される場合，また，寒中とは，日平均気温が 4℃以下また施工後 6 日以内に 0℃以下となるような場合を指す。暑中あるいは寒中にコンクリート版の施工を行う場合には，事前にコンクリートの製造工場と十分に打合せを行い，暑中および寒中コンクリートに関する諸注意を考慮した施工計画を立てる必要がある。また，施工においては，所要の出来形と品質および性能が得られるように，以下に示す特別な対策を講じる必要がある。

（1）暑中コンクリート
① 舗設時のコンクリートの温度は，35℃以下となるようにする。
② コンクリートの製造においては，練り混ぜたコンクリートの温度をできるだけ上昇させないように，使用する骨材は日覆いを設けて直射日光を遮って貯蔵する，散水して粗骨材を冷却する，また練混ぜ水を冷却するなどの対策をとる。また，現場に到着するまでのコンクリートのスランプの低下を考慮した，単位水量および単位セメント量の配合調整や，混和剤として凝結遅延剤を使用することなどを検討する。
③ コンクリートの運搬は，現場との連絡を緊密に取り，円滑に行えるように注意する。ダンプトラックに積み込んだコンクリートには，日射と乾燥を避けるため，断熱効果のあるシート等を掛ける。トラックアジテータを用いる場合は遮熱ジャケットを装着したアジテータ等を用いる。
④ 施工現場では，型枠，路盤などを冷やすために支障にならない程度に散水すること，舗設したコンクリート面にフォグスプレイなどを行うことも効果的である。特に，舗設から初期養生までの段階においては，直射日光ならびに風等によるコンクリート表面の過度な乾燥を防ぎ，できるだけすみやかに，後期養生に移ることが大切である。なお，舗設したコンクリートの温度が気温よりも高い場合に，強い風の影響を受けると，表面から急激に水分が蒸発し，プラスチック収縮ひび割れ等が発生しやすくなるので十分に留意する。

（2）寒中コンクリート
① コンクリートの練り上がり温度は，舗設時で 5～20℃（特に寒い場合は 10～20℃）を確保できるようにすることが望ましい。そして，コンクリートの荷おろしから，表面仕上げまで円滑に手早く作業を行い，舗設したコンクリートの熱量損失をなるべく少なくするように配慮する必要がある。
② コンクリート版の養生は，少なくとも圧縮強度で 5MPa になるまで，凍結を受けないようにしなければならない。養生中に散水する場合には，そのためにコンクリートが，凍結を生じることがないように留意する。
③ 寒中のコンクリート版の養生は，一般に，外気温が 4℃以上であれば通常の養生方法でよく，0～4℃ではシートなどの覆いをかけて保温する程度の簡単な注意でよい。−3～0℃の外気温では，コンクリートの練り上がり温度を極力高めるための対策をとる。また舗設後の養生においては，シート等の覆いによる保温が必要である。−3℃以下の外気温では，本格的な寒中の施工対策が必要である。

④　本格的な寒中の施工対策としては，コンクリートの練混ぜにおいては，水および骨材を加熱してコンクリートの温度を高める。また，舗設においては保温とジェットヒータなどによる給熱により，コンクリート版を所要の温度に保つなどの処置が必要である。

⑤　特別な養生等の対策がとりにくい場合は，混和剤として無塩化物系防凍剤の使用も検討するとよい。

4-8-11　初期ひび割れ対策

コンクリートの舗設直後から数日の間に，ひび割れが発生することがある。このひび割れの主なものは，プラスチック収縮ひび割れ，沈下ひび割れ，および温度ひび割れ等で，これらを初期ひび割れという。

初期ひび割れは，通常の場合，幾つかの要因が重なって発生する場合が多く，その原因を明確にすることは難しい。

初期ひび割れの防止対策は，施工時の気象条件，コンクリートに使用する材料や配合，製造方法と舗設方法などを総合的に検討した上で決定する必要がある。なお，防止対策を講じたとしても，初期ひび割れの発生を完全になくすことは困難であり，工事期間中に初期ひび割れが発見された場合には，発注者と協議のうえ適切な方法により処置する。

以下に示す事項に注意を払い，初期ひび割れの発生をできるだけ防ぐようにすることが肝要である。

（1）プラスチック収縮ひび割れ

舗設後，まだコンクリートが十分に硬化していないプラスチックな状態でコンクリートの表面が急激に乾燥するとコンクリート表面の水分が蒸発して収縮し，多数の比較的幅が狭く，深さが浅く，長さが短く，風の方向と直角の方向にひび割れが生じることがある。このひび割れは，ブリーディング量よりも外気などの影響による表面からの水分蒸発が大きいことが原因で，以下の場合に生じやすい。

・　一般に夏期施工で発生しやすい。しかし，冬期施工であっても養生が不適切であると発生することもある。

・　水セメント比の小さいコンクリートや流動化されたコンクリートはブリーディングが少ないため，夏期施工の場合に生じることがある。

1）防止対策

通常の舗装用コンクリートでは水分の蒸発が $0.5 kg/m^2/h$ 以上となる気象状況の時に，ひび割れが発生しやすいことから，コンクリート温度，気温，風速の状態を把握し，**表－4.8.16** を参考に，注意を要すると予想される気象条件の場合には防止対策をとる。防止対策は，前項で述べた水分蒸発量を少なくすることであり，具体的には以下の対策となる。

①　蒸発を補える単位水量とする。
②　コンクリートの温度を下げる（暑中コンクリート対策と同じ）。
③　直接，日射を与えない配慮や防風対策を十分に行う。
④　舗設したコンクリート面にフォグスプレイなどを行う。
⑤　表面仕上げの後，できるだけ早期に湿潤養生を開始する。
⑥　プラスチック収縮ひび割れ防止用散布剤を仕上げ面に用いる。

表-4.8.16 相対湿度，気温およびコンクリート温度と水分の蒸発の関係

(単位：kg/cm²/h)

コンクリート温度 ℃	風速 m/s 相対湿度 % 気温 ℃	0					2.0					4.5				
		70	60	50	40	30	70	60	50	40	30	70	60	50	40	30
35	35	0.1	0.2	0.2	0.3	0.3	0.3	0.4	0.5	0.6	0.7	0.6	0.8	1.0	1.2	1.5
	25	0.3	0.3	0.4	0.4	0.4	0.6	0.7	0.8	0.8	0.9	1.2	1.4	1.6	1.7	1.8
	15	0.4	0.4	0.4	0.5	0.5	1.0	1.0	1.1	1.1	1.2	1.7	1.8	1.9	1.9	2.0
25	15	0.2	0.2	0.2	0.2	0.2	0.4	0.4	0.4	0.5	0.5	0.7	0.8	0.9	1.0	1.0
15	5	0.1	0.1	0.1	0.1	0.1	0.2	0.2	0.3	0.3	0.3	0.4	0.4	0.4	0.5	0.5
備考	養生に対して ▒▒ 要注意，▓▓ 特に注意，を示す。															

2）発生後の処置

① コンクリートがまだ固まらないうちに，発見された場合には，コテ等でたたいてとじるとよい。

② 硬化後に発見された場合は，コンクリート版を打ち換える必要はないが，ひび割れ幅が比較的大きい場合には，ひび割れを清掃した後に高分子系材料やセメント系材料等でシールするなど，適切な処置を行う。また，引き続き舗設する場合には，コンクリートの配合，施工方法および養生方法等を見直し，再発を防ぐ。なお，プラスチック収縮ひび割れを供用後 10 年目に調査したところ，ひび割れ幅が狭く，版の構造的強さには影響がないことが明らかになった例[2]がある。

(2) 沈下ひび割れ

沈下ひび割れは，図-4.8.35 のように，まだコンクリート表面に多少浮き水が残っている舗設直後の時期に，ブリーディングが生じ，その影響で表面が沈降する現象に伴い，沈降量の差から生じる鉄筋などの上面に発生するひび割れである。

その発生原因は，ブリーディング量が多いこと，または不等沈下を生じやすい鉄筋や拘束条件の存在などであるので，以下の場合に生じやすい。

・版厚が厚い。
・コンクリートの温度が低い（ブリーディングが多く，凝結も遅い）。
・締固めが不十分である。
・コンクリートのスランプが大きい。
・径の大きな鉄筋を使用している（直径 6mm の鉄網ではほとんど生じない）。

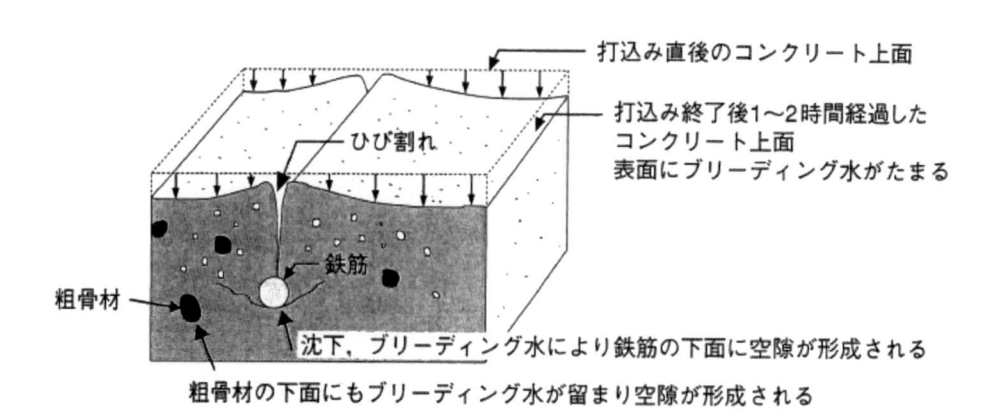

図－4.8.35　沈下ひび割れの発生機構[5]

1) 防止対策

　このひび割れの防止対策は，ワーカビリティーが確保できる範囲の中で，できるだけ単位水量の少ない配合，ブリーディングの少ない配合にすることや施工時には十分に締め固めることが重要である。

2) 発生後の処置

　プラスチック収縮ひび割れ発生後の処置と同様に，以下の処置を行う。
① コンクリートがまだ固まらないうちに，発見された場合には，コテ等でたたいてとじるとよい。
② 硬化後に発見された場合は，コンクリート版を打ち換える必要はないが，ひび割れ幅が比較的大きい場合には，ひび割れを清掃した後に高分子系材料やセメント系材料等でシールするなど，適切な処置を行う。また，引き続き舗設する場合には，コンクリートの配合，施工方法および養生方法等を見直し，再発を防ぐ。

(3) 温度ひび割れ

　コンクリート版の温度ひび割れ発生の過程を示したのが図－4.8.36である。コンクリートは打設後，セメントの水和作用に伴う発熱によってコンクリート温度が上昇し，その値は数日で最大となり，その後放熱によって除々に外気温程度まで降下する。この過程において，コンクリート版内の温度勾配や内部，外部温度差が生じ，それらが路盤や版の自重等で拘束されコンクリート版に温度応力が発生する。このときの応力がコンクリートの引張強度より大きくなるとひび割れが発生する。このひび割れを温度ひび割れといい，適切な時期に横目地を設けないと，舗設の翌朝から数日の間に発生する。このひび割れは，一般にコンクリート版の全幅，全厚に達し，通常の舗設方法の場合の発生頻度は約5本/km以下である[3]。

　このように，版温度の低下程度，版の拘束程度が主因であることから，以下の場合に温度ひび割れが生じやすい。

・外気温の日変化が大きい（気温差が約10℃以上で生じやすいという報告[4]がある）。
・外気温が高い。
・コンクリートの発熱が大きい。
・路盤からの拘束が大きい。

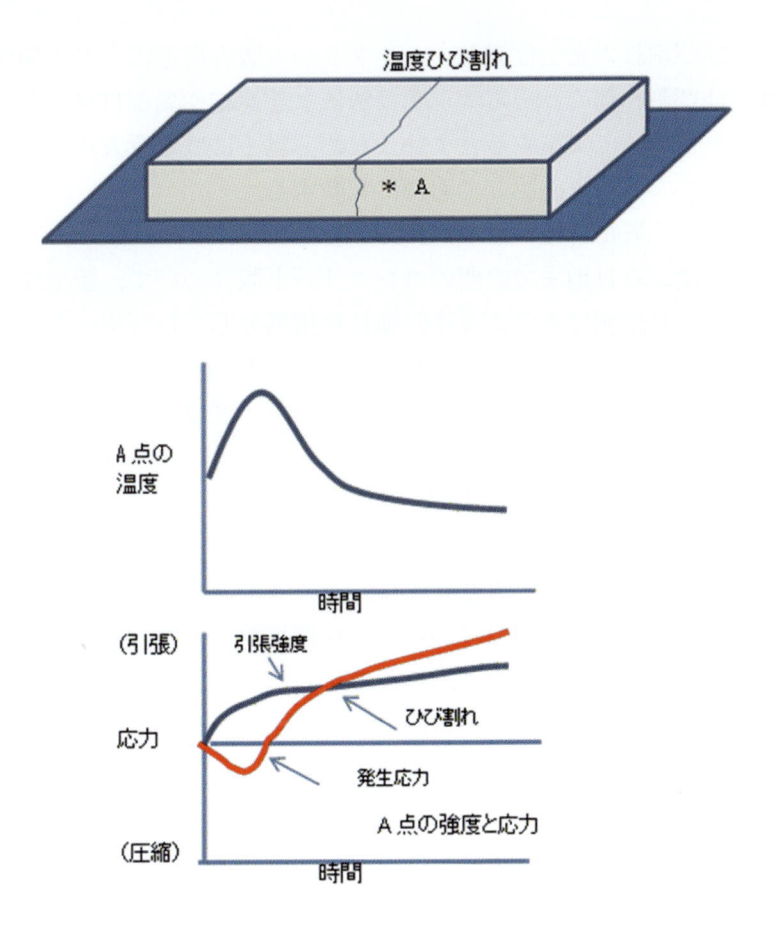

図－4.8.36　コンクリート版の温度ひび割れ発生の過程

1）防止対策

　　このひび割れの防止の基本的な対策は，コンクリート版温度の過度の上昇または降下程度を抑制し，その間の強度の発現を確保する，または，内部発生応力によるひび割れは所定の位置に早期に目地を設けて誘導することである。具体的には，以下のような対策がとられる。

① 使用材料および配合での対策

　　コンクリートの配合においては，単位セメント量および単位水量をなるべく少なくする。また，使用するセメントの種類は，発熱量と収縮量の小さいものを用いる。

② 製造時の対策

　　コンクリートの製造時においては，舗設時のコンクリート温度が最高でも35℃以下となるように，できるだけ高温のセメントの使用を避け，乾燥した骨材には必要に応じて散水を施して温度を下げる。

③ 施工時の対策

　　施工時においては，舗設直前に散水等を行って路盤面を適度な湿潤状態にする。横収縮目地をカッタ目地とする場合には，カッタ切削で角欠けが生じない範囲でできるだけ早期に切削する。また，ダウエルバーは，道路中心線と路盤面に平行に正しく設置する。コンクリート版に，大きな温度上昇や急速な温度変化が生じないように十分な養生を行う。

2）発生後の処置

　　温度ひび割れが版の全厚にわたって横断方向に発生したコンクリート版は，打ち換える必

要はない²⁾が，ひび割れの発生位置と，コンクリート版の構造に応じて適切な処置を施す。処置の方法は，ひび割れ部のバーステッチ工法による連結や局部打換えなどがあるので，それらを適切に組み合わせて実施するとよい。なお，以下には処置方法の例を①～③に示すので，実際のひび割れの状況を確認して適切に判断する。

① ひび割れの発生位置が目地から3m未満の場合

　ひび割れの外側から目地までの間のコンクリート版について，版全厚の局部打換えを行う。局部打換えの目地側はそのまま横収縮目地構造とし，ひび割れ側は，タイバーで新旧のコンクリート版を連結する。打換え延長は，タイバーを設置するなどの作業上，最低2m程度が必要である。コンクリート版を取り除く際は，ダウエルバーおよび補強鉄筋等を損傷しないように丁寧に行う。

② ひび割れの発生位置が目地から3m以上の場合

　ひび割れの発生したコンクリート版両側の目地を，カッタでダウエルバーの上部まで切削し，ひび割れを誘発させる処置をした後，バーステッチ工法によりひび割れを連結するか，あるいはひび割れ部の版全厚にわたって局部打換えをする。

　バーステッチ工法によるひび割れの処理方法の一例を図－4.8.37に示す。なお，バーステッチ工法には，異形棒鋼を用いる方法とフラットバーを用いる方法がある。ひび割れ部には樹脂接着材等を充填する。

　局部打換えでは，打換え両端の新旧コンクリート版をタイバーで連結する。打換え延長は，両端にタイバーを設置するなどの作業上，2m程度が必要である。

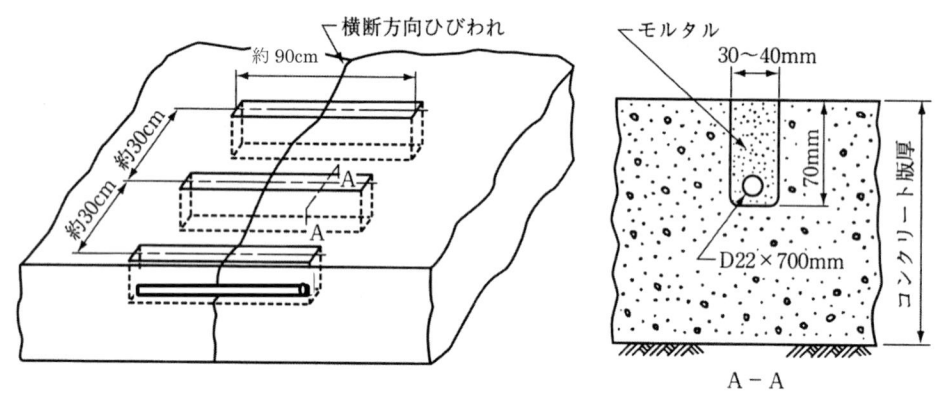

図－4.8.37　バーステッチ工法による処理方法の一例

【第4章の参考文献】

1）日本スリップフォーム工法協会　技術資料

2）（社）日本道路協会：セメントコンクリート舗装要綱（昭和59年度改訂版），pp.178，昭和59年

3）（社）日本道路協会：セメントコンクリート舗装要綱（昭和59年度改訂版），pp.176，昭和59年

4）柳田 力，上野 裕康：コンクリート舗装の施工直後における温度ひび割れ，土木技術資料，Vol.10 No.4，1968年

5）（株）セメントジャーナル社：コンクリートのひび割れがわかる本，2003年7月

第5章　連続鉄筋コンクリート舗装

5-1　概　説

　本章では，連続鉄筋コンクリート舗装について，路盤およびコンクリート版厚の設計法の考え方および具体的な設計例，構造細目，コンクリート，路床，路盤に使用する材料，および施工法について示す。基本的な考え方は普通コンクリートと同様であるため，連続鉄筋コンクリート舗装特有の事項について述べる。

5-2　路盤設計

　連続鉄筋コンクリート舗装の路盤設計は，普通コンクリート舗装と同様である。路盤の設計法としては，経験にもとづく方法，路盤厚設計曲線による方法，多層弾性理論による方法がある。具体的な手順および経験にもとづいた路盤断面については本ガイドブックの「4-2　路盤設計」を参照する。

5-3　コンクリート版厚設計

　連続鉄筋コンクリート舗装では，コンクリート版内に設置された縦方向鉄筋によって，コンクリート硬化時の収縮を拘束して短い間隔で微細な横ひび割れを発生させる。この微細な横ひび割れが普通コンクリート舗装の横目地の役割を果たし，かつひび割れ面でのかみ合わせと鉄筋のダウエル効果により，ひび割れ部での荷重伝達を確保する。

　このような横ひび割れを有するコンクリート版においても，版厚設計の考え方は普通コンクリート舗装と同様である。すなわち，交通荷重や温度によりコンクリート版に発生する曲げ応力の繰返しによってコンクリート版が疲労破壊しないようにその厚さを決める。縦方向および横方向の鉄筋量は，横ひび割れが適切に発生するように定める。連続鉄筋コンクリート舗装版には既に横ひび割れが発生しているので，縦縁部からの横ひび割れに対する照査はなく，ひび割れ縁部からの縦ひび割れに対する照査を行う。

　なお，コンクリート版の縦方向および横方向の鉄筋については，本ガイドブックの「5-4　構造細目」を参照する。

5-3-1　経験にもとづく設計方法

　普通コンクリート版と同様の考え方で，設計期間20年に対して，表－5.3.1に示すような版厚および鉄筋量となる。鉄筋量は断面積比で0.6～0.7％に設定する。

表-5.3.1 コンクリート版の版厚等（連続鉄筋コンクリート舗装）

交通量区分	舗装計画交通量 (台／日・方向)	コンクリート版の設計		鉄　筋			
		設計基準曲げ強度	版厚	縦方向		横方向	
				径	間隔 (cm)	径	間隔 (cm)
$N_1 \sim N_5$	T＜1,000	4.4MPa	20cm	D16	15	D13	60
				D13	10	D10	30
N_6, N_7	1,000≦T	4.4MPa	25cm	D16	12.5	D13	60
				D13	8	D10	30

〔注〕
1．縦方向鉄筋および横方向鉄筋の寸法と間隔は，一般に表中に示す組み合わせで版厚に応じて用いる。
2．縦目地を突合わせ目地とする場合は，ネジ付きタイバーを用いる。

5-3-2　理論的設計方法

　コンクリート版厚の理論的設計法は，交通荷重と温度変化に伴いコンクリート版に発生する応力の繰返しによる疲労ひび割れが，舗装の設計期間内に発生しないように版厚を決定するものである。

　連続鉄筋コンクリート舗装の場合，照査の対象は横ひび割れ縁部となるため，荷重応力式はひび割れ部における荷重伝達のある場合のものを用いる。また，温度応力のそり拘束係数C_{wq}は，版の幅を横目地間隔として表-4.3.8より決める。なお，版の幅が5m未満の場合には，横目地間隔5mの値を採用する。その他の計算は普通コンクリート舗装と同様である。

5-3-3　設計計算例

（1）概　要

　本節では，東京付近郊外に位置する高規格幹線道路の新設で地下埋設物の設置の予定はない場合を例にとり，構造設計について以下に解説する。

（2）構造設計の手順

　構造設計は理論的設計法を採用する。

（3）目標の設定

　設定した舗装の基本的な目標は表-5.3.2に示す。

　① 舗装の設計期間は20年である。
　② 舗装計画交通量は1,000以上3,000未満（台/日・方向）である。舗装計画交通量として，表-4.3.11に示す設計期間における輪荷重区分ごとに通過輪数を設定した。
　③ 破壊の定義としては，コンクリート版の横ひび割れからの縦ひび割れの発生とした。
　④ 信頼度は高規格幹線道路であることから90%とした。

表-5.3.2 設計条件

項　目		設定した設計条件	備　考
舗装の設計期間		20年	
舗装計画交通量		1,000以上3000未満 （台/日・方向）	
破壊の定義		横ひび割れの間に1本の縦ひび割れ	対応する疲労度は1.0
信頼度		90%	
コンクリート舗装の種類		連続鉄筋コンクリート舗装	舗装した十分な路肩，車線数4，車線幅は3.5m
構造	版厚	25cm	
	設計曲げ強度	4.4MPa	
	弾性係数	28,000MPa	設計値
	ポアソン比	0.2	代表的な値から設定
	温度膨張係数	$10 \times 10^{-6}/℃$	代表的な値から設定
	縦方向鉄筋	D16を12.5cm間隔	表－5.4.1
	横方向鉄筋	D13を60cm間隔	表－5.4.1
交通	輪荷重区分と通過輪数	表－4.3.11参照	
	車輪走行位置分布	表－4.3.12参照	代表的な値から設定
	温度差が正または負の時に走行する大型車の比率	表－4.3.13参照	代表的な値から設定
基盤	路床の設計支持力係数	K_{75}=34MPa/m	
路盤	セメント安定処理	q_u=2MPa	設計値
	粒度調整砕石	修正CBR＞80	
	設計路盤支持力係数	K_{75}=100MPa/m	
環境	コンクリート版の温度差とその発生頻度	表－4.3.14参照	代表的な値から設定

（4）コンクリート舗装の種類

連続鉄筋コンクリート舗装を選択する。この道路は，舗装された十分な路肩があり，車線数4の道路で，幅員は3.25mである。連続鉄筋コンクリート版は2車線同時施工し，車線境界に縦目地を設置する。

（5）路盤の設計

普通コンクリート舗装と同様とし，所定の路盤支持力係数（K_{30}）を確保することとした。

（6）コンクリート版厚の決定

1）コンクリート版厚の仮定

鉄筋量との関係からコンクリート版厚は25cmと仮定し，照査を行う。

2）輪荷重応力の計算における疲労着目点

仮定したコンクリート舗装の種類は連続鉄筋コンクリート舗装である。設計で想定されるひび割れは**表－4.3.5**から縦ひび割れであり，輪荷重応力の計算における疲労着目点は横ひび割れ縁部とした。

3）輪荷重応力の計算

疲労着目点における輪荷重応力は，式（4.3.4）から計算した。その際，**表－4.3.7**より係数 C の値は，1.38 となる。また，疲労着目点が横ひび割れなので，荷重走行位置の変化による低減係数 α_j は**表－5.3.3**のように仮定した。

表－5.3.3 走行位置による輪荷重応力の低減係数 α_j

〔連続鉄筋コンクリート舗装の横ひび割れ部の場合〕

最多頻度位置からの距離(cm)	−90 (j=1)	−60 (j=2)	−30 (j=3)	0 (j=4)	30 (j=5)	60 (j=6)	90 (j=7)
α_j	0.01	0.10	0.20	1.00	0.20	0.10	0.01

4）輪荷重応力の作用度数

輪荷重応力の作用度数を計算する際，車輪走行位置分布が必要となる。横ひび割れ縁部の場合，車輪走行の頻度が最も多い位置を中心として左右対称に分布すると仮定し，**表－5.3.4**のとおりとする。

表－5.3.4 横ひび割れ部の車輪走行位置分布

最多頻度位置からの距離(cm)	−90 (j=1)	−60 (j=2)	−30 (j=3)	0 (j=4)	30 (j=5)	60 (j=6)	90 (j=7)
走行頻度 f_{lj}	0.01	0.01	0.23	0.5	0.23	0.01	0.01

5）疲労度の計算

普通コンクリート舗装と同様の計算を行い，疲労度を求めると，FD=0.33 となる。

6）舗装断面の力学的評価

コンクリート版厚の力学的評価は，疲労度（FD）と**表－4.3.9**に示した信頼度 90%に応じた係数 γ_R =1.8 を用いて行った。仮定したコンクリート版厚の FD が，

$$FD \leq \frac{1.0}{\gamma_R} = \frac{1.0}{1.8} = 0.56$$

であれば，信頼度 90%で設計期間内に疲労ひび割れが発生することはないと判断される。FD=0.33 なので，式（4.3.9）を満足する。したがって，仮定したコンクリート版厚 25cm は設計断面として認められる。

（7）設計期間を 40 年にした場合

設計期間を 40 年として上記と同様の設計計算を行った。具体的な対応策としては，版厚を25cm から 30cm と厚くすることにした。理論上はコンクリート強度を上げることによる対応も考えられるが，強度を上げ過ぎると縦方向鉄筋が降伏するおそれがあるので注意が必要である。その他の設計条件は同じとした場合，疲労度は 0.35 となる。したがって，設計期間 40 年とす

ると，曲げ強度を4.4MPaとして，コンクリート版厚30cmの設計断面が必要となる。縦方向鉄筋のD19（公称断面積2.865cm^2）を15cmで設置すると鉄筋比は約0.62%となる。D16（公称断面積1.986cm^2）を10cm間隔で設置すると鉄筋比は約0.65%となる。横方向鉄筋はD13を60cm間隔で設置する。

5-4 構造細目

本節は，主要な連続鉄筋コンクリート舗装の構造細目である目地構造，配筋等について記載している。

5-4-1 目地の分類と構造

連続鉄筋コンクリート舗装の目地には，横そり・突合せ目地，横膨張目地，縦そり・突合せ目地，縦そり・ダミー目地および縦膨張目地がある。目地の場所，働き，構造や施工方法によって図－5.4.1のように分類されている。なお，連続鉄筋コンクリート版では，コンクリート版の横ひび割れを縦方向鉄筋で分散させるので，横収縮目地は設けない。

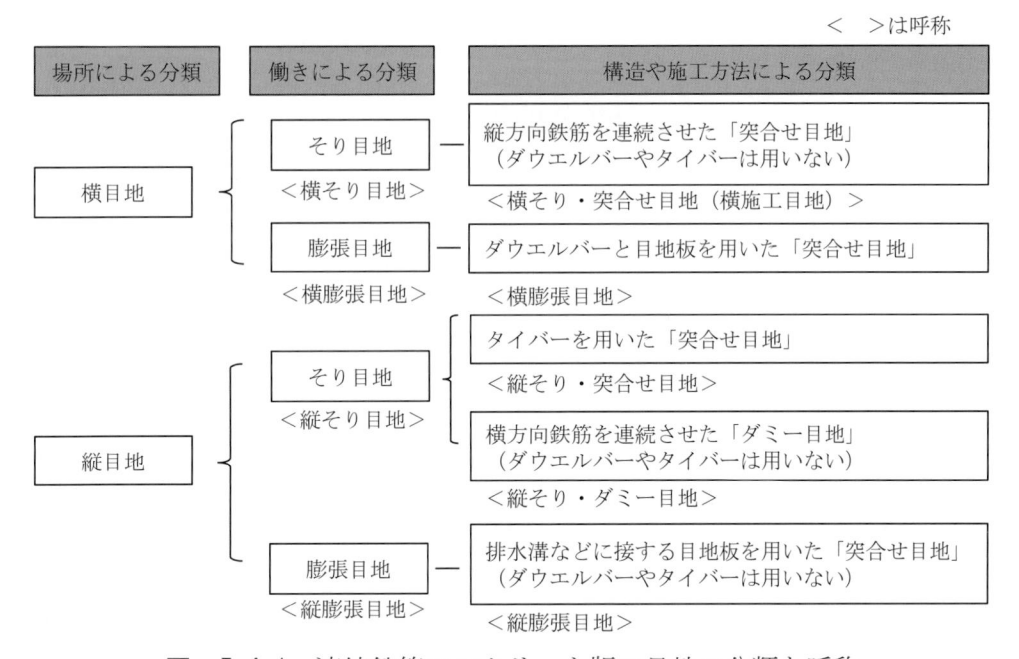

図－5.4.1 連続鉄筋コンクリート版の目地の分類と呼称

（1）横そり・突合せ目地

連続鉄筋コンクリート舗装の横そり・突合せ目地は，普通コンクリート舗装と異なり，ダウエルバーあるいはタイバーは設置せず，縦方向鉄筋を連続させる構造である。このため，横横そり・突合せ目地は，突き合わせたコンクリート版相互のかみ合わせが得られにくいので，図－5.4.2に示すように施工目地部となる箇所の縦方向鉄筋の2本に1本程度の割合で，同じ径の長さ1mの異形棒鋼を配置する。この配置方法としては，縦方向鉄筋に沿わせて焼きなまし鉄線で結束する方法が一般的である。

また，横そり・突合せ目地は，縦方向鉄筋の重ね合わせ部に一致しないように留意する。なお，横そり・突合せ目地幅が拡大し水の浸入による鉄筋の発錆防止の観点から，施工目地部の補強鉄筋や縦方向鉄筋に防錆ペイントを塗布する場合もある。

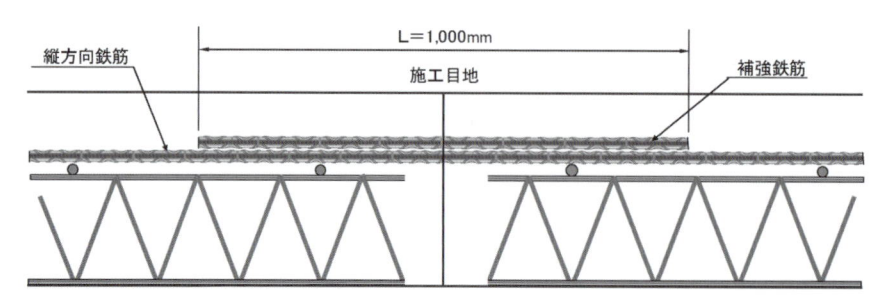

図-5.4.2 横そり・突合せ目地の補強の例

（2）横膨張目地

連続鉄筋コンクリート舗装は，両端部 50～100m 区間が自由可動領域となり，温度変化により大きく伸縮する。この伸縮量を吸収するため，両端部にそれぞれ 2 箇所の横膨張目地を設けなくてはならない。連続鉄筋コンクリート舗装と他種の舗装との接続箇所に設ける横膨張目地の事例を図-5.4.3，写真-5.4.1 に示す。これら 2 箇所の横膨張目地の間隔は 5m 程度と短くすることが好ましい。なお，鉄筋で補強したコンクリート版の配筋は，参考文献 [2] を参照するとよい。

図-5.4.3 横膨張目地の配置例

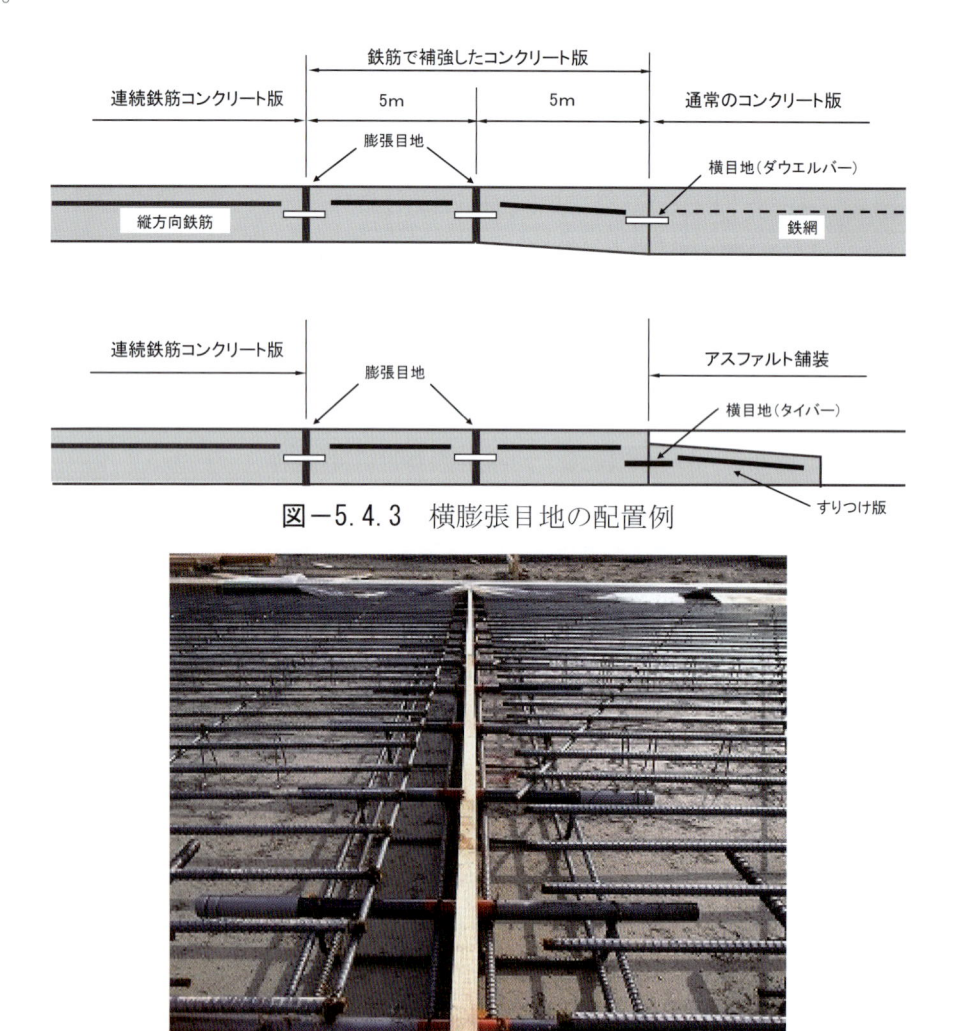

写真-5.4.1 横膨張目地の例

また，横膨張目地を補強するために枕版を設ける場合には，**図－5.4.4**に示す設計例を参考にするとよい。

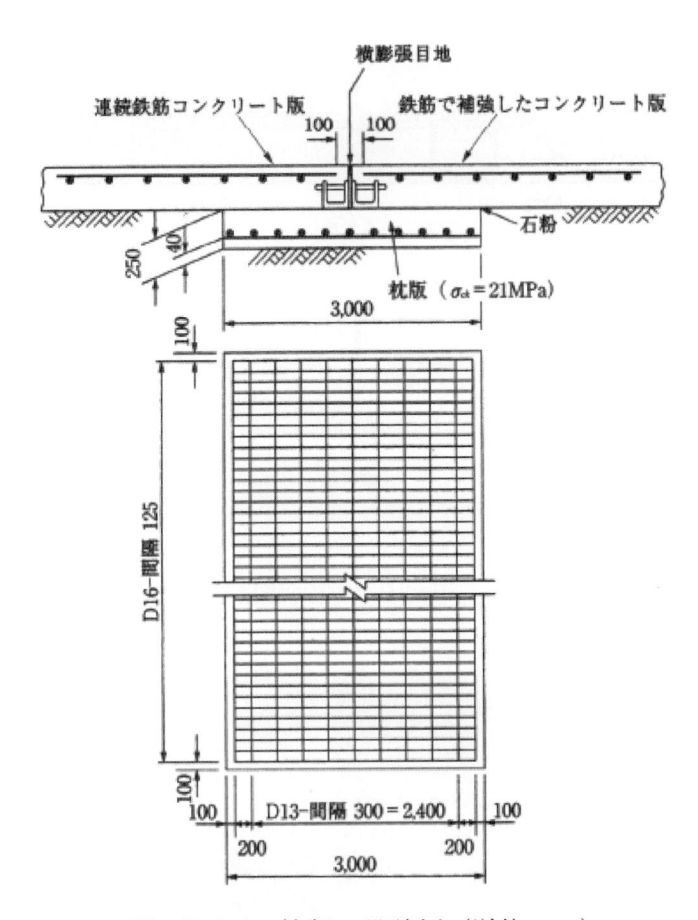

図－5.4.4 枕版の設計例（単位 mm）

（3）縦そり・突合せ目地

　車線ごとにコンクリートを打設する場合に設ける縦そり目地は突合せ型となり，セットフォーム工法では通常型，スリップフォーム工法では通常型に加えて穿孔型で施工される（**図－5.4.5および写真－5.4.2，写真－5.4.3**参照）。

　通常型は，あらかじめ路盤上にチェア，クロスバーで固定された凹側タイバーを配置し，先打レーン打設後に凸側タイバーを接続する方法である。この場合，凹側のネジ部にモルタル等が浸入しないようにキャップやスポンジ等を詰めておく必要がある。

　なお，後打レーン打設時にはチェア，クロスバーは不要であるため，普通コンクリート舗装の場合には縁部補強鉄筋（D13×3本）を配置するが，連続鉄筋コンクリート舗装の場合には不要である。

　穿孔型は，先打レーン打設時に目地金物は配置せず，先打レーンのコンクリート硬化後，専用の穿孔機を用いて削孔し，エポキシ樹脂等でタイバーを固定する方法であり，スリップフォーム工法で用いられている方法である。

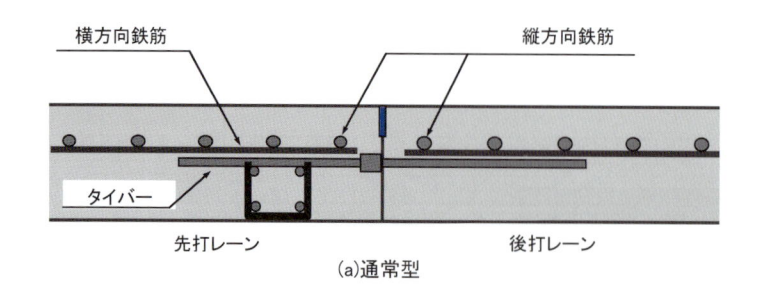

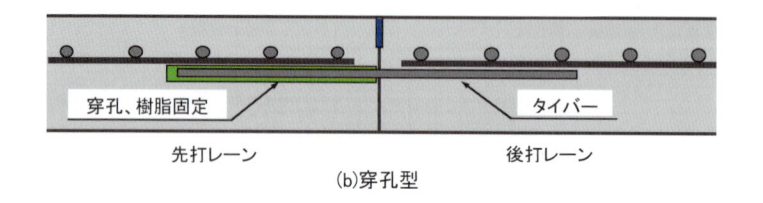

図-5.4.5　縦そり・突合せ目地の構造例

写真-5.4.2　縦そり・突合せ目地の例（通常型）

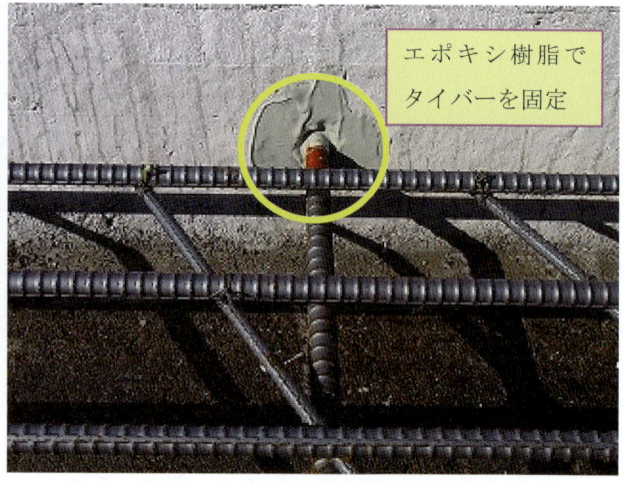

写真-5.4.3　縦そり・突合せ目地の例（穿孔型）

（4）縦そり・ダミー目地

　2車線同時施工で連続鉄筋コンクリートを打設する場合には，**図-5.4.6**，**写真-5.4.4**に示すように，横方向鉄筋を2車線分連続させることでタイバーを省略することができる。縦そり目地位置に断面欠損のための三角材などを配置し，コンクリート硬化後，カッタで溝切りを行うが，カッタの時期が遅れると下面からひび割れが不規則に発生することがあるので注意が必要である。

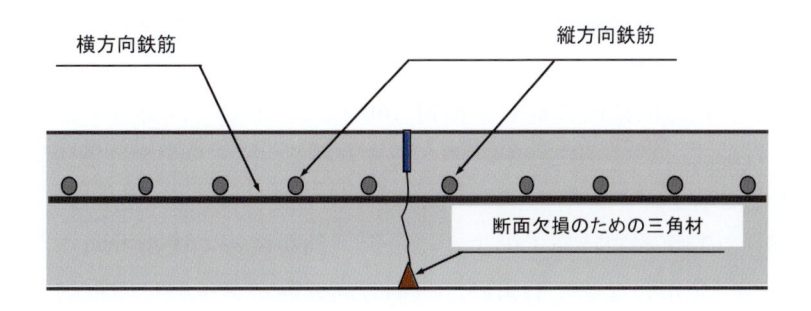

図-5.4.6　縦そり・ダミー目地の例

写真-5.4.4　縦そり・ダミー目地の例

（5）縦膨張目地

　　本ガイドブックの「4-4-1　目地の分類と構造」を参照する。

5-4-2　配　筋

① 連続鉄筋コンクリート版の縦方向鉄筋および横方向鉄筋は，版に発生するひび割れへの影響，および施工性等を考慮して適切に決定する。鉄筋は縦方向鉄筋が上側になるように配置し，その設置位置はコンクリート版表面から版厚の1/3とする。

② 連続鉄筋コンクリート版の縦方向鉄筋は，横方向ひび割れの開きを拘束する重要な役割を果たし，鉄筋量が少ないほどひび割れの開きが大きくなる傾向にある。縦方向鉄筋の設計に当たって留意すべき事項は次のとおりである。

　　a)　縦方向鉄筋には，D13もしくはD16の異形棒鋼を用いる。
　　b)　鉄筋比は0.6～0.7%の範囲を標準とするが，温度変化が大きい寒冷地においては，鉄筋に生じる引張応力が高くなるため，0.7%を最小値とするのが望ましい。
　　　　また，当該箇所において，鉄筋の腐食が著しいと想定される場合には，エポキシ塗装鉄筋を用いるとよい。

c) 鉄筋間隔は，コンクリートに使用する骨材の最大粒径も考慮する。
③　交差点等の交差箇所では縦ひび割れが生じやすいので，その箇所の横方向鉄筋の間隔は一般部の 1/2 にするとよい。
④　横方向鉄筋は，縦方向鉄筋に対して斜角（60°程度）として，発生する横ひび割れが横方向鉄筋に重ならないようにすることもある。縦方向鉄筋，横方向鉄筋の配置状況を**写真－5.4.5〜写真－5.4.6**に示す。
⑤　横方向鉄筋を，2 車線同時施工のように縦目地部を挟んで横断方向に連続させる場合は，縦目地にタイバーを用いなくてもよい。（横方向鉄筋がタイバーの役割を担う）
⑥　鉄筋は**図－5.4.7**に示すように，路盤上で組み立てる場合と鉄筋鉄網として用いる場合とがある。いずれの場合も鉄筋の重ね合わせの長さは，縦・横鉄筋とも直径の 25 倍程度（D16 では 400mm，D13 では 325mm）とし，溶接または焼きなまし鉄線で要所を結束する。路盤上で組み立てる場合の鉄筋の設置には，スペーサを用いる。単独のスペーサは 1m^2 当たり 4〜6 個，連続したスペーサでは舗設幅員にもよるが，1〜2m 間隔とする。
⑦　連続鉄筋コンクリート舗装では，鉄網および縁部補強鉄筋は配置しない。

写真－5.4.5　鉄筋配置状況
[横方向鉄筋（直交配置）
  連続スペーサ（斜め配置）]

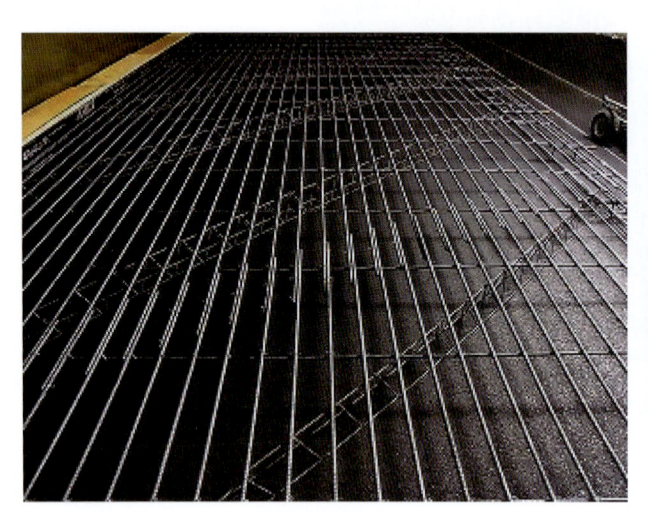

写真－5.4.6　鉄筋配置状況
[横方鉄筋（斜め配置）
  連続スペーサ（鉛直方向配置）]

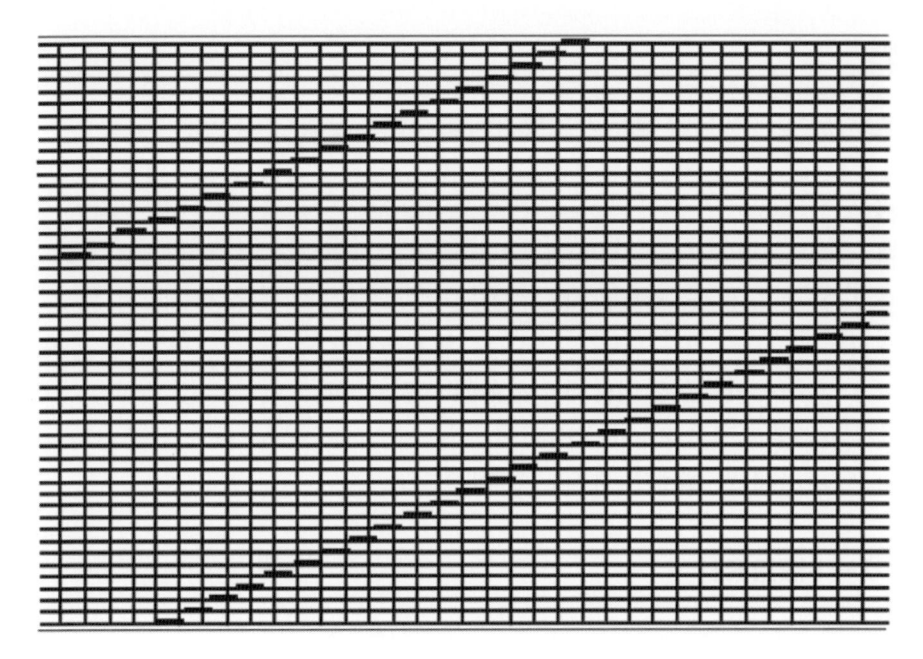

(a) 鉄筋を路盤上で組み立てる場合の配筋例

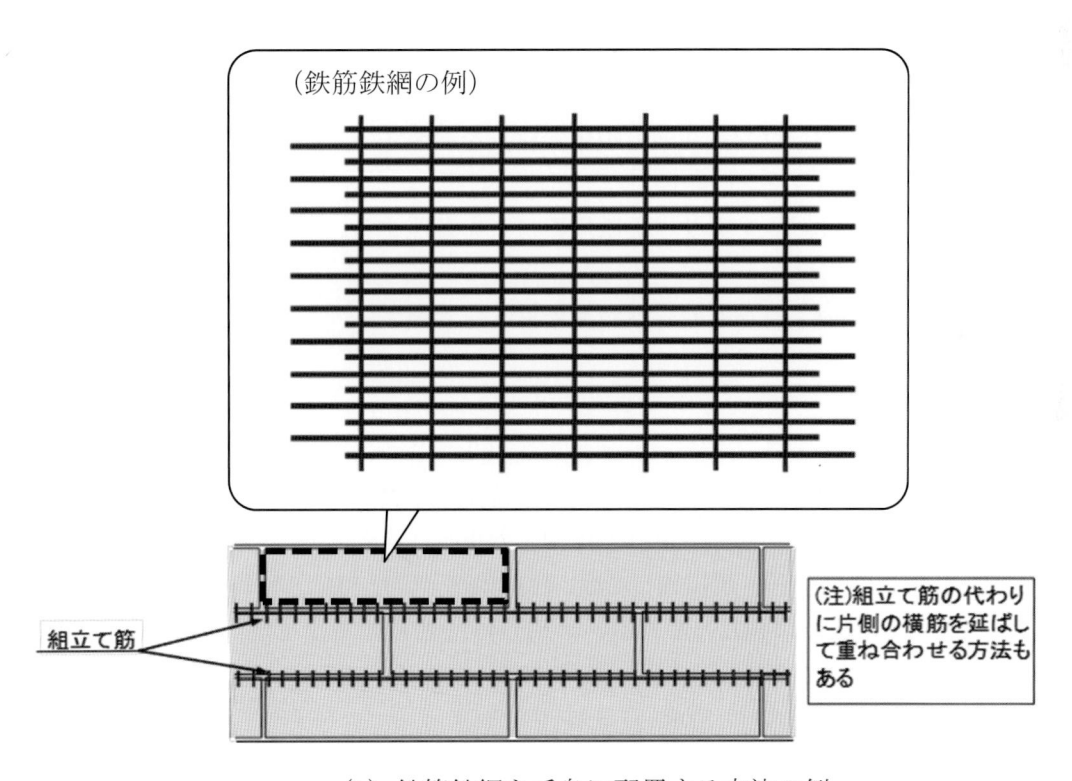

(鉄筋鉄網の例)

組立て筋

(注)組立て筋の代わりに片側の横筋を延ばして重ね合わせる方法もある

(b) 鉄筋鉄網を千鳥に配置する方法の例

図－5.4.7 連続鉄筋コンクリート版の配筋図の例

5-4-3 路面処理

連続鉄筋コンクリート舗装の路面には，すべり抵抗性の確保と防眩効果の観点から，ほうき目仕上げ，グルービング，骨材露出工法などの粗面仕上げを行う。

5-5 材 料

本節は，連続鉄筋コンクリート舗装の主要材料について記載している。

5-5-1 路盤材料
（1）粒状材料

本ガイドブックの「4-5-2 路盤用材料」を参照する。

（2）安定処理材料

本ガイドブックの「4-5-2 路盤用材料」を参照する。

（3）コンクリート舗装のアスファルト中間層

本ガイドブックの「4-5-2 路盤用材料」を参照する。

5-5-2 コンクリート版用素材
（1）セメント

本ガイドブックの「4-5-3 コンクリート版用素材」を参照する。

（2）水

本ガイドブックの「4-5-3 コンクリート版用素材」を参照する。

（3）細骨材

本ガイドブックの「4-5-3 コンクリート版用素材」を参照する。

（4）粗骨材

本ガイドブックの「4-5-3 コンクリート版用素材」を参照する。

（5）混和材料

本ガイドブックの「4-5-3 コンクリート版用素材」を参照する。

5-5-3 その他の材料
（1）鋼 材

連続鉄筋コンクリート版の縦方向鉄筋，横方向鉄筋には，JIS G 3112「鉄筋コンクリート用棒鋼」，JIS G 3117「鉄筋コンクリート用再生棒鋼」の規定に適合したものを使用する。

JIS G 3112「鉄筋コンクリート用棒鋼」には，異形棒鋼（記号SD）5種類が規定されており，連続鉄筋コンクリート版にはSD295AあるいはSD345を使用する。また，JIS G 3117「鉄筋コンクリート用再生棒鋼」には，異形棒鋼（記号SDR）3種類が規定されており，連続鉄筋コンクリート版にはSDR295あるいはSDR345を使用する。

その他の鋼材については，本ガイドブックの「4-5-4 その他の材料」を参照する。

（2）目地材

本ガイドブックの「4-5-4 その他の材料」を参照する。

5-5-4 材料の貯蔵

連続鉄筋コンクリート舗装に使用する鉄筋は直接地表に置くことを避け，倉庫内に貯蔵し，変形や発錆を防止しなくてはならない。

また，屋外に貯蔵する場合は，雨水等の浸入による発錆を防止するためにシート等で適切な覆

いをするとともに，保管中に重機等との接触による変形防止につとめる。
その他材料の貯蔵については，本ガイドブックの「4-5-5 材料の貯蔵」を参照する。

5-5-5　レディーミクストコンクリート

本ガイドブックの「4-5-6　レディーミクストコンクリート」を参照する。

**コラム18　スリップフォーム工法に用いる舗装用コンクリートを
レディーミクストコンクリート工場から購入する場合の注意点**

　スリップフォーム工法に使用するコンクリートは，JIS A 5308（レディーミクストコンクリート）に規定されていません。それは，スランプと空気量が，一般の舗装用コンクリートとは異なるためです。

　スリップフォーム工法用コンクリートを，出荷実績のないレディーミクストコンクリート工場から搬入する場合には，スリップフォーム工法用の舗装コンクリートである曲げ 4.5－2.5(6.5)－40(20,25)の配合を適切に修正して室内配合試験に臨むことになります。

　しかし，ここで注意してもらいたい事項があります。それは，スリップフォーム工法用のコンクリートには，スランプ，空気量，曲げ強度等の要求を満足していることに加えて，自立性（変形抵抗性）が要求されることです。スリップフォーム工法では型枠を使用しないので，モールドから押し出されたコンクリートがダレるあるいは崩れるようであれば工法として成立しません。

　自立性を高めるためには，適切な粉体量，単位粗骨材かさ容積あるいは細骨材率等の設定が非常に重要となります。これらの設定値は細骨材の種類や粒度で大きく異なります。

　さらに，使用する施工機械によっても要求される最適なワーカビリティーが異なります。

　このため，配合試験の実施に当たっては，施工者からの要求事項をはっきりとレディーミクストコンクリート工場に提示するとともに，施工者と製造者が協力して実施することが非常に重要です。

5-6 コンクリートの配合

　セットフォーム工法における連続鉄筋コンクリート舗装用コンクリートの配合は，普通コンクリート舗装用と同様であるので，「4-6　コンクリートの配合」を参照されたい。
　このため，本節では，連続鉄筋コンクリート舗装で採用事例の多いスリップフォーム工法用コンクリートの配合を中心に記載している。

5-6-1　配合条件
（1）設計基準曲げ強度と配合曲げ強度
　　① 連続鉄筋コンクリート舗装に使用するコンクリートの配合強度は，普通コンクリート舗装に使用するコンクリートと基本的な考え方は同様であるが，注意すべき事項がある。なお，配合強度についての基本事項は，「4-6-1　配合条件」を参照されたい。
　　② 配合強度を高めることは，連続鉄筋コンクリート舗装の横ひび割れ部の鉄筋に発生する引張応力が降伏点を超える危険性を高める。
　　③ 配合強度が高くなるほど，横ひび割れ幅は拡大するとともに，本数が減少する。
　　　連続鉄筋コンクリートは，幅の狭い横ひび割れが全線にわたって分散するように発生することが，長期耐久性の観点から好ましい。このためには，過大な変動係数を設定し，配合強度を過剰に高く設定することのないように注意する。
　　④ 連続鉄筋コンクリート舗装をスリップフォーム工法で施工する事例は多い。その際，使用するコンクリートには自立性（変形抵抗性）が要求されることから，粉体量を高める等の対策を講じる事例が多い。その際，フィラー等の混和材を添加して粉体量を高めることが好ましい。
（2）ワーカビリティー
　　① 連続鉄筋コンクリート舗装に使用するコンクリートのワーカビリティーは，普通コンクリート舗装に使用するコンクリートと基本的な考え方は同様であるが，注意すべき事項がある。なお，ワーカビリティーについての基本事項は，本ガイドブックの「4-6-1　配合条件」を参照する。
　　② スリップフォーム工法に使用するコンクリートは，良好な締固め性，自立性（変形抵抗性）および脱型性を有していなければならない。
　　③ スリップフォーム工法に使用するコンクリートは，モールド内にとどまる時間内に締固められるようなものでなければならない。そして，モールド通過後に所定の寸法精度が得られる変形抵抗性を有し，さらにコンクリートとモールドとの滑動抵抗が小さく，良好な外観が得られる脱型性も要求される。
　　④ スリップフォーム工法に使用するコンクリートのコンシステンシーは，セットフォーム工法用と比較して，スランプ，空気量ともやや大きい3.0～5.0cm，5.5%となっている。
（3）単位粗骨材かさ容積または細骨材率
　　① 連続鉄筋コンクリート舗装に使用するコンクリートの場合，単位粗骨材かさ容積または細骨材率についての基本事項は普通コンクリート舗装と同様であるため，本ガイドブックの「4-6-1　配合条件」を参照する。
　　② スリップフォーム工法では，スランプが大きいことから振動台式コンシステンシー試験

による最適単位粗骨材かさ容積または最適細骨材率の決定が困難である。スランプ試験の場合，単位粗骨材かさ容積が大きくなる，あるいは細骨材率が小さくなるとスランプは大きくなる傾向になる。単位粗骨材かさ容積または細骨材率を変化させてスランプ試験を実施しても，最適値を得ることは困難である。このため，練り上がったコンクリートの状態から変形抵抗性（自立性）を判定し，最適単位粗骨材かさ容積を決定する事例が多い。

（4）単位水量
　① 連続鉄筋コンクリート舗装に使用するコンクリートの場合，単位水量についての基本事項は普通コンクリート舗装と同様であるため，本ガイドブックの「4-6-1　配合条件」を参照する。
　② 連続鉄筋コンクリート舗装に発生する横ひび割れの形態は，コンクリートの乾燥収縮が大きくなるほど，ひび割れ幅は拡大し，本数も増加する。
　③ 乾燥収縮を低減させるためには，単位水量を低減する必要がある。

（5）単位セメント量
　① 連続鉄筋コンクリート舗装に使用するコンクリートの場合，単位セメント量についての基本事項は普通コンクリート舗装と同様であるため，本ガイドブックの「4-6-1　配合条件」を参照する。
　② 単位セメント量の増大はコンクリート硬化中の温度上昇が大きくなることから，温度降下時に連続鉄筋コンクリート版に横ひび割れが多く発生する。
　③ スリップフォーム工法の場合には，コンクリートに自立性が要求されることから，単位セメント量を増加させる事例も多く，曲げ強度が大きくなる傾向にある。しかし，強度が大きくなるとひび割れ発生形態に悪影響を与えるため注意が必要である。

（6）スランプ
　① 連続鉄筋コンクリート舗装に使用するコンクリートの場合，スランプについての基本事項は普通コンクリート舗装と同様であるため，本ガイドブックの「4-6-1　配合条件」を参照する。
　② スリップフォーム工法では，スランプの目標値は 3.0〜5.0cm である。
　③ スリップフォーム工法では型枠を使用しないため，スランプの変動はコンクリート版の出来形に大きな影響を及ぼすため，入念な管理が必要である。

（7）空気量
　① 連続鉄筋コンクリート舗装に使用するコンクリートの場合，空気量についての基本事項は普通コンクリート舗装と同様であるため，本ガイドブックの「4-6-1　配合条件」を参照する。
　② スリップフォーム工法では，空気量の目標値は 5.5%である。
　③ スリップフォーム工法用のコンクリートの目標空気量がセットフォーム工法用と比較して多いのは，モールド内での締固め時の流動性を高めて隅々まで充填されることに加えて，モールドから抜け出る際の脱型性を高めて良好な仕上がり面を確保するためである。

（8）粗骨材の最大寸法
　　連続鉄筋コンクリート舗装に使用するコンクリートの場合，粗骨材の最大寸法についての基本事項は普通コンクリート舗装と同様であるため，本ガイドブックの「4-6-1　配合条件」を参照する。

5-6-2 配合設計の一般的な手順

　セットフォーム工法による連続鉄筋コンクリート舗装に使用するコンクリートの配合設計の手順は普通コンクリート舗装と同様であるため，本ガイドブックの「4-6-2　配合設計の一般的な手順」を参照する。

　スリップフォーム工法用コンクリートの配合は，材料分離抵抗性，使用するスリップフォームペーバが十分に締固めることができる締固め性，容易に脱型することができ良好なコンクリート表面が得られる脱型性，およびコンクリート舗装版を精度よく造ることのできる自立性（変形抵抗性）を有するよう，定めなければならない。スリップフォーム工法用コンクリートの配合設計の実施手順の例を図-5.6.1に示す。

　スリップフォーム工法用コンクリートの配合設計に当たっては，以下の事項に留意するとともに，「付録2」に示すスリップフォーム工法用コンクリートの配合設計例を参考にするとよい。

① 　自立性を確保するためには，細骨材中の0.3mm以下の細粒分の量が重要である。一般に，細骨材中の0.15mm以下の粒子の量がコンクリート1m³当り30～40kg程度を確保するように単位粗骨材かさ容積または細骨材率を設定するとよい。

② 　粗骨材，細骨材の合成粒度を算出し，これが滑らかな曲線となるように単位粗骨材かさ容積や細骨材率を設定するとよい。

③ 　細粒部分の多い細骨材が得られない場合，フライアッシュや良質の石粉などの混和材をセメント質量の10～20%程度加えるとよい。ただし，これらの混和材の使用が困難な場合には，単位セメント量を増加させてもよい。

第5章　連続鉄筋コンクリート舗装

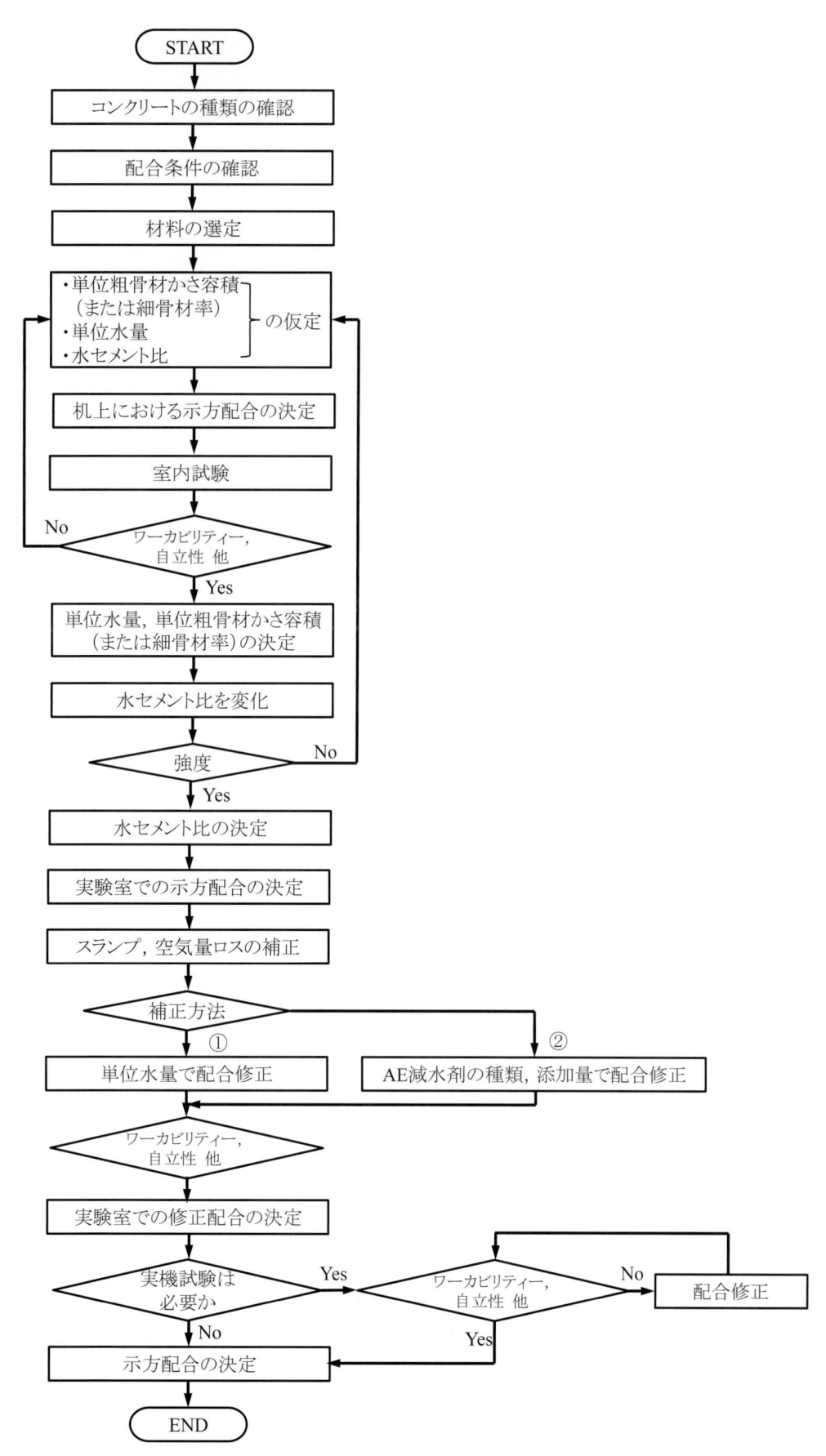

```
                    START
                      │
            ┌─────────▼─────────┐
            │ コンクリートの種類の確認 │
            └─────────┬─────────┘
            ┌─────────▼─────────┐
            │   配合条件の確認   │
            └─────────┬─────────┘
            ┌─────────▼─────────┐
            │    材料の選定     │
            └─────────┬─────────┘
     ┌──────▼──────────────────┐
     │ ・単位粗骨材かさ容積      │
     │   （または細骨材率）  ┐  │
     │ ・単位水量          ├の仮定
     │ ・水セメント比      ┘  │
     └──────┬──────────────────┘
            ┌─────────▼─────────┐
            │ 机上における示方配合の決定 │
            └─────────┬─────────┘
            ┌─────────▼─────────┐
            │     室内試験      │
            └─────────┬─────────┘
       No    ╱ワーカビリティー,╲
     ◄──────＜  自立性 他     ＞
             ╲               ╱
                    │Yes
     ┌──────────────▼──────────────┐
     │ 単位水量, 単位粗骨材かさ容積 │
     │ （または細骨材率）の決定    │
     └──────────────┬──────────────┘
            ┌───────▼──────────┐
            │  水セメント比を変化 │
            └───────┬──────────┘
                   ╱強度╲      No
                   ＜   ＞─────►（ループ上部へ）
                    ╲  ╱
                    │Yes
            ┌───────▼──────────┐
            │  水セメント比の決定 │
            └───────┬──────────┘
            ┌───────▼──────────┐
            │ 実験室での示方配合の決定 │
            └───────┬──────────┘
            ┌───────▼──────────┐
            │ スランプ, 空気量ロスの補正 │
            └───────┬──────────┘
                   ╱補正方法╲
                  ＜        ＞
              ①  ╲        ╱ ②
            ┌─────▼─┐    ┌─▼──────────────────┐
            │単位水量で│    │AE減水剤の種類, 添加量で│
            │配合修正 │    │配合修正            │
            └────┬───┘    └──────────┬─────────┘
                 │                   │
                 ▼                   │
           ╱ワーカビリティー,╲        │
          ＜  自立性 他     ＞◄──────┘
                 │
            ┌────▼───────────┐
            │ 実験室での修正配合の決定 │
            └────┬───────────┘
               ╱実機試験は╲  Yes   ╱ワーカビリティー,╲  No  ┌──────┐
              ＜ 必要か   ＞─────►＜  自立性 他     ＞────►│配合修正│
               ╲        ╱         ╲               ╱       └───┬──┘
                │No                     │Yes                  │
                │                       │                 （戻る）
            ┌───▼──────────────────────▼┐
            │     示方配合の決定        │
            └────────────┬──────────────┘
                        END
```

図－5.6.1　スリップフォーム工法用コンクリートの配合設計の実施手順例

－ 197 －

第5章　連続鉄筋コンクリート舗装

5-7　路床・路盤の施工

本節は，路床・路盤の施工について記載している。

5-7-1　路床・路盤の施工計画
本ガイドブックの「4-7-1　路床・路盤の施工計画」を参照する。

5-7-2　路床・路盤の築造工法
本ガイドブックの「4-7-2　路床・路盤の築造工法」を参照する。

5-7-3　路床・路盤の施工機械
本ガイドブックの「4-7-3　路床・路盤の施工機械」を参照する。

5-7-4　路床の施工
本ガイドブックの「4-7-4　路床の施工」を参照する。

5-7-5　下層路盤の施工
本ガイドブックの「4-7-5　下層路盤の施工」を参照する。

5-7-6　上層路盤の施工
本ガイドブックの「4-7-6　上層路盤の施工」を参照する。

5-7-7　プライムコート
本ガイドブックの「4-7-7　プライムコート」を参照する。

5-7-8　アスファルト中間層の施工
本ガイドブックの「4-7-8　アスファルト中間層の施工」を参照する。

5-8　コンクリート版の施工

本節は，連続鉄筋コンクリート舗装の施工について記載している。

5-8-1　施工計画

　　連続鉄筋コンクリート舗装の施工は，鉄筋設置，荷おろし，敷きならし，締固め，荒仕上げ，平たん仕上げ，粗面仕上げ，養生の順にバランスよく連続的に行い，所要の出来形と品質および性能が得られるように施工する。施工の良否は，コンクリート版の強度，コンクリートと鉄筋の付着，および平たん性に与える影響が大きいので，適切な施工管理が重要である。

　　連続鉄筋コンクリート舗装の施工は，セットフォーム工法またはスリップフォーム工法の適用が可能であり，一般的な施工の流れを**図－5.8.1**に示す。

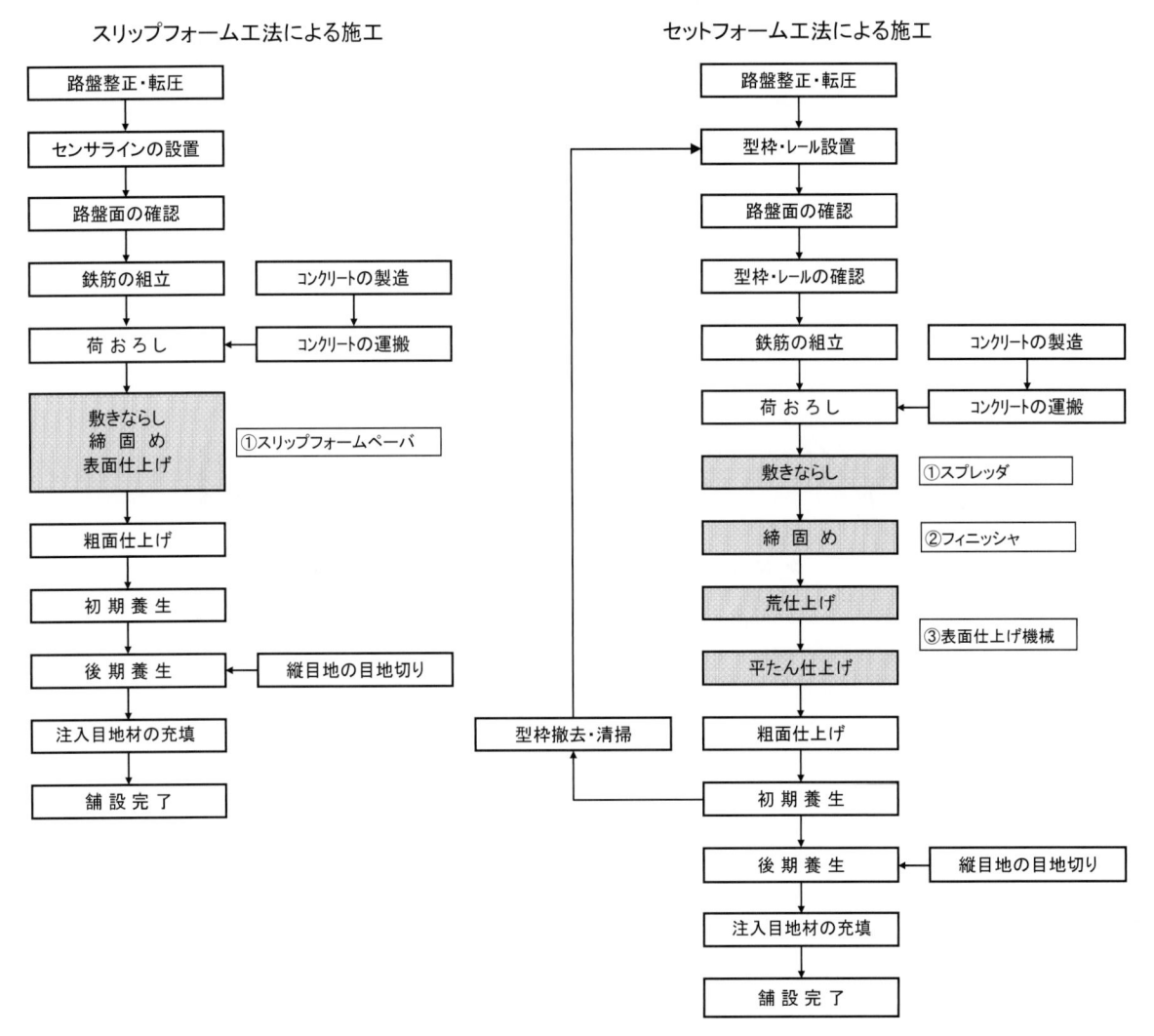

図－5.8.1　連続鉄筋コンクリート舗装の一般的な施工の流れ

5-8-2　鉄筋の組み立て

（1）スペーサの配置

　　① スペーサには，連続スペーサと単独スペーサがあるが，作業性の確保および鉄筋の移動

防止の観点からは前者が優れる。
② 連続スペーサでは 1.0～1.5m 間隔，単独スペーサでは 4～6 個/m² を標準とする。
なお，連続スペーサは道路中心線に平行に配置するのが一般的であるが，沈下ひび割れ防止の観点から斜めに配置する方法も採用されている。
③ 縦方向鉄筋の中心がコンクリート版表面から 1/3 の位置になるように，スペーサの形状を確認する（スペーサ高＋横方向鉄筋径＋1/2 縦方向鉄筋径＝2/3h）。

(2) 横方向鉄筋の配置
① 図－5.8.2 に示すように，スペーサ上に横方向鉄筋を配置する。
② 横方向鉄筋には，縦方向鉄筋と直角方向に配置する方法と約 60°傾斜させて配置する方法がある。最近では後者の方が一般的となっている。これは，横ひび割れと横方向鉄筋が点で交差することにより，鉄筋腐食の進行を抑える効果があるためといわれている。
③ 約 60°傾斜させて配置する方法の場合，施工目地箇所に設ける止め枠の設置が煩雑になるので注意が必要である。

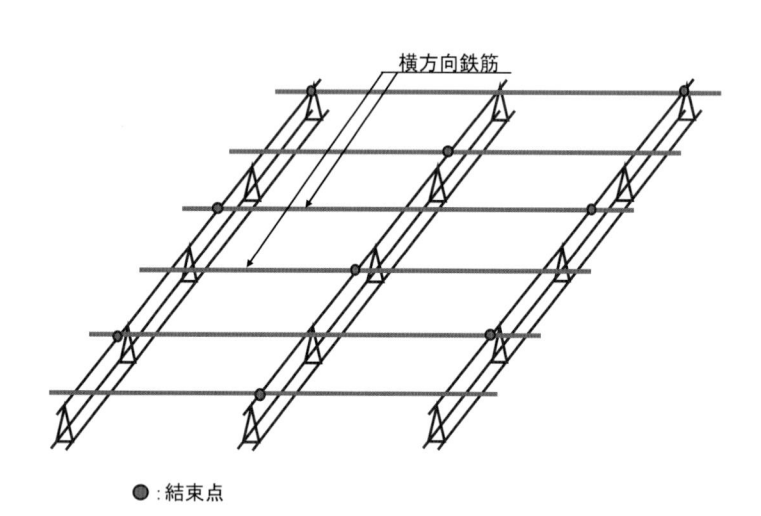

図－5.8.2 横方向鉄筋の配置例

（3）縦方向鉄筋の配置

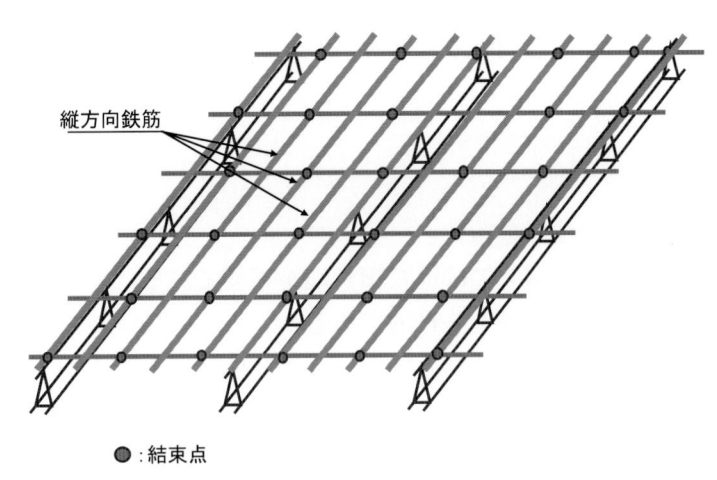

図－5.8.3 縦方向鉄筋の配置例

① 図－5.8.3に示すように，横方向鉄筋上に縦方向鉄筋を配置する。
② 横方向鉄筋に縦方向鉄筋位置をマーキングすることで配筋を迅速かつ正確なピッチで配置することが可能となる。
③ 縦方向鉄筋と横方向鉄筋の結束には焼きなまし鉄線を使用する。結束の頻度は全点結束と部分結束がある。通常は，50%程度で結束する例が多く，結束率が高まるほどに鉄筋鉄網の剛性が高まり，コンクリート荷おろし時の鉄筋移動を少なくすることができる。
④ 縦方向鉄筋の重ね合わせ長さは鉄筋径の25倍を標準とし，焼きなまし鉄線で結束する。
⑤ 図－5.8.4に示すように，継手部が横断方向一列とならないよう，斜め配置かちどり配置とする。

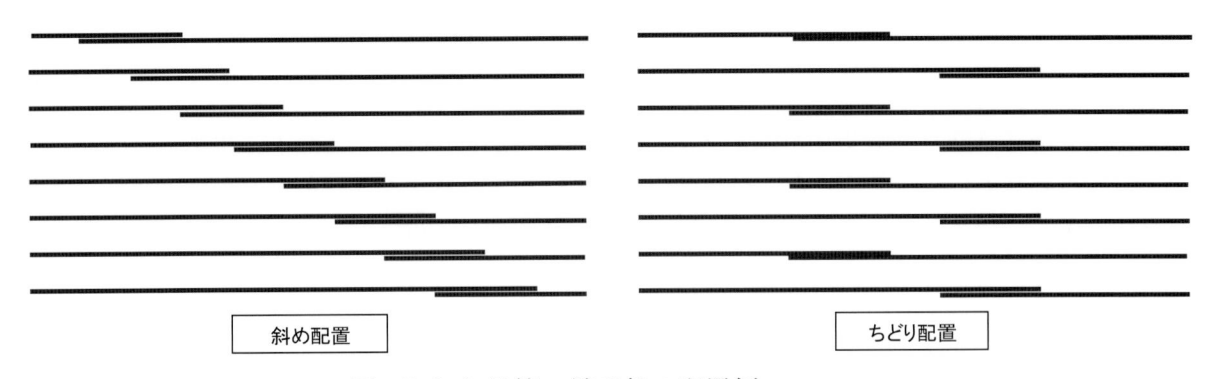

図－5.8.4 鉄筋の継手部の配置例

（4）組立て後の確認
① 組立て完了後，水糸等を使用して鉄筋位置の確認を行う。連続鉄筋コンクリート舗装は，鉄筋位置の移動によりひび割れ幅，ひび割れ本数，発生間隔等が変化する。
② 鉄筋が上方に移動してかぶりが不足すると，縦方向鉄筋上に沈下ひび割れが発生することがある。沈下ひび割れが発生した場合は，コテ等でたたいて閉じるとよい。

③　鉄筋が下方に移動すると，横ひび割れ幅が広くなるとともに，鉄筋に発生する引張応力が増大するので注意が必要である。
④　コンクリート打設中（特に荷おろし時）にも鉄筋位置が移動することがあるため，必要に応じて連続スペーサ配置間隔を狭める，あるいは単独スペーサを増加させるなどの対策を講じる。

5-8-3　目地の施工
（1）目地に関する一般的な注意事項
　①　連続鉄筋コンクリート舗装には横収縮目地が不要であるため，本章で対象となるのは，横そり目地，横膨張目地，縦そり目地である。
　②　設計図書に示された目地の種類，位置，および構造等をあらかじめ熟知し，綿密な施工計画を立てなければならない。
　③　あらかじめ組み立てられた目地金物（ダウエルバー，チェア，クロスバー）を所定の位置に設置する。この際，ダウエルバーが道路軸に対して平行となるように留意する。ダウエルバーが道路軸に対して平行ではない場合，何らかの要因でダウエルバー同士が平行ではない場合，あるいは路盤面に平行でない場合には，目地と平行にひび割れが発生する場合がある。
　④　バーアセンブリは，舗設中に移動しないように注意する。
　⑤　目地を挟んだ隣接コンクリート版相互の高さの差は 2mm 以内とする。
（2）横そり目地
　①　日々の施工終了箇所には施工目地を設ける。
　②　施工目地部は骨材のかみ合わせがないことから，荷重伝達を確保するために，縦方向鉄筋の 2 本に 1 本程度の割合で，同じ径の長さ 1m の補強鉄筋を沿わせ，焼きなまし鉄線で結束する。
　③　施工目地部前後 100mm の縦方向鉄筋および補強鉄筋には防錆塗料を塗布する場合もある。
（3）横膨張目地
　①　連続鉄筋コンクリート舗装では，横収縮目地が省かれていること，横方向ひび割れの発生が徐々に進行すること，起終点から 100m 程度の横方向ひび割れ発生頻度が低いこと等から，両端の挙動が大きい。このため，起終点部分には通常の普通コンクリート版を 2 枚設け，それぞれを膨張目地で接続する構造となっている。
　②　①で設ける普通コンクリート版の厚さは，連続鉄筋コンクリート版と交通量区分によっては異なる場合がある。このため，普通コンクリート版を鉄筋で補強し，連続鉄筋コンクリート版と同一版厚とした設計事例もある。また，普通コンクリート版 1 枚をすりつけ版として接続する場合もある。
　③　スリップフォーム工法では膨張目地を挟んで連続施工することは困難であるため，膨張目地の前後 50cm 程度は人力施工が好ましい。これは，コンクリートが前方に押される時，目地板が堰となって，前方に移動あるいは傾斜する危険性が非常に高いためである。
　　連続施工を行う場合には，膨張目地部でバイブレータを上昇させることが原則であるが，スリップフォームペーバ通過後には必ず目地板の位置を確認する。

④ 目地板は，コンクリート天端より 40mm 下がった位置で，その上には注入目地部分の仮挿入物（木材等）を貼り付けた形状が好ましい。

目地板が 40mm 下がった状態でコンクリートを打設し，硬化後カッタで切断する方法もあるが，カッタ時期が遅れるとひび割れが発生することがあるので注意が必要である。

（4）縦そり・突合せ目地

スリップフォーム工法の縦そり・突合せ目地の施工方法としては，以下の 2 通りが実施されている。

① あらかじめ路盤上にチェア，クロスバーによる目地金物に固定された凹側のタイバーを設置し，コンクリートを打設する方法（図－5.8.5）の注意点は以下のとおりである。

a） スリップフォームペーバのサイドプレートと接触しないよう 1～2cm 程度内側に設置する。

b） 凹側の溝にはグリス付きのスポンジ等を埋め込む。

c） タイバーの位置を路盤上に明示し，打設当日にネジ部を露出させる。

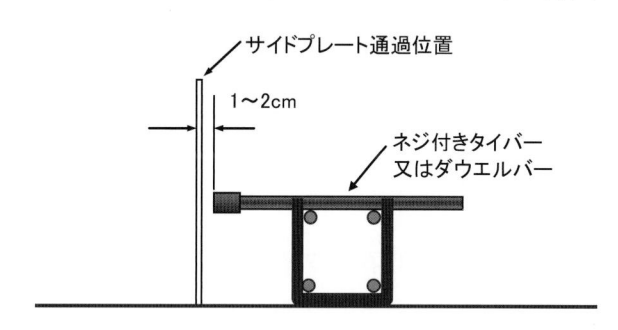

図－5.8.5 タイバー事前設置型設置例

② コンクリート打設後，専用穿孔機を使用して穿孔し，タイバーをエポキシ樹脂で固着する方法（図－5.8.6～図－5.8.7，写真－5.8.1）の注意点は以下のとおりである。

a） 穿孔には専用穿孔機を使用する。

b） 穿孔時期は，コンクリートの曲げ強度がおおむね 2.5MPa 以上発現する時期とする。低強度で穿孔すると，骨材の弛みや穿孔径の拡大などの問題が発生する。

c） 穿孔後，コンプレッサ等で穿孔内を清掃する。

d） 固着用のエポキシ樹脂は専用のポンプで穿孔奥に必要量を先に充填し，バーを挿入し固着する。

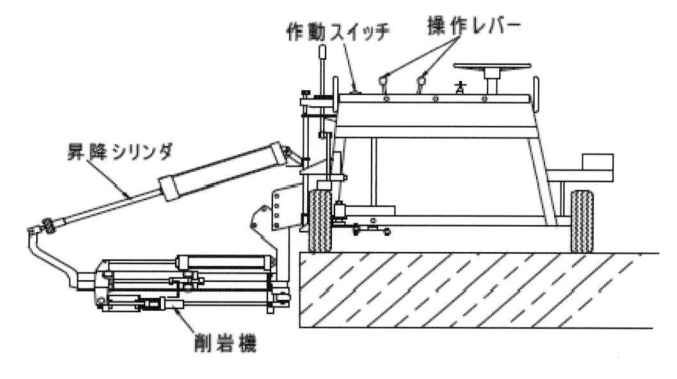

図－5.8.6 専用穿孔機の例

写真-5.8.1 穿孔状況

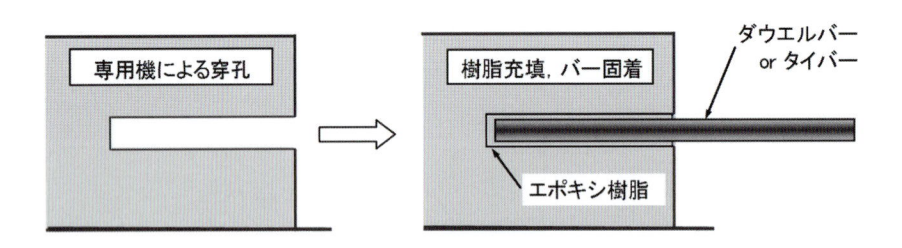

図-5.8.7 穿孔式タイバー設置方法例

（5）縦そり・ダミー目地

連続鉄筋コンクリート舗装では，コンクリートを2車線同時施工する場合に限り，横方向鉄筋を2車線分連続させることでタイバーを省略することができる。これは，横方向鉄筋を連続させることでタイバーと同様の効果が期待できるためである。

① コンクリート打設後，適切な時期にカッタを入れるが，遅れると縦ひび割れが発生する危険性があるので注意する。
② 縦目地位置に断面欠損のために三角材を路盤上に配置する場合がある。この場合，コンクリート版下面からのひび割れを誘発させやすく，カッタ時期が遅れると縦ひび割れが発生する危険性が高まるので注意する。

5-8-4　コンクリートの製造と運搬

（1）事前確認

スランプ，空気量の運搬中のロス量を把握するために，事前にプラントで実機練りを実施する。可能であれば，本施工と同様の運搬方法，経路で実走し，コンクリートの性状変化を確認する。

（2）コンクリートの製造・運搬

① コンクリートの製造についての基本事項は，本ガイドブックの「4-8-2　コンクリートの製造と運搬」を参照する。
② コンクリートの運搬に使用する車両は，現場条件を勘案して決定するが，以下を基本と

する。
- a) 機械によるセットフォーム工法ではダンプトラックまたはトラックアジテータを使う。
- b) 人力によるセットフォーム工法ではトラックアジテータを使う。
- c) スリップフォーム工法ではトラックアジテータを基本とするが，荷おろしに横取り機を使用する場合には，ダンプトラックを使う場合もある。

③ スリップフォーム工法用コンクリートのスランプは4cm程度であるため，整備不良のトラックアジテータでは排出困難となる場合があるので注意が必要である。

なお，$4m^3$のコンクリートを排出する場合，一般には6～8分程度で完了するが，10分を超えるようであれば，コンクリートが硬いか，あるいは運搬車の整備不良に起因している可能性が高く，原因を特定して対策を講じることが肝要である。

④ スリップフォーム工法では，コンクリートのスランプの変動が出来形に大きく影響を及ぼす。このため，30分以上待機させた場合にはコンクリートの性状を確認するとともに，スランプがおおむね2.5cm以下となった場合には廃棄する。

5-8-5 セットフォーム工法

セットフォーム工法による連続鉄筋コンクリート舗装と普通コンクリート舗装の主要な相違点は，鉄筋工の追加と横収縮目地工が不要となることである。

（1）型枠工

本ガイドブックの「4-8-3 セットフォーム工法」を参照する。

（2）舗設の準備

① コンクリート舗設の準備についての基本事項は，普通コンクリート舗装と同様であるため，本ガイドブックの「4-8-3 セットフォーム工法」を参照する。

② 横ひび割れの発生形態は鉄筋位置に大きく依存するため，縦方向鉄筋の設置位置の最終確認を行う。

③ 縦方向鉄筋と横方向鉄筋との結束状況を確認し，コンクリート荷おろし時のたわみが大きいと判断されれば，結束点数の増加やスペーサの追加等の対策を講じる。

（3）機械舗設

① 機械舗設についての基本事項は，普通コンクリート舗装と同様であるため，本ガイドブックの「4-8-3 セットフォーム工法」を参照する。

② 舗設機械の選定は，コンクリート打設レーンに鉄筋をあらかじめ配置してコンクリートを打設する方法，あるいは組み立てながらのコンクリート打設する方法で異なり，前者では横取り機，後者では縦取り機が必要となる。

（4）荷おろし

① 荷おろしについての基本事項は，普通コンクリート舗装と同様であるため，本ガイドブックの「4-8-3 セットフォーム工法」を参照する。

② コンクリートの荷おろし時に鉄筋が移動しないように注意する。

（5）敷きならし

① 敷きならしについての基本事項は，普通コンクリート舗装と同様であるため，本ガイドブックの「4-8-3 セットフォーム工法」を参照する。

②　連続鉄筋コンクリート舗装では，コンクリートは1層敷きならしとなる。
③　連続鉄筋コンクリート舗装は鉄筋が多く配置されるため，スランプの変動で適正余盛り高さが変化しやすいので，コンクリートの状態を確認し，適切な高さで敷きならしを行う。

（6）締固め
①　締固めについての基本事項は，普通コンクリート舗装と同様であるため，本ガイドブックの「4-8-3　セットフォーム工法」を参照する。
②　連続鉄筋コンクリート舗装では，適切にひび割れを制御するためには鉄筋とコンクリートの付着が非常に重要であることから，締固めは入念に行う。
③　連続鉄筋コンクリート舗装は鉄筋が多く配置されるため，型枠端部，施工の起終点部の締固め不足となりやすい。このような箇所においては，棒状バイブレータを用いて人力により入念に締固めを行うことが重要である。

（7）表面仕上げ
表面仕上げについての基本事項は，普通コンクリート舗装と同様であるため，本ガイドブックの「4-8-3　セットフォーム工法」を参照する。

（8）舗設端部の処置
1）施工開始部
①　前日施工部の止め型枠の撤去では，止め型枠の形状が複雑で撤去が煩雑になりやすく，さらにコンクリート強度も低いため，角欠け等の損傷を与えないよう留意する。
②　施工開始から1m程度は人力によるコンクリートの敷きならし，締固めを行う。連続鉄筋コンクリート舗装では，多くの鉄筋が配置されているため，締固め不足は施工目地部の破損の原因となる。
③　施工開始部のコンクリートを前日施工の舗装面に流出させないように，養生マット，ブルーシート等で保護する。

2）施工終点部
①　舗設端部には横施工目地を設けるが，できるだけ鉄筋の重ね合わせ位置と重ならない位置とする。ただし，鉄筋の重ね合わせが斜め配置の場合には，その限りではない。
②　縦方向鉄筋や斜め方向に配置された横方向鉄筋があり，それらの鉄筋を連続させなくてはならないため，舗設端部の型枠（止め型枠）の設置には注意が必要である。
③　日々の施工終点部には，補強鉄筋として縦方向鉄筋と同サイズの1mの鉄筋を縦方向鉄筋2本に1本の割合で結束する。
④　日々の施工終点部には止め型枠を設置し，その設置方法には，**図－5.8.8，写真5.8.2**に示すような方法がある。
　a）　鉄筋をモルタル漏れ防止用のスポンジあるいはゴム板で挟み，上下に角材を配置してこれを挟み込む方法
　b）　縦方向鉄筋の間隔で溝切り処置をした櫛形の止め型枠を差し込み，溝切り部からモルタルの漏れ防止材を配置する方法

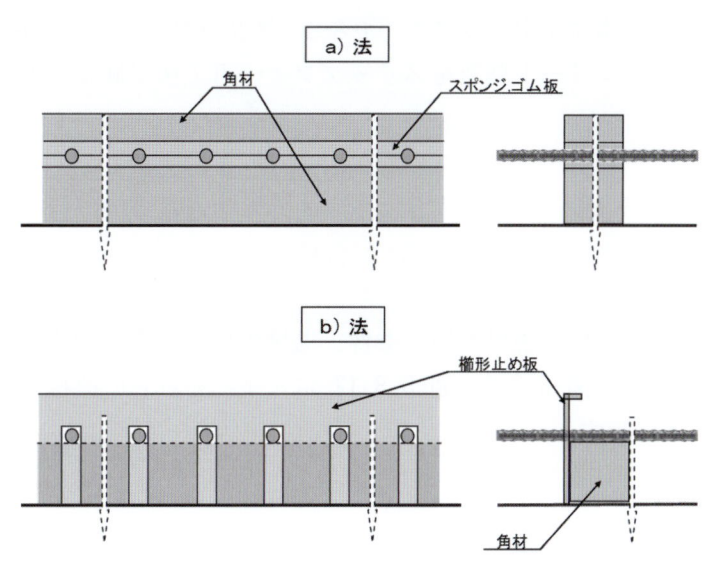

図－5.8.8 施工終点部の止め枠の例

⑤ 両方法とも，角材間あるいは櫛形の隙間からコンクリートが漏れないように，必要に応じてガムテープ等で塞ぐことが好ましい。

⑥ 止め型枠設置後，人力によりコンクリートの締固めを行う。

⑦ 終点部の横施工目地から先の鉄筋や路盤がモルタルやコンクリートで汚されないように，適切に保護しなくてはならない。

写真－5.8.2 横施工目地の例

5-8-6 スリップフォーム工法

連続鉄筋コンクリート舗装とスリップフォーム工法の組合せは非常に多い。これは，普通コンクリート舗装では，下層のコンクリート敷きならし後に鉄網および縁部補強鉄筋を配置し，上層コンクリートを敷きならすため，下層敷きならし機が必要なのに対して，連続鉄筋コンクリート舗装の場合には，スリップフォームペーバ1台での1層施工が可能になるためである。

スリップフォーム工法による連続鉄筋コンクリート舗装の施工方法は普通コンクリート舗装と

第5章　連続鉄筋コンクリート舗装

基本的に同じであるため，本ガイドブックの「4-8-4　スリップフォーム工法」を参照する。
　本節では，連続鉄筋コンクリート舗装をスリップフォーム工法で施工する場合の留意点を述べる。

（1）舗設の準備
　　横ひび割れの発生形態は鉄筋位置に大きく依存するため，縦方向鉄筋の設置位置の最終確認を行う。

（2）機械舗設
　　施工機械の選定と組合せは，現場の施工条件，機械の施工能力や機能などを考慮して計画する。施工機械の組合せ例を**図**-5.8.9～**図**-5.8.12 に，またそれらの機械による施工状況を**写真－5.8.3～写真5.8.4**に示す。

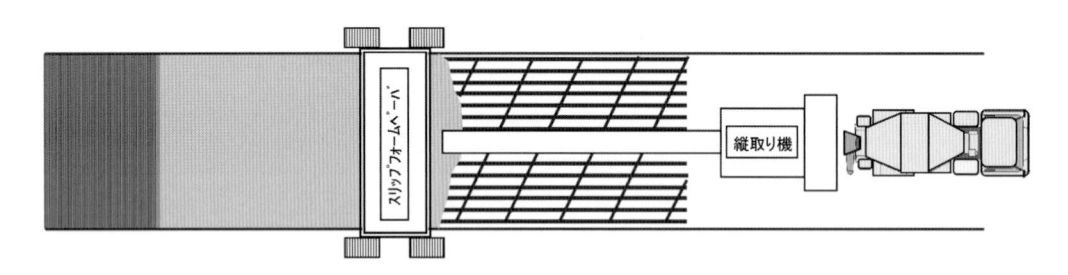

図－5.8.9　大型機による施工（トンネル内）の例

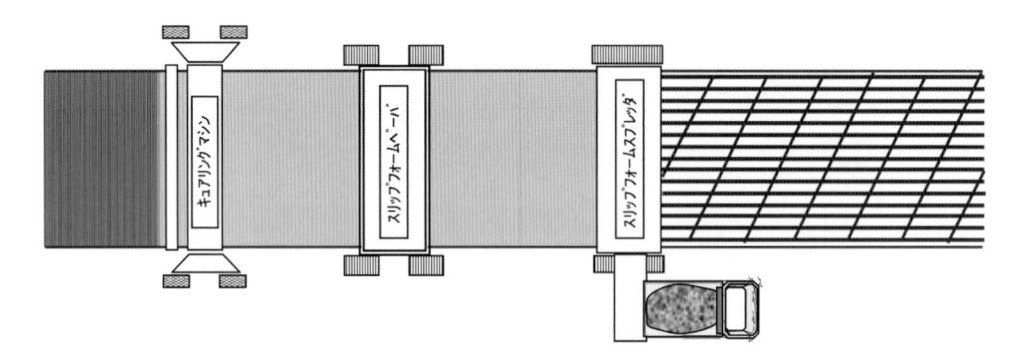

図－5.8.10　大型機による施工（明かり部）の例

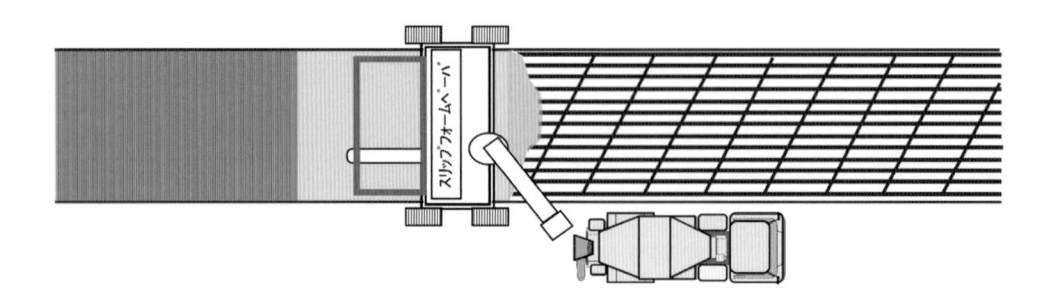

図－5.8.11　中型機による施工（トンネル内）の例

- 208 -

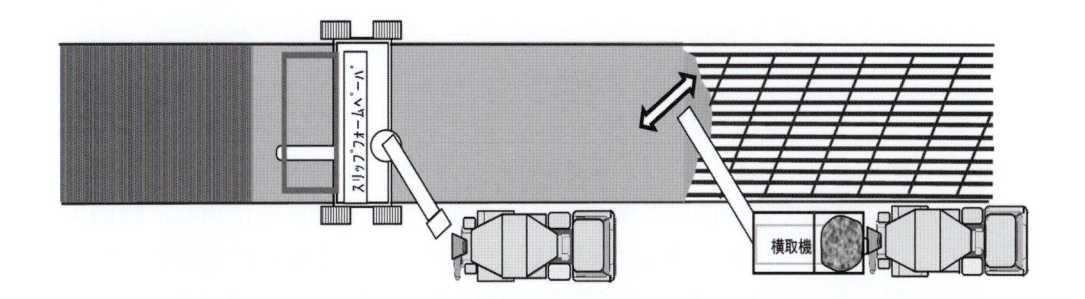

図-5.8.12 中型機による施工（横取機併用；明かり部）の例

写真-5.8.3 スリップフォーム工法の施工状況（その1）

写真-5.8.4 スリップフォーム工法の施工状況（その2）

第5章　連続鉄筋コンクリート舗装

（3）センサラインの設置

　センサラインの設置の基本事項は，普通コンクリート舗装と同様であるため，本ガイドブックの「4-8-4 スリップフォーム工法」を参照する。

（4）荷おろし

　① 連続鉄筋コンクリート舗装では，敷きならし，締固めは1層施工となる。このため，スリップフォーム工法では機械に付属する横取り型荷おろし装置を使用し，鉄筋上に荷おろしを行う。この場合，舗装幅員外に舗設機械走行に必要な余裕幅に運搬車走行が可能となる余裕幅を加えた3.5m以上が必要である。コンクリートの荷おろし状況を**写真－5.8.5～写真－5.8.7**に示す。

　② コンクリートの荷おろしにより鉄筋が上下に移動しないように注意する。移動するようであれば，連続チェアの間隔を狭める，あるいは，スペーサの追加等を検討する。

　③ 施工開始部では，荷おろしたコンクリートを人力で敷きならすが，その際作業員は極力鉄筋上に乗らないことが重要である。乗る場合には，鉄筋がたわまないように工夫する。

写真－5.8.5　荷おろし状況（直接荷おろし）

写真－5.8.6　荷おろし状況（横取り機）

写真－5.8.7　荷おろし状況（縦取り機）

（5）敷きならし

　敷きならしについての基本事項は，普通コンクリート舗装と同様であるため，本ガイドブックの「4-8-4 スリップフォーム工法」を参照する。

（6）締固め，成型

　連続鉄筋コンクリート舗装では，スリップフォームペーバの抱えたコンクリートが鉄筋を下方に押しつけながら前進するため，鉄筋を前方に押し出す力が大きく作用し，鉄筋が跳ね上がるような現象が発生する場合があるため，対策を講じるようにする。成型状況を**写真－5.8.8**，**写真－5.8.9**に示す。

写真－5.8.8 成型状況（トンネル内） 　　　**写真－5.8.9** 成型状況（明かり部）

（7）表面仕上げ

　表面仕上げについての基本事項は，普通コンクリート舗装と同様であるため，本ガイドブックの「4-8-4 スリップフォーム工法」を参照する。表面仕上げの状況を**写真－5.8.10**，**写真－5.8.11**に示す。

写真－5.8.10 表面仕上げ状況 　　　**写真－5.8.11** 表面仕上げ状況（粗面仕上げ）

（8）舗設端部の処置

舗設端部の処置についての基本事項は，セットフォーム工法と同様であるため，本ガイドブックの「5-8-5 セットフォーム工法」を参照する。

5-8-7 養　生

① スリップフォーム工法の場合は型枠がないため，コンクリート版側面にも養生剤を塗布しなくてはならない。
② スリップフォーム工法では型枠がないため，コンクリート版側面を養生マットで覆うとともに，養生マットの敷設時にエッジを傷付けることがあるので注意が必要である。

5-8-8 暑中コンクリート

① 暑中コンクリート対策についての基本事項は，普通コンクリート舗装とほぼ同様であるので，本ガイドブックの「4-8-10　暑中コンクリート」を参照する。
② 暑中コンクリートでは，直射日光等により組み立てられた鉄筋の温度が上昇する。そのままの状態でコンクリートを打設すると，鉄筋とコンクリートの付着強度が著しく低下し，ひび割れ幅を適切に制御することが不可能となる。
③ シート等で直射日光を遮る，あるいは鉄筋をクーリングするなどの対策を講じる必要がある。

5-8-9 寒中コンクリート

① 寒中コンクリート対策についての基本事項は，普通コンクリート舗装とほぼ同様であるので，本ガイドブックの「4-8-11　寒中コンクリート」を参照する。
② 鉄筋に氷が付着している状況でコンクリートを打設すると，鉄筋との付着強度が著しく低下するため，これを確実に除去する。
③ 雪氷が鉄筋に付着しないよう，シート等で保護することも重要である。

5-8-10 初期ひび割れ対策

初期ひび割れについての基本事項は，普通コンクリート舗装とほぼ同様であるので，本ガイドブックの「4-8-12　初期ひび割れ対策」を参照する。

【第5章の参考文献】
1) 全国生コンクリート工業組合連合会・全国生コンクリート協同組合連合会：スリップフォーム工法用コンクリート製造マニュアル（構造物・舗装編）（平成26年3月）
2) 東日本・中日本・西日本高速道路株式会社：設計要領 第一集 舗装編，平成27年7月

第 5 章　連続鉄筋コンクリート舗装

コラム 19　路盤支持力が変化している箇所への連続鉄筋コンクリート舗装の適用について

　普通コンクリート舗装では，路盤以下の層に横断構造物が埋設される場合や切土と盛土との境界付近等のように，路盤支持力が変化している箇所では，「舗装設計施工指針」，「舗装設計便覧」にその補強方法が記載されています。では，連続鉄筋コンクリート舗装の場合にはどのような補強が必要でしょうか？

　ここでは，高速道路における補強事例として，ボックスカルバートが路床内に埋設されている場合の連続鉄筋コンクリート舗装の補強例を**図－C19.1**[1]に示し説明します。

　まず，基本的な考え方としては次のとおりです。
① 　横断構造物端部から 7m，切盛境の前後 15m あるいは 30m 程度の配筋量を 2 倍にする
② 　コンクリート版下面から 1/3 の位置にも標準部と同量の鉄筋を配置する
③ 　鉄筋量の変化を緩衝するために，前後 6m のすりつけ部を設ける

　連続鉄筋コンクリート舗装は，普通コンクリート舗装と比較して不等沈下に対して強いと言われています。これは，数多くの横ひび割れにより，コンクリート版が横に細長いブロックとなり，これが鉄筋で繋がっていますので，不等沈下に追従するためと考えられています。

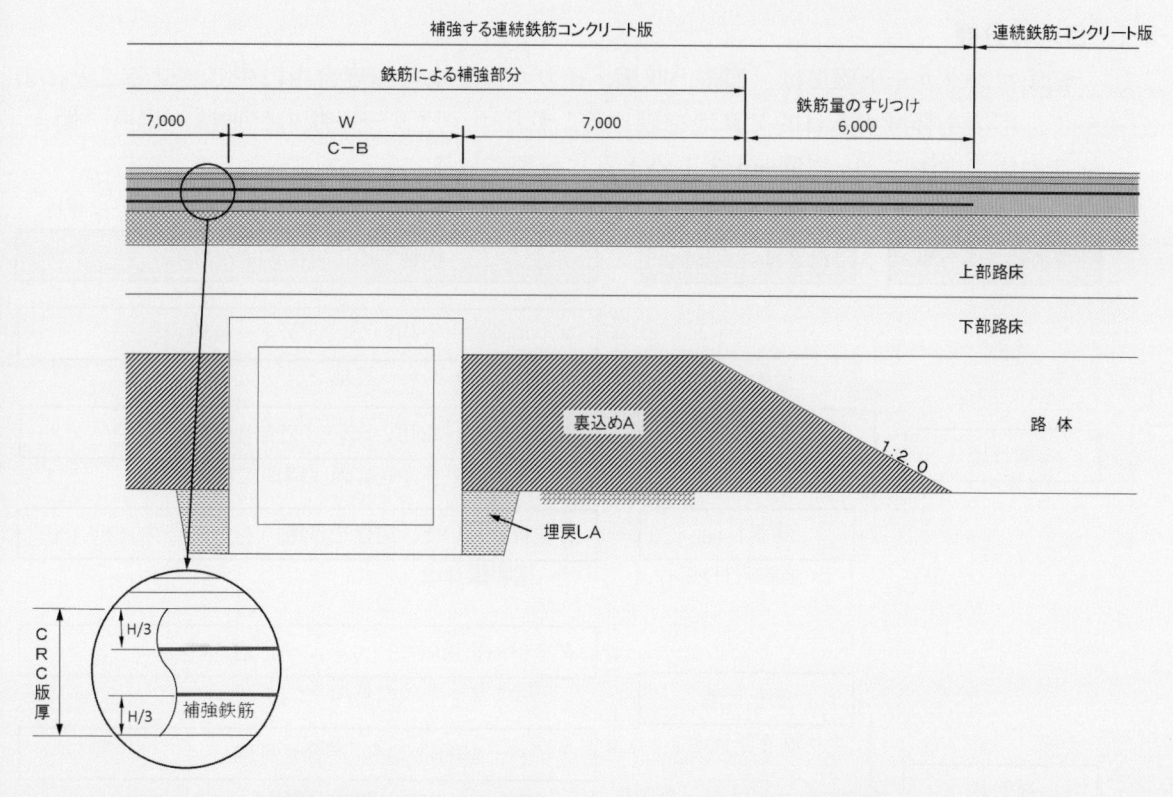

図－C19.1　連続鉄筋コンクリート舗装の補強例

【参考文献】
1) 　東日本・中日本・西日本高速道路株式会社：設計要領　第一集　舗装編，平成 27 年 7 月

第6章　転圧コンクリート舗装

6-1　概　説

　転圧コンクリート舗装は，通常のコンクリート舗装と異なり，著しく硬練りのコンクリートをアスファルトフィニッシャで敷きならし，ローラで転圧して仕上げる工法である。本章では，転圧コンクリート舗装特有の目地構造，配合設計方法，施工方法について記述する。

6-2　路盤設計・コンクリート版厚設計

　路盤設計，転圧コンクリート版厚設計は「第4章　普通コンクリート舗装」に準じて行う。ただし，転圧コンクリート版には目地金物がないため，横収縮目地での縦ひび割れに対する検討が必要となり，剛性の大きいセメント安定処理路盤などを設けるとよい。

6-3　転圧コンクリート版の構造細目

6-3-1　目地の分類

　①　転圧コンクリート版には，膨張，収縮，そりなどをある程度自由に生じさせることによって，応力を軽減する目的で目地を設ける。転圧コンクリート版の目地は，場所，働き，構造や施工方法によって図-6.3.1のように分類される。

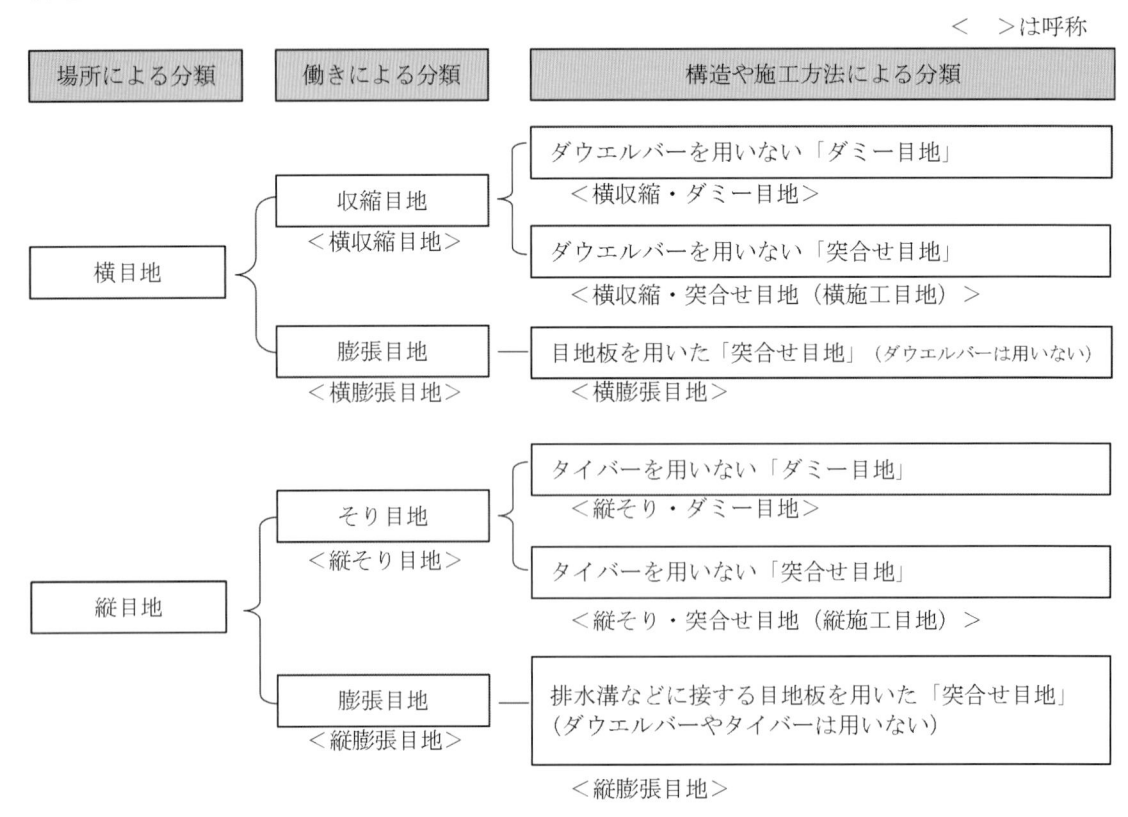

図-6.3.1　転圧コンクリート版の目地の分類と呼称

② 横収縮目地（横収縮・ダミー目地）は，コンクリートの硬化後にカッタを用いて目地溝を切るダミー目地とする。横収縮目地間隔は5m以下を原則とする。
③ 横膨張目地の間隔を理論的に，かつ厳密に決めることはできないが，一般には，橋梁，横断構造物の位置，横収縮目地間隔および1日の舗設延長などをもとにして適切な間隔で設けるとよい。
④ 縦そり目地は通常，供用後の車線を区分する位置に設けることが望ましいが，舗設方法なども考慮して適切に決定するとよい。なお，車道と側帯との間には，できる限り縦そり目地を設けないものとする。
⑤ 縦そり目地間隔は，縦目地と縦目地，または縦目地と縦自由縁部との間隔であり，その間隔は，通常，3.25m，3.5mまたは3.75mを標準とする。なお，目地以外への縦ひび割れ発生を避けるためには5m以上の間隔にしないことが望ましい。
⑥ 縦膨張目地は，排水溝などとの接合部に設ける。

6-3-2 目地の構造

① 目地の構造は，目地の機能に応じたものとする。
② 横収縮目地は，ダウエルバーを用いないカッタ切削によるダミー目地とする。目地溝は，深さが版厚の1/3程度，幅が6～8mmとし，注入目地材を充填する。ダミー目地による横収縮目地の構造例を図－6.3.2に示す。

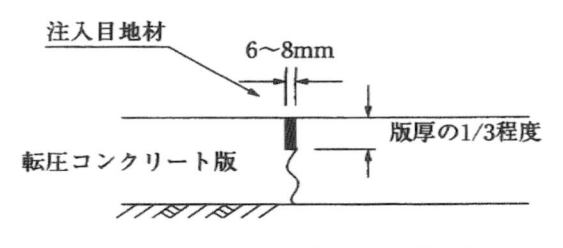

図－6.3.2　横収縮目地の構造例

① 横膨張目地はダウエルバーを用いない突合せ目地とし，その構造例を図－6.3.3に示す。

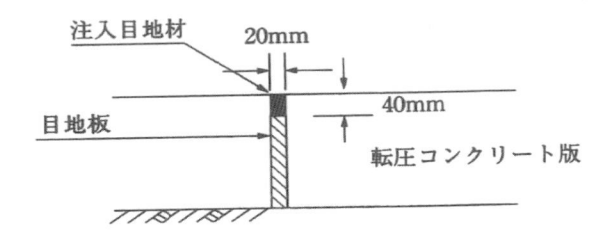

図－6.3.3　横膨張目地の構造例

② 縦そり目地は，転圧コンクリート版を2車線同時に舗設する場合および連続して舗設する場合には，その中央にダミー目地を設ける。また，車線ごとに舗設する場合は突合せ目地とする。いずれの目地ともタイバーは使用しない。

　目地溝はダミー目地，突合せ目地の場合とも，幅6～8mm，深さは版厚の1/3程度とし，注入目地材を充填する。目地溝が深い場合には目地溝の中にバックアップ材を挿入し，上部深さ40mmに注入目地材を充填してもよい。なお，突合せ目地とする場合で型枠を用い

ない場合は余分に舗設し，ある程度硬化した後に余分な部分を取り除いて突合せ面とする。
縦そり目地の構造例を図－6.3.4および図－6.3.5に示す。

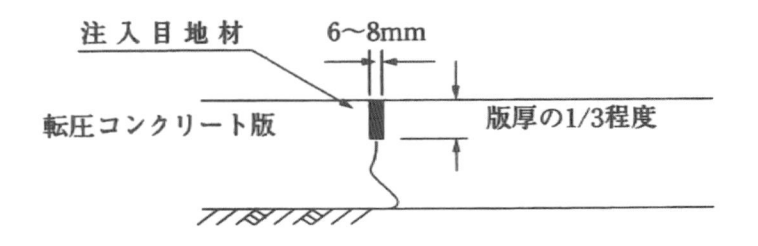

図-6.3.4　縦そり目地（ダミー目地）の構造例

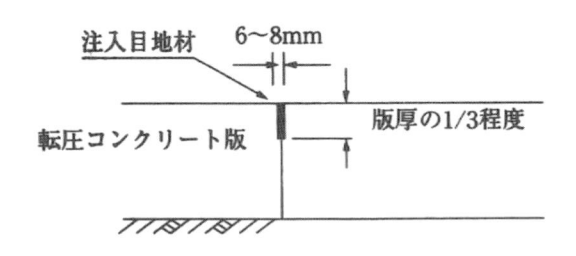

図－6.3.5　縦そり目地（突合せ目地）の構造例

③　縦膨張目地の構造例を図－6.3.6に示す。

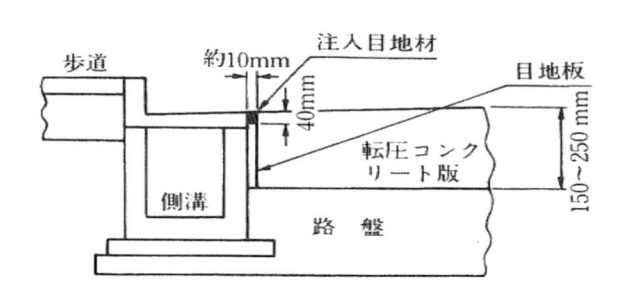

図－6.3.6　縦膨張目地の構造例

6-4　転圧コンクリートの配合

6-4-1　配合条件

　転圧コンクリートの配合は，作業に適したワーカビリティーが得られ，硬化後に所要の品質を満たすように定める。作業に適したワーカビリティーには，材料分離に対する抵抗性を持つこと，および使用する舗設機械により所要の平たん性が得られ，かつ十分な締固めが行えることが要求される。
　また，硬化後の品質には，所要の強度を持ち，耐久性，すり減り抵抗性が大きく，品質のばらつきが少ないことが要求される。

（1）配合強度

　　配合設計時の目標とする配合曲げ強度f_{br}は，転圧コンクリート版の設計において基準と

した設計基準曲げ強度f_{bk}に，締固めの変動に関する割増し強度f_pを加えたものに，割増し係数pを乗じたものとする。なお，f_{bk}にf_pを加えたものを配合基準強度f_{bp}とする。

割増し強度f_pは，施工において予測される締固めの程度に応じて定めるものとする。f_pは，室内試験や試験施工などを実施して，これらを適切に把握して定めることが望ましいが，工事段階においては，施工の規模や経済性などの制約によりこれらの実施が困難な場合が多い。このため，ここでは日本道路協会が行った試験施工の結果を参考に，f_pは通常の場合0.8MPaを用いる。

割増し係数pの値は，曲げ強度の試験値が配合基準強度f_{bp}を1/5以上の確率で下回らないこと，および$0.8f_{bp}$を1/30以上の確率で下回らないこと，という二つの条件を満足するように定める。割増し係数pは，工事期間が長い場合には，試験の実績にもとづいた曲げ強度の変動係数により，また，過去の資料から適切に予想できる場合には，その変動係数から設定することが望ましい。

しかし，実際には工事期間が短いことが多く，その変動係数を適切に推定することが困難な場合が多い。その場合は，変動係数を10%として，割増し係数$p=1.09$を用いてもよい（**表−4.6.1**参照）。なお，配合曲げ強度f_{br}は，$f_p=0.8$MPa，$p=1.09$および設計基準曲げ強度$f_{bk}=4.4$MPaの場合，5.7MPa $\{=(4.4+0.8)\times1.09\}$となる。

配合決定の材齢は，28日を標準とする。工期などの制約により，28日以外の材齢で配合を決定する必要がある場合は，強度発現を推定して材齢7日で判断してよい。なお，普通ポルトランドセメントを使用する場合，材齢7日の強度は材齢28日の配合強度の90%を目安としてよい。

配合設計においては，締固めの程度を表わす指標として，締固め率および空隙率を用いる。締固め率は，締固め後の単位容積質量（湿潤密度）と理論配合における単位容積質量（空隙率0%）との比で表わされる。

配合設計における強度試験で基準とする締固め率は，通常の場合96%を標準とする。また，これに対する空隙率（100−締固め率）を設計空隙率とする。

（2）ワーカビリティー

転圧コンクリートは，舗設方法に応じたワーカビリティーを持ち，所要の平たん性および仕上がり面の均一性が得られるフィニッシャビリティーを持つものでなければならない。

転圧コンクリートのコンシステンシーを評価する方法は，VC振動締固め方法を標準とする。この場合のコンシステンシーの目標値は，修正VC値で50秒を標準とする。

なお，上記方法によらない場合には，マーシャル突固め試験方法を用いてもよい。この場合のコンシステンシーの目標値は，締固め率で96%を標準とする。

転圧コンクリートのコンシステンシーは，主に単位水量の影響を受け，所定の単位水量より小さい場合，その経時変化は大きい。転圧コンクリートのコンシステンシーが舗設機械の性能に比べて硬すぎると締固めが不十分となり，コンクリート中に空隙が残って強度低下を招く。また，軟らかすぎると，敷きならし時のティアリングクラック（アスファルトフィニッシャにより敷きならす際，コンクリートのコンシステンシーや敷きならし速度あるいは敷きならし厚さにより，スクリード通過直後，スクリードにほぼ平行でコンクリート表面に生じるひび割れ）を生じたり，転圧時に不陸が生じたりしやすくなり平たん性

を阻害するため,所要のコンシステンシーが得られるように,単位水量や単位セメント量などを選定することが重要である。

使用する骨材によっては,単位水量を増大しても所要のコンシステンシーが得られにくい場合がある。骨材の変更が困難な場合は,施工性を阻害しない範囲で単位水量や単位セメント量などを定め,目標とするコンシステンシーに調整するとよい。

(3) 粗骨材の最大寸法

粗骨材は一般的には砕石を使用し,これが入手困難な場合には玉砕が用いられる。最大寸法は一般に 20mm もしくは 25mm とする。

(4) 細骨材率

使用する細・粗骨材の組合せで,高い締固め率および良好なフィニッシャビリティーが得られる細骨材率(あるいは単位粗骨材かさ容積)を決定する。

試験練りにより細骨材率を定める場合は,概略の単位水量および単位セメント量を与え,細骨材率を 3～5 種類程度変化させた配合で試験練りを行い,最も高い締固め率が得られる細骨材率を選定する。試験練りにおいては,材料分離の程度,フィニッシャビリティーなどを観察して,状況に応じてこの細骨材率を調整する。

過去の資料から得られた合成粒度などを参考とする場合は,細骨材率を定めるための試験練りを省略してよい。現在までに施工された転圧コンクリートの細骨材率は,35～50%(平均42%)程度の範囲に分布している。

実際の施工で得られた配合をもとに作成した骨材合成粒度の範囲を,参考として**表－6.4.1** および**図－6.4.1** に示す。なお,骨材の配合割合は,できるだけ連続的な粒度が得られるように定める。

表－6.4.1 骨材合成粒度の範囲の例

ふるい目の開き (mm)	37.5	26.5	19	16	9.5	4.75	2.36	1.18	0.6	0.3	0.15
ふるいを通るものの質量百分率 (%)	100	100～97	100～80	94～55	74～44	56～35	47～27	37～19	25～10	17～2	12～0

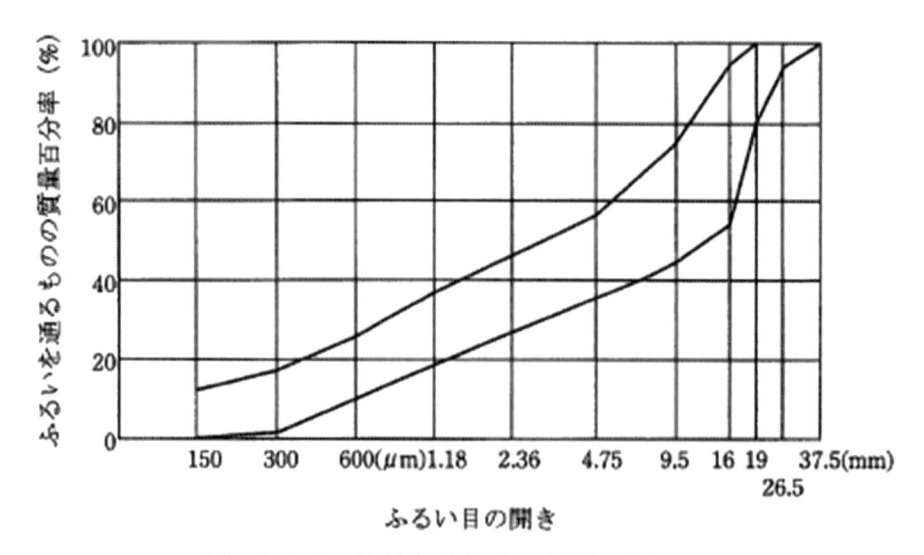

図－6.4.1 骨材合成粒度の範囲の例

(5) 単位水量

単位水量は，所要のコンシステンシーが得られる範囲で，できるだけ少なくなるよう試験によって定める。

コンシステンシーは，運搬時間，気温などの影響により変化するので，フレッシュコンクリートの品質変化を十分考慮し，舗設時のコンシステンシーが確保できるように定める。コンシステンシーの測定値は，練混ぜ直後と舗設時とで異なる。舗設時に安定した品質のコンクリートを得るためには，プラントにおいてコンシステンシーを管理し，変動に対して早急に対応することが重要である。このため，練混ぜ直後のコンシステンシーの測定値を品質管理における目標値とするとよい。

単位水量は，粗骨材の最大寸法，骨材の粒径，骨材の粒度，細骨材率などによって異なるが，現在までに施工された転圧コンクリートの単位水量は，90～115kg/m^3（平均 103kg/m^3）程度の範囲に分布している。

フレッシュコンクリートの品質変動を低減するために，AE減水剤（遅延形）あるいは凝結遅延剤の使用も有効である。

(6) 単位セメント量

単位セメント量は，所要の品質が得られるように定める。現在までに施工された転圧コンクリートのセメント量は，280～320kg/m^3（平均 300kg/m^3）程度の範囲に分布している。単位セメント量は，所要の品質が得られる範囲内で，できるだけ少なくすることが望ましい。なお，単位セメント量は，所要強度や耐久性の他に，締固めの容易さ，材料分離抵抗性あるいはコンシステンシーの経時変化などの施工性も考慮して定める必要がある。

冬季の施工で舗設後間もない時期での凍害が予想される場合，あるいは早期交通開放などの目的で，初期に高い強度発現を必要とする場合は，早強ポルトランドセメントを使用するなどの対策が有効である。

6-4-2 配合設計

(1) 配合設計の一般的な手順

転圧コンクリートの配合を定める手順は，通常の舗装用コンクリートとはコンシステンシーの評価方法や強度試験のための供試体の作製方法が異なる。

配合設計の手順例を**図-6.4.2**に示す。ここで示す手順は，一般的な方法を示したものであり，経験などに応じてその手順や方法を適宜省略あるいは追加してもよい。

① 転圧コンクリートに用いる素材の品質を確認する。
② 机上で，これまでの経験にもとづく資料などを参考にし，設計条件・施工条件を満足する転圧コンクリートの品質が得られるような仮の配合を定める。
③ 上記で定めた配合をもとにして試験練りを行い，締固め率および材料分離抵抗性を考慮して適切な細骨材率を決定し，所要のコンシステンシーが得られる単位水量を決定する。
④ 決定した細骨材率と単位水量を用い，単位セメント量の異なるいくつかの転圧コンクリートの強度試験を行って水セメント比と強度の関係を求め，所要の強度が得られる単位セメント量を決定する。

第6章　転圧コンクリート舗装

```
                START
                  ↓
         ┌─────────────────┐
         │  配合条件の設定   │ (1)  ┐
         └─────────────────┘       │ 骨
                  ↓                 │ 材
         ┌─────────────────┐       │ の
         │  使用材料の選定   │ (2)  │ 検
         └─────────────────┘       │ 討
                  ↓                 │
         ┌─────────────────┐       │
    ┌──→│  合成粒度の検討   │ (3)  ┘
    │    └─────────────────┘
    │             ↓
    │    ┌─────────────────┐       ┐
    │ ┌─→│ 机上での示方配合の設定│(4)│ 単
    │ │  └─────────────────┘       │ 位
    │ │           ↓                 │ 水
    │ │  ┌─────────────────┐       │ 量
    │ │  │  単位水量の検討   │       │ の
    │ │  └─────────────────┘       │ 検
    │ │           ↓                 │ 討
    │ │        ╱＼                  │
    │ │  No  ╱    ╲  (5)            │
    │ └──╱コンシステン╲              │
    │     ╲シー評価試験╱             │
    │      ╲    ╱                   │
    │       ╲╱                     ┘
    │        ↓Yes                   ┐
    │    ┌─────────────────┐       │ 単
    │    │ 単位セメント量の検討│     │ 位
    │    └─────────────────┘       │ セ
    │             ↓                 │ メ
    │          ╱＼                  │ ン
    │   No  ╱曲げ強度を╲             │ ト
    └────╱  満足するか ╲            │ 量
          ╲           ╱             │ の
           ╲        ╱              │ 検
            ╲    ╱                 │ 討
             ╲╱                   ┘
              ↓Yes
      ┌─────────────────┐
      │ 実験室での示方配合の決定│
      └─────────────────┘
               ↓
      ┌─────────────────┐
      │  プラント試験練り  │ (6) ←┐
      └─────────────────┘        │
               ↓                   │
            ╱＼        No   ┌──────┐
         ╱コンシステン╲────→│配合修正│
         ╲シー評価試験╱      └──────┘
          ╲    ╱
           ╲╱
            ↓Yes
      ┌─────────────────┐
      │  示方配合の決定   │
      └─────────────────┘
               ↓
              END
```

(1) $f_{br} = (f_{bk} + f_p) \times p$
　　ここに，f_{br}：配合曲げ強度
　　　　　　f_{bk}：設計基準曲げ強度
　　　　　　f_p　：割増し強度
　　　　　　p　　：割増し係数

(2) 使用骨材の最大寸法　20 mm
　　使用骨材の材料試験の実施（粒度，表乾密度，吸水率，単位容積質量，実積率）

(3) 5 mm通過量45 %程度
　　締固めやすさ，材料分離抵抗性の考慮
　　$K_p \geq 0.9$，$1.7 \leq K_m \leq 1.9$ 程度

(4) $s/a = 45\%$，$C = 300 \text{ kg/m}^3$，$W = 105 \text{ kg/m}^3$

(5) 単位水量と修正VC値の関係から決定

(6) 実機でコンシステンシーの確認

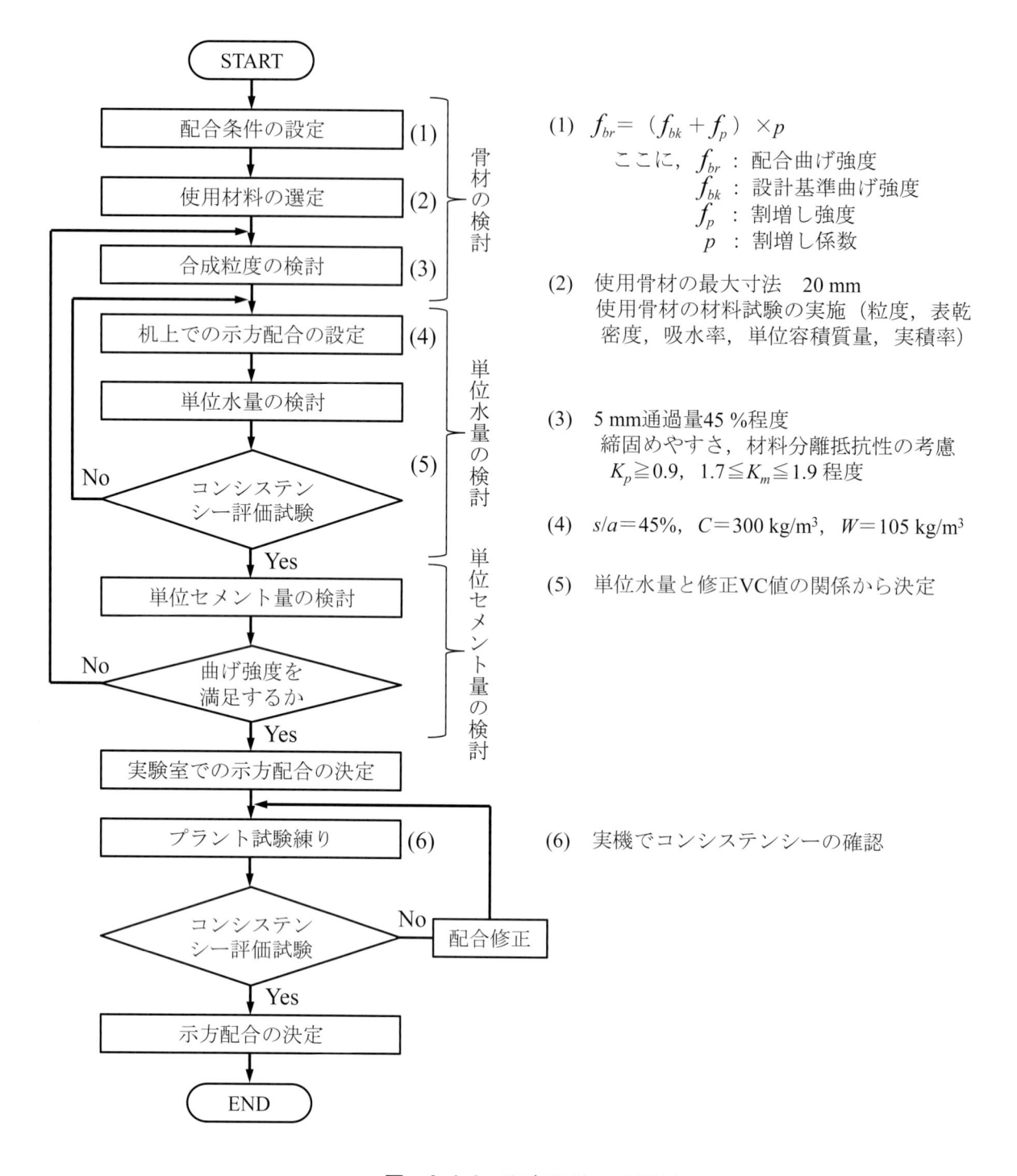

図-6.4.2　配合設計の手順例

⑤　転圧コンクリートを製造するプラントで試験練りを行い，運搬中に生じるコンシステンシーの変化などを考慮し，上記で定めた室内配合を修正して示方配合を決定する。

（2）ペースト余剰係数 K_p，モルタル余剰係数 K_m

転圧コンクリートの耐久性やコンシステンシーの経時変化に対応するには，K_p（セメントペーストの細骨材空隙充填率，ペースト余剰係数）を 0.9 以上，材料分離抵抗性や骨材の

- 220 -

表面水率変動に対応するには，K_m（モルタルの粗骨材空隙充填率，モルタル余剰係数）を1.7～1.9の範囲に設定するのがよい。概念を**図-6.4.3**に示す。

$$K_p = \frac{W + C/\rho_C}{S/W_S \times V_S}$$

$$K_m = \frac{W + C/\rho_G + S/\rho_S}{G/W_G \times V_G}$$

ここに，
$\quad K_p$：セメントペーストの細骨材空隙充填率（ペースト余剰係数）
$\quad K_m$：モルタルの粗骨材空隙充填率（モルタル余剰係数）
$\quad W, C, S$ および G：それぞれ水，セメント，細骨材および粗骨材の単位量（kg/m³）
$\quad W_S$ および W_G：表乾状態の細骨材および粗骨材を十分締め固めた場合の単位容積質量（kg/m³）
$\quad V_S$ および V_G：表乾状態の細骨材および粗骨材を十分締め固めた場合の空隙率（％）
$\quad \rho_C, \rho_S$ および ρ_G：セメント，細骨材および粗骨材の表乾密度

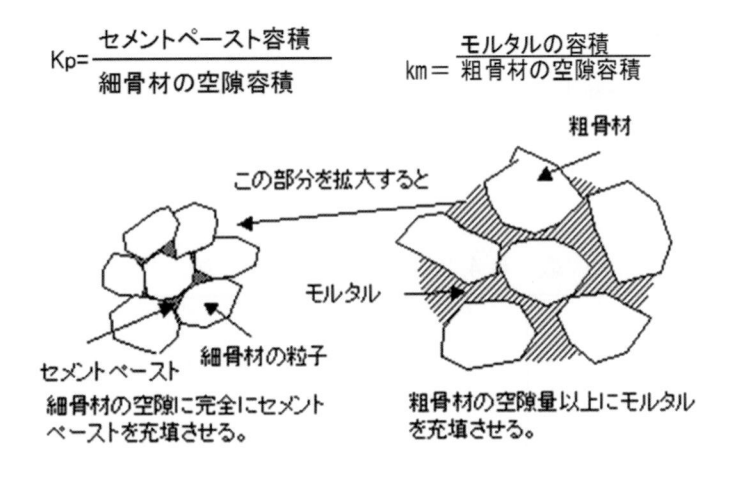

図-6.4.3　K_p，K_mの概念

(3) 配合設計時の留意点

室内における練混ぜ試験には，実験用のミキサが用いられ，実際の製造で用いるプラントのミキサとは，容量，練混ぜ性能などが異なるため，練混ぜコンクリートの品質に差がある場合がある。したがって，過去に製造実績のないプラントを使用する場合には，原則としてプラントにおける試験練りを行い，所要の品質が得られるよう，室内で定めた配合を修正して示方配合を決定する。また，使用材料の変動，予想される気温変化などがコンクリートの品質に影響を及ぼす場合もあり，必要に応じてこれらの確認のための試験を行って配合を修正する。

コンクリートの諸物性と配合との関連は，おおよそ次のように考えられる。

① 材料分離は，主として骨材の最大寸法，細骨材率および細・粗骨材の粒度の影響を

②　コンシステンシーは，主に単位水量，単位セメント量，細骨材率，細・粗骨材の粒形・粒度の影響を受ける。
③　フィニッシャビリティーは，主として細骨材率，細骨材の粒度，セメントを含む微粒分量および単位水量の影響を受ける。
④　強度は，主に単位セメント量（水セメント比）と締固め率の影響を受ける。

　転圧コンクリートの配合設計においては，通常のコンクリートの場合のように，あらかじめ空気量を見込んで配合計算を行うと，締固め率の評価が複雑となる。したがって，配合決定までの過程では，空隙率を0％（締固め率100％）に設定して試験練りなどを行う。なお，転圧コンクリートの強度は，同一水セメントの舗装用コンクリートに比べて大きくなる傾向にあるが，その配合設計では，強度の他，材料分離抵抗性や経時変化を含むコンシステンシーなどの施工性を考慮することが肝要である。

（4）示方配合の表し方

　示方配合の標準的な表し方を**表-6.4.2**に示す。示方配合は，設計空隙率を見込んで表わすものとする。配合設計の最終段階における表わし方は，理論配合（空隙率0％）と示方配合（通常は設計空隙率を4％見込む）の双方を表示する。

　転圧コンクリートの施工における締固めの管理は，締固め度（締め固めたコンクリートの湿潤密度と基準とする湿潤密度との比）で行う。この場合，基準とする湿潤密度は，一般には配合設計で基準とした締固め率（通常は96％）における密度とする。

表-6.4.2　示方配合の表し方

種別	粗骨材の最大寸法(mm)	コンシステンシーの目標値(秒,%)	水セメント比 W/C (%)	細骨材率 s/a (%)	Kp	Km	単位量(kg/m³)					単位容積質量(kg/m³)
							水 W	セメント C	細骨材 S	粗骨材 G	混和剤	
理論配合		-	-	-								
示方配合												
備考	(1) 設計基準曲げ強度＝　　　MPa (2) 配合強度＝　　　MPa (3) 設計空隙率＝　　　％ (4) セメントの種類： (5) 混和剤の種類：						(6) 粗骨材の種類： (7) 細骨材のF.M.： (8) コンシステンシーの評価法： (9) 施工時期： (10) コンクリートの運搬時期：					

〔注1〕コンシステンシーの目標値は，練混ぜ直後のものとする。
〔注2〕単位容積質量は，単位量の合計量（＝W+C+S+G）である。なお，施工の締固め管理に用いる基準密度は示方配合における単位容積質量（ただし，単位はg/cm³に換算する）とする。

コラム20　K_p, K_m

　K_pとは，JIS法で突き固めて単位容積質量を求める場合の，細骨材空隙間に対して充填しうるペースト量がどれだけ存在するかを表わす容積比率です。K_mとは，JIS法で突き固めて単位容積質量を求める場合の，粗骨材空隙間に対し充填しうるモルタル量がどれだけ存在するかを表わす容積比率です。

　K_mが大きくなるとモルタル量が多くなり相対的にペースト量が不足する（つまりK_pが小さくなる）ことになります。またK_mが小さくなるとモルタル量が少なくなり，相対的にペースト量が増加する（つまりK_pが大きくなる）関係にあり，通常は単位セメント量を求める前に細骨材率を設定するため，K_pは微細空隙充填のための必要単位セメント量を表わす指標となっています。

　これまでの実績では，$K_p<0.9$となる場合は，締固め率の低下と現場での締固め不足の発生（材料分離および製造から転圧までのコンシステンシーの経時変化，転圧時の骨材飛散）が懸念されます。また，$K_m<1.7$の場合は粗骨材間の空隙に対して充填しうる細骨材量が相対的に少なくなることになり，プラントミキサからダンプトラックへの排出時やダンプトラックからアスファルトフィニッシャホッパへの荷おろし時の材料分離の他，特にコンクリート版上下層間の材料分離（版底部の締固め密度小）が生じやすくなります。また，$K_m>1.9$の場合は，粗骨材間の空隙に対して充填し得る細骨材量が比較的多いこととなり，ローラ転圧時の材料のおさまりが悪くなるばかりでなく，逆に細骨材間の空隙を充填し得るペースト量が相対的に不足することとなり，締固め密度の確保のために微細空隙分充填のための単位水量・単位セメント量を多くする必要があることになります。

　なお，以上のことは下記文献に実験データとともに示されていますが，文献中のβとK_mはほぼ同値であるのに対して，$\alpha=1.0$に相当するK_pはおおよそ0.9となっているので，数値の取扱いには注意してください。

【参考文献】
1）加形　護，加藤　寛道，児玉　孝喜，林　信也，山田　優：転圧コンクリート舗装用コンクリートの配合設計方法に関する研究，土木学会舗装工学論文集，Vol.10, pp.183-189，平成17年
2）國府　勝郎，上野　敦：締固め仕事量の評価にもとづく超硬練りコンクリートの配合設計，土木学会論文集，No.532, pp.109-118，平成8年

6-5 転圧コンクリート版の施工

　転圧コンクリート版の施工は、荷おろし、敷きならし、締固め、養生の順に連続的に行い、所要の出来形と品質および性能が得られるように仕上げる。施工の良否は、初期ひび割れの発生、平たん性やコンクリート版の強度発現などに与える影響が大きいので、適切な施工管理が重要である。転圧コンクリート版の標準的な作業工程と機械の編成例を**図−6.5.1**に示す。

　転圧コンクリート版の施工は、コンクリートの敷きならしには高い締固め能力を有するアスファルトフィニッシャを、また、締固めには振動ローラおよびタイヤローラなどを用いて行う。特に、コンクリートの均一な敷きならしと十分な締固めおよび連続的な施工が重要である。なお、アスファルトフィニッシャのスクリードに45〜60°程度の角度を持つエンドプレートを装着することにより、必ずしも型枠を用いなくても舗設が可能である。

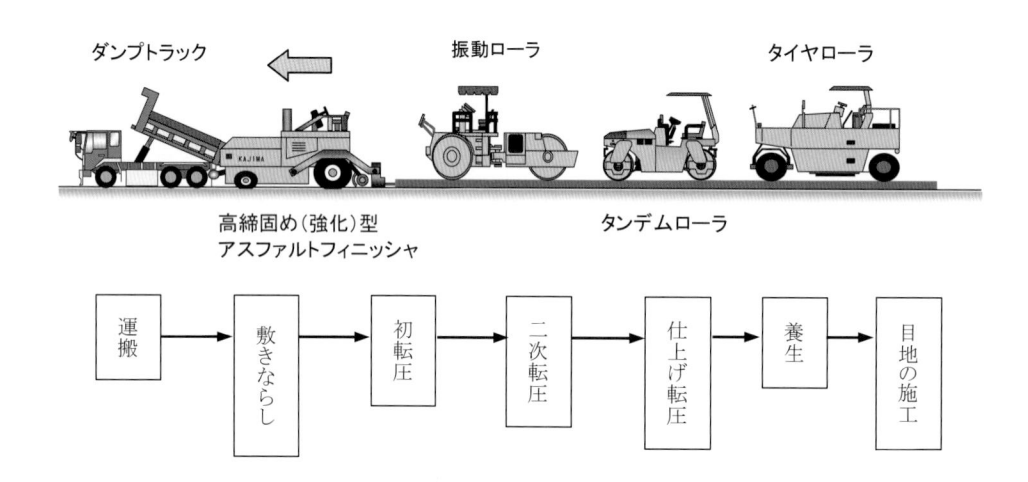

図−6.5.1　標準的な作業工程と機械の編成例

施工の手順および留意点を以下に示す。
① 準備工
　　施工に先立って行う点検は、普通コンクリート版の施工とほぼ同様に行う。ただし、施工上の制約から、鉄網やダウエルバーなどの鋼材類は用いないので、その点検の必要はない。
② 製造および運搬
　　転圧コンクリートは、単位水量が少ないため、水量の変動が締固めや平たん性に与える影響が大きいので、特に製造においては水量の管理が重要である。使用骨材は、表面水率の変動が極力少なくなるように管理する必要がある。ミキサからの排出時における材料分離にも注意を要する。コンクリートの運搬には、ダンプトラックを用い、運搬中にはコンクリートの表面部分が乾燥しないようにシートなどで覆う。
　　なお、コンクリートの練混ぜから転圧開始までの時間の目標は、1時間以内とする。
③ 荷おろしおよび敷きならし
　　コンクリートが現場に到着次第、すみやかに運搬車からアスファルトフィニッシャに荷おろしした後、所定の厚さになるように適切な余盛をつけ、アスファルトフィニッシャに

よって材料分離が生じないように敷きならす。

なお，敷きならしに使用するアスファルトフィニッシャは，一般に強化型スクリードを有するものとし，版厚が15cm程度と薄い場合には，タンパ・バイブレータ併用型スクリードを有するものでもよい。

④ 締固め

コンクリートを敷きならした後，転圧を開始する。コンクリートは，舗設面が乾燥しやすいので，敷ならし後できるだけすみやかに，転圧を開始することが重要である。なお，乾燥による不具合を防止するためにフォグスプレイなどを行うことは効果的であるが，過度な散水を行うと不具合が生じることが多い。一般に，初転圧および二次転圧には振動ローラを，仕上げ転圧にはタイヤローラを用いる。必要に応じて水平振動ローラを併用する場合もある。コンクリートの表面は，ローラマークが残らないように，緻密で平たんに仕上げる。

⑤ 養　生

転圧コンクリートの養生は，散水による湿潤養生を標準とする。転圧を終了した部分はすみやかに養生マットなどで覆い，表面を荒らさないように散水を開始する（転圧コンクリート舗装では転圧終了後，直ぐに養生マットなどで覆うことができるので，被膜養生剤の散布は行わない。必要に応じて噴霧養生を併用する場合もある）。

湿潤養生期間は，普通ポルトランドセメントを使用する場合は3日，早強ポルトランドセメントを使用する場合は1日を標準とする。ただし，タイヤチェーンなどを装着した車両が走行するなどの適用条件下では，交通による路面の損傷が生じなくなるまで交通開放時期を1週間程度遅らせるのが望ましい。

⑥ 目　地

横収縮目地は，角欠けが生じない範囲の早期（夏期：当日夜もしくは翌早朝，冬期：舗設翌日夕方）に目地切りし，後日目地溝を清掃して，目地材を充填する。

横膨張目地は，施工目地の場合は，所定位置より余分のコンクリートを撤去して目地板を設置後，新たなコンクリートを敷きならす。施工目地以外の場合は，所定位置に目地切りによる目地溝を設け，目地板を挿入する。いずれの場合も，後日，所要寸法の目地溝を設け，目地材を充填する。

縦そり・突合せ目地は，コンクリートの硬化後，所定寸法に目地切りし，目地溝に目地材を充填する。

縦膨張目地は，コンクリートの硬化後，あらかじめ設置していた目地板上部まで目地切りし，目地材を充填する。

⑦ その他

隣接するレーンを連続して舗設する場合には，フレッシュジョイント方式を用いるのがよい。打継ぎ時間間隔を一般的な90分から180分程度まで延長し，より効率的な施工を図る場合には，転圧コンクリートに凝結遅延剤を添加混合する方法もある。

第7章 付加機能を有する層

7-1 概　説

　コンクリート舗装路面に排水性能や騒音低減性能を付加したり，平たん性を向上させる目的で付加機能を有する層を設ける場合がある。付加機能を有する層にはさまざまな種類と工法があるが，本章では，排水機能を持たせるためのポーラスコンクリート舗装，平たん性を改善し併せて騒音低減効果を持たせるためのコンポジット舗装，持続的なすべり抵抗性を確保する骨材露出工法について記述する。

7-2 ポーラスコンクリート舗装

7-2-1 概　要

　ポーラスコンクリート舗装とは，連続空隙を有するポーラスコンクリートを表層に用いることで，コンクリート舗装版に排水機能や透水機能，自動車騒音低減機能などの環境負荷低減性能を持たせたコンクリート舗装である。ポーラスコンクリート舗装は，ポーラスアスファルト舗装のような空隙つぶれ現象がなく，タイヤの旋回・据切り作用（タイヤでねじられること）による骨材飛散などに対する抵抗性に優れているとされている。

　わが国における車道用ポーラスコンクリート舗装は，1997年の土木研究所の試験走路への試験舗装から始まり，県道や高速道路の料金所においてさまざまな断面構成のポーラスコンクリート舗装が試験的に採用され，2013年には阪神高速道路に本格採用されるに至っている。これまでのところポーラスコンクリート舗装の断面構成は，ポーラスコンクリートをコンクリート版の全厚に使用するもの（フルデプスタイプ），ポーラスコンクリート版を密実なコンクリート版に付着させるもの（薄層付着タイプ），ポーラスコンクリート版をアスファルト舗装の上に薄層で付着させるもの（ホワイトトッピングタイプ）が車道に用いられている。本節では車道におけるポーラスコンクリート舗装のパフォーマンスや費用対効果から，最も実用性が高いと思われる付加機能を有する層にポーラスコンクリートを用いる薄層付着タイプのポーラスコンクリート舗装を取り上げた。写真－7.2.1はポーラスコンクリートにより排水機能を付加したコンクリート舗装の施工例であり，図－7.2.1は同舗装の断面構成を示したものである。

　なお，ポーラスコンクリート舗装に関してここに記載されていない事項については，ポーラスコンクリート舗装の構造設計，使用材料，配合設計方法，施工，施工管理など詳細が記された図書が公開されているので，それを参照するとよい[1]。

写真－7.2.1 ポーラスコンクリートにより排水機能を付加した千葉県道の事例
　　　　　（供用10年経過時）

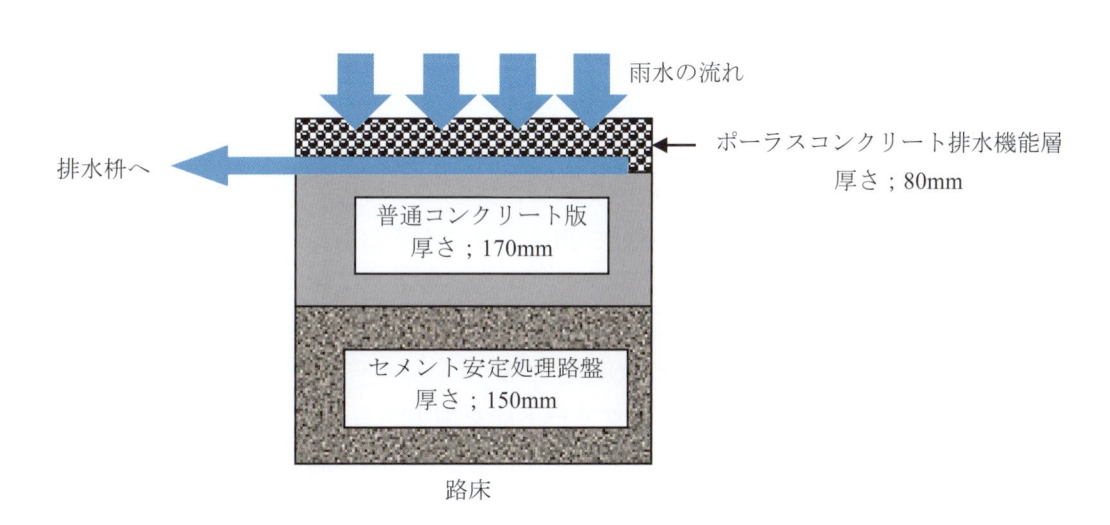

図－7.2.1 ポーラスコンクリートにより排水機能を付加したコンクリート舗装の断面例

7-2-2 設　計

（1）路面設計

　ポーラスコンクリートにより排水機能を付加する場合の路面設計における主な要求性能は，浸透水量である。「舗装の構造に関する技術基準」にもとづき，「雨水を道路の路面下に円滑に浸透させる構造」として施工直後の車道および側帯では1,000mL/15秒以上の浸透水量が必要である。

　また，通常の舗装と同様に，すべりにくく，すり減りが少なく，平たん性も良好なものとしなければならない。

（2）構造設計

　図－7.2.1に示したように，断面構造は基層コンクリート版上にポーラスコンクリートの排水機能層が載る2層構造となる。構造設計は，基層であるコンクリート版を対象に実施し，排水機能層のポーラスコンクリートは構造設計上考慮しない場合と排水機能層も設計版厚として考慮す

る場合がある[1),2)]。いずれにしても、基層と排水機能層の2層は一体であることが設計の前提条件であり、コンクリート版とポーラスコンクリートの付着が不完全な場合、ポーラスコンクリート層に早期にひび割れが発生するおそれがある。

7-2-3 材 料

ポーラスコンクリートに用いる材料は、通常のコンクリート用材料とほぼ同様のものを使用するが、セメントや混和材料などで新しい材料を使用する場合は、その特性を十分に把握して使用するとよい。なお、ポーラスコンクリートのコンシステンシーは、水量のわずかな増減により影響されるため、細骨材および粗骨材は、貯蔵・製造時にはできるかぎり表面水量の変動が小さくなるように注意する。

ポーラスコンクリートの空隙率は、ポーラスコンクリートの透水係数を「舗装施工便覧」にしたがって 1×10^{-2}cm/秒以上とするため15%以上とする。空隙率には、ポーラスコンクリート中のすべての空隙を示す全空隙率と、連続した空隙のみを示す連続空隙率がある。配合設計を行う上では全空隙率を用いるが、実際の性能は連続空隙率に左右される。一般的に連続空隙率は、全空隙率より2~5%程度小さい。空隙率の大きさはポーラスコンクリートの強度に大きな影響を与えるため、強度と空隙率の関係を考慮して配合設計を行う必要がある。

7-2-4 施 工

上述したように、コンクリート版とポーラスコンクリートの付着が不完全な場合、早期にポーラスコンクリート層に構造上問題になるひび割れが発生するおそれがある。したがって、2層間の付着を確保するための施工が重要である。ここでは、付着に関する施工方法およびポーラスコンクリートの施工方法について述べる。

（1）基層とポーラスコンクリート層との付着方法

　1）基層が硬化する前にポーラスコンクリート層を施工する場合

　　基層コンクリート版が転圧コンクリート版の場合、基層の舗設が終了してポーラスコンクリートの舗設直前にセメントペーストを施工基盤に塗布する事例がある[2)]。

　2）既設コンクリート版上にポーラスコンクリート層を施工する場合

　　施工基盤が普通コンクリート版または連続鉄筋コンクリート版の場合、これらの版とポーラスコンクリート層との界面における付着力の確保を目的にショットブラストを使った研掃作業を行い、ポーラスコンクリートの舗設直前に無収縮モルタル等を塗布する事例が多い。

　　これらの事例は、高速道路の料金所での施工が多く、鋼球の投射密度が150 (kg/m^2) で1~3回の研掃作業を行い、無収縮モルタル等を2.5~3 (L/m^2) 塗布している[3)]。

（2）ポーラスコンクリートの施工

ポーラスコンクリートの敷きならしにはアスファルトフィニッシャを使用する。ポーラスコンクリートが現場に到着次第、ダンプトラックまたはトラックアジテータからアスファルトフィニッシャのホッパに投入し、締固め後のポーラスコンクリート版が所定の厚さになるように均一に敷きならす。

締固めは、敷きならしと併せてアスファルトフィニッシャで行う。路面整正を行う場合には小型の転圧機械を使う。単独に「締固め」だけを目的に大型の転圧機械を用いた作業は原則として行わない。

ポーラスコンクリートの養生は，表面仕上げ後すみやかに養生剤を噴霧し，ビニールシートや養生シートで舗設面を覆い，乾燥を防止する。また，ポーラスコンクリート製造時にあらかじめポリマーエマルジョンなどを混合する場合は，その性質を十分に考慮した養生方法を選択する必要がある。

　施工時期が厳冬期の場合の養生は，乾燥防止を目的としたビニールシートの上に，さらにコンクリート保温シートやスポンジマットなどを敷いて保温性を高めることが必要である。夏季や強風時に施工する場合は，乾燥の防止に特に注意し必要に応じて噴霧するなどの処置を行う。

7-3　コンポジット舗装

7-3-1　概　要

　コンポジット舗装は，表層または表・基層にアスファルト混合物を用い，その下層に普通コンクリート版，連続鉄筋コンクリート版，転圧コンクリート版など，剛性の高い材料を用いた舗装構造である。

　この舗装は，アスファルト舗装構造と比較して塑性変形によるわだち掘れが生じにくい[4]ことや，表層の機能を有する層が破損した場合も容易に補修することが可能となる特徴を有しており，主に高速道路で採用されている。また，表層に用いるアスファルト混合物に付加機能を持たせることで，さまざまな機能を有する舗装とすることが可能となる。

　コンポジット舗装の設計に関しては，国内で統一的に記述された基準などは存在しないため，大規模に採用している高速道路の事例を参考に記述する。

7-3-2　設　計

（1）路　盤

　コンポジット舗装の路盤は，「4-1 路盤設計」によるものとする。

（2）ベースコンクリート版

　コンポジット舗装のベースとなるコンクリート版には，普通コンクリートや連続鉄筋コンクリート，転圧コンクリートが用いられるが，そのコンクリート版の構造によっては目地が必要となる。そのため，上層に用いるアスファルト混合物層に，目地からのリフレクションクラック対策としてあらかじめカッタ目地を設けたり，中間層（じょく層）を設けたりしてひび割れを抑制するなどの措置を講じる必要があるため，ベースに用いるコンクリート版の構造や上層に用いるアスファルト混合物を検討する。

　ベースコンクリート版の構造設計は，「舗装設計便覧」に準じて設計したコンクリート版に必要となる厚さのアスファルト混合物を構築する方法や，アスファルト混合物による下層コンクリート版の温度勾配等を考慮する設計方法がある。

　新東名高速道路で採用されたコンポジット舗装は，図－7.3.1に示すように連続鉄筋コンクリート版をベースとして，表層および中間層にアスファルト混合物を用いた構造としており，カッタ目地などは設けていない。また，表層にはポーラスアスファルト混合物を用いることで，排水機能・騒音低減機能を持たせるとともに良好な高速走行性を確保している。

第7章　付加機能を有する層

| 表層（ポーラスアスファルト混合物）4 cm |
| 中間層（砕石マスチック混合物）　　4 cm |
| 連続鉄筋コンクリート版　土工部　　28 cm |
| 　　　　　　　　　　　　トンネル部　24 cm |
| 路盤（セメント安定処理）　　　　　20 cm |

図－7.3.1　新東名高速道路におけるコンポジット舗装断面例および完成写真

　高速道路におけるコンポジット舗装では，ベースに用いた連続鉄筋コンクリート版が交通荷重を支える主たる構造的役割を担うと考えられている。また，表層・中間層のアスファルト混合物の荷重分散効果や温度勾配の低減効果[5]も設計に加味されており，理論的設計方法によって連続鉄筋コンクリート版厚を検討したうえで，カタログ設計として**図－7.3.2**に示すように定められた期間の累積大型車交通量（舗装計画交通量）に対応する設計厚さとすることとしている。

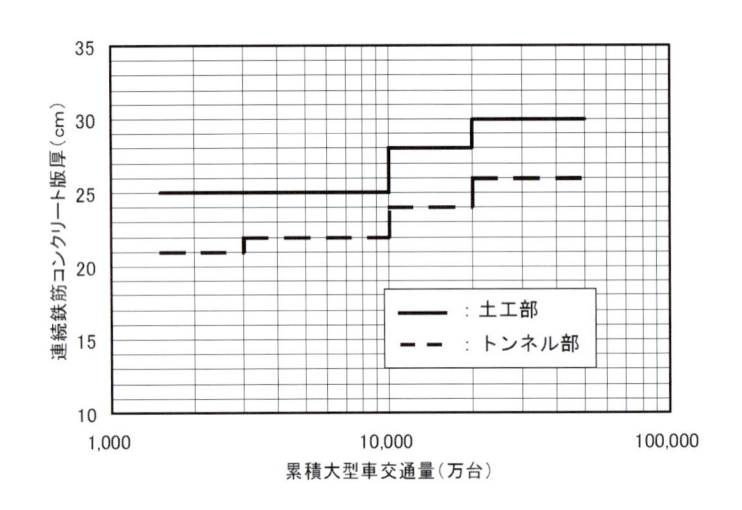

図－7.3.2　コンポジット舗装の連続鉄筋コンクリート版設計厚さ[6]

　なお，版厚設計以外の構造細目は，「5-4　構造細目」によるもとする。

（3）中間層
　コンポジット舗装における中間層の役割としては，前述した交通荷重の分散効果，温度低減効果のほか，ベースの連続鉄筋コンクリート版に発生する微細な横ひび割れへの防水機能，上層アスファルト混合物層へのリフレクションクラック抑制機能が求められる。これらの機能を満足させる中間層の厚さは，厚いほどその効果は高くなると考えられるが，反面，厚くなるほ

どアスファルト混合物層の塑性変形抵抗性は低下するため，最小厚さにより設計するとよい。
　高速道路では，これらの機能を備えるアスファルト混合物として砕石マスチックアスファルト混合物を適用している。適用するアスファルト混合物は，「舗装設計便覧」および「舗装施工便覧」を参考とするとよい。

写真-7.3.1　コンポジット舗装の中間層舗設状況

(4) 表　層

　コンポジット舗装の路面機能は，表層に用いる材料や工法により設定することが可能となるため，「3-3　路面の設計条件」にもとづき，求める機能を設定したうえで，「舗装設計便覧」および「舗装施工便覧」を参考に設計するとよい。

7-3-3　材料および施工

　コンポジット舗装に用いる材料および施工については，各層ごとに該当する章または「舗装施工便覧」等を参考にするとよい。

7-4 骨材露出工法

7-4-1 概　要

骨材露出工法は，コンクリート打設後，表面から深さ 2～3mm 程度の深さまでのモルタル部分だけをブラシなどにより削りだし，粗骨材を露出させる工法である（**写真－7.4.**）。露出させる方法として，コンクリート打設直後に表面に凝結遅延剤を散布し，表面のみ硬化を遅延させ，その未硬化の表面モルタル部分をブラシなどにより削りだす方法が一般的[6]であり，以下で説明する。なお，他にコンクリート硬化後にショットブラスト等によりモルタルを研掃する方法が用いられること[7]もある。

写真－7.4.1　骨材露出工法の適用事例（供用後）

骨材露出工法は，表面のモルタルをあらかじめ除去することから，経時的変化の少ないすべり抵抗が得られる。また，供用中の粉じん発生が抑制されるため，トンネル内の換気ファンの負担を軽減できる効果もある。

なお，騒音低減機能も付加する目的で，コンクリートの粗骨材最大寸法を小さくした小粒径骨材露出工法を用いることもある。

7-4-2 設　計

構造設計は，普通コンクリート舗装と同様に行う。路面機能の設計に関しては，主として粗骨材の最大寸法を調整することで，適切な路面性状を確保するようにする。

7-4-3 材　料

① コンクリートの粗骨材の最大寸法は 20mm（または 25mm）を標準とする。最大寸法 40mm の粗骨材を使用した場合は，均一な骨材露出面が得にくい。

② 表面のモルタルに散布する凝結遅延剤は，表面から深さ 2～3mm 程度のモルタル分まで浸透し，遅延効果がブラシの削りだし時期まで効果があるものを用いる。

③ コンクリートの配合では，均一に多くの粗骨材が露出するように粗骨材容積を多くする。粗骨材の最大寸法が 20mm 程度の場合は単位粗骨材かさ容積が 0.79 程度を推奨する例[5]もある。このため，粗骨材には，できるだけすりへり減量の小さなものを使用するのがよい。

7-4-4 施　工

　コンクリート版の施工は，所要の品質および出来形が得られるように仕上げる。特に表面仕上げ後に行う凝結遅延剤の散布とブラッシングは，所要のキメが得られるように適切な方法で行う。施工は，ほうき目仕上げまでは通常の施工手順で行い，その後は凝結遅延剤の散布，ブラッシング，養生等の工程で行う。

（1）ほうき目仕上げ
　　普通コンクリート舗装のほうき目仕上げに準じる。ほうき目仕上げは次工程である散布した遅延剤の流れだしを防止し，均一な散布量を確保するために実施するものである。

（2）遅延剤の散布
　　凝結遅延剤のコンクリート表面への散布は，均一な骨材露出面が形成され，むらの生じないように行う。散布時期はコンクリートの水光りが消えた頃として，コンクリート打設後 3～4 時間後程度である。散布後は急激な乾燥を防止するためビニールシートで養生する。なお，凝結遅延剤として，その養生を兼ねたものを使用する場合もある。

（3）露出作業
　　骨材露出のためのブラッシング作業は，表面の硬化具合をショア硬度計で判断しながら適切な時期に開始することが重要である（ショア硬度 30～40 としている例[8]もある）。粗骨材の露出程度は，粗骨材最大寸法 20mm の場合で平均キメ深さ 1.5mm±0.2mm，かつ 5cm 四方内に露出する粗骨材が 25 個以上とした例がある。

写真－7.4.2　機械による遅延剤の散布例　　　　写真－7.4.3　機械による露出作業例

【第7章の参考文献】
1）（社）セメント協会：車道用ポーラスコンクリート舗装設計施工技術資料，セメント協会舗装技術専門委員会，平成 19 年
　　（http://www.jcassoc.or.jp/cement/4pdf/jj3c_37.pdf）
2）（社）セメント協会：舗装技術専門委員会報告　R-18，車道用ポーラスコンクリート試験舗装中間報告－千葉県道　成田小見川鹿島港線・供用 3 年，平成 18 年 1 月
　　（http://www.jcassoc.or.jp/cement/4pdf/jj3c_24.pdf）
3）上島　慶，中村　嘉元，松本　公一：料金所でのポーラスコンクリート舗装施工事例，第 24 回日本道路会議一般論文集，pp.104-105，平成 13 年 10 月

4) 朝日 理登，佐々木 薫，小原 富徳：コンポジット舗装10年間の追跡調査，第24回日本道路会議一般論文（ｃ），P378-379
5) 西澤 辰男，七五三野 茂，小松原 昭則，小梁川 雅：連続鉄筋コンクリート版をベースとしたコンポジット舗装の設計法に関する研究，土木学会第2回舗装工学講演会論文集，pp.53-62，平成9年12月
6) 東日本・中日本・西日本高速道路株式会社，設計要領第一集舗装編，平成27年7月
7) 井谷 雅司，丸山 記美雄，熊谷 政行：トンネル内舗装への骨材露出工法の適用，平成24年度北海道開発技術研究発表会，平成25年2月
8) 東日本・中日本・西日本高速道路株式会社：舗装施工管理要領，平成27年7月

コラム21　小粒径骨材露出工法

　小粒径骨材露出工法は，小粒径の単粒砕石を粗骨材としたコンクリートを敷きならし締め固めたのち，その表面のモルタルを削り出し，均一かつ適度なキメの骨材露出面を形成することで騒音低減を図る工法です。一般に，下層のコンクリートは，一般的な舗装用コンクリートを打設し，それが硬化しないうちに，小粒径骨材を用いたコンクリートを5～10cm厚で打ち重ねます。

① 　小粒径骨材露出工法は，タイヤと路面間に発生するエアポンピング音や路面の凹凸によって起こるタイヤ振動音を小さくするために，粗骨材の小粒径化と骨材を露出させる粗面仕上げとにより，適切なコンクリート表面のキメを形成し，タイヤ/路面騒音の低減化を図るものです。

② 　小粒径骨材を用いたコンクリートの粗骨材の最大寸法は通常13mm以下とし，騒音の低減効果からみて8～10mm程度とすることもあります。粗骨材の最大寸法10mmの小粒径骨材露出工法では，良好なコンクリート仕上げ面として，キメ深さで0.4～1.5mm，かつ砕石の露出状態で5cm四方内に50個以上とした例があります。

③ 　5～10cm厚の小粒径骨材を用いたコンクリートを打ち重ねるときに，下層コンクリートが表面に浮き出ないように適切な方法で締め固めることが大切です。

④ 　その他の注意事項は，通常の骨材露出工法に準じます。

第8章 管理と検査

8-1 概　説

　舗装工事において,受注者はその完成物が設計図書の基準を満たすように施工管理(工程管理,出来形管理,品質管理,写真管理等)を行い,その成果の判定のために発注者が検査を行う。これらに加え工事の安全施工と生活環境,自然環境の保全などに対しては,安全管理,環境対策も重要な項目であり,適切な管理を行う必要がある。本章では,管理と検査に対する考え方および,施工管理としての基準試験,出来形管理,品質管理,検査さらに安全管理,環境対策についての留意事項を示す。

8-2 概　念

　一般に舗装工事において,施工後の検査で不良箇所が発見された場合,簡単に手直しすることは困難であるとともに,再施工を行うことは多大な労力と時間を要し不経済でもある。したがって,工程ごとに十分な管理を行って施工することが必要である。施工管理の目的は,工事の欠陥を未然に防ぎ,ばらつきをできるだけ小さくし,工事に対する信頼性を増すとともに,設計図書に合格する出来形・品質および性能を持つ舗装を経済的に築造することである。

　管理は受注者が実施するものであり,管理項目,管理頻度,管理の限界は検査基準,工事規模,施工能力などに応じて受注者が合理的に定める。

　舗装工事における管理は,一般に基準試験,出来形管理および品質管理からなる。管理と検査の各段階の位置づけを**図-8.2.1**に示す。

　なお,性能規定工事では発注者が実施する部分についても受注者が行うことがある。

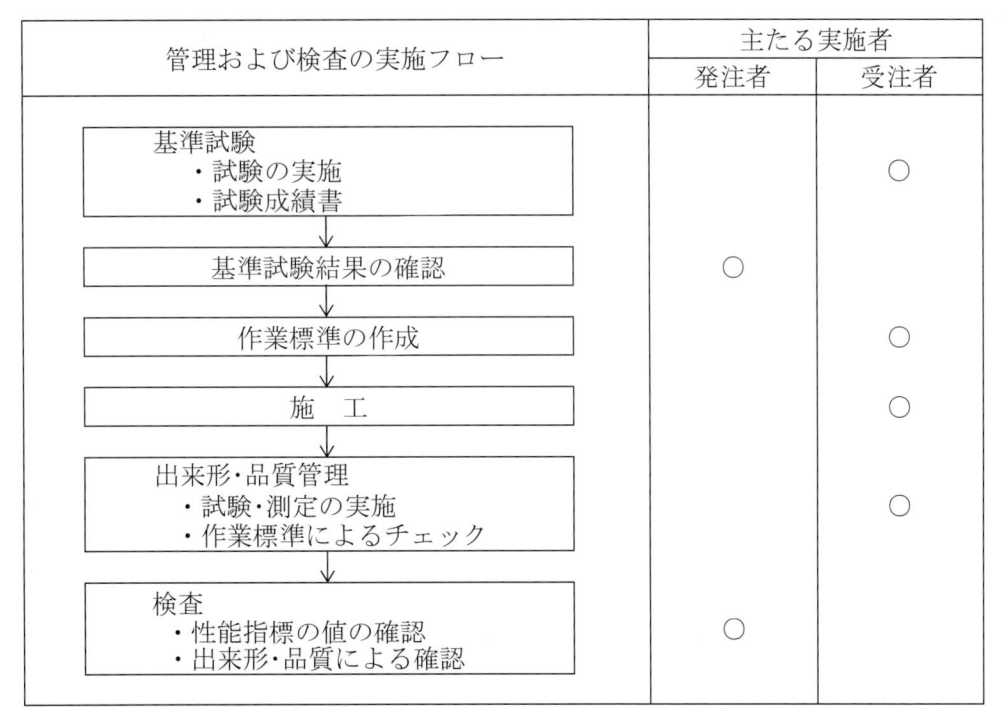

管理および検査の実施フロー	主たる実施者	
	発注者	受注者
基準試験 ・試験の実施 ・試験成績書		○
基準試験結果の確認	○	
作業標準の作成		○
施　工		○
出来形・品質管理 ・試験・測定の実施 ・作業標準によるチェック		○
検査 ・性能指標の値の確認 ・出来形・品質による確認	○	

図-8.2.1 管理および検査の実施フローと実施主体

8-2-1　基準試験

　基準試験は，使用する材料や施工の方法が適正なものであるかどうかを確認するためのもので，通常，施工開始以前に行う。ただし，規模の大きい工事の場合は，施工中にも実施することがある。基準試験には，材料の品質を確認する試験，基準密度のような基準値を得るための試験，作業標準を得るための試験施工等がある。原則として，基準試験は受注者が実施し，その結果について発注者が確認・承諾する。

　なお，基準試験のうち，材料については製造者の試験成績書を，配合設計等については同一の配合の使用実績があって信頼できる場合はその配合設計書等を利用してもよい。

8-2-2　出来形・品質管理

　出来形および品質管理は，設計図書に合格する舗装を経済的に築造するために実施するもので，受注者が施工中に自主的に実施する。出来形および品質管理結果の扱いは，仕様書にもとづきその後に実施する検査の方法によって異なる。

　抜取りにより検査が行われる場合には，仕様書で規定された場合を除き，受注者は出来形および品質管理結果を発注者に提出する必要はない。一方，仕様書に管理データにより検査が行われることが示され，出来形および品質管理結果の提出が求められている場合には，受注者はその結果を発注者に提出する。

8-2-3　管理の考え方

　基準試験，出来形・品質管理は，舗装工事の規模に応じて工程の各段階において適切な手法・頻度で実施する。

（1）工事規模による管理の考え方

　　規模の大きい工事においては，基準試験を施工中に行う場合があり，さらに必要な出来形・品質の項目について試験・測定を実施し，管理結果を施工にフィードバックすることが望ましい。一方，工事規模が小さくなるにしたがい，施工中に出来形・品質の試験・測定を行っても，その結果を施工に有効に反映できる場合が少なくなる。このような場合，作業標準を設定し，そのチェックを行う方が有効な管理となることが多い。さらに，技術の進歩により，施工中にリアルタイムで品質を測定できる方法が開発されている。これらの方法は計測結果をその場で施工に反映できるため，規模が小さい工事の場合でも有効な管理が行えることがあるので，適宜導入を試みるとよい。

（2）工事規模の考え方

　　管理における工事規模の考え方の一例として国土交通省（平成25年度）の例を示すと次のとおりである。

　①　中規模以上の工事

　　　中規模以上の工事とは，1層当たりの施工面積が 2,000 m^2 以上の場合が該当する。

　②　小規模工事

　　　小規模工事とは，施工面積が 2,000m^2 未満の場合が該当する。

（3）工事規模と管理の方法，頻度

　　各工事規模における管理の方法，頻度の考え方の一例を**表-8.2.1**に示す。なお，管理は，原則として対象工事を一つの単位として試験・計測する。基準試験のうち，材料試験および配

合試験については，試験成績書をもって試験の実施に代える。

コンクリートでは，JISの生コンを使用する場合，基準試験は製造者による試験成績書によって確認することができる。品質管理は，JISにもとづいて実施すればよい。

アスファルト混合物の品質管理については，アスファルトプラントを単位とする日常管理データを用いる方法がよい。粒度およびアスファルト量の管理は工事の規模にかかわらず，印字記録の結果を利用して管理していくことが望ましい。ただし，この場合，当該アスファルトプラントは，年1回以上の頻度で定期点検を実施していることが必要である。粒度およびアスファルト量以外の品質管理および出来形管理は，試験，測定を実施することと併せて，施工温度や転圧回数または締固め方法などについて適切な作業標準を定め，これによって所定の出来形・品質が得られるように管理するとよい。

表－8.2.1 工事規模別の管理の考え方の一例

項目	工事規模	基準試験	品質管理	出来形管理
実施時期	中規模以上	施工前，材料変更時	製造時および施工時	施工時
	小規模	施工前		
方法	中規模以上	試験成績書または試験の実施	プラントは印字管理が望ましい。その他は試験・計測による。コンクリートはJISによる。	試験・計測
	小規模			

〔注〕コンクリートの品質管理はJISによる。粒度およびアスファルト量は印字管理が望ましい。

8-2-4 検 査

「舗装の構造に関する技術基準」によれば，舗装の性能指標の値の確認は，舗装の施工直後に行うこととしているが，供用後一定期間を経た時点の性能指標の値を定めた場合には，その時点で確認することとしている。

性能の確認方法には，性能指標の値の確認による方法と，性能が確認されている舗装の仕様を出来形・品質により確認する方法とがある。

検査の方法は，原則として抜取り検査で行う。検査の方法は，「舗装設計施工指針」を参照する。なお，コンクリート版の品質の検査は，標準養生の供試体を用いた管理データによる検査とし，コンクリート版から抜き取ったコアまたは角柱供試体による検査は行わない。

契約関係の中での施工後の性能の確認行為は，従来の仕様規定発注における出来形・品質の確認と同様に検査であり，合否判定が伴う。

性能の確認の項目，確認の方法および性能指標の値の合格判定値等は，基本的に設計図書で示されるが，総合評価落札方式や設計施工一括発注方式などでは受注者が提案し，発注者と協議して設定することもある。いずれにしても，本ガイドブックは性能の確認に関する一例を示すものであり，発注者は発注工事ごとに柔軟に対応することが必要である。

性能の確認の段階で得られた舗装の性能指標の値は，合否判定に使用することはもちろんであるが，道路管理者のデータベースに保管し，その後の舗装の維持管理に活用する。

8-3 基準試験

8-3-1 基準試験の目的

　舗装の構造は，路盤や表・基層に用いる材料などの品質に応じて決定したものであることから，舗装に用いる材料は所定の品質を有するものでなければならない。このため，工事を始める前あるいは材料や配合を変更する前に基準試験を行ない，これらを確認しておくとよい。

　基準試験の目的は以下のようになる。

　　① 使用材料や配合が適正なものかどうかを確認する。
　　② 管理や検査のために必要な数値をあらかじめ求めておく。
　　③ 主要な使用機械の性能，精度などを確認する。
　　④ 試験施工により施工方法を確認する。
　　⑤ 作業標準を設定する。

　基準試験のうちセメントやアスファルトなど事前に品質が定まっているものについては，製造者による試験成績書をもって試験の実施に代えることができる。また基準試験のうち同じ種類のレディーミクストコンクリートやアスファルト混合物の製造実績があり，それが信頼できる場合は，その試験結果を有効に利用するとよい。

8-3-2 材料の基準試験

（1）路盤材料の基準試験

　　下層路盤や上層路盤に用いる材料は，**表-8.3.1**に示す規格試験または配合試験を行い，品質が規格に適合していることを確かめておく。

　　材料の品質のうち**表-8.3.1**に示した項目，規格以外は，必要に応じて**表-8.3.2**に示した試験を行い，品質を確認しておく。なお，ここで示した試験項目以外の粒状材料の含水比，密度，吸水率などについても必要に応じて試験を行うとよい。なお，材料試験や配合試験は，製造者の試験成績書によることができる。

　　構築路床の場合も，必要に応じて**表-8.3.2**に示した材料試験または配合試験を行う。また，再生路盤材の基準試験については「舗装再生便覧」を参照する。

（2）コンクリートの基準試験

　　コンクリートについては，**表-8.3.3**に示す基準試験項目または配合試験を行い，確認しておく。なお，コンクリートの管理は一般に曲げ強度で行うが，割裂引張強度や圧縮強度で管理を行う場合は，「舗装設計施工指針」を参照する。

（3）加熱アスファルト混合物の基準試験

① 加熱アスファルト混合物の基準試験は「舗装施工便覧」を参照する。再生アスファルト混合物の基準試験は「舗装再生便覧」を参照する。

② アスファルトプラントにおいて，原則として年1回以上の頻度で定期的に基準試験を実施している場合は，配合設計ならびに試験練りを省略することができる。また，アスファルト混合物事前審査制度に合格していれば，その証明書を基準試験に代えることができる。

表-8.3.1 路盤材料の基準試験項目の例

工類		材料名	規格試験項目等	参照規格等	備考
下層路盤	粒状材料	クラッシャラン クラッシャラン鉄鋼スラグ 砂利，砂	粒度	表-4.5.3	クラッシャラン，クラッシャラン鉄鋼スラグに適用
			修正CBR	舗装施工便覧 表-5.2.1	突固め，CBR試験
			PI（塑性指数）	舗装施工便覧 表-5.2.1	クラッシャラン鉄鋼スラグを除く
			呈色反応	表-4.5.6	クラッシャラン鉄鋼スラグのみ
			水浸膨張比	表-4.5.6	
	安定処理	セメント安定処理	セメント	JIS R 5210	*）
			一軸圧縮強さ	舗装施工便覧 表-5.2.1	
		石灰安定処理	石灰	JIS R 9001	*）
			一軸圧縮強さ	舗装施工便覧 表-5.2.1	
上層路盤	粒状材料	粒度調整砕石 粒度調整鉄鋼スラグ 水硬性粒度調整鉄鋼スラグ	粒度	表-4.5.3	
			修正CBR	舗装施工便覧 表-5.3.1	突固め，CBR試験
			PI（塑性指数）	舗装施工便覧 表-5.3.1	粒度調整砕石に適用
			一軸圧縮強さ	舗装施工便覧 表-5.3.1	水硬性粒度調整鉄鋼スラグに適用
			単位容積質量	表-4.5.6	粒度調整鉄鋼スラグおよび水硬性粒度調整鉄鋼スラグに適用
			呈色反応	表-4.5.6	
			水浸膨張比	表-4.5.6	
	安定処理	瀝青安定処理 アスファルト中間層	石油アスファルト	JIS K 2207	
			石油アスファルト乳剤	JIS K 2208	
			マーシャル安定度	舗装施工便覧 表-5.3.1	
		セメント安定処理	セメント	JIS R 5210	*）
			一軸圧縮強さ	舗装施工便覧 表-5.3.1	
		石灰安定処理	石灰	JIS R 9001	*）
			一軸圧縮強さ	舗装施工便覧 表-5.3.1	
		セメント・瀝青安定処理	石油アスファルト	JIS K 2207	
			石油アスファルト乳剤	JIS K 2208	
			セメント	JIS R 5210	*）
			一軸圧縮強さ	舗装施工便覧 表-5.3.1	マーシャル供試体使用

〔注1〕表中の*）のついた項目について，JIS製品以外のものを使用する場合は試験によって確認する。
〔注2〕セメント・瀝青安定処理は，「舗装再生便覧」を参照する。

表－8.3.2　路盤材料等の必要に応じて実施する基準試験項目の例

工種	材料名		試験項目	参照標準等
構築路床	切土，盛土，置換土		最大乾燥密度	－
			CBR試験	－
	安定処理	セメント安定処理	セメント	JIS R 5210
			CBR試験	－
		石灰安定処理	石灰	JIS R 9001
			CBR試験	－
下層路盤	安定処理	セメント，石灰安定処理用骨材	修正CBR	表－4.5.9
			PI（塑性指数）	表－4.5.9
上層路盤	粒状材料	粒度調整砕石	すり減り減量	舗装施工便覧　表－3.3.10
			損失量	舗装施工便覧　表－3.3.11
	安定処理	瀝青安定処理用骨材	粒度	表－4.5.9
			PI（塑性指数）	表－4.5.9
			すり減り減量	舗装施工便覧　表－3.3.10
			損失量	舗装施工便覧　表－3.3.11
		セメント，石灰，セメント・瀝青安定処理用骨材	粒度	表－4.5.9
			修正CBR	表－4.5.9
			PI（塑性指数）	表－4.5.9

〔注〕セメント・瀝青安定処理は，「舗装再生便覧」を参照する。

表－8.3.3　コンクリートの基準試験項目の例

材料名	試験項目	参照規格等
セメント	（JISの項目参照）	ポルトランドセメント　JIS R 5210
		高炉セメント　JIS R 5211
		シリカセメント　JIS R 5212
		フライアッシュセメント　JIS R 5213
		エコセメント　JIS R 5214
骨材	粒度	表－4.5.10，表－4.5.13
	有害物	表－4.5.11，表－4.5.12
	安定性	JIS A 1122
	すり減り減量	JIS A 1121
	骨材の単位容積質量	JIS A 1104
混和剤	物理性状	JIS A 6204
コンクリートの配合	コンシステンシー 　スランプ 　振動台式コンシステンシー試験	JIS A 1101 舗装調査・試験法便覧　B046
	空気量	JIS A 1128
	曲げ強度 または引張強度 あるいは圧縮強度	JIS A 1106 舗装調査・試験法便覧　B064 JIS A 1108

(4) その他の材料の基準試験

コンクリート版に使用する鋼材,目地材料などの基準試験は,試験成績書による。コンクリート版に使用するその他の主な材料と試験項目を**表-8.3.4**に示す。

表-8.3.4 コンクリート版に使用するその他材料の基準試験項目の例

区　分	材料名	参照規格等
鋼　材	鉄　網	JIS G 3112
	ダウエルバー	JIS G 3112
	タイバー	JIS G 3112
	鉄筋,クロスバー,補強鉄筋	JIS G 3112
	チェア等	JIS G 3112
目地材料	目地板	表-4.5.15
	注入目地材	表-4.5.16

8-3-3 舗装用機械等の確認

(1) コンクリートプラントの調整・点検

JIS表示認証工場は,JIS A 5308にもとづき定期的に点検されているのでその結果を確認し,それ以外の設備も同JISにより点検するとよい。

(2) アスファルトプラントの調整・点検

アスファルトプラントは計量器,温度計およびアスファルト吐出量など,各設備,装置の機能を定期的に点検し,所定の品質のアスファルト混合物を製造できるようにしておく。また,計量器の点検の際には印字記録装置による計量値の打出しを行い,計量器の指示値と印字記録値との整合性を確認しておく。

なお,アスファルトプラントの点検は年1回以上行うものとする。点検の方法は「舗装施工便覧」の「付録-3　アスファルトプラントの定期点検」を参照する。

アスファルトプラントの定期点検を実施する場合の計量器,温度計およびアスファルト吐出量の目標値の例を**表-8.3.5**に示す。

表-8.3.5 アスファルトプラントの定期点検の目標値の例

点検項目		目標値
計量器	ひょう量の1/2未満	1目盛またはひょう量の±0.5%以内
	ひょう量の1/2以上	2目盛またはひょう量の±1%以内
温度計	標準温度計とのずれ	±5℃以内
	タイムラグ	6分以内
アスファルト吐出量		±1%以内

(3) 運搬および舗設用機械の確認

施工に先立ち,コンクリート舗装に使用するダンプトラック,トラックアジテータ,スプレ

ッダ，フィニッシャ，表面仕上げ機，スリップフォームペーバなど，またアスファルト舗装に使用するダンプトラック，アスファルトフィニッシャ，ローラなどに異常がないことを確認しておく。

8-3-4　試験施工

規模の大きな工事や新材料，新工法を用いる工事などの場合には，試験施工を行い，実際に路盤材料やコンクリートを敷きならし，締め固めてこれらの品質や作業性などについて確認を行う。また，敷きならしや締固め作業についての作業標準を定め，管理限界，管理の頻度なども設定する。試験施工では，実際の状況と同様に行うことが望ましく，そのためには現場の一部を使用して実施するとよい。

試験施工で検討する項目の一例を表-8.3.6に示す。

表-8.3.6　試験施工で検討する項目の一例

検討項目	内　容
施工機械の確認	選択した施工機械の組合せの適否など
コンクリートの確認	スランプ，空気量，強度など
	作業性，材料分離の有無など
コンクリートの運搬	運搬時間，運搬の間隔など
敷きならし条件	余盛り量など
締固め条件	締固め速度など
養生条件	養生方法など

8-3-5　基準試験の確認

基準試験の確認は，設計図書に定められた項目について受注者が行った試験結果により判定することを原則とする。なお，品質の定められている材料および混合物については製造者による試験成績書で確認する。

8-3-6　作業標準の設定

作業標準とは，所定の出来形・品質を満足する舗装を築造するための使用機械の選定や施工手順，施工方法など工事をどのように行うかの作業の標準を示すものである。試験施工を行って定めるか，または過去に良好な結果が得られている施工例があれば，そのときの作業標準を用いて定めてもよい。なお，小規模の工事や標準的な工事においては，作業標準にもとづいたチェックシートなどにより施工管理を行うことがある。

8-4　出来形管理

出来形管理は，出来形が設計図書に示された値を満足させるために行うものであり，基準高，幅，厚さならびに平たん性について行う。出来形が管理基準を満足するような工事の進め方や作

業標準は事前に決めるとともに，すべての作業員に周知徹底させる。また，施工中に測定した各記録はすみやかに整理し，その結果を常に施工に反映させる。なお，工事の出来栄えについては試験によって表わしにくいものもあり，局部的な異常も日常管理では発見しがたいこともある。よって，現場技術者がつねづね工事の細部について入念に観察しておくことも管理の一環として重要なことである。

　出来形管理の項目，頻度，管理の限界は，一般に検査基準と施工能力を考慮して定めるが，過去の施工実績などを参考に，最も能率的にかつ経済的に行えるよう受注者が定める。参考として「舗装設計施工指針」に示されている合格判定値の例に対する出来形管理の項目と頻度および管理の限界の例を**表-8.4.1**に示す。このうち路床については，構築を行った場合に適用する。

表－8.4.1　出来形管理項目と頻度および管理の限界の参考例

工　種		項　目	頻　度	標準的な管理の限界
構築路床		基準高	40mごと	±5cm以内
		幅	40mごと	－10cm以上
下層路盤		基準高	20mごと	±4cm以内
		厚さ	20mごと	－4.5cm以上
		幅	40mごと	－5cm以上
上層路盤	粒度調整	厚さ	20mごと	－2.5cm以上
		幅	100mごと	－5cm以上
	セメント,石灰安定処理	厚さ	20mごと	－2.5cm以上
		幅	100mごと	－5cm以上
	瀝青安定処理	厚さ	1,000m²ごと	－1.5cm以上
		幅	100mごと	－5cm以上
	セメント・瀝青安定処理	厚さ	20mごと	－2.5cm以上
		幅	40mごと	－5cm以上
コンクリート版		厚さ	100mごと	－1.0cm以上
		幅	40mごと	－2.5cm以上
		平たん性	車線ごと全延長	2.4mm以下
転圧コンクリート版		厚さ	40mごと	－1.5cm以上
		幅	40mごと	－3.5cm以上
		平たん性	車線ごと全延長	2.4mm以下

〔注〕セメントコンクリート版，転圧コンクリート版における路盤の基準高は，1層の場合個々の測定値を±3.0cm以内とする。

8-5　品質管理

　受注者は，所定の品質を確保するために，施工の工程を管理し，各工種における品質の管理を自主的に行う。

8-5-1　品質の管理手段

　品質管理の項目，頻度，管理の限界は検査基準や過去の施工実績などを考慮し，最も能率的にかつ経済的に行えるように受注者が定める。参考として「舗装設計施工指針」[1]に示されている合格判定値の例に対する管理の限界の例を**表-8.5.1**に示す。

　品質管理に当たっての留意事項は以下のとおりである。

① 各工程の初期においては，各項目に関する試験の頻度を適切に増し，その時点の作業員や施工機械などの組合せにおける作業工程をすみやかに把握しておく。なお，作業の進行に伴い，管理の限界を十分満足できることがわかれば，それ以降の試験の頻度は減らしてもよい。
② 管理結果を工程能力図にプロットし，その結果が管理の限界をはずれた場合，あるいは一方に片寄っているなどの結果が生じた場合，直ちに試験頻度を増し異常の有無を確かめる。
③ 作業員や施工機械などの組合せを変更する時も同様に試験頻度を増し，新たな組合せによる品質の確認を行う。
④ 管理の合理化を図るためには，密度や含水比などを非破壊で測定する機器を用いたり，作業と同時に管理できる敷きならし機械や締固め機械などを活用したりすることが望ましい。

表－8.5.1 品質管理項目と頻度および管理限界の参考例

工　種			工事規模別項目，実施の有無		実施する場合の頻度例	管理の限界例	試験方法
			中規模以上の工事	小規模の工事			
路下盤層	含水比，PI，粒度		△	－	観察により異常が認められたとき		舗装調査・試験法便覧
	締固め度		○	△	1,000m²に1個	最大乾燥密度の93%以上	
	プルーフローリング		○	－	随時	※	目視観察
上層路盤	粒度調整	含水比，PI	△	△	観察により異常が認められたとき	※	舗装調査・試験法便覧
		粒度 2.36mm	○	－	1～2回／日	±15%以内	
		粒度 75μm	△	－	1～2回／日	±6%以内	
		締固め度	○	△	1,000m²に1個	最大乾燥密度の93%以上	
	セメント，石灰安定処理	粒度 2.36mm	○	－	1～2回／日	±15%以内	
		粒度 75μm	△	－	1～2回／日	±6%以内	
		セメント量石灰量 定量試験	△	－	1～2回／日	±1.2%以内	
		セメント量石灰量 使用量	○	○	随時	※	空袋確認
		締固め度	○	△	1,000m²に1個	最大乾燥密度の93%以上	舗装調査・試験法便覧
		含水比	△	△	観察により異常が認められたとき	※	
	セメント・瀝青安定処理	セメント量	○	○	1～2回／日	※	使用量確認
		アスファルト乳剤量	○	○	1～2回／日	※	
		アスファルト量	○	○	1～2回／日	※	
		締固め度	○	△	1,000m²に1個	基準密度の93%以上	舗装調査・試験法便覧
		含水量	○	△	1～2回／日	※	
	瀝青安定処理	温度	○	○	随時	※	温度計
		粒度	○	－	印字記録：全数　または　抽出・ふるい分け試験：1～2回／日	印字記録の場合　骨材累積最終ビン計量値がその基準値の±6%以内であるとともに　2.36mm：±0.01×Wa×(14.1－0.06S)以内　75μm：石粉量は　±0.01×W×F×(0.37－0.013F)以内　ふるい分け試験の場合　2.36mm±15%以内，75μm±6%以内	舗装調査・試験法便覧

第8章 管理と検査

	項目			頻度	基準	試験方法
	アスファルト量	○	△	印字記録:全数 または 抽出・ふるい分け試験：1～2回／日	印字記録の場合 　骨材累積最終ビン計量値がその基準値の 　±6%以内であるとともに 　±0.01×W×(1.27－0.06A)以内 抽出試験の場合：±1.2%以内	
	締固め度	○	△	1,000m²に1個	基準密度の93%以上	
コンクリート版	粒度，単位容積質量	○	△	細骨材300m³, 粗骨材500m³に1回または1回／日	※	JIS A 1102 JIS A 1104
	細骨材の表面水率	○	△	2回／日	※	JIS A 1111
	コンシステンシー	○	○	2回／日	設計値の範囲	JIS A 1101
	空気量	○	○	2回／日	設計値の範囲	JIS A 1128
	コンクリート温度	○	○	コンシステンシー測定時	※	JIS A 1156
	コンクリート強度	○	○	2回／日	1回の試験結果が設計基準強度の85%以上 3回の試験結果の平均が設計基準強度以上	JIS A 1106 JIS A 1108 舗装調査・試験法便覧
	塩化物含有量	○	○	2回／日	0.30kg/m³以下	塩分含有量測定器
転圧コンクリート版	粒度，単位容積質量	○	△	細骨材300m³, 粗骨材500m³に1回または1回／日	※	JIS A 1102 JIS A 1104
	細骨材の表面水率	○	△	2回／日	※	JIS A 1111
	コンシステンシー	○	○	2回／日	マーシャル締固め試験：目標値の±1.5% ランマ突固め試験　：目標値の±1.5% VC振動締固め試験　：目標値の±10秒	舗装調査・試験法便覧
	コンクリート温度	○	○	2回／日	※	JIS A 1156
	コンクリート強度	○	○	2回／日	1回の試験結果が配合基準強度の85%以上 3回の試験結果の平均が配合基準強度以上	JIS A 1106 JIS A 1108
	締固め度	○	○	40mに1回(横断方向に3箇所)	基準密度の95.5%以上	舗装調査・試験法便覧

　　凡例　○：定期的または随時実施することが望ましいもの
　　　　　△：異常が認められたとき，または，特に必要なとき実施するもの
　　　　　－：省略が可能なもの
　　　　　※：必要に応じて定める

〔注1〕印字記録による場合，瀝青安定処理にあっては，100バッチにおいて限界値をはずれるものが7バッチ以上の割合にならないように管理する。

〔注2〕連続質量計量による印字記録の場合の記録値は，原則として1分間ごとの積算値で表し，管理することが望ましい。

〔注3〕表中に示された記号は，以下のとおりである。

　　　W　：1バッチの基準全計量値（kg）

　　　Wa：1バッチの基準骨材計量値（kg）

　　　F　：現場配合における石粉配合率（%）

　　　A　：現場配合におけるアスファルト配合率（%）

　　　S　：（1バッチ当たり2.36mm直近ホットビンまでの基準骨材計量値／Wa）×100（%）

〔注5〕セメント・瀝青安定処理については「舗装再生便覧」を参照する。

〔注6〕転圧コンクリート版の締固め度の管理は，RI密度計によることを原則とする。ただし，RI密度計が使用できない場合は，JIS A 1214または舗装調査・試験法便覧の砂置換法による現場密度試験を用いてもよい。なお，この方法の場合は破壊を伴う測定となるため，測定頻度は40mに1回（横断方向に1箇所）とする。

8-5-2 路床・路盤の品質管理の留意点

（1）構築路床

構築路床の管理は，最大乾燥密度との密度比（締固め度）による方法，空気間隙率または飽和度による方法，強度特性などによる方法，締固め機械の機種と転圧回数による方法などがあるので，土質条件などを考慮して決定することが望ましい。なお，管理限界の例を**表－8.5.2**に示す。

表－8.5.2　構築路床の管理限界の例

例	項　目	頻　度	管理の限界値	備　考
例1	締固め度	1,000m²に1回	最大乾燥密度の85%以上	
	含水量		突固めによる土の締固め試験結果を参考	
例2	締固め度	500 m²に1回	最大乾燥密度の90%以上	土量が5,000m³未満の場合は，1工事当たり3回以上，土量が1,000m³未満の場合は1工事当たり1回以上
	プルーフローリング	全幅全区間		
例3	締固め度	1ロット2,000 m²を標準として5回の割合で実施	最大乾燥密度の90%以上	土量が5,000m³未満の場合は1工事当たり3回以上，土量が1,000m³未満の場合は1工事当たり1回以上，法面，法肩部などの土量については省略
	プルーフローリング	全幅全区間		

（2）下層路盤

締固め度の管理は，おおむね1,000 m²程度に1回の密度試験を行うのが一般的である。また，試験施工あるいは工程の初期におけるデータから，所定の締固め度を得るのに必要な転圧回数が求められた場合には，現場の作業を定常化して締固め回数による管理に切り換えるなど，ほかの管理手法に換えることも可能である。この場合には，密度試験を併用する必要はない。一方，プルーフローリングにより管理することも異常箇所の発見に有効であり，この場合は，特に異常な沈下に注意して観察するとよい。

粒度の管理は，通常目視によるが，異常が認められた場合はふるい分け試験を行う。含水比の管理は，通常目視観察による。またRI計器を利用して確認する方法もあるが，この場合は，計器のキャリブレーションを十分に行う必要がある。PI（塑性指数）の管理は，含水比などと同様に目視観察による。

（3）粒度調整路盤

締固め度，含水比およびPIの管理は，下層路盤の場合に準ずる。粒度の管理にはふるい分け試験を1〜2回／日実施する。

（4）セメント，石灰安定処理路盤

締固め度，粒度および含水比の管理は，粒度調整路盤の場合に準ずる。セメント（石灰）量

は定量試験または使用量により管理するが，工程の初期においては混合性の確認のためカルシウムイオン選択性電極法を併用することもある。

（5）瀝青安定処理路盤

1）アスファルトプラントに計量値の印字記録装置を有し，「舗装施工便覧」の「10-3-3（1）アスファルトプラントの調整・点検」を実施しているプラントの場合，粒度およびアスファルト量の管理はその印字記録を利用するとよい。なお，この場合，定期的に印字記録とアスファルト抽出試験結果の照合を行うことにより，通常の品質管理において抽出試験を併用する必要はない。なお，小規模以下の工事において瀝青安定処理路盤を用いる場合には，粒度管理を省略することがある。

2）常設のアスファルトプラントにおいて，製造した混合物の種類ごとに毎日の品質管理を行っている場合には，それを利用する。

3）混合物の温度は，基準試験において骨材温度と関連づけてその指示温度で管理する。

4）締固め度の管理は，通常切取りコアの密度を測定して行う。コア採取の頻度は工程の初期は多めに，それ以降は少なくして，混合物の温度と締固め状況に注意するとよい。この際，表面における材料の分離やヘアクラックの有無などについても注意深く観察する。なお橋面舗装等でコア採取が床版面に損傷を与えるおそれがある場合は他の方法によることができる。

8-6 検 査

8-6-1 性能の確認・検査の方法

（1）性能の確認方法および確認・検査の主体等

　性能の確認方法には，性能指標の値を直接計測または間接計測によって確認する方法と，既に性能が確認されている舗装の仕様を出来形・品質の検査によって性能を確認する方法とがある。

　前者は舗装の性能指標の値を具体的に設計図書に定めている場合に適用し，後者は完成時の舗装の出来形・品質が設計で定められている場合に適用することが原則となる。しかし，発注形態によっては二通りの確認方法を併用するケースもある。

　性能の確認・検査は，舗装の性能指標の値および出来形・品質を客観的に評価して行うものである。したがって，工事の種別，規模にかかわらず発注者が主体となって公正に実施する。性能の確認・検査の項目，方法，時期，および合格判定値は，設計図書等の契約図書に必ず明記する。

（2）性能指標の値の確認による方法

　性能指標およびその測定方法が設計図書に定められている場合は，発注者が定めた合格判定値により合否の判定を行う。性能指標の値を確認する方法には，以下に示すように，現地の舗装において当該舗装の性能指標の値を直接計測して確認する方法がある。

- 平たん性を求めるための3メートルプロフィルメータによる測定方法，
  平たん性を求めるための路面性状測定車による測定方法
- 浸透水量を求めるための現場透水量試験器による透水量測定方法

・騒音値を求めるための舗装路面騒音測定車によるタイヤ／路面騒音測定方法
・すべり抵抗値を求めるためのすべり抵抗測定車によるすべり摩擦係数測定方法，すべり抵抗値を求めるためのDFテスタによる動的摩擦係数測定方法

（3）出来形・品質の確認による方法

　性能が確認されている仕様をもとに完成時の舗装の出来形・品質が設計で定められている場合には，その仕様を再現しているかどうか品質・出来形を検査することにより施工直後の性能を確認する。この場合受注者は，基準試験や施工各段階における出来形・品質管理を自主的に実施する必要がある。また，発注者は完成時はもちろん，施工段階でも必要に応じて性能の確認・検査を行う。

　施工段階での確認・検査の方法については，「8-6-3（1）出来形・品質の検査方法」を参照する。

8-6-2　性能指標の値の確認

（1）性能指標の値の確認方法

　舗装の性能指標には，必須の性能指標である疲労破壊輪数（ひび割れ度），塑性変形輪数，平たん性，雨水浸透に関する性能指標である浸透水量，および必要に応じ定める性能指標として，騒音値，すべり抵抗値などがある。

　性能指標の値の確認方法の詳細は，「舗装性能評価法　―必須および主要な性能指標の評価法編―（平成25年版）」を参照する。これ以外の方法で確認できるか否かの判断は，発注者が行う。また，新たに舗装性能評価法が示された場合は，それを参考にする。

　なお，疲労破壊輪数（ひび割れ度），塑性変形輪数の評価法に関しては，普通道路に対する評価法を示した。

1）必須の性能指標

　① 疲労破壊輪数（ひび割れ度）

　　「舗装の構造に関する技術基準」の別表2（表－8.6.1，表－8.6.2）に掲げるコンクリート舗装は，設計期間を20年として，基準に適合するものとみなす。

　　なお，設計の照査で妥当性が確認された舗装の場合には，出来形・品質を確認することにより，所要の疲労破壊輪数を有しているとみなすことができる。

　② 塑性変形輪数

　　コンクリート舗装は塑性変形が生じないので，塑性変形輪数に関する基準には適合しているとみなす。

　③ 平たん性

　　平たん性の確認は，「舗装性能評価法」の「平たん性を求めるための3メートルプロフィルメータによる測定方法」またはこれと同等の平たん性を算定できる路面性状測定車による測定方法で得られた縦断凹凸の標準偏差σ（mm）により行う。

　④ 浸透水量（雨水浸透に関する性能指標）

　　雨水を路面下に円滑に浸透させることを目的とした透水性舗装，排水性舗装の浸透水量の確認は，「舗装性能評価法　浸透水量を求めるための現場透水量試験器による透水量測定方法」により行う。

表−8.6.1　セメントコンクリート版の版厚等

舗装計画交通量 （台／日）	セメントコンクリート版の設計			収縮目地間隔	タイバー， ダウエルバー
	設計基準曲げ強度	版厚	鉄網		
T＜100	4.4MPa (3.9MPa)	15cm (20cm)	原則として 使用する。 3kg/m²	・8m ・鉄網を用いな い場合は 5m	原則として使用する。
100≦T＜250		20cm (25cm)			
250≦T＜1,000	4.4MPa	25cm		10m	
1,000≦T＜3,000		28cm			
3,000≦T		30cm			

〔注〕版厚の欄の（　）内の値：曲げ強度 3.9MPa のセメントコンクリートを使用する場合の値

表−8.6.2　路盤の厚さ

舗装計画交通量 （台／日）	路床の設計 CBR	アスファルト中間層 (cm)	粒度調整砕石 (cm)	クラッシャラン (cm)
T＜250	2	0	25 (20)	40 (30)
	3	0	20 (15)	25 (20)
	4	0	25 (15)	0
	6	0	20 (15)	0
	8	0	15 (15)	0
	12 以上	0	15 (15)	0
250≦T＜1,000	2	0	35 (20)	45 (45)
	3	0	30 (20)	30 (25)
	4	0	20 (20)	25 (0)
	6	0	25 (15)	0
	8	0	20 (15)	0
	12 以上	0	15 (15)	0
1,000≦T	2	4 (0)	25 (20)	45 (45)
	3	4 (0)	20 (20)	30 (25)
	4	4 (0)	10 (20)	25 (0)
	6	4 (0)	15 (15)	0
	8	4 (0)	15 (15)	0
	12 以上	4 (0)	15 (15)	0

〔注〕
1．粒度調整砕石の欄の（　）内の値：セメント安定処理路盤の場合の厚さ
2．クラッシャランの欄の（　）内の値：上層路盤にセメント安定処理路盤を使用した場合の厚さ
3．路床の設計 CBR が 2 のときには，遮断層を設けるものとする。
4．設計 CBR 算出時の路床の厚さは 1m を標準とする。ただし，その下面に生じる圧縮応力が充分小さいことが確認される場合においては，この限りではない。

2）必要に応じ定める性能指標
　① 騒音値
　　騒音低減を目的として低騒音舗装を施工したとき，その性能指標である騒音値を評価する方法として，「舗装性能評価法　騒音値を求めるための舗装路面騒音測定車によるタイヤ／路面騒音測定方法」あるいは「舗装性能評価法　騒音値を求めるための測定用乗用車によるタイヤ／路面騒音測定方法」により行う。なお，測定用乗用車で騒音値を測定した場合は，舗装路面騒音測定車による測定値への換算が必要である。
　② すべり抵抗値
　　すべり抵抗値の測定は，すべり抵抗測定車または当該車両との相関が確認されているすべり抵抗測定車により行う方法がある。すべり抵抗測定車以外の方法としては，ダイナミック・フリクション・テスタ（以下，DF テスタ）あるいは振子式スキッド・レジスタンステスタによる方法がある。
　　すべり抵抗測定車およびDFテスタによる測定方法は，「舗装性能評価法　すべり抵抗値を求めるためのすべり抵抗測定車によるすべり摩擦係数測定方法」，「DFテスタの動的摩擦係数によるすべり抵抗値測定方法」による。また，振子式スキッド・レジスタンステスタによる測定方法は，「舗装調査・試験法便覧」による。
　③ その他の性能指標
　　その他の舗装の要求性能として，夏季の路面温度の上昇抑制，トンネル内等における路面の明るさ向上，排水性舗装の低温期における車両走行時の衝撃等による骨材飛散抑制およびステアリングによる交差点部の骨材飛散抑制，積雪寒冷地域における路面の凍結抑制，タイヤチェーンによる摩耗抑制，都市部における集中豪雨の河川への流出抑制，沿道の振動低減などがある。
　　これらの要求性能に対する性能指標とその値は，交通条件，沿道条件，気象条件および当該要求性能に関連する図書（「舗装性能評価法　別冊　－必要に応じ定める性能指標の評価法編－」）等を参考にして，発注者が適切に設定する。また，新たに舗装性能評価法が示された場合には，それを参考とする。

（2）性能指標の値の検査および合格判定値
　契約関係の中での性能の確認行為は，出来形・品質による場合と同様検査となり，合否判定が伴う。舗装の性能指標の合格判定は，「8-6-2（1）性能指標の値の確認方法」および「舗装性能評価法」に定めた方法を参考に行う。
　性能指標の合格判定値は，発注者が対象となる現場の状況や地域性等を踏まえデータのばらつき等から安全性を考慮するなど，統計的な検討を加えて定める。

8-6-3　出来形・品質の検査
（1）出来形・品質の検査方法
　舗装の出来形・品質の検査方法および合格判定値の考え方を以下に示す。
1）ロットの大きさおよびサンプリング
　　工事の合否を判定する際の単位を検査ロットという。大規模工事の場合などには工事ロッ

トを適切な規模に分割して，それぞれについて合否を判定するのが一般的である。サンプリングは，無作為に行うことを原則とし，必要に応じて乱数表などを用いて行う。

2）検査項目の選択

検査実施項目は，発注者が地域性，現場条件，検査の経済性および効率性等を考慮してこれを定める。また，出来形・品質の合格判定値は，設計時に設定した性能を検査し，合格を判定するもので，原則として工事規模や道路種別が異なる場合でも同一とする。

3）実施段階における検査

① 基準試験の確認

配合設計を含め，使用する材料の品質を確認する試験，基準密度のような基準値を得るための試験，作業標準を得るための試験施工等は，施工に先立ち行う基準試験である。これらが設計図書で規定されている場合は，受注者が基準試験を実施し，その結果については発注者が確認・承認する。

なお，材料については製造者の試験成績表，配合設計についてはアスファルト混合物事前審査制度に合格していれば，その配合設計書を基準試験に代えて用いることができる。

② 検査の実施時期

a）完成後に見えなくなるなど，完成時に検査が困難な場合については，施工の各段階で段階検査を実施する。

b）完成時には監督員以外の検査員が工事検査を実施する。

③ 検査の実施方法

a）「8-6-3（2）2）出来形検査の方法」および「8-6-3（3）2）品質検査の方法」は，検査方法を参考として示したものである。ただし，その方法と同等またはよりよい試験方法が確立され，それが適用できる場合には，発注者と受注者の協議により，それを利用する。

b）合格判定値は，**表－8.6.8**に参考として示した。ただし，それと同等またはよりよい試験方法を適用する場合には，発注者と受注者の協議により，別途合格判定値を定める。

④ 抜取り検査と立会い検査

検査の方法は原則として抜取り検査によるものとし，受注者の品質管理データをもってそのまま検査結果としてはならない。ただし，以下の場合は，監督職員および1級舗装施工管理技術者の資格を有するなどの受注責任者の立会いにより，材料や施工状態の確認による立会い検査とすることもある。

a）工種（橋面舗装など），規模，施工条件（夜間工事，緊急補修工事）などや交通等の外的条件によって抜取り検査が適切でないと判断される場合

b）完成後に見えなくなるため，抜取り検査が適切でないと判断される場合

c）コンクリート版の品質の合格判定は，曲げ強度または引張強度，圧縮強度で判定するが，通常の場合は，標準養生の供試体を用いた管理データによる検査とし，コンクリート版から抜き取ったコアまたは角柱供試体による検査は行わない。

(2) 出来形検査の実施項目と方法
 1) 出来形検査の実施項目
　　出来形の検査は，**表-8.6.3**に示す実施項目を参考に選定する。なお，実施項目については，発注者が工事の内容等を総合的に勘案して省略の可否を最終的に判断する。
 2) 出来形検査の方法
　　出来形の検査方法は，**表-8.6.3**に応じた検査項目に対して，**表-8.6.4**の方法で実施することを標準とする。なお，ここに示した検査方法と同等またはよりよい方法が確立され，それが適用できる場合には，発注者，受注者の協議により，その方法を利用することができる。

(3) 品質検査の実施項目と方法
 1) 品質検査の実施項目
　　品質の検査は，**表-8.6.5**に示す項目について実施する。また，アスファルト混合物の事前審査制度等により，品質の認定を受けている場合は，発注者が工事の内容等を総合的に勘案して省略の可否または頻度の削減を最終的に判断する。
 2) 品質検査の方法
　① **表-8.6.6**に示す品質の標準的な検査方法は，同等またはよりよい方法が確立され，それが適用できる場合には，発注者，受注者の協議により，その方法を利用することができる。
　② 検査は，サンプルを試験して，特定の検査項目について計量値として得た測定結果にもとづいて算出し，その結果を事前に求めた合格判定値と比較して，ロットの合否を判定する。ただし，「8-6-3（1）3）④ 抜取り検査と立会い検査 a）～c）」に示すような場合に限り，立会いによる確認によって検査を実施することができる。

表-8.6.3 出来形検査実施項目の例

工　種		項　目
構築路床		改良厚さ
		基準高
		幅
下層路盤		基準高
		幅
		厚さ
上層路盤	粒度調整	幅
		厚さ
	セメント(石灰)安定処理 セメント・瀝青安定処理 瀝青安定処理	幅
		厚さ
	アスファルト中間層	幅
		厚さ
表層	セメントコンクリート版	幅
		厚さ
		平たん性
	(ポーラスコンクリート版)	(浸透水量)

表－8.6.4　出来形の標準的な検査方法

項目	工　種	検　査　方　法
基準高	構築路床，下層路盤	舗装調査・試験法便覧　構築された路床面の基準高の測定方法
幅	構築路床，下層路盤，粒度調整路盤，セメント(石灰)安定処理路盤，セメント・瀝青安定処理路盤，瀝青安定処理路盤	舗装調査・試験法便覧　粒状路盤の幅の測定方法
	アスファルト中間層，セメントコンクリート版	舗装調査・試験法便覧　舗装の幅の測定方法
厚さ	下層路盤	舗装調査・試験法便覧　粒状路盤の厚さの測定方法 （抜取り検査：実測法，それ以外：水糸またはレベル）
	粒度調整路盤，セメント(石灰)安定処理路盤，セメント・瀝青安定処理路盤，瀝青安定処理路盤	舗装調査・試験法便覧　粒状路盤の厚さの測定方法 （立会い検査：水糸またはレベル，それ以外：実測法）
	アスファルト中間層	（コア採取） 舗装調査・試験法便覧　アスファルト混合物層の厚さ測定方法 （コア採取以外） 舗装調査・試験法便覧　粒状路盤の厚さの測定方法 （水糸またはレベル）
	セメントコンクリート版	（コア採取以外） 型枠または舗装調査・試験法便覧　粒状路盤の厚さの測定方法 （水糸またはレベル） （コアを採取する場合） 舗装調査・試験法便覧　舗装の厚さの測定方法
平たん性	セメントコンクリート版	舗装性能評価法　3メートルプロフィルメータまたは路面性状測定車による測定方法
浸透水量	ポーラスコンクリート版	舗装性能評価法　浸透水量を求めるための現場透水量試験器による透水量測定方法

〔注〕1ロットにつき10個以上の検査を実施する。

表－8.6.5　品質検査実施項目の例

工　種		項　　目	
構築路床		締固め度	
		セメント・石灰量	
下層路盤		締固め度	
上層路盤	粒度調整	締固め度	
		粒度	2.36mm
			75μm
	セメント(石灰)安定処理 セメント・瀝青安定処理 瀝青安定処理	締固め度	
		粒度	2.36mm
			75μm
		セメント・石灰量	
		アスファルト乳剤量	
		アスファルト量	
	アスファルト中間層	締固め度	
		粒度	2.36mm
			75μm
		アスファルト量	
表層	セメントコンクリート版	曲げ強度	
	(転圧コンクリート版)	(締固め度)	

表−8.6.6　品質の標準的な検査方法

項　目	工　　種	検　査　方　法
締固め度	置換え工法，下層路盤，粒度調整路盤，セメント（石灰）安定処理（構築路床，路盤），セメント・瀝青安定処理	舗装調査・試験法便覧　砂置換法による路床の密度の測定方法 舗装調査・試験法便覧　砂置換法による路盤の密度の測定方法 舗装調査・試験法便覧　RIによる密度の測定方法
	瀝青安定処理路盤 アスファルト中間層	（コア採取） 舗装調査・試験法便覧　締固めたアスファルト混合物の密度試験方法 （コア採取以外） 作業標準による　事前に転圧機種，転圧回数，温度等を定めておく
	転圧コンクリート版	舗装調査・試験法便覧　転圧コンクリート版の締固め密度試験方法
粒　度	下層路盤，粒度調整路盤，セメント（石灰）安定処理路盤 セメント・瀝青安定処理	舗装調査・試験法便覧　骨材のふるい分け試験方法
粒度，アスファルト量	瀝青安定処理路盤 アスファルト中間層	（コア採取） 舗装調査・試験法便覧　アスファルト抽出試験方法 （コア採取以外） 混合所またはフィニッシャ敷きならし直後に採取した試料を用い，舗装調査・試験法便覧　アスファルト抽出試験方法 または混合所の印字記録により検査
セメント・石灰・アスファルト乳剤・アスファルト量	セメント（石灰）安定処理（構築路床，路盤），セメント・瀝青安定処理	使用量計量
曲げ強度	セメントコンクリート版	舗装調査・試験法便覧　コンクリートの曲げ強度試験方法

〔注1〕検査のためのサンプリングは，1,000m^{2}につき1個の割合（ただし1ロット3個以上）とする。
〔注2〕セメントコンクリート版の検査は，曲げ強度に替えて，引張強度，圧縮強度で行ってもよい。

（4）出来形・品質の合格判定値

出来形および品質の合格判定は，「8-6-3（2）2）出来形検査の方法」および「8-6-3（3）2）品質検査の方法」で定めた方法により行うものとし，合格判定値は，発注者が検査の考え方を含め，地域性，現場条件等を勘案して適宜定める。

国土交通省の「土木工事施工管理基準及び規格値（案）」[2]に記載された出来形の管理基準と規格値を**表−8.6.7**に示す。

出来形の合格判定等は以下に示すように実施する。

① 高さおよび幅については，個々の測定値は合格判定値以内になければならない。
② 厚さは，個々の測定値が10個に9個以上の割合で合格判定値以内にあるとともに，10個の測定値の平均値($\bar{X}_{10}$)が合格判定値の範囲になければならない。ただし，厚さのデータ数が10個未満の場合は測定値の平均値は適用しない。
③ コア採取について，橋面舗装等でコア採取により床版等に損傷を与えるおそれのある場合には，他の方法によることができる。
④ 維持工事においては平たん性の項目を省略することができる。

また,「舗装設計施工指針」の品質の抜取り検査による標準的な合格判定値の例を**表－8.6.8**に示す。品質の合格判定は以下の手順で実施する。
① 10,000m²以下を1ロットとし,無作為に抽出した10個の測定値の平均値が,合格判定値$\overline{X}_{10}$の範囲内になければならない。
② 10個のデータの取得が困難な場合は,無作為に抽出した3個の平均によってもよいが,平均値は合格判定値の$\overline{X}_3$の範囲内になければならない。
③ $\overline{X}_3$が不合格の場合は,さらに3個の測定値を加えて6個の平均値$\overline{X}_6$を求め,再度合否の判定を行う。これが不合格となった場合に,この6個にさらに4個を加えて$\overline{X}_{10}$の合格判定値の範囲を適用してはならない。
④ 局部的に不合格となる部分があるために,全体として大きなロットが不合格となる場合があるが,このようなときは不合格のロットを小さないくつかのロットに区分けして再び確認を行う方が,事後処理すべき範囲を小さくすることができる。
⑤ コンクリート版の品質は曲げ強度または引張強度で判定する。確認は,標準養生した供試体を用いた管理データによる確認とし,切取りコアなどによる確認は行わない。品質の合否は,以下に示すJIS A 5308レディーミクストコンクリートにおける合格判定条件による。なお,呼び強度とは設計基準強度である。
a）1回の試験結果は指定した呼び強度の85%以上であること。
b）3回の試験結果の平均値は,指定した呼び強度以上であること。

表－8.6.7　国土交通省の出来形管理基準および規格値の例

工　種		測定項目	規格値 個々の測定値(X)（中規模以上,小規模以下）	規格値 平均の測定値($\overline{X}_{10}$)（中規模以上）	測定基準
下層路盤		基準高(cm)	中規模:±4 小規模:±5	－	基準高は延長40mごとに1箇所の割とし，道路中心線および端部で測定。厚さは各車線200mごとに1箇所を掘り起こして測定。幅は延長80mごとに1箇所の割に測定。
下層路盤		幅(cm)	－5	－	
下層路盤		厚さ(cm)	－4.5	－1.5	
上層路盤	粒度調整	幅(cm)	－5	－	幅は延長80mごとに1箇所の割とし，厚さは各車線200mごとに1箇所を掘り起こして測定。
上層路盤	粒度調整	厚さ(cm)	中規模:－2.5 小規模:－3	－0.8	
上層路盤	セメント（石灰）安定処理 セメント・瀝青安定処理	幅(cm)	－5	－	幅は延長80mごとに1箇所の割とし，厚さは1,000m²に1個の割でコアを採取もしくは掘り起こして測定。
上層路盤	セメント（石灰）安定処理 セメント・瀝青安定処理	厚さ(cm)	中規模:－2.5 小規模:－3	－0.8	
上層路盤	アスファルト中間層	幅(cm)	－2.5	－	幅は延長80mごとに1箇所の割とし，厚さは1,000m²に1個の割でコアを採取して測定。
上層路盤	アスファルト中間層	厚さ(cm)	中規模:－0.9 小規模:－1.2	－0.3	
コンクリート版		幅(cm)	－2.5	－	厚さは各車線の中心付近で型枠据付後各車線200mごとに水糸またはレベルにより1側線当たり横断方向に3箇所以上測定。幅は，延長80mごとに1箇所の割で測定。平たん性は車線ごとに版縁から1mの線上，全延長とする。
コンクリート版		厚さ(cm)	－1.0	－0.35	
コンクリート版		平たん性(mm)	－	標準偏差(σ) 2.4mm以下 （硬化後，3mプロフィルメーターにより測定）	
コンクリート版		目地段差(mm)	±2		隣接する各目地に対して，道路中心線および端部で測定。
転圧コンクリート版		幅(cm)	－3.5	－	厚さは，各車線の中心付近で型枠据付後各車線200mごとに水糸またはレベルにより1側線当たり横断方向に3箇所以上測定。幅は，延長80mごとに1箇所の割で測定。平たん性は車線ごとに版縁から1mの線上，全延長とする。
転圧コンクリート版		厚さ(cm)	－1.5	－0.45	
転圧コンクリート版		平たん性(mm)	－	標準偏差(σ) 2.4mm以下 （硬化後，3mプロフィルメーターにより測定）	
転圧コンクリート版		目地段差(mm)	±2		隣接する各目地に対して，道路中心線および端部で測定。

〔注1〕　コンクリート版，転圧コンクリート版における路盤の基準高は，1層の場合個々の測定値を±3.0cm以内とする。
〔注2〕　連続鉄筋コンクリート舗装版は「コンクリート版」の記載に準ずる。ただし，目地段差は含まない。

表-8.6.8 品質の合格判定値の例

工　種	項　目		$\overline{X}_{10}$	$\overline{X}_6$	$\overline{X}_3$
構築路床	締固め度(%)		92.5 以上	93 以上	93.5 以上
下層路盤	締固め度(%)		95 以上	96 以上	97 以上
上層路盤 粒度調整	締固め度(%)		95 以上	95.5 以上	96.5 以上
上層路盤 粒度調整	粒度(%)	2.36mm	±10 以内	±9.5 以内	±8.5 以内
上層路盤 粒度調整	粒度(%)	75μm	±4.0 以内	±4.0 以内	±3.5 以内
上層路盤 セメント安定処理 石灰安定処理 セメント・瀝青安定処理	締固め度(%)		95 以上	95.5 以上	96.5 以上
上層路盤 セメント安定処理 石灰安定処理 セメント・瀝青安定処理	粒度(%)	2.36mm	±10 以内	±9.5 以内	±8.5 以内
上層路盤 セメント安定処理 石灰安定処理 セメント・瀝青安定処理	粒度(%)	75μm	±4.0 以内	±4.0 以内	±3.5 以内
上層路盤 セメント安定処理 石灰安定処理 セメント・瀝青安定処理	セメント・石灰量(%)		－0.8 以上	－0.8 以上	－0.7 以上
上層路盤 瀝青安定処理	締固め度(%)		95 以上	95.5 以上	96.5 以上
上層路盤 瀝青安定処理	粒度(%)	2.36mm	±10 以内	±9.5 以内	±8.5 以内
上層路盤 瀝青安定処理	粒度(%)	75μm	±4.0 以内	±4.0 以内	±3.5 以内
上層路盤 瀝青安定処理	アスファルト量(%)		－0.8 以上	－0.8 以上	－0.7 以上
アスファルト中間層	締固め度(%)		96 以上	96 以上	96.5 以上
アスファルト中間層	粒度(%)	2.36mm	±8.0 以内	±7.5 以内	±7.0 以内
アスファルト中間層	粒度(%)	75μm	±3.5 以内	±3.5 以内	±3.0 以内
アスファルト中間層	アスファルト量(%)		±0.55 以内	±0.50 以内	±0.50 以内
転圧コンクリート版	締固め度(%)		97.5 以上	97.5 以上	98 以上

8-7　安全管理と環境対策

　舗装工事は機械化施工を標準とした現場作業であり，さらに補修工事は供用路線上で実施される。よって，現場内での安全対策と交通に対する安全対策など，施工における安全管理は特に重要である。

　また，環境対策も重要な項目であり，騒音，振動，建設廃棄物など，近隣の生活環境や自然環境に及ぼす影響を予測し適切な対策を行うことが必要である。

　安全確保および環境保全の立案における検討事項は，**表－8.7.1** などを参考に必要なものを選ぶとよい。

第8章　管理と検査

表－8.7.1　安全管理と環境対策の立案における検討事項の例

計画項目	対策区分	検　討　事　項
広　　報		地元住民への工事説明，広報板の設置
安全管理	安　　全	安全衛生管理組織の設置，安全衛生教育の実施，電気・ガス・水道施設等の地下埋設物の保護，機械等の保守点検，施工途中で交通開放を行う場合の段差等のすり付け
安全管理	現　　場	材料搬入経路，大型機械搬入経路・組立て場所，交通規制・迂回路などの調整，交通整理員の配置，バリケード・交通標識・安全標識等の設置
環境対策	騒　　音	低騒音型機械の採用，作業時間帯の検討
環境対策	振　　動	低振動型機械の採用，作業時間帯の検討
環境対策	粉　　塵	工事箇所における散水，安定処理工事における粉塵発生の防止
環境対策	大気汚染	排気ガス対策型機械および低燃費型機械の採用，現場内でのアイドリングストップ
環境対策	排　　水	降雨時の排水方法，泥水および土砂の流出防止
環境対策	発 生 土	発生土等の仮置き，搬出，処分方法
環境対策	再資源化	再生資源利用計画，再生資源利用促進計画
環境対策	使用材料	再生材料や副産物の活用，グリーン調達の推進，二酸化炭素（CO_2）排出抑制型材料の使用

8-7-1　安全管理

安全管理には工事現場における現場安全管理と，交通安全管理がある。

（1）現場安全管理

現場安全管理においては，共通仕様書等に記載されている安全管理に係わる事項を遵守し，安全管理体制を整え次のような事項を適切に実施する。さらに緊急時の連絡系統の整備，系統図の明示を行う。

　① 現場内の整理整頓，作業環境の維持向上
　② バリケード，標識の設置
　③ 現場パトロールの実施および交通整理員・保安員の適正配置
　④ 保安着，安全靴，保安帽の着用の徹底
　⑤ 機械運転手の指名（有資格者）
　⑥ 使用機械の点検および整備の適切な実施
　⑦ 安全集会，安全教育などで安全に関する啓蒙
　⑧ その他関連法規などに示された安全対策の実施

（2）交通安全管理

交通安全管理においては工事用車両の出入りや，一般交通車両や歩行者・自転車などに対する交通安全対策を適切，確実に実施する必要がある。特に工事の実施に当たっては，受注者は監督職員，発注者，所轄警察署と協議するとともに「建設工事公衆災害防止対策要綱」（平成5年1月12日建設省経建発第1号）などにしたがって安全対策を行う。

また，地下埋設物の保護について，都市部での掘削を伴う工事の場合は，特に，電気，ガスおよび水道等の地下埋設物の保護が重要である。計画段階で調査を行い，各管理者と協議し，地下埋設物を破損しないよう，その位置を図面上に記入し，施工前に再確認するなどして施工

に反映する。

さらに，施工途中での舗装の性能については，平たん性など，道路利用者が舗装に求める性能は，施工途中であっても完成後の舗装の性能と同様であることから，表層の施工前に交通開放を行う場合であっても，段差を無くして路面の平たん性を確保することが必要である。やむを得ず段差等をすり付けで対処する場合でも，交通開放時の規制速度や騒音・振動等沿道への影響を勘案して，施工継目の段差のすり付けや道路占用埋設物件に係わるマンホール等の突起物のすり付けは十分な延長と幅をもって行う。マンホール等の突起物ですり付け延長が制限され，十分なすり付け延長がとれない場合は，事前に突起物を切り下げ，平たんに仕上げて交通開放を行い，表層の施工完了後に，計画高さに修正する工法等を採用するなど，舗装路面だけでなく舗装構造にも影響を与えない配慮をする。

8-7-2　環境対策

環境対策には工事中における地域住民の生活環境や近接する自然環境の保全を行う工事公害防止対策と，建設副産物への対策がある。

工事公害防止対策は，工事に伴って発生する騒音，振動，粉塵，排水や周辺の樹木農作物の保護などへの対策であり，低騒音，低振動型の施工機械を検討するなど騒音規制法や振動規制法などの関連する法規を参考に適切な処置を講ずる。

建設副産物対策では発生の抑制，再利用の促進，適正処分の徹底を図るため，再生資源利用計画，再生資源利用促進計画を立てて確実，適正に処理を行う。なお，建設副産物などを利用する場合は，工事中に環境への影響がないことを確認する。

【第8章の参考文献】
1）（社）日本道路協会：舗装設計施工指針（平成18年版），平成18年2月
2）国土交通省：土木工事施工管理基準及び規格値（案），平成25年3月

第9章　維持修繕

9-1　概　説

　コンクリート舗装の長所は，寿命が長くライフサイクルコストが安価であることである。基本的にコンクリート舗装は，適切な設計・施工が行われれば，安定した路面性状が長期間にわたって確保できるとともに，適切な管理と補修により構造的寿命をさらに延ばすことが可能である。一方で，舗装が破損した場合等には，路面の性能を保持するための調査や補修が必要となることがあり，破損形態などから原因を推定し，コンクリート舗装の種類や損傷状況に応じた対策を実施することが重要となる。

　補修工事（維持工事，修繕工事）は，通常，供用中の道路で行われるものであり，内容，規模，条件等も新設工事とは異なるので，補修の特質を十分理解したうえ，効率的に実施することが肝要である。また，補修工事はその作業内容が多種多様であり，一回の施工規模が小さい場合が多いので，施工計画にもとづき合理的に所定の品質，性能，出来形が確保できるように施工することが大切である。

　本章では，コンクリート舗装における破損の種類と発生原因について概説し，具体的な破損の調査・評価から維持修繕工法の選定までを記述する。

9-2　日常的な管理

　日常的な管理では，路面の状況や構造の状況を定期的に観察・調査するとともに，舗装に破損が生じた場合にはその原因を調査することが大切である。これらの調査結果はコンクリート舗装の補修を行う時期の予測や実施の判定に用いられる。

　コンクリート舗装の日常的な管理は，パトロール時や道路利用者または沿道住民からの情報による目視観察が主となり，目地部におけるシーリング材や段差，コンクリート版のひび割れ等の目視観察が相当する。特に目地のシーリングに問題がある場合は，目地から雨水等が浸入し路盤のエロージョンを誘発し，目地段差の原因となる（**図－9.3.10参照**）ため，目地のシーリングの確認は日常点検において最も重要な項目のひとつである。

9-3　破損の種類と発生原因

　コンクリート舗装の破損の主なものには，ひび割れ，目地部の破損，段差があげられ，それ以外の破損としては，わだち掘れ，ポットホール，スケーリング，ポリッシングなどがある。コンクリート舗装に発生する破損は，これらが単独で発生したり，複数の損傷がある程度同時期に見られたりする。

　その発生原因としては，**表－9.3.1**に示すように材料に起因するもの，設計に起因するもの，施工に起因するもの，供用による疲労に起因するものなどがあり，破損の種類（発生形態）にかかわらずそれらの要因が相互に影響していることが多い。

　ここでは，コンクリート舗装における破損の種類ごとの破損形態や発生原因について概説する。

表－9.3.1 破損の種類と発生原因

破損の種類		発生原因など
ひび割れ	横ひび割れ	供用による疲労，設計不良，施工不良
	縦ひび割れ	供用による疲労，沈下
	Y型，クラスタ型	設計不良，施工不良
	隅角ひび割れ	供用による疲労
	Dクラック	材料不良など
	乾燥ひび割れ	施工不良
	円弧状ひび割れ	施工ひび割れ
	沈下ひび割れ	材料不良
	不規則ひび割れ	設計不良
	亀甲状ひび割れ	供用による疲労
目地部の破損	目地材のはみ出し，飛散	供用時の気象や走行荷重の影響
	目地部の角欠け	施工不良，維持管理不良，走行荷重の影響
段差	版と版の段差	エロージョン，走行荷重の影響
	隣接構造物との段差	材質の相違
	埋設構造物による段差	不等沈下，施工不良
	アスファルト舗装との段差	アスファルト混合物の流動，圧密，走行荷重
その他の破損	わだち掘れ	材料不良，タイヤチェーンの走行
	ポットホール（パンチアウト）	材料不良，施工不良
	スケーリング	硬化不良（養生不足），凍結融解
	ポリッシング	材料不良，車両走行

9-3-1　ひび割れ

コンクリート舗装版に生じるひび割れは，その形状や発生位置などによって図-9.3.1のように分類することができる。図-9.3.2にはひび割れの主な発生位置を示す。ひび割れ発生の原因には，材料不良，設計不良，施工不良，供用による疲労などがあるが，それが単独である場合は少なく，幾つかの要因が相互に影響して発生することが多い。

```
コンクリート舗装版 ── A：横ひび割れ ---→ 供用による疲労，設計不良，施工不良
のひび割れ       ├── B：縦ひび割れ ---→ 供用による疲労，沈下
                ├── C：Y型，クラスタ型等 ---→ 設計不良，施工不良
                ├── D：隅角ひび割れ ---→ 供用による疲労
                ├── E：Dクラック ---→ 材料不良
                ├── F：面状，亀甲状等 ---→ 供用による疲労
                ├── G：プラスチック収縮ひび割れ ---→ 施工不良
                ├── H：円弧状ひび割れ ---→ 施工不良
                ├── I：沈下ひび割れ ---→ 材料不良
                └── J：不規則ひび割れ（拘束ひび割れ）---→ 設計不良
```

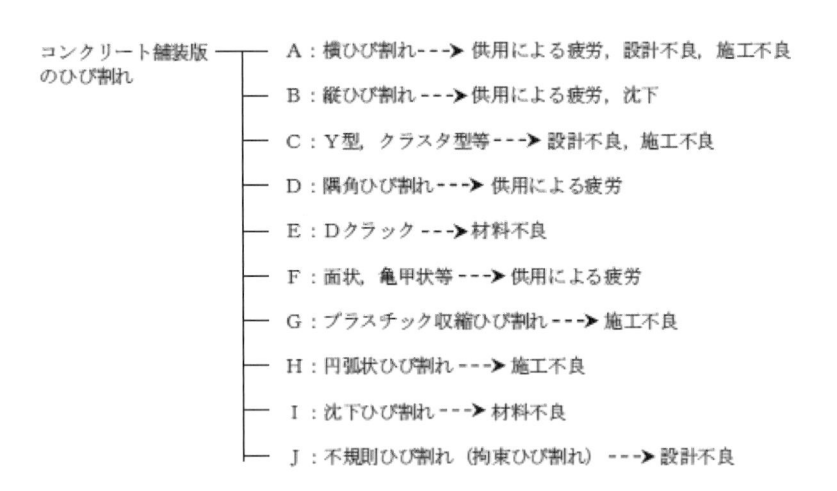

図-9.3.1　ひび割れの分類と主な原因

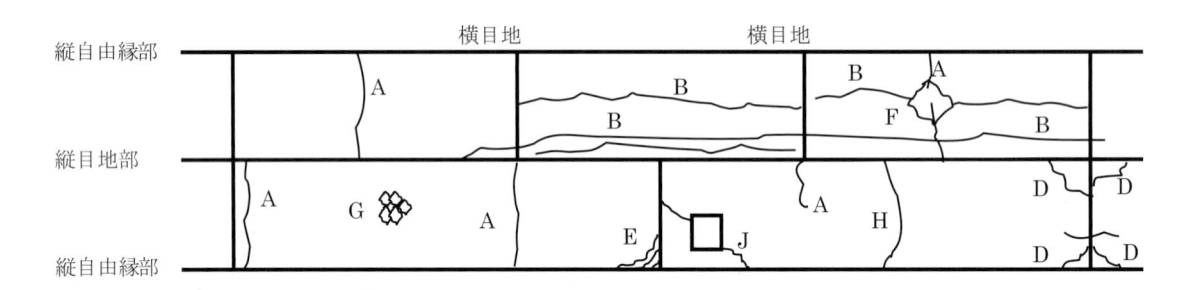

① 普通コンクリート舗装，転圧コンクリート舗装

② 連続鉄筋コンクリート舗装

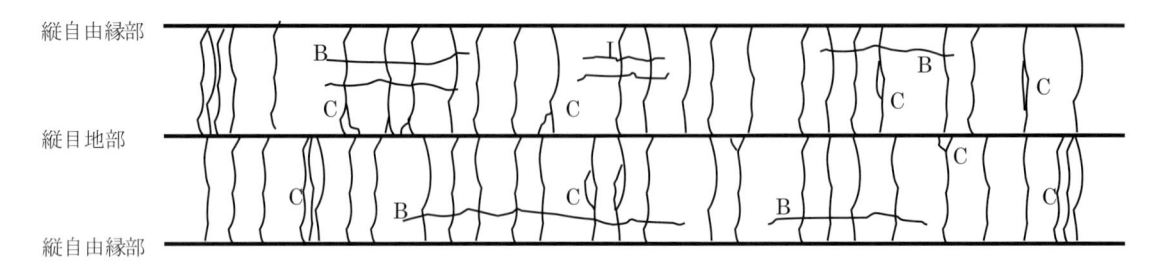

図-9.3.2　ひび割れの発生パターン例

(1) 横ひび割れ

横ひび割れとは，車両の走行方向に対しておおむね直角方向に入ったひび割れをいう。横ひび割れの代表的なものを**写真－9.3.1**に示す。

① 普通コンクリート舗装　　　　　② 連続鉄筋コンクリート舗装

写真－9.3.1　横ひび割れの例

横ひび割れは，その発生原因によって，コンクリート打設後の初期養生が不適切であった場合などに硬化に伴って発生するセメント水和熱に起因して生じる初期ひび割れ，供用に伴う車両の繰返し荷重によって生じる疲労ひび割れ，目地間隔（版の長さ）が不適切なためにコンクリート版内の内部応力や路盤面との境界面に生じる拘束応力に耐えられずに発生する温度応力ひび割れに大別される。それぞれの発生メカニズムは**図－9.3.3～9.3.5**に示すとおりであり，コンクリート版内に生じる応力やひずみが，その時のコンクリートの強度あるいは伸び能力を超えた時点で横ひび割れが発生する。

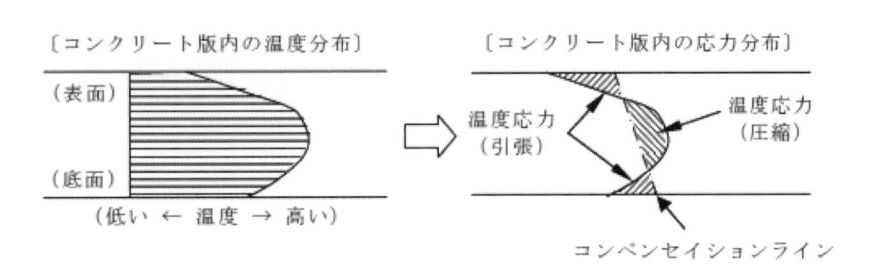

図－9.3.3　水和熱によって生じる初期ひび割れの発生概念

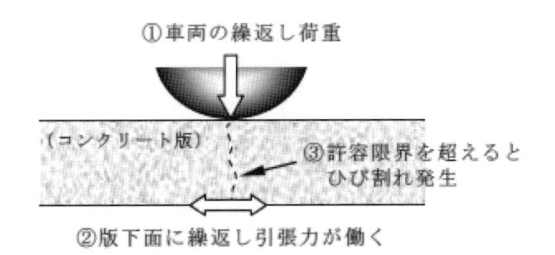

図－9.3.4　繰返し荷重の疲労によって生じる横ひび割れの発生概念

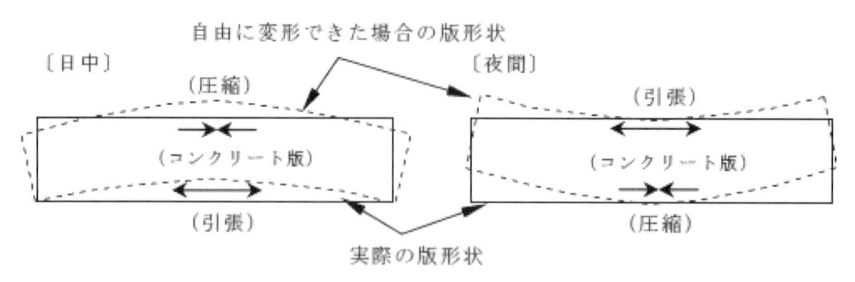

図−9.3.5　温度応力によって生じる横ひび割れの発生概念

　なお，連続鉄筋コンクリート舗装の場合には，縦方向鉄筋によりコンクリートの乾燥収縮や温度によるひび割れを分散・発生させて，個々のひび割れ幅を小さく抑えるようにあらかじめ設計されたものであることから，当該舗装に発生する横ひび割れは上記のような破損には該当しない。

（2）縦ひび割れ
　縦ひび割れとは，車両の走行方向と同じ方向に入ったひび割れをいう。縦ひび割れの代表的なものを写真−9.3.2に示す。

①　普通コンクリート舗装　　　　②　連続鉄筋コンクリート舗装
写真−9.3.2　縦ひび割れの例

　縦ひび割れは，主に供用に伴う車両の繰返し荷重によって生じる疲労ひび割れであることが多く，車線幅が狭く車両の走行位置が集中するような場合に発生しやすい。また，二車線以上の幅広いコンクリート版で縦目地を省略したような場合には，縦方向に温度応力ひび割れが生じることもある。それぞれの発生メカニズムは前述の図−9.3.4，図−9.3.5に示すとおりであり，コンクリート版内に生じる応力やひずみが，その時のコンクリートの強度あるいは伸び能力を超えた時点で縦ひび割れが発生する。

（3）Y型・クラスタ型ひび割れ

　Y型ひび割れ，クラスタ型ひび割れとは，連続鉄筋コンクリート舗装特有のひび割れで，版端部にアルファベットのYの字のような形で現れたものをY型ひび割れ，ひび割れ間隔が狭く不均一に密集して発生したものをクラスタ型ひび割れという。代表的なものを**写真－9.3.3**に示す。

　　　　①　Y型ひび割れ　　　　　　　　②　クラスタ型ひび割れ
写真－9.3.3　連続鉄筋コンクリート舗装版に生じたY型・クラスタ型ひび割れの例

　先にも述べたように，連続鉄筋コンクリート舗装の場合には，縦方向鉄筋によりコンクリートの乾燥収縮や温度によるひび割れを分散・発生させて，個々のひび割れ幅を小さく抑えるようにあらかじめ設計されたものであることから，当該舗装に発生する横ひび割れは一般には破損には該当しない。

　しかし，Y型やクラスタ型のひび割れの場合には，それが進展すると角欠けやパンチアウトを誘発することがあるため，コンクリート版の破損と見なすことが多く，その発生原因としては，設計時の主鉄筋不足や施工時の締固め不足・材料分離などが考えられる。

（4）隅角ひび割れ

　隅角ひび割れとは，目地ありコンクリート版の隅角部に生じるひび割れである。代表例を**写真－9.3.4**に示す。

写真－9.3.4　隅角ひび割れの例

第9章　維持修繕

隅角ひび割れは，コンクリート版厚が薄い場合や，鉄網やダウエルバーを入れない場合に発生することが多い。

（5）Dクラック

Dクラック（Durability Cracking ; "D"Cracking）とは，隅角部クラックと同じでコンクリート版の隅角部に発生するもので，前述の隅角ひび割れに比べて，ひび割れが密に生じたものをいう。代表例を**写真－9.3.5**に示す。

その発生原因は，反応性骨材の使用や凍結融解に伴う骨材の膨張圧によるものとされている。

写真－9.3.5　Dクラックの例

（6）面状・亀甲状ひび割れ

面状・亀甲状ひび割れとは，縦および横ひび割れが複合して，面状あるいは亀甲状となったひび割れをいう。代表的なものを**写真－9.3.6**に示す。このひび割れの発生原因は，荷重や温度など複数の要因が関係したものであり，コンクリート版の最終的な破壊状態といえる。

写真－9.3.6　面状・亀甲状ひび割れの例

（7）プラスチック収縮ひび割れ

　プラスチック収縮ひび割れは，コンクリート打設後の養生初期に生じる微細なひび割れをいう。代表的なものを**写真－9.3.7**に示す。

　このひび割れは，日射や風等によってフレッシュコンクリートの表面が急激に乾燥したような場合に生じる。発生メカニズムを**図－9.3.6**に示す。

　一般には，コンクリート版の表面部だけに発生することが多く，構造的に重大なダメージを与えることはないとされている。

写真－9.3.7　プラスチック収縮ひび割れの例

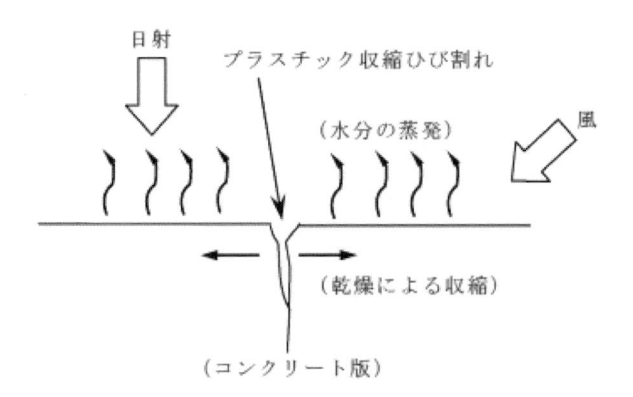

図－9.3.6　プラスチック収縮ひび割れの発生概念

（8）円弧状ひび割れ

　円弧状ひび割れとは，コンクリート版の施工方向に向かって凹型に生じるひび割れをいう。代表的なものを**写真－9.3.8**に示す。

　このひび割れは，材料分離や施工の中断などが原因で生じるとされている。

写真－9.3.8　円弧状ひび割れの例

（9）沈下ひび割れ

　沈下ひび割れとは，主に連続鉄筋コンクリート舗装の養生初期に，コンクリートの沈下によって生じるひび割れをいう。代表的なものを**写真－9.3.9**に示す。

　このひび割れは，フレッシュコンクリートのコンシステンシーが不適切であったり，締固めが不十分であったりした場合に生じる。打設後のブリーディングや空隙による沈下を鉄筋が妨げることで，鉄筋上部に発生する。発生のメカニズムを**図－9.3.7**に示す。

写真－9.3.9　沈下ひび割れの例

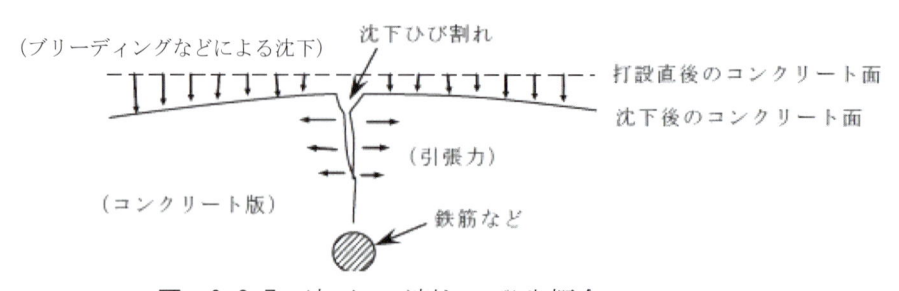

図－9.3.7　沈下ひび割れの発生概念

(10) 不規則ひび割れ（拘束ひび割れ）

　不規則ひび割れ（拘束ひび割れ）とは，コンクリート版の中に構造物などがある場合に，目地以外に不規則に入るひび割れをいう。代表的なものを**写真－9.3.10**に示す。

　このひび割れは，異種構造が版内に含まれることで発生するもので，目地を適切な位置に配置しないと生じる場合が多い。

写真－9.3.10　不規則（拘束）ひび割れの例

(11) その他（ポンピングによるエロージョン）

　ひび割れや目地などから雨水が浸入し，その水が路盤や路床に含まれ飽和状態にあるとき，交通荷重によってコンクリート版がたわみ，シルトや粘土等の細粒分がひび割れや目地から吹き出すことがある。この現象をポンピングという。その結果，ひび割れや目地の版下（路盤）に空洞が生じることがあり，これをエロージョン（浸食）といい，路盤支持力が低下することでコンクリート版の損傷が進行することになる。

　ポンピングの代表的なものを**写真－9.3.11**に，また，エロージョンの発生メカニズムを**図－9.3.8**に示す。

写真－9.3.11　ポンピングの痕跡の例

①雨水等の浸入

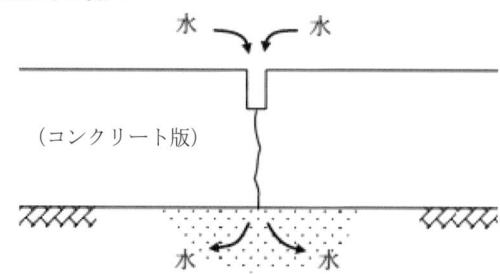

（コンクリート版）

②交通荷重によるポンピング作用

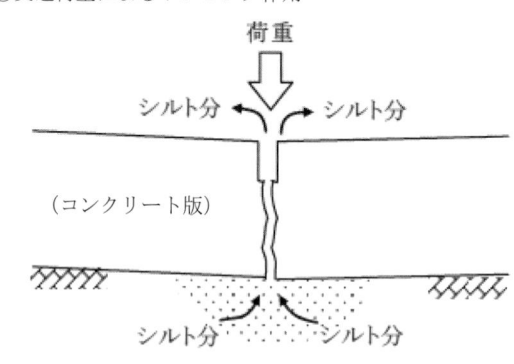

（コンクリート版）

③空洞の生成

（コンクリート版）

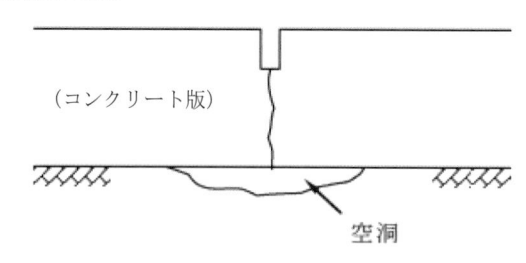

空洞

図－9.3.8　エロージョンの発生概念

9-3-2　目地部の破損

コンクリート舗装の目地部の破損は，コンクリート版の段差などの重大な破損につながる場合が多い。ここでは，次にあげる2種類の目地部の破損について概説する。

① 目地材のはみ出し，飛散
② 目地部の角欠け

（1）目地材のはみ出し・飛散

コンクリート舗装の目地部において目地材がはみ出し，飛散すると平たん性の悪化や雨水の浸入，土砂詰まりなどの原因となり，目地部の大きな破損につながることがある。横収縮目地の目地材のはみ出しの事例を**写真－9.3.12**に，膨張目地の目地材の飛散事例を**写真－9.3.13**に示す。

目地材のはみ出しや飛散は，夏期など高温時にコンクリート版が膨張し目地材が押し出され目地の外にはみ出し，通行車両等の影響ではがれ飛散することが多い。

写真－9.3.12　目地材のはみ出しの例 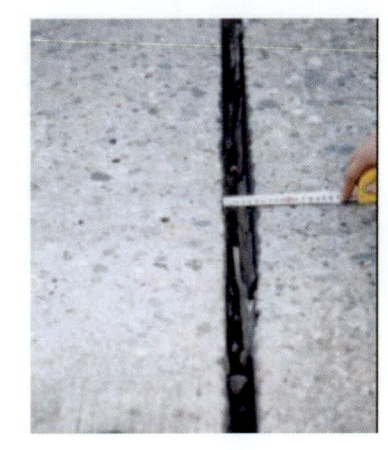　　写真－9.3.13　目地材の飛散の例

（2）目地部の角欠け
　目地部に角欠けが生じた場合，車両の走行性や安全性・快適性を損ない，振動や騒音によって沿道環境を悪化させることがある。また，走行荷重の影響で目地部の大きな破損につながることもある。横収縮目地部での角欠けの事例を**写真－9.3.14**に，膨張目地部で生じた角欠けの事例を**写真－9.3.15**に示す。

写真－9.3.14　横収縮目地の角欠けの例 　　写真－9.3.15　膨張目地の角欠けの例

　目地部の角欠けは，供用早期に生じる場合は，施工時の過度なコテ仕上げなどによる部分的な材料分離が原因となる場合が多い。また，ひび割れの誘導位置とカッタ切削位置のずれによる場合もある。供用後比較的時間をおいて発生する場合，目地の維持管理不良による異物の混入や走行荷重によるたわみの増大も原因となる（**図－9.3.9**）。

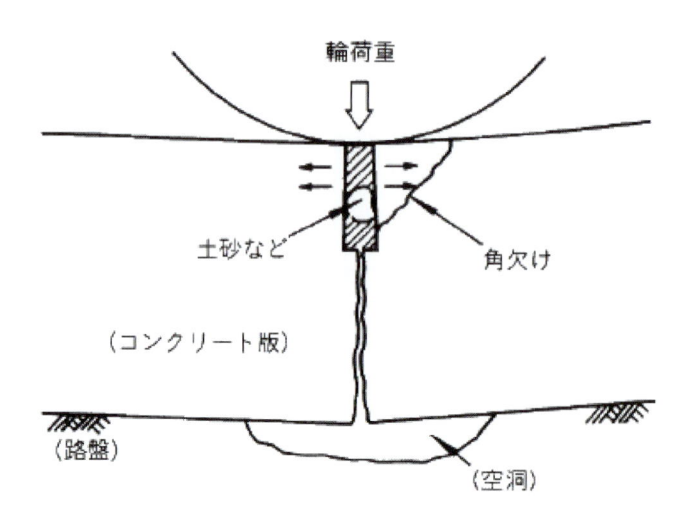

図－9.3.9　目地部の角欠けの発生原因（異物の混入と走行荷重の影響の例）

9-3-3　段　差

コンクリート舗装版の段差には，①目地部やひび割れ部における版と版との段差，②橋梁取付部などの隣接構造物と版との段差，③管渠などの地下埋設構造物が舗装の下を横断している場合の段差，④版とアスファルト舗装との継目部に生じる段差などがある。ここでは，これら4種類の段差の形態とその発生原因について概説する。

（1）版と版との段差

目地部やひび割れ部におけるコンクリート舗装版同士に発生した段差の代表的なものを**写真－9.3.16**に示す。

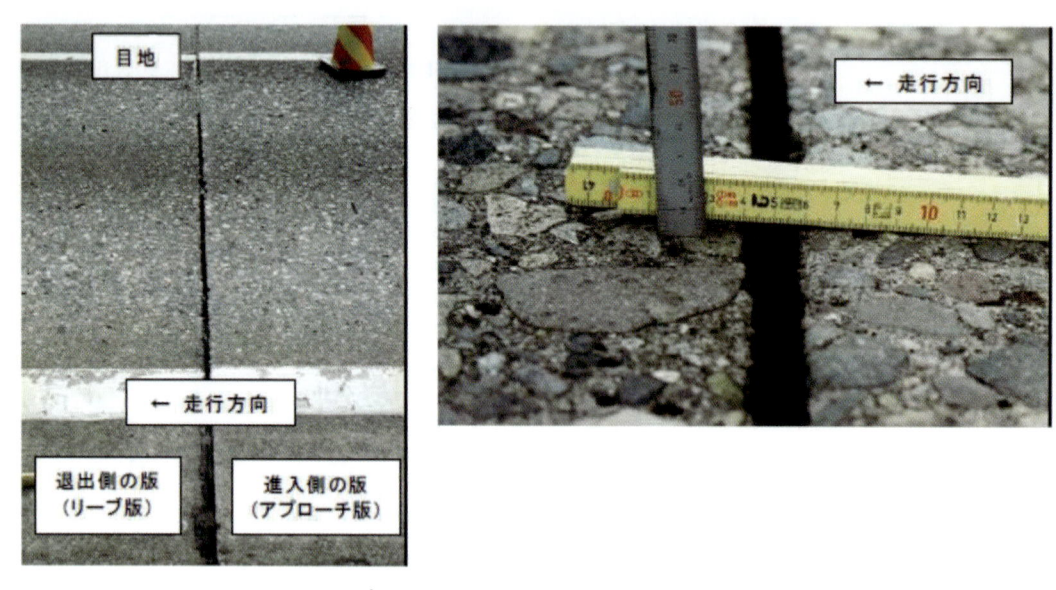

写真－9.3.16　目地部の段差の例

版と版との段差は，**図－9.3.10**に示すように目地やひび割れからの雨水等の浸入が引き金となり，供用に伴う車両の繰返し荷重によって目地構造が破損し，浸入した雨水等で路盤等が洗掘されて，やがて版同士の段差発生へと繋がるものである。この段差が進行するとコンクリート舗装版の構造的な破損にまで至る。したがって，目地部やひび割れ部のシーリングは，コンクリート舗装を維持する上でも極めて重要な位置付けにある。

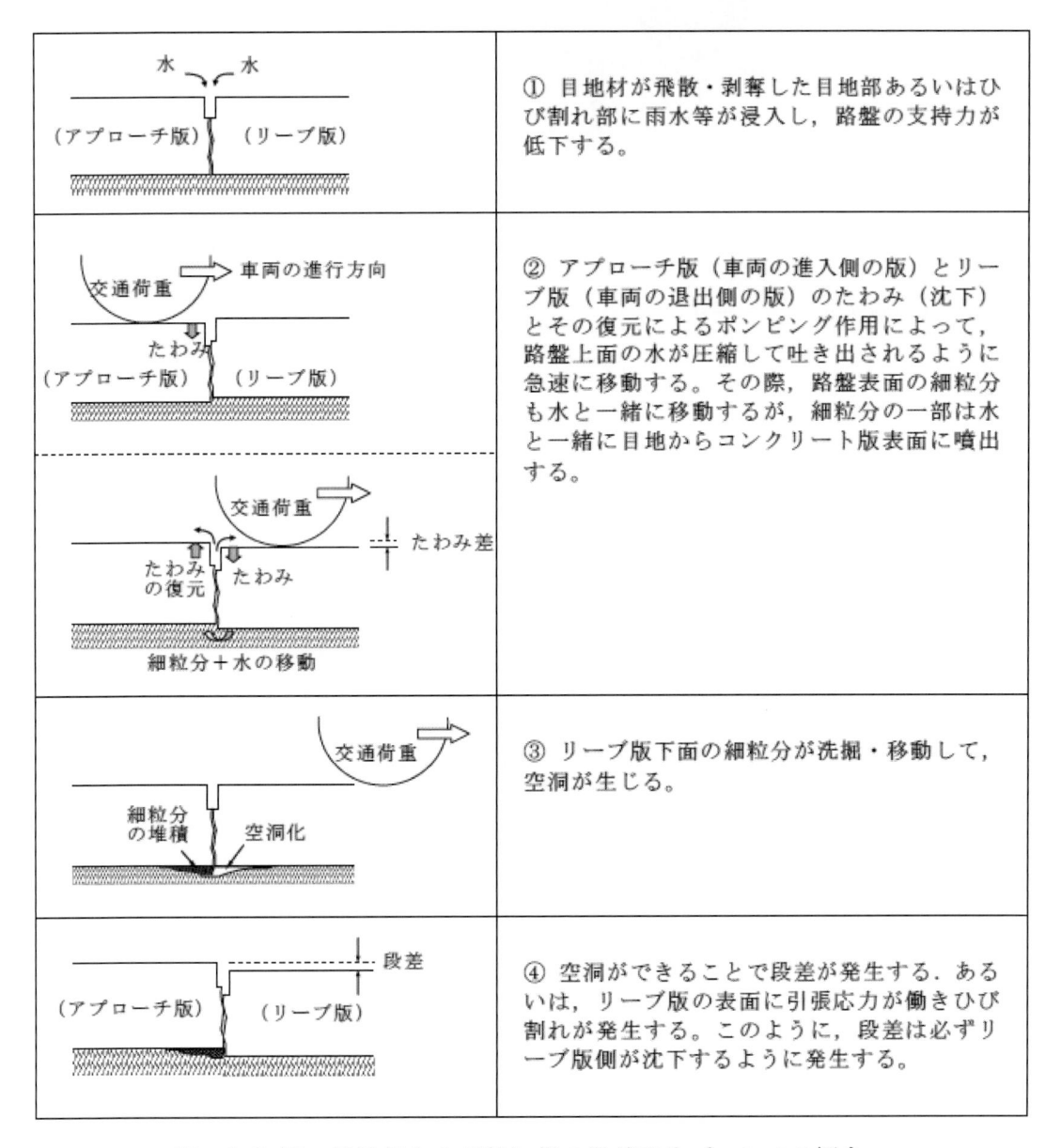

（図：目地部に水が浸入する様子。アプローチ版とリーブ版）	① 目地材が飛散・剥奪した目地部あるいはひび割れ部に雨水等が浸入し，路盤の支持力が低下する。
（図：交通荷重によるたわみとポンピング作用。細粒分＋水の移動）	② アプローチ版（車両の進入側の版）とリーブ版（車両の退出側の版）のたわみ（沈下）とその復元によるポンピング作用によって，路盤上面の水が圧縮して吐き出されるように急速に移動する。その際，路盤表面の細粒分も水と一緒に移動するが，細粒分の一部は水と一緒に目地からコンクリート版表面に噴出する。
（図：細粒分の堆積と空洞化）	③ リーブ版下面の細粒分が洗掘・移動して，空洞が生じる。
（図：段差の発生）	④ 空洞ができることで段差が発生する。あるいは，リーブ版の表面に引張応力が働きひび割れが発生する。このように，段差は必ずリーブ版側が沈下するように発生する。

図－9.3.10　目地部やひび割れ部の段差発生プロセスの概念

（2）隣接構造物と版の段差

隣接構造物との段差は，主に摩耗抵抗性の違いによって発生する。橋梁の伸縮装置とコンクリート舗装版とに生じる段差の概念を**図－9.3.11**に示す。

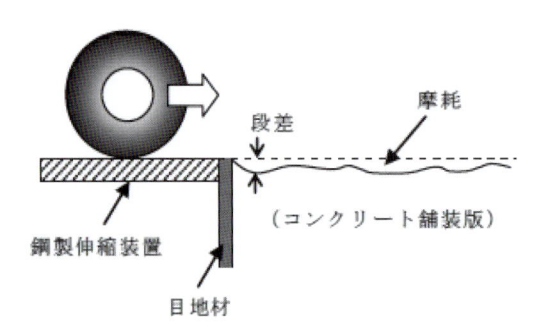

図－9.3.11　橋梁の伸縮装置とコンクリート舗装版とに生じる段差の概念

（3）地下埋設構造物に伴う段差

地下埋設構造物に伴う段差は，地下埋設構造物周囲の締固め度の不均一性や地下埋設構造物も含めた舗装剛性の違い等によって生じる地盤の不等沈下が原因で発生する。ボックスカルバートが舗装の下を横断している場合にコンクリート舗装版に生じる段差の概念を**図－9.3.12**に示す。

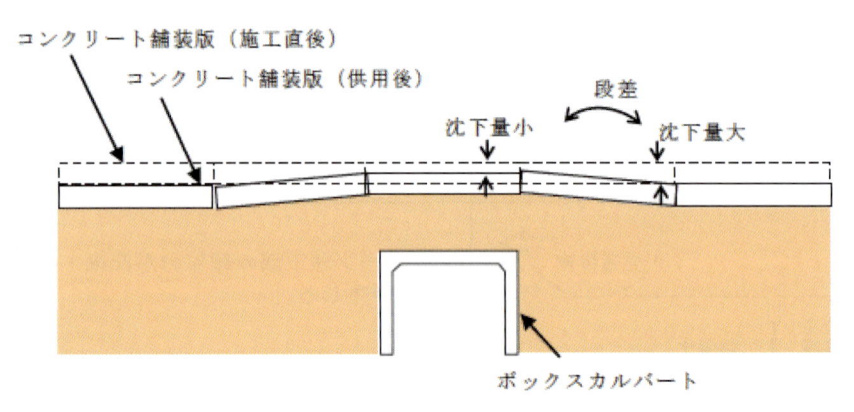

図－9.3.12　ボックスカルバート上のコンクリート舗装版に生じる段差の概念

（4）アスファルト舗装との継目部の段差

コンクリート舗装版とアスファルト舗装との継目部に発生した段差の代表的なものを**写真－9.3.17**に示す。

写真－9.3.17　アスファルト舗装との継目部に生じた段差の例

アスファルト舗装との継目部の段差は，主にアスファルト混合物の高温時の流動・圧密が原因で生じることが多い。その概念を**図－9.3.13**に示すが，一度アスファルト混合物が流動・圧密によって塑性変形してしまうと，そこには車両の衝撃荷重が加わることになるため，自ずと段差量は大きくなってしまう傾向にある。

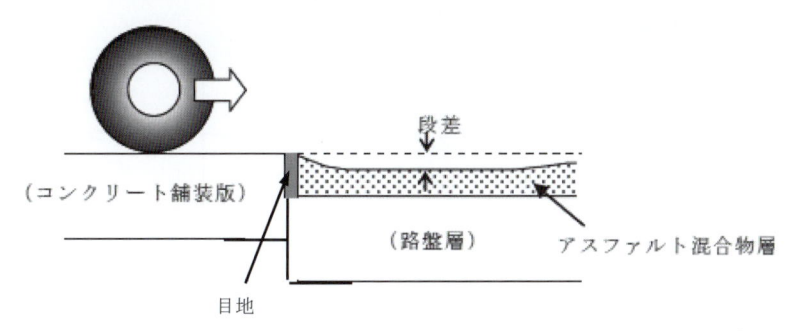

図－9.3.13 アスファルト舗装との継目部に生じる段差の概念

9-3-4 その他の破損
コンクリート舗装のその他の破損として，以下の4種類の破損について概説する。
① わだち掘れ
② ポットホール（パンチアウト）
③ スケーリング
④ ポリッシング

（1）わだち掘れ
コンクリート舗装のわだち掘れは，車輪が走行する位置に連続的に生じる横断方向の凹凸である（**写真－9.3.18**）。わだち掘れが進行すると車両の走行性や安全性・快適性を損ない，振動や騒音によって沿道環境を悪化させる場合もある。

写真－9.3.18 わだち掘れの例

コンクリート舗装のわだち掘れは，タイヤチェーンの走行により，すり減り作用を受け，表面のモルタルがはく奪，粗骨材が摩耗して生じる摩耗わだちがほとんどである。スパイクタイヤ禁止前は，深さが数 cm 以上に及ぶ顕著なわだち掘れも見られたが（**写真－9.3.18**），最近

では，コンクリート舗装のわだち掘れはあまりみられない。

　コンクリート舗装のわだち掘れの発生要因をまとめると**図－9.3.14**のようであり，タイヤチェーンの走行による摩耗が主原因であるが，その他にコンクリートの配合に起因する場合やそれら相互の作用により発生するとものと考えられる。

```
コンクリート舗装のわだち掘れ
                    ┌─ コンクリートの配合 ─┬─ コンクリートの強度
コンクリート舗装の摩耗 ─┤                    ├─ コンクリートの緻密性
                    │                    └─ 軟質骨材の使用
                    └─ タイヤチェーンの走行 ─┬─ 交通量・大型車混入率
                                         └─ 幅員・車線数
```

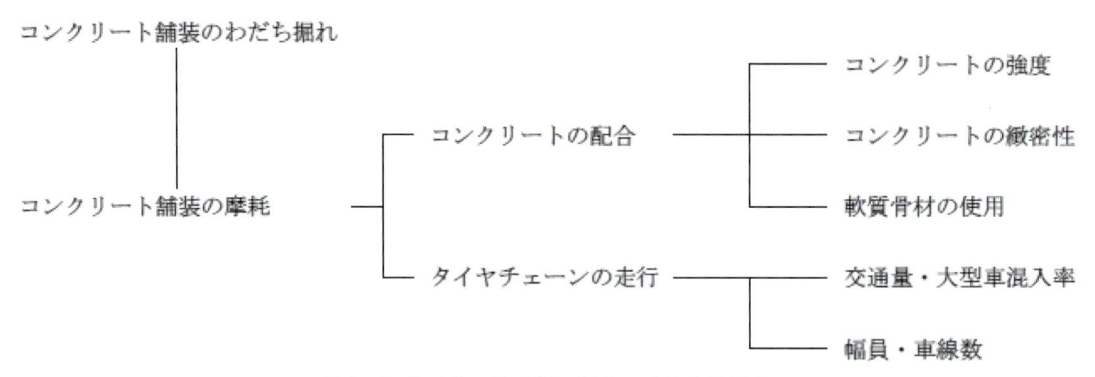

図－9.3.14　わだち掘れの発生原因

（2）ポットホール（パンチアウト）

　コンクリート舗装のポットホールは，コンクリート版の表面に生じる直径 10cm～100cm の小穴のことをいう（**写真－9.3.19**）。

　コンクリート舗装のポットホールは，局部的に生じた材料分離や，吸水膨張する品質の悪い粗骨材の使用や施工時の木くずなどの異物の混入などが原因で生じる。

　パンチアウトは連続鉄筋コンクリート舗装に特有な破損である。荷重伝達能力の低下した横ひび割れから縦ひび割れが生じ，それに囲まれたコンクリートが飛散したり，がたついたりして，もはや版としての機能を有しない破損である。発生する原因としては，2 層打ちした際の上下層のコンクリートの一体化不足や，大きな開きの横ひび割れへの凍結抑制剤による鉄筋の腐食などがある。

写真－9.3.19　ポットホールの例

（3）スケーリング

　コンクリート舗装のスケーリングは，版表面のモルタル分が剥がれることをいう。スケーリ

ングの程度により，車両の走行性や安全性・快適性を損ない，振動や騒音によって沿道環境を悪化させる場合もある。

　スケーリングは，コンクリート版表面の硬化不良や初期凍害により発生する（**写真－9.3.20**）。また，供用中の凍結融解作用や凍結防止剤（融雪剤）散布，コンクリートの空気量不足等が原因で発生することもある（**写真－9.3.21**）。

写真－9.3.20　初期凍害によるスケーリングの例　　　**写真－9.3.21**　凍結融解によるスケーリングの例

（4）ポリッシング（すべり抵抗の低下）

　ポリッシングは粗面仕上げ面が破損し，表面が磨かれた状態をいい，コンクリート舗装版がポリッシングを受けるとすべり抵抗が低下する（**写真－9.3.22**）。

　コンクリート舗装のポリッシングは，通常の車両走行やタイヤチェーンの影響で表面仕上げが消失したり，露出した軟質骨材が磨かれたりすることなどが原因で生じる。

写真－9.3.22　ポリッシングの例

9-4 調査

舗装の維持修繕を効率的かつ経済的に実施するためには、破損の状況やその発生原因を的確に把握し、適切な維持修繕工法の選定および維持修繕の設計を行う必要がある。そのためには、舗装の破損の調査を実施し現状を評価することが重要であり、その結果は維持修繕区間の設定または維持修繕工法の選定や設計を行うための重要な資料となる。

舗装の破損の調査には、図−9.4.1に示すように「路面調査」と「構造調査」がある。「路面調査」には、目視観察を主体とした目視調査と、調査試験機や器具等を用いて測定し評価する路面性状調査がある。「構造調査」は、舗装の内部や路床の状態を調査するものである。ここでは、舗装の維持修繕の実施計画作成のための調査方法について解説する。

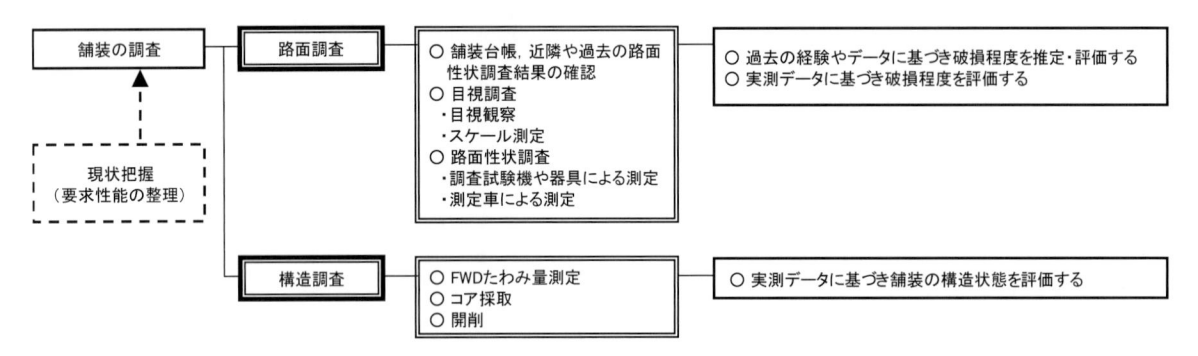

図−9.4.1　維持修繕のための舗装の調査

9-4-1　調査のフロー

調査のフローを図−9.4.2に示す。路面調査の結果から、基層以下やコンクリート版の下に破損の原因があるなど構造的な破損が懸念される場合や、破損の程度が大きい場合には構造調査を行うことが望ましい。

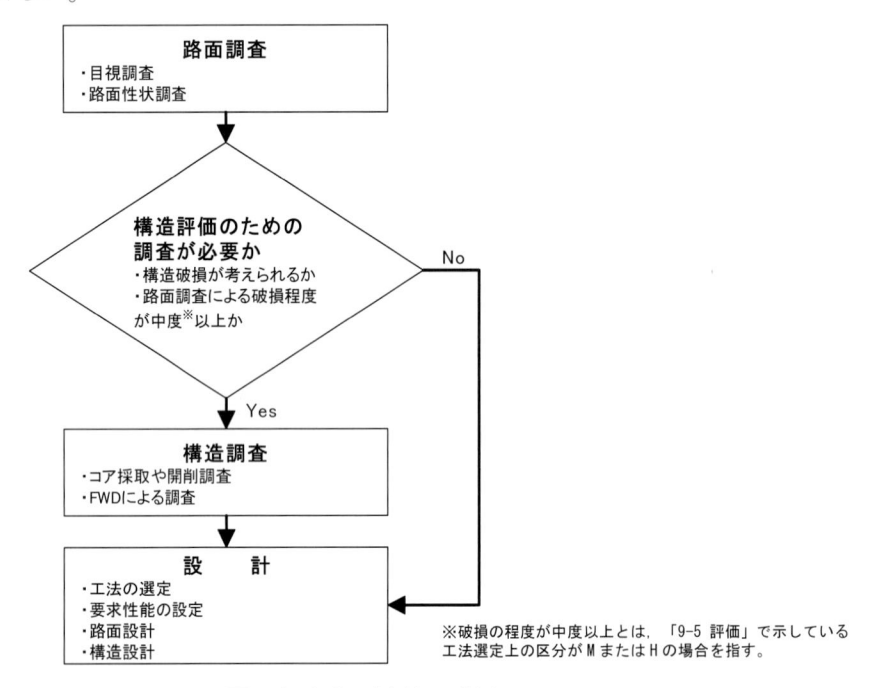

図−9.4.2　舗装の調査フロー

調査を実施するに当たっての考え方を以下に示す。
① 調査は，破損の種類と程度，破損の原因を求め，維持修繕の設計を行うために実施する。
② 維持修繕の設計を行うためには，破損の原因が表層や路面にあるのか，基層以下やコンクリート版の下にあるのかを把握することが必要となる。
③ 表層や路面に破損の原因があり，それのみが破損しているものを「路面破損」，基層以下やコンクリート版の下が原因で表層や基層が破損している場合，あるいは路面破損が進行して舗装の構造・機能が直接的に阻害されて耐久性に影響を及ぼしているものを「構造破損」として区別する。
④ 構造破損の可能性を判断するには，破損の形状や程度を求め，破損の範囲を推し量ることが重要である。
⑤ 路面性状だけでは破損範囲を深さ方向に特定しにくい場合や，沈下を伴ったひび割れやわだち掘れが発生し，破損の特徴から支持力不足が考えられる場合などには構造調査を実施する。
⑥ 維持修繕工法の選定上の区分の目安が M，H（「9-5 評 価」参照）の場合には，構造破損が懸念されるため，構造調査を行うことが望ましい。
⑦ 構造調査では，多くの場合コア採取によって破損程度（深さ方向の範囲だけでなく，路盤材のエロージョンやアスファルト混合物層の粒状化の確認などの破損の状態）を直接確認することが行われている。幹線道路などではさらに，非破壊にて路床路盤までの状態を推定可能な FWD 調査が実施される場合もある。
⑧ 過去に類似の破損事例や対応実績があり，路面調査だけで破損の分類や原因が推定できる場合には構造調査を省略することもできる。

図－9.4.3 に既設舗装の調査・評価パターンの例を 4 例示す。パターン 1 は「目視調査」「路面性状調査」「構造調査」，パターン 2 は「目視調査」「路面性状調査」，パターン 3 は「目視調査」「構造調査」，パターン 4 は「目視調査」だけを行うものである。

このほかにも，維持修繕区間細部にわたっての検討や追跡調査が予定されている場合などでは，目視調査を実施せず，「路面性状調査」と「構造調査」の調査・評価パターンが考えられる。また，近隣区間や過去に蓄積されたデータがあり，それらを設計入力値とみなせる場合には「構造調査」だけ実施する，あるいは調査を実施しないでデータの整理だけというパターンも考えられる。調査では，技術者が設計を行うための資料やデータが得ることが目的である。

第9章　維持修繕

【既設舗装の調査・評価パターン1】	【既設舗装の調査・評価パターン2】	【既設舗装の調査・評価パターン3】	【既設舗装の調査・評価パターン4】
目視調査を実施	目視調査を実施	目視調査を実施	目視調査を実施
↓	↓	↓	↓
過去に類似の破損がない，あるいは定量的な評価をする必要がある．	過去に類似の破損がない，あるいは定量的な評価をする必要がある．	過去に類似の破損があり，対応実績がある．	過去に類似の破損があり，対応実績がある．
↓	↓	↓	↓
路面性状調査を実施	路面性状調査を実施	構造状態を定量的に評価する必要がある．	構造的にも過去の破損と同類と判断される．
↓	↓	↓	↓
構造状態も定量的に評価する必要がある．	構造的には過去の破損と同類と判断される．	構造調査を実施	過去に実績がある維持修繕工法で対応
↓	↓	↓	
構造調査を実施	過去に実績がある維持修繕工法で対応	適した維持修繕工法を選定	
↓			
適した維持修繕工法を選定			

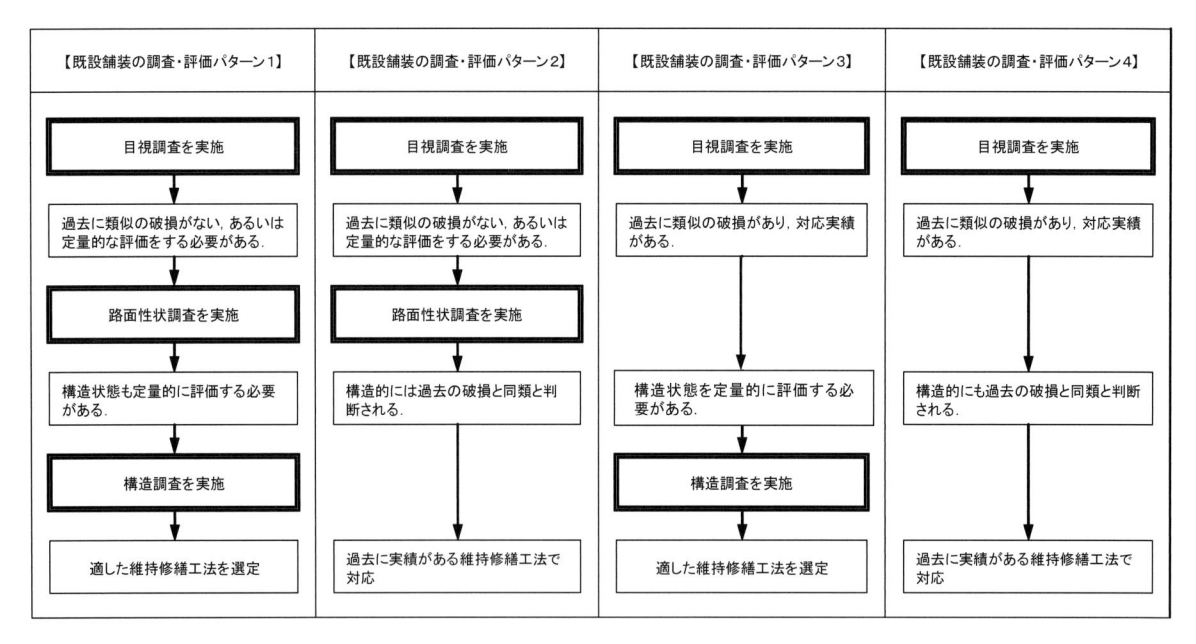

図－9.4.3　調査・評価パターンの例

9-4-2　路面調査

舗装の「路面調査」は，目視観察等を主体とした「目視調査」と調査試験機や器具等を用いて定量的に評価する「路面性状調査」から路面状態を把握することになる。以下には「目視調査」と「路面性状調査」の調査方法について記述する。

（1）目視調査

目視調査では，目視観察や簡易な器具（スケール等）を用いて破損状況を把握し，交通量や気象状況などの既存データなどを参考に破損の発生原因を推定（特定）する。目視調査の調査結果は技術者の経験等も加味され，破損程度の評価資料や構造調査の必要性の判断資料となる。目視調査は，路面状況の詳細を観察し，記録するもので原則，徒歩により実施する。徒歩による調査が困難な場合は，車上より路面状態を観察するとよい。

調査結果は調査表等で整理，記録し，必要に応じて観察図や写真を添付するとよい。また，交通量や気象条件，沿道環境，維持修繕履歴などの供用条件も把握し記録しておくとよい。

目視調査の項目と調査内容を表－9.4.1に示す。調査方法の詳細については，「舗装調査・試験法便覧〔第一分冊〕」[1]の「S001 破損状況の簡易調査方法」を参照するとよい。

表－9.4.2に目視調査結果の事例を示す。

表−9.4.1 目視調査の概要

調査項目	調査内容
ひび割れ	○目視観察 ・ひび割れの発生状態（形態，角欠け等） ・ひび割れ幅 ・砂質分の滲出の有無
目地部の破損	○目視あるいはスケール測定 ・目地材のはみ出しや飛散の程度 ・目地幅や角欠けの程度
段差	○目視あるいはスケール測定 ・周囲との高さの違い ・下面からの析出物の確認 ○感覚評価 ・車両走行による騒音，振動
わだち掘れ	○目視あるいはスケール測定 ・わだち掘れの程度 ・滞水や水はねの程度
ポットホール	○目視あるいはスケール測定 ・ポットホールの面積や深さ ・周囲の状態
スケーリング ラベリング	○目視あるいはスケール測定 ・剥がれ程度（面積，深さ） ・滞水や水はねの程度 ・縦断方向の変形（凹凸） ○感覚評価 ・車両走行による騒音，振動
ポリッシング (すべり抵抗の低下)	○目視あるいはスケール測定 ・ポリッシング面積 ・滞水や水はねの程度 ○感覚評価 ・車両走行による騒音，振動，すべり
供用状況の把握	○交通量，気象条件，沿道状況，維持修繕履歴　　等

第9章　維持修繕

表-9.4.2　目視調査結果の例

路線番号	○○道○○号	整理番号	7	箇所名	○○市○○町 ○○市△△町
調査項目			点検者		□□　□□
撮影位置					コメント
○○kp 下り線					縦断形状の低下 ラインが波をうっている． 一部のコンクリート版が沈下している． コンクリート版は健全である． 切土のり面からの湧水により，地盤支持力の低下が懸念される．
○○kp 付近 下り線					目地部の破損 隅角部にひび割れが発生している． 目地部が角欠けし，アスファルト混合物で補修されている． タイヤ走行部のグルービングが摩耗で消滅している．
○○kp 付近 下り線					目地部の破損：トンネル坑口 供用後26年が経過しているが，角欠け等の発生はわずかである． 積雪寒冷地であり，タイヤ走行部の路面はポリッシングを受けているので，すべり抵抗値の低下が懸念される．
○○kp 下り線					部分的な欠損 走行部に部分的な欠損が見られる． 異物の混入など，施工時の原因が考えられる．

（2）路面性状調査

路面性状調査は，舗装の路面の状態（破損の程度）を数値化して把握するもので，調査試験機や器具等を用いて実施する。路面性状調査には，舗装路面のひび割れ率測定やわだち掘れ深さ測定，平たん性測定などがある。路面性状調査の調査結果は，破損の発生原因の推定（特定）や，維持修繕の対象となる区間の局所的な破損あるいは複合した破損の程度や路面性状を定量的に評価することで，維持修繕工法の選定や設計時の参考資料あるいは構造調査の必要性の判断資料となる。評価の詳細については，「9-5-2　破損の評価」を参照する。

路面破損の種類とその調査項目および調査方法の例を表－9.4.3に示す。この例では，破損の種類ごとに必要となる調査項目を示しているので，破損の状態に応じて，適切に選択するとよい。なお，調査項目ごとの詳細な調査方法については，「舗装調査・試験法便覧」を参照するとよい。

表－9.4.3　路面破損の種類とその調査項目・方法

調査項目	調査方法[注1]	破損の種類[注2] ひび割れ	目地部の破損	段差	わだち掘れ	ポットホール	スケーリング	ポリッシング
舗装路面のひび割れ測定	S029	◎	−	−	−	−	−	−
舗装路面の平たん性測定	S028	△	◎	◎	△	△	○	○
国際ラフネス指数(IRI)の調査	S032T	△	◎	◎	△	△	○	○
舗装路面のわだち掘れ深さ測定	S030	−	△	○	◎	−	△	△
舗装路面の段差測定	S031	−	◎	◎	−	−	−	−
ポットホールの測定	S033T	−	−	−	−	◎	△	−
舗装路面のすべり抵抗測定	S021	−	−	−	−	−	−	◎
舗装路面の粗さ測定	S022	−	−	−	◎	−	◎	◎
タイヤ路面騒音測定	S027	△	△	△	−	−	△	△

〔注1〕調査方法欄の英数字は，「舗装調査・試験法便覧」の略号
〔注2〕「◎」必須項目，「○」望ましい調査項目，「△」必要に応じて実施する調査項目

9-4-3　構造調査

構造調査は，舗装の内部や舗装構造を詳細に把握するもので，FWDによるたわみ量測定や切取りコアの採取，開削調査などにより行う。FWDで路面たわみ量を測定することでひび割れ部や目地部の荷重伝達率や路盤支持力を推定したり，切取りコアの観察によりひび割れの深さや鉄筋（鉄網）の状態などを把握したり，より構造的に踏み込んだ評価が可能となる。

開削調査は大がかりな調査となるが，破損の発生原因の特定が必要不可欠な場合，あるいはコンクリート舗装版の下の層の支持力等を詳細に評価する場合に行う。構造調査の調査結果は，路面破損なのか構造破損なのかの破損区分を把握する判断材料となり，修繕工法の選定や設計の参考資料となる。

構造破損の種類とその調査項目および調査方法を表－9.4.4に示す。表-9.4.4では，破損の種類ごとに必要となる調査項目をその必要性に応じて示している。なお，調査項目ごとの詳細な調査方法については，「舗装調査・試験法便覧」を参照するとよい。

表－9.4.4 構造破損の種類とその調査項目・方法

調査項目	調査方法[注1]	破損の種類[注2]						
		ひび割れ	目地部の破損	段差	わだち掘れ	ポットホール	スケーリング	ポリシング
FWDによるたわみ量測定 （路床支持力，荷重伝達率，舗装の健全度等）	S046	○	○	○	－	－	－	－
切り取りコア採取 （ひび割れ深さ，鉄筋位置，密度測定など）	S002	○	△	○	－	－	－	－
開削調査 （路床・路盤の支持力，各層の横断形状，コンクリート舗装版の状態，強度など）	S002	△	△	△	－	－	－	－

〔注1〕調査方法欄の英数字は，「舗装調査・試験法便覧」の略号
〔注2〕「◎」必須項目，「○」望ましい調査項目，「△」必要に応じて実施する調査項目

　構造調査は，破損の及んでいる深さ方向の範囲や構造破損の有無が，路面性状調査の結果からだけでは判断しにくい場合に行うとよい。
　構造調査の実施判断の目安としては以下のようなことがあげられる。
　① 路面性状からだけでは深さ方向の破損範囲を特定しにくい場合
　② 沈下を伴ったひび割れやわだち掘れが発生し，破損の特徴から支持力不足が考えられる場合
　③ 維持修繕工法を選定する上での区分が「M，H（「9-5　評　価」参照）」と判断された場合

9-5 評 価

　破損の状態と原因を把握し舗装の現状を適切に評価することは，維持修繕の要否判断，または維持修繕工法の選定や設計を行うために重要となる。ここでは，舗装の調査結果をもとに，舗装の現状の評価方法について解説する。

9-5-1 破損の分類と評価区分

　舗装の破損は，「路面破損」と「構造破損」に大別される。路面破損とは，表層や路面に破損原因があり，それのみが破損しているものである。また，構造破損とは，基層以下やコンクリート版の下が原因で表層や基層が破損している場合，あるいは路面破損が進行して，舗装の構造・機能が直接的に阻害されて耐久性に影響を及ぼしている破損をいう。

　舗装の破損が路面破損の場合は維持で対応する場合が多い。路面破損は，供用とともに構造的に影響を及ぼすことがあるので，なるべく早期に維持管理を実施するとよい。一方，構造破損の場合は，コンクリート版にとどまらず，路盤および路床にまで損傷が及んでいることから，舗装構造などの検討を行うことが多い。したがって，舗装の調査結果を踏まえて破損の程度から路面破損か構造破損かを判断し維持修繕の検討を行うことが重要となる。「路面破損」か「構造破損」かの分類は，「9-3　破損の種類と発生原因」を参考に破損の発生形態や原因などから分類するとよい。

9-5-2 破損の評価

　維持修繕の要否や設計，実施の検討を行う際，その判断要因となる主な破損には，「ひび割れ」や「目地部の段差」があげられる。ここでは，舗装の破損にかかわる調査結果をもとにした，主な破損の評価方法と維持修繕工法を選定する上での区分（以下，工法選定上の区分 L，M，H）について記述する。また，これら主な破損以外のものについても「その他の破損」として，その評価方法や工法選定上の区分について概説する。

（1）ひび割れ
　1）路面調査からの評価

　　路面調査結果からのひび割れの評価は，目視調査より判断したひび割れ度の程度や路面性状調査より得られたひび割れ度から維持修繕の要否を判断し，さらに，ひび割れの発生位置や形態，沿道状況や工事履歴などから推察した発生原因を考慮して，維持修繕工法を選定することになる。

　　維持修繕工法の選定に当たっては，**表－9.5.1** に示す工法選定上の区分の目安を参考にするとよい。目視調査の結果からひび割れ度の程度を推定するための目安を**図－9.5.1** に示す。

　　なお，工法選定上の区分 M，H に該当するひび割れ箇所については，構造調査により深さ方向の状態を詳細に評価し，修繕工法の選定，設計を行うことが望ましい。

表−9.5.1　ひび割れ度による工法選定上の区分の目安（一般道路の場合）[2]

	L	M	H
ひび割れ度 (cm/m²)	30 程度以下	30〜50 程度	50 程度以上

〔注1〕L,M,H は，維持修繕工法を選定するに当たっての目安であり，維持修繕行為の実施の要否を判断する管理目標値とは異なる。

〔注2〕L,M,H のそれぞれの値は，「道路維持修繕要綱」[3]や実績などを踏まえ設定

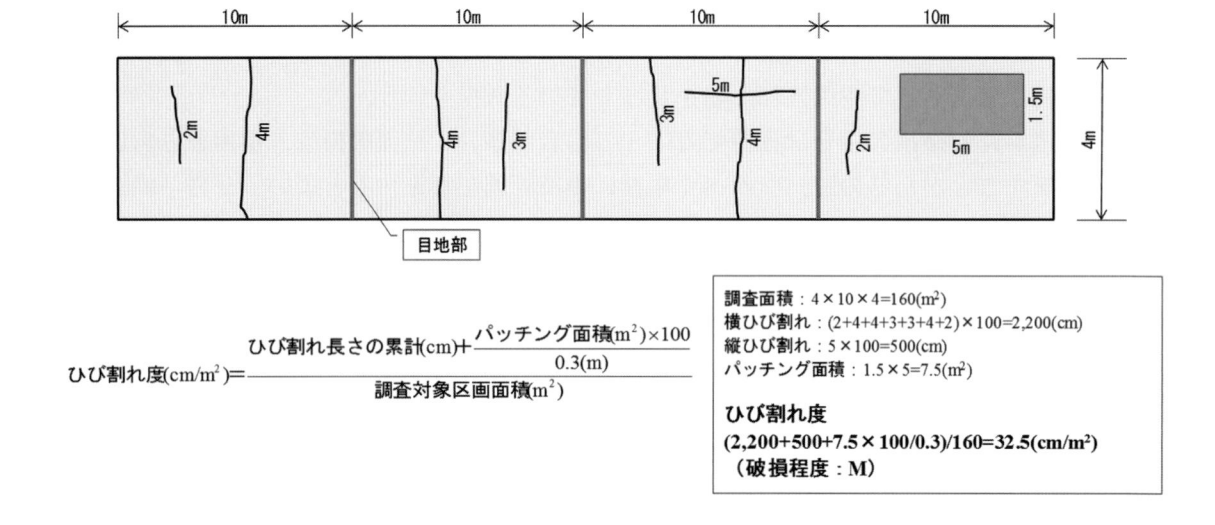

$$\text{ひび割れ度(cm/m}^2\text{)} = \frac{\text{ひび割れ長さの累計(cm)} + \dfrac{\text{パッチング面積(m}^2\text{)} \times 100}{0.3\text{(m)}}}{\text{調査対象区画面積(m}^2\text{)}}$$

調査面積：4×10×4=160(m²)
横ひび割れ：(2+4+4+3+4+2)×100=2,200(cm)
縦ひび割れ：5×100=500(cm)
パッチング面積：1.5×5=7.5(m²)

ひび割れ度
(2,200+500+7.5×100/0.3)/160=32.5(cm/m²)
（破損程度：M）

図−9.5.1　目視調査でのひび割れの評価例

路面性状調査からは，ひび割れの幅や長さ，角欠け幅を整理し，当該ひび割れの損傷の程度を評価することもできる。普通コンクリート舗装および転圧コンクリート舗装の場合の横ひび割れの工法選定上の区分の目安を表−9.5.2に示す。

表−9.5.2　横ひび割れによる工法選定上の区分の目安[6]
（普通コンクリート舗装，転圧コンクリート舗装の場合）

工法選定上の区分	判断の目安
L	ひび割れ幅 3mm 程度以内，角欠けや段差はない。
M	ひび割れ幅 3mm 程度以上 6mm 程度以内で角欠け幅 75mm 程度以内，あるいは段差 6mm 程度以内。
H	ひび割れ幅 6mm 程度以上で角欠け幅 75mm 程度以上，あるいは段差 6mm 程度以上。

〔注〕L,M,H は，維持修繕工法を選定するに当たっての目安であり，維持修繕行為の実施の要否を判断する管理目標値とは異なる。

コンクリート舗装も工法選定上の区分が L であってもひび割れの種類や形態によっては構造破損の場合があり，ひび割れの状態や発生状況から路面破損なのか，構造破損なのかを評価することになる。表−9.5.3はひび割れの形態と破損の分類を示したものであり，ひび割れの破損の分類を判断する際の参考にするとよい。

表-9.5.3 ひび割れの形態と破損の分類

ひび割れの形態	破損の分類	
	路面破損	構造破損
横ひび割れ	－	◎※
縦ひび割れ	－	◎
Y型・クラスタ型ひび割れ*	◎	○
隅角ひび割れ	－	◎
Dクラック	◎	○
面状・亀甲状ひび割れ	－	◎
プラスチック収縮ひび割れ	◎	－
円弧状ひび割れ	○	◎
沈下ひび割れ	◎	－
不規則ひび割れ（拘束ひび割れ）	○	◎

〔注〕◎：特にその破損である可能性が強い，○：いずれの破損も可能性がある。
　　＊：連続鉄筋コンクリート舗装特有のひび割れである。
　　※：連続鉄筋コンクリート舗装の場合を除く

　連続鉄筋コンクリート舗装の場合は，縦方向鉄筋によりコンクリートの乾燥収縮や温度によるひび割れを分散・発生させて，個々のひび割れ幅を 0.5mm 以下に制御するよう設計されており，ひび割れ部の角欠けが原因で表面のひび割れ幅が大きく観察されることがあっても構造上問題とならないことが多い。このように，当該舗装に発生する横ひび割れは上記のような破損には該当しない場合が多い。しかし，ひび割れ部の角欠けが進行し，拡大すると車両の走行性や安全性に支障をきたすことや，走行騒音が問題となることもある。また，ひび割れ部の荷重伝達率が低下することで版のたわみ量が大きくなりひび割れ幅が増大し，その結果，角欠けが進行している場合もあるので，横ひび割れの角欠けの進行程度を経過観察し評価することも必要である。

2）構造調査からの評価

　ひび割れ部の構造調査には，コア採取や開削，FWD によるたわみ量測定などがある。コア採取では，コンクリート版内部の状態（鉄網や鉄筋の腐食程度やコンクリート版下面の状態）が把握でき，FWD たわみ量測定では，コンクリート版下の状態（空洞の有無等）やひび割れ部の荷重伝達性などが確認できる。コンクリート版下の空洞の維持修繕を実施した後の空洞の有無を確認するための判定値としては，一般に 49kN 載荷時のたわみ量 0.4mm 以下が採用されていることから，FWD たわみ量 D_0 は，コンクリート版下の空洞の有無を判断する一つの目安となる。一方，荷重伝達率については，荷重伝達率は80％以上であれば有効であり，65％以下の場合，ダウエルバーの損傷や路盤の支持力低下もしくは空洞化のおそれがある。たわみ量と荷重伝達率にもとづく，横ひび割れ部の評価フロー例を図-9.5.2 に，FWDによる荷重伝達率測定方法の概念を図-9.5.3 に示す。

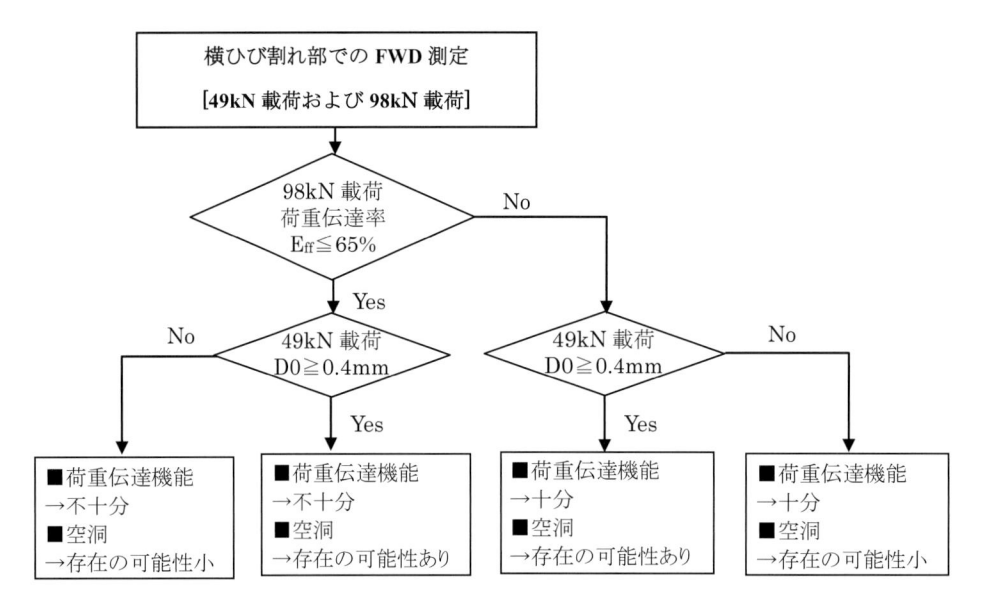

```
                    ┌─────────────────────────┐
                    │ 横ひび割れ部での FWD 測定 │
                    │ [49kN 載荷および 98kN 載荷] │
                    └─────────────────────────┘
                                 │
                                 ▼
                         ╱ 98kN 載荷 ╲
                        ╱ 荷重伝達率  ╲ ──── No ────┐
                        ╲ Eff ≦ 65%   ╱             │
                         ╲           ╱              │
                           │ Yes                    │
                           ▼                        ▼
              ┌── No ──╱ 49kN 載荷 ╲         ╱ 49kN 載荷 ╲── No ──┐
              │       ╲ D0 ≧ 0.4mm ╱         ╲ D0 ≧ 0.4mm ╱      │
              │         ╲        ╱             ╲        ╱        │
              │           │ Yes                 │ Yes             │
              ▼           ▼                     ▼                 ▼
        ■荷重伝達機能  ■荷重伝達機能        ■荷重伝達機能     ■荷重伝達機能
        →不十分       →不十分              →十分             →十分
        ■空洞         ■空洞                ■空洞             ■空洞
        →存在の       →存在の              →存在の           →存在の
          可能性小       可能性あり            可能性あり         可能性小
```

図−9.5.2 たわみ量, 荷重伝達率による横ひび割れ部の評価フロー例[4), 5)]

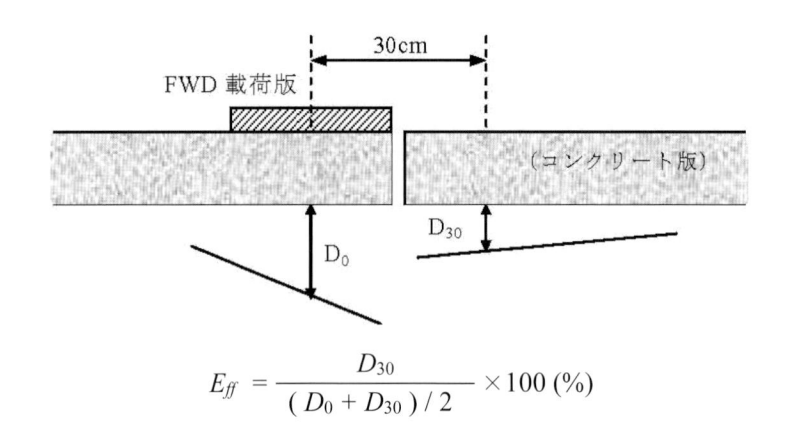

$$E_{ff} = \frac{D_{30}}{(D_0 + D_{30})/2} \times 100 \, (\%)$$

E_{ff}：荷重伝達率（%）
D_0：載荷点直下のたわみ量（mm）
D_{30}：載荷点から 30cm の位置のたわみ量（mm）

図−9.5.3 FWD による荷重伝達率測定方法の概念[5)]

（2）目地部やひび割れ部の段差
1）路面調査からの評価

　　コンクリート舗装の目地部やひび割れ部の段差の維持修繕は，路面性状調査の結果をもとに，段差量から工法を選定するとよい。段差量による工法選定上の区分の目安を**表−9.5.4**に示す。工法選定上の区分が M，H に該当する場合，FWD たわみ量の測定などの構造評価を実施し，段差箇所の空洞の有無や荷重伝達性などを確認するとよい。

表－9.5.4 段差量による工法選定上の区分の目安[2]

	L	M	H
段差量 (mm)	10 程度以下	10〜15 程度	15 程度以上

〔注1〕L，M，Hは，維持修繕工法を選定するに当たっての目安であり，維持修繕行為の実施の要否を判断する管理目標値とは異なる。

〔注2〕L，M，Hのそれぞれの値は，「道路維持修繕要綱」[3]や実績などを踏まえ設定

　コンクリート舗装の段差は，その発生位置や形態，沿道状況や維持修繕履歴などから判断して，その発生原因を推定することになる。表－9.5.5 は，目視調査から目地部やひび割れ部の状態を評価し，維持修繕工法の選定上の区分の目安を示したものであり，参考にするとよい。

　目地部において段差が生じていた場合，路盤以下の損傷も想定されるので，路面性状調査や構造調査を実施し，段差箇所の詳細を把握・対処することが重要である。

表－9.5.5 目地部やひび割れ部の状態（段差・ポンピング）と工法選定上の区分の目安[2]

段差	ポンピング	破損の状態		工法選定上の区分
なし	なし	健全	（参考：写真－9.5.1 ①）	－
なし	あり	路盤損傷が進行中	（参考：写真－9.5.1 ②）	L
あり	なし	路盤以下が不等沈下	（参考：写真－9.5.1 ③）	M
あり	あり	路盤以下まで損傷が進行	（参考：写真－9.5.1 ④）	H

〔注1〕ポンピングの概念については，「図－9.3.8」参照

〔注2〕L，M，Hは，維持修繕工法を選定するに当たっての目安であり，維持修繕行為の実施の要否を判断する管理目標値とは異なる。

| ① 健　全 | ② 路盤損傷が進行中 |
| ③ 路盤以下が不等沈下 | ④ 路盤以下まで損傷が進行 |

写真－9.5.1　目地部の状態の評価例

2）構造調査からの評価

　目地部の段差箇所の空洞の有無については，49kN 載荷時のたわみ量 0.4mm 以下を判断の目安に，また，荷重伝達性については，①荷重伝達率が 80%以上であれば荷重伝達は有効であり，②荷重伝達率が 65%以下であれば荷重伝達は不十分である，とされている検討例をもとに評価するとよい。たわみ量と荷重伝達率にもとづく，目地部の段差箇所の評価フロー例を図－9.5.4 に示す。

　コンクリート舗装の段差については，これら調査結果をもとに当該箇所の維持修繕工法の選定を行うことになる。

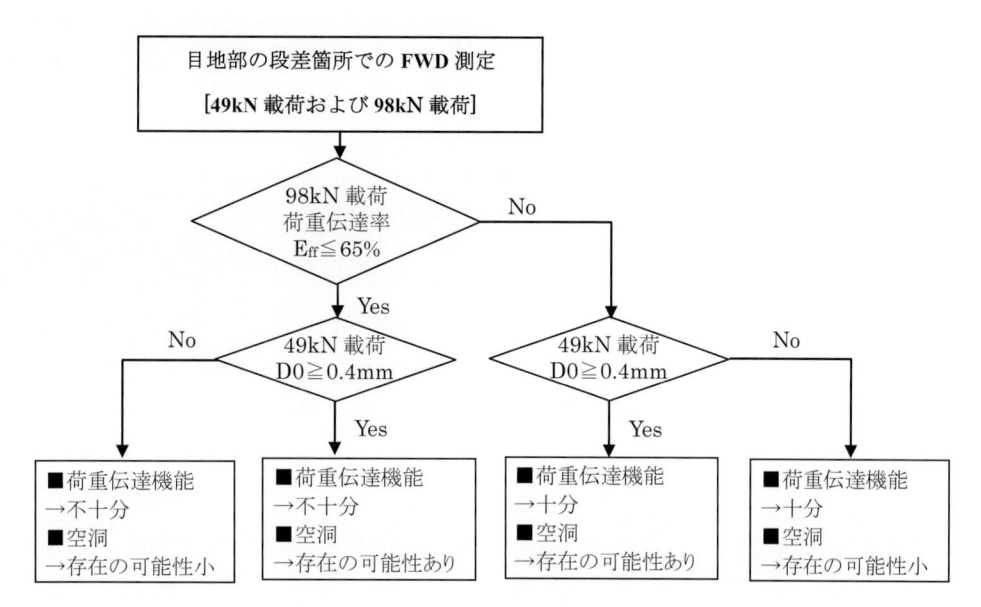

```
                目地部の段差箇所でのFWD測定
                  [49kN載荷および98kN載荷]
                           │
                           ▼
                       98kN載荷
            No ◄──── 荷重伝達率 ────► No
            │         $E_{ff} \leq 65\%$        │
            │        Yes                  │
            ▼                             ▼
         49kN載荷                      49kN載荷
    No ← $D0 \geq 0.4$mm → Yes    Yes ← $D0 \geq 0.4$mm → No
```

■荷重伝達機能	■荷重伝達機能	■荷重伝達機能	■荷重伝達機能
→不十分	→不十分	→十分	→十分
■空洞	■空洞	■空洞	■空洞
→存在の可能性小	→存在の可能性あり	→存在の可能性あり	→存在の可能性小

図－9.5.4 たわみ量，荷重伝達率による目地部の段差箇所の評価フロー例[4),5)]

(3) 目地部の破損（目地材のはみ出し，飛散，角欠け）

1）路面調査からの評価

　目地部の目視調査結果からは，目地部の損傷のうち主に目地材の飛散やはみ出しの程度について評価することになる。目地材がはみ出し，飛散した状態で放置すると目地部の大きな破損に繋がることがあることから，目地部周辺での下層（路盤以下）からの析出物の有無などの観察結果をもとに目地部の状態を評価する必要がある。目視調査による目地部の工法選定上の区分の目安を**表－9.5.6**に示す。

　目視調査で目地部の角欠けが認められた場合，路面性状調査を実施し詳細を把握するとよい。

表－9.5.6 目地部の状態（目地材のはみ出し，飛散）からの工法選定上の区分の目安[6)]

工法選定上の区分	観察結果（目地材のはみ出しや飛散の程度，目地部周辺の表面の変色）
L	全体の50%未満の目地材のはみ出しや飛散がある。 表面の変色は認められない（**写真－9.5.2 ①**）。
M	全体の50%以上の目地材のはみ出しや飛散がある。 表面の変色が認められる（**写真－9.5.2 ②**）。

〔注〕L，Mは，維持修繕工法を選定するに当たっての目安であり，維持修繕行為の実施の要否を判断する管理目標値とは異なる。

第9章　維持修繕

① 10〜50%の目地材のはみ出し・飛散

② 50%以上の目地材のはみ出し・飛散

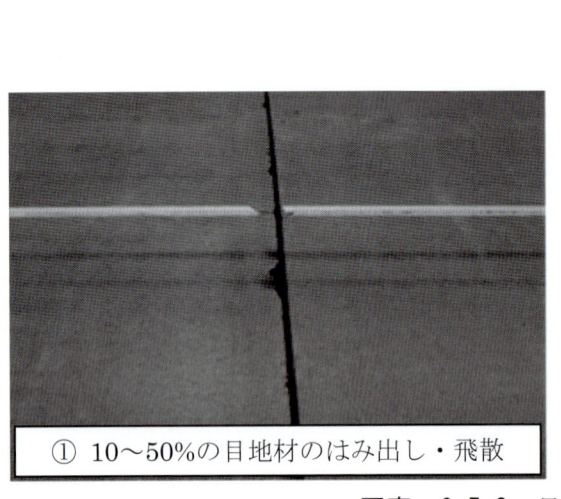

写真－9.5.2　目地部の破損状態の評価例

2）路面性状調査からの評価

　目視調査で目地部の角欠けが認められた場合，路面性状調査を実施して評価を行う。維持修繕工法を選定するに当たっては，路面性状調査から得た角欠け部の長さや幅をもとに**表－9.5.7**を参考に行うとよい。

表－9.5.7　目地部の角欠けからの工法選定上の区分の目安[6]

工法選定上の区分	判断の目安
L	角欠け幅 150mm 未満あるいは角欠け率 50%未満
M	角欠け幅 150mm 以上あるいは角欠け率 50%以上

<備考>

L：目地の長さ(cm)　　S：角欠けの長さ(cm)
b：角欠けの幅(mm)

$$角欠け率(\%) = \frac{角欠けの長さの累計(S1+S2)}{目地の長さ(L)} \times 100$$

〔注〕L，Mは，維持修繕工法を選定するに当たっての目安であり，維持修繕行為の実施の要否を判断する管理目標値とは異なる。

(4) その他の破損

コンクリート舗装のその他の破損には，わだち掘れ，ポットホール，ポリッシングなどがある。これらの破損は，主に路面調査の結果により評価を行う。その他の破損は，あらかじめ設定した工法選定上の区分の目安やパトロール中の走行性などから，維持修繕の要否を判断するとよい。評価方法の例を以下に示す。

1) わだち掘れ

わだち掘れの路面調査からの評価では，目視調査より判断したわだち掘れの程度や路面性状調査より得られたわだち掘れ深さから維持修繕の要否を判断し，わだち掘れの形状や発生形態，沿道状況や工事履歴などから推察した発生原因を考慮して，維持修繕工法を選定することになる。

わだち掘れの目視調査の結果は，目視や車両走行時の観察結果に車両の走行安全性や快適性，沿道や隣接車線への影響などを加味して評価するとよい。ここでの評価結果は，緊急的な維持修繕の要否判断や路面性状調査の実施判断の資料として用いられることになる。

目視調査におけるわだち掘れの評価では，その発生状況や供用状況からわだち掘れ深さを推定し，維持修繕工法を選定することになる。目視調査によるわだち掘れの程度と工法選定上の区分の目安を**表－9.5.8**に示す。なお，工法選定上の区分がMおよびHの場合は，路面性状調査を実施し，わだち掘れの定量的な評価を行うことが望ましいが，スパイクタイヤ禁止後のわが国において，工法選定上の区分MやHはごく稀な状態である。

表－9.5.8 目視調査によりわだち掘れの程度を推察する場合の目安[2]
（走行速度40km程度の場合）

調査項目	工法選定上の区分（一般道路）		
	L 20mm程度以下	M 20～35mm	H 35mm程度以上
滞水状態	うっすらとした水膜が確認される	部分的な滞水が確認される	明らかな滞水が確認される
水はねの程度	水しぶきがあがる	軽い水はねがある	隣接車線や歩道に大きくはねる
事例写真	**写真－9.5.3 ①**	**写真－9.5.3 ②**	－

〔注〕それぞれの目安は，「舗装調査・試験法便覧」[1]や実績などを踏まえ設定

第9章　維持修繕

| ① 工法選定上の区分：L | ② 工法選定上の区分：M |

写真-9.5.3　わだち掘れの破損の程度の評価例

　路面性状調査で得られた，わだち掘れ深さからの工法選定上の区分の目安を**表-9.5.9**に示す。この工法選定上の区分をもとに次節で記述する維持修繕工法の選定や路面設計，構造設計を行うことになる。

表-9.5.9　わだち掘れ深さによる工法選定上の区分の目安[2]

① 自動車専用道路

	L	M	H
わだち掘れ深さ(mm)	15程度以下	15～25程度	25程度以上

② 一般道路

	L	M	H
わだち掘れ深さ(mm)	20程度以下	20～35程度	35程度以上

〔注1〕L，M，Hは，維持修繕工法を選定するに当たっての目安であり，維持修繕行為の実施の要否を判断する管理目標値とは異なる。
〔注2〕L，M，Hのそれぞれの値は，「道路維持修繕要綱」[3]や実績などを踏まえ設定

2）ポリッシング（すべり抵抗値の低下）

　コンクリート舗装版のポリッシングは，すべり抵抗性の低下を招き車両の走行安全性に大きな影響を及ぼすことになる。したがって，ポリッシングが認められた場合，すべり抵抗値の低下が懸念されるため，早急に現地調査を実施し，必要に応じて補修する等の対応が必要となる。

　走行速度60km/hを想定する道路において，ポリッシングが認められた場合のすべり抵抗値による破損の程度の評価の目安（路面性状調査）を**表-9.5.10**に示す。ここでは，すべり抵抗値の評価をすべり抵抗測定車を用いて行った場合の目安を示しているが，その他の機器により測定したすべり抵抗値については，「舗装性能評価法－必須および主要な性能指標－（平成25年版）」を参照するとよい。

　なお，この破損は路面破損のみである場合が多く，構造破損に繋がることは少ない。

- 294 -

表－9.5.10 すべり抵抗値による工法選定上の区分の目安[2]

測定方法	すべり抵抗値の低下程度（すべり摩擦係数：μ_{60}）	
	M	H
すべり抵抗測定車	0.25～0.33 程度	0.25 程度以下

〔注1〕L，M，Hは，維持修繕工法を選定するに当たっての目安であり，維持修繕行為の実施の要否を判断する管理目標値とは異なる。

〔注2〕L，M，Hのそれぞれの値は，「道路維持修繕要綱」[3]や実績などを踏まえ設定。

3）ポットホール

　ポットホールの破損の程度の把握は，目視調査が主体となる。ポットホールが発生した場合，車両の走行性や快適性を損なうばかりでなく，交通事故の原因となることもあるので，すみやかな対応が求められる。なお，この破損は路面破損である場合が多い。

9-6　維持修繕工法の種類と破損程度に応じた工法の選定

　舗装の維持修繕を実施する際は，調査結果を踏まえ，破損の分類（路面破損，構造破損）や破損の程度を的確に評価したうえで破損原因を十分究明し，その原因を排除・解消するような工法を選定することが重要である。維持修繕工法の選定に当たっては，それぞれに品質，コスト，環境への影響，耐久性などの面で異なった特性を有するので，工法の組合せによる効果やそれぞれの特性を把握したうえで維持修繕工法を選定することも重要である。なお，路面破損の場合でも基層以下の層の修繕を行う場合もある。

　コンクリート舗装の主な維持修繕工法を**表－9.6.1**に示す。

表−9.6.1 維持修繕工法の概要[7]

工　法	概　　要
パッチング工法	・コンクリート版に生じた，欠損箇所や段差等に材料を填充して，路面の平たん性等を応急的に回復する工法。 ・パッチング材料にはセメント系，アスファルト系，樹脂系があり，処理厚によりモルタルまたはコンクリートとして使用する。いずれの場合でも，コンクリートとパッチング材料との付着を確実にすることが肝要である。
シーリング工法	・目地材が老化，ひび割れ等により脱落，剥離などの破損を生じた場合や，コンクリート版にひび割れが発生した場合，目地やひび割れから雨水が浸入するのを防ぐ目的で注入目地材等のシール材を注入または充填する工法。
表面処理工法	・コンクリート版にラベリング，ポリッシング，はがれ（スケーリング），表面付近のヘアークラック等が生じた場合，版表面に薄層の舗装を施工して，車両の走行性，すべり抵抗性や版の防水性等を回復させる工法。 ・使用材料や施工方法は，パッチング工法に準ずる。
粗面処理工法	・コンクリート版表面を，機械または薬剤により粗面化する工法。 ・主にコンクリート版表面のすべり抵抗性を回復させる目的で実施される。 ・機械には，ショットブラストマシーン，ウォータジェットマシンなどがある。 ・薬剤としては主に，酸類が使用される。
グルービング工法	・グルービングマシンにより，路面に深さ×幅が6×6，6×9mmの寸法の溝を，20〜60mm間隔で切り込む工法。 ・雨天時のハイドロプレーニング現象の抑制，すべり抵抗性の改善などを目的として実施される。 ・溝の方向には，縦方向と横方向とがあり，通常は施工性がよいことから縦方向に行われることが多い。 ・縦方向の溝は，横滑りや横風による事故防止に効果的である。横方向の溝は，停止距離の短縮に効果があり，急坂路，交差点付近などに適する。
注入工法	・コンクリート版と路盤との間に出来た空隙や空洞を填充したり，沈下を生じた版を押上げて平常の位置に戻したりする工法。 ・注入する材料は，アスファルト系とセメント系の二つに分けられるが，常温タイプのアスファルト系の材料を用いることが多い。
バーステッチ工法	・既設コンクリート版に発生したひび割れ部に，ひび割れと直角の方向に切り込んだカッタ溝を設け，この中に異形棒鋼あるいはフラットバー等の鋼材を埋設して，ひび割れをはさんだ両側の版を連結させる工法。 ・鋼材には，ダウエルバーと同程度の荷重伝達能力を有する断面および長さのものを使用し，埋め戻しには，高強度のセメントモルタルまたは樹脂モルタルを用いる。
打換え工法	・広域にわたり，コンクリート版そのものに破損が生じた場合に行う。 ・コンクリートによる打換えと，アスファルト混合物による打換え，プレキャストコンクリート版による打換えがあるが，いずれの工法によるかは，打換え面積，路床・路盤の状態，交通量などを考慮して決める。
局部打換え工法	・隅角部，横断方向など，版の厚さ方向全体に達するひび割れが発生し，この部分における荷重伝達が期待できない場合に，版あるいは路盤を含めて局部的に打換える工法。 ・連続鉄筋コンクリート版において，鉄筋破断を伴う横断クラックによる構造的破壊の場合は，鉄筋の連続性を損なわないで荷重伝達が確保できるように行う。
オーバーレイ工法	・既設コンクリート版上に，アスファルト混合物を舗設するかまたは，新しいコンクリートを打ち継ぎ，舗装の耐荷力を向上させる工法。 ・既設版の影響を極力さけるため，事前に不良箇所のパッチングやリフレクションクラック対策[注]などを施しておく。 ・必要に応じて局部打換え工法，注入工法，バーステッチ工法等を併用する。

〔注〕リフレクションクラック抑制対策には，クラック抑制シートやアスファルトマスチック混合物などの敷設がある。

コンクリート舗装の維持修繕を行う場合，それぞれの破損の程度や分類に応じて工法の選定を行うとよい。複数の破損が存在する場合は，それぞれの損傷の特徴や程度に応じて一つの工法で維持修繕を行うか，破損個々で維持修繕を行うか，また，それらを組み合わせて維持修繕を行うかの検討を行う必要がある。コンクリート舗装の破損の種類と，工法選定上の区分に応じた維持修繕工法の選定の目安を**表－9.6.2**に示す。各工法の詳細については「舗装の維持修繕ガイドブック2013」等を参照するとよい。なお，**表－9.6.2**中の「L」「M」「H」の記号は，「9-5 評価」で述べた，工法選定上の区分に対応している。また，破損の種類によっては，適用できる維持修繕工法が限られる場合もある。

表－9.6.2 コンクリート舗装の破損と工法選定上の区分に応じた維持修繕工法の選定の目安[2]

維持修繕工法 コンクリート舗装の破損		破損の分類	維持工法						修繕工法		
			パッチング工法	シーリング工法	表面処理工法	粗面処理工法	グルービング工法	注入工法	バーステッチ工法	打換え工法	局部打換え工法	オーバーレイ工法
ひび割れ	ひび割れ度	構造		L					L, M	M, H	L, M	M, H
	横ひび割れ※	構造	M	L, M					L, M	H	H	
目地部の破損	段差(エロージョンの発生)	構造	L, M, H					L, M		H	M, H	
	はみ出し・飛散	路面		L, M								
	角欠け	構造	L, M	L								
その他	わだち掘れ	路面				L	L					M, H
	ポリッシング	路面			M, H	M, H	M, H					M, H
	ポットホール	路面, 構造	□								□	
備考	L, M, H：工法選定上の区分の目安 □：適用する工法 ※連続鉄筋コンクリート舗装に発生した横ひび割れは，含まない											

〔注〕表中の記号は，維持修繕を行う場合の工法選定上の区分であって，維持修繕の必要性を示すものではない。この表の意味するところは，当該箇所の破損を評価したうえで，維持修繕を行うかどうかを含めて判断し，維持修繕を行う場合は破損状況に応じた工法を選定すべきであるという趣旨である。

【第9章の参考文献】
1）（社）日本道路協会：舗装調査・試験法便覧，平成19年6月
2）（公社）日本道路協会：舗装の維持修繕ガイドブック2013，平成25年11月
3）（社）日本道路協会：道路維持修繕要綱，昭和53年7月
4）国土交通省関東地方整備局：土木工事共通仕様書，第3編 土木工事共通編，pp.3-113，平成25年4月

第9章　維持修繕

5）（社）土木学会：舗装工学ライブラリー2　FWD および小型 FWD 運用の手引き，平成 14 年 12 月
6）FHWA：Distress Identification Manual for the Long-Term Pavement Performance Program, FHWA-RD-03-031, June 2003
7）（社）日本道路協会：舗装施工便覧（平成 18 年版），平成 18 年 2 月

コラム 22　コンクリート舗装路面のすべり抵抗の回復方法について

　材料，施工，表面処理工法，および供用履歴が同一であるコンクリート舗装でもトンネル部は明かり部よりも，コンクリート路面のすべり抵抗の低下が速いという報告[1]があります。
　写真－C22.1 は，路面のセメントペースト部を 5,000 倍に拡大した写真です。同じコンクリート舗装でも明かり部の路面はざらざらしているのに対し，トンネル部ではすり磨かれたように路面が極めて滑らかで光沢があることがわかります。

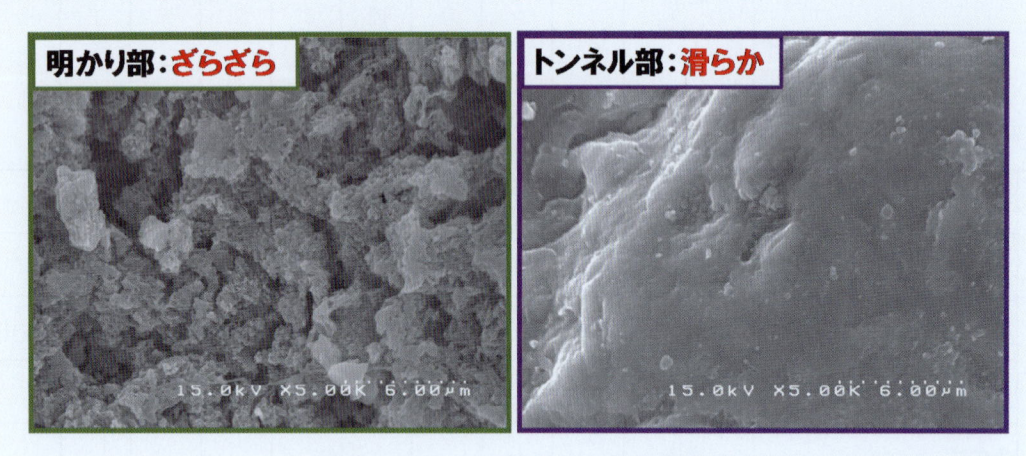

写真－C22.1　路面の拡大写真

　コンクリート舗装のすべり抵抗を安定的に保つことは，極めて重要なことです。費用対効果に優れる既設路面の粗面処理工法を開発するために，㈱高速道路総合技術研究所では回転式舗装試験機（写真－C22.2）を用いて，各種工法のすべり摩擦係数の持続性に関する試験を実施しました[2]。この試験では，ウォータージェット（WJ），ショットブラスト（SB），ダイヤモンドグラインディング（DG）について検討しました。

写真－C22.2
回転式舗装試験機の外観

その結果，工法により差はあるものの，路面のマクロテクスチャを大きくすることで，すべり摩擦係数の回復に効果があることがわかりました。

その後に現地試験施工を実施した結果，SBを使用する場合は，投射材寸法を通常の1.4mmから2.0mmへと大きくすることで粗面処理後のすべり抵抗を増加させるとともに，長期にわたり確保できることがわかりました。

【参考文献】
1) 中村 和博，松本 大二郎，佐藤 正和，神谷 恵三：コンクリート舗装のすべり抵抗回復工法に関する研究，土木学会論文集 E1（舗装工学），Vol.70, No.3（舗装工学論文集第19巻），pp.I_197-I_204，平成26年12月
2) 中村 和博，風戸 崇之，佐藤 正和，神谷 恵三，松本 大二郎：効果的なコンクリート舗装のすべり抵抗回復工法に関する検討，道路建設，No.752, p.63-69，平成27年9月

コラム23　路面性状の回復（すべり抵抗性と平たん性の向上）に寄与するダイヤモンドグラインディング工法

ダイヤモンドグラインディング（以下，DG）工法はコンクリート舗装の普及率が高いアメリカにて，路面性状の回復（主にすべり抵抗性と平たん性の向上）を目的に一般化している路面研掃工法です。たとえば，米国カリフォルニア州では，長期供用した既存コンクリート舗装のすべり抵抗性や平たん性の回復・向上を目的とし，ダイヤモンドグラインディングによる表面処理工法を採用しています。日本においても主に空港舗装のすべり抵抗性の回復を目的とした施工事例が多く，一部地域において，トンネル内のコンクリート舗装のすべり抵抗性の回復を目的に使用されている例[1]もあります。

DG工法は，グラインダーと呼ばれるダイヤモンドカッタを筒状に並べたドラム（グルービングドラム；写真－C23.1参照）により舗装の縦断方向に縦溝をカッティングしてコンクリート舗装表面を研掃する工法です（写真－C23.2参照）。平たん性が向上するとともに細かな凹凸が形成されることから，低騒音性とすべり抵抗性も向上するといいます。日本でも各地で試験施工が行われ，低騒音化やすべり抵抗性の向上が確認[2]されています。

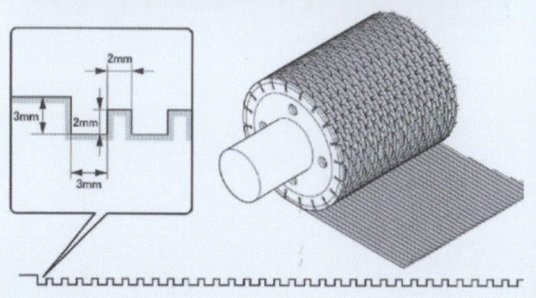

写真－C23.1　グルービングドラムの例

DG工法の特徴としては，
① 施工後の平たん性がよい
② 施工速度が速い
③ 縦断方向の排水性が良好
④ わだち掘れがある箇所では，カッタの溝深さ以上にわだち掘れが深いと切削ができず，事前に予備切削を行うか，複数回の切削を行う必要があります。

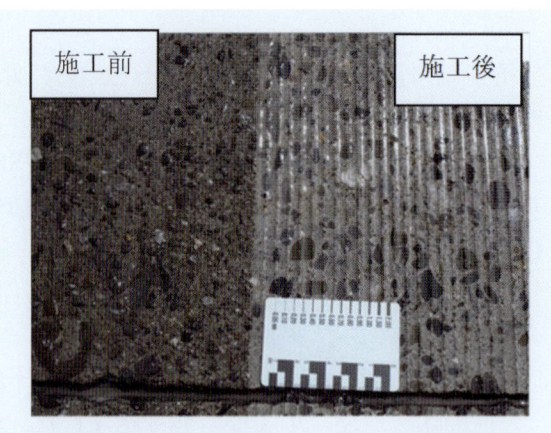

写真－C23.2　DG工法による施工前後の路面状況

【参考文献】
1）水野　卓哉，関　哲明，杉山　裕一：トンネルコンクリート舗装のすべり摩擦係数回復の試験施工報告，第30回日本道路会議 論文集，No.3078，平成25年10月
2）吉本　徹，寺田　剛，有賀　孝，野田　好史：ダイヤモンドグラインディングによるコンクリート路面の性能回復，第29回日本道路会議 論文集，No.2079，平成23年11月

付　録

付録1　配合設計例（普通コンクリート舗装用）

付録2　配合設計例（スリップフォーム工法用）

付録3　配合設計例（転圧コンクリート舗装用）

付録1　配合設計例（普通コンクリート舗装用）

1　設計条件

　比較的気候の厳しい箇所に，版厚 25cm の普通コンクリート版を，機械舗設する場合の配合設計例を示す。

　コンクリートの設計基準曲げ強度 (f_{bk}) は4.4MPaである。変動係数は10%と仮定すると，**付図−1.1.1**（または**表−4.5.1**）より割増し係数 p の値は1.21となり，配合曲げ強度 (f_{br}) は，4.4 MPa×1.21＝5.4 MPaとなる。

　また，スランプの目標値は，2.5cm のコンクリートだったが，現場施工条件からダンプトラックの運搬・荷おろしが困難でトラックアジテータの使用に変更された。通常，スランプは3〜8cmだが，セットフォーム工法であることや現場条件等から，本設計例では 5cm とした。

　空気量の目標値は 4.5％とする。

　使用する粗骨材の最大寸法は，計画では 40mm であったが，現場近くのプラントには 40mm がないこと，通常用いられている 20mm でも良質であることを確認し，20mm を用いることとした。

　その他の使用材料およびコンクリートの配合条件は**付表−1.1.1** および**付表−1.1.2** のとおりである。

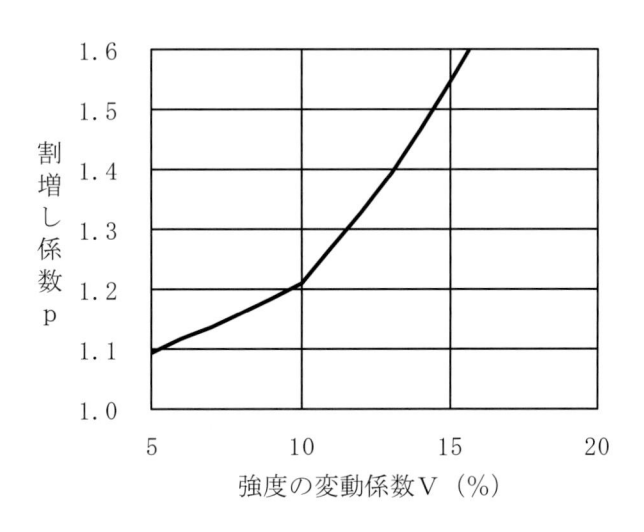

付図−1.1.1　変動係数と割増し係数との関係（JIS A 5308 の場合）

付表−1.1.1　使用材料

名　　称	種　　類
セメント	普通ポルトランドセメント
細骨材	川砂
粗骨材	砕石（最大寸法　20mm）
混和剤	AE 減水剤（単位セメント量の 1.0%使用）

付録1　配合設計例（普通コンクリート舗装用）

付表－1.1.2　コンクリートの配合条件

名　称	品　質
配合曲げ強度	5.4 MPa（4.4 MPa×1.21）
コンシステンシー	スランプ　5cm（舗設位置） スランプ　6cm（プラント）
空気量	4.5%（舗設位置） 5.0%（プラント）

2　使用材料の品質

基準試験の結果，使用材料の品質は**付表－1.2.1～付表－1.2.3**のとおりである。

付表－1.2.1　使用材料の品質

材料名	種類または産地	密　度 (g/cm^3)	吸水率 (%)	単位容積質量 (kg/m^3)	備　考
セメント	普通ポルトランドセメント	3.15	—	—	
細骨材	川　砂	2.63	1.8	—	粒度は，付表－1.2.2，付表－1.2.3
粗骨材	砕　石	2.65	0.8	1,605 注)	

〔注〕表面乾燥飽水状態のものである。吸水率が1%以下のときは気乾状態のものでよい。

付表－1.2.2　骨材のふるい分け試験結果（その1）

細骨材		粗骨材	
ふるいの呼び寸法（mm）	とどまる量（%）	ふるいの呼び寸法（mm）	とどまる量（%）
10	0		
5	3		
2.5	16	25	0
1.2	37	20	4
0.6	63	15	19
0.3	82	10	57
0.15	96	5	99
粗粒率	2.97	粗粒率	6.60

付表－1.2.3　骨材のふるい分け試験結果 注)（その2）

細骨材		粗骨材	
ふるいの呼び寸法（mm）	とどまる量（%）	ふるいの呼び寸法（mm）	とどまる量（%）
5	0		
2.5	13		
1.2	35	20	4
0.6	62	15	19
0.3	81	10	58
0.15	96	5	100
粗粒率	2.87	粗粒率	6.62

〔注〕細骨材に含まれる5mm以上の粒と粗骨材に含まれる5mm以下の粒を取り除いた粒度である。

3　試し練りに用いるコンクリートの配合

3-1　水セメント比

　水セメント比は過去の経験にもとづく資料あるいは信頼できる機関によって求められた実験式等から推定し，所要の強度および耐久性が得られると考えられる値を仮に設定する。いま，セメント水比と強度との関係が $f_{b28}=2.26+1.62C/W$ のように得られていたとすれば，配合曲げ強度 5.4MPa に相当するセメント水比は 1.94（水セメント比で 51.6%）となる。

3-2　単位水量および単位粗骨材かさ容積

　単位水量は，所要のワーカビリティーおよびフィニッシャビリティーが得られるようにできる限り小さくする。単位水量および単位粗骨材かさ容積は，**付表－1.3.1** の配合参考表にしたがって**付表－1.3.2** のように仮に設定する。

付表－1.3.1　配合参考表

この表の値は，粗粒率 FM=2.80 の細骨材を用いた沈下度 30 秒（スランプ約 2.5cm）の AE コンクリート（空気量 4.5%の場合）で，ミキサから排出直後のものに適用する。				
粗骨材の最大寸法（mm）	砂利コンクリート		砕石コンクリート	
	単位粗骨材かさ容積	単位水量（kg/m³）	単位粗骨材かさ容積	単位水量（kg/m³）
40	0.76	115	0.73	130
25		125		140
20		125		140

上記と条件の異なる場合の補正		
条件の変化	単位粗骨材かさ容積	単位水量
細骨材の粗粒率（FM）の増減に対して	単位粗骨材かさ容積＝（上記単位粗骨材かさ容積）×（1.37－0.133FM）	補正しない
沈下度 10 秒の増減に対して	補正しない	∓2.5kg/m³
空気量 1%の増減に対して		∓2.5%

〔注1〕砂利に砕石が混入している場合の単位水量および単位粗骨材かさ容積は，上記表の値が直線的に変化するものとして求める。

〔注2〕単位水量と沈下度との関係は（log 沈下度）～単位水量が直線的関係にあるため，沈下度 10 秒の変化に相当する単位水量の変化は，沈下度 30 秒程度の場合は 2.5 kg/m³，沈下度 50 秒程度の場合は 1.5kg/m³，沈下度 80 秒程度の場合は 1 kg/m³ である。

〔注3〕スランプ 6.5cm の場合の単位水量は上記表の値より 8 kg/m³ 増加する。

〔注4〕単位水量とスランプとの関係は，スランプ 1cm の変化に相当する単位水量の変化は，スランプ 8cm 程度の場合は 1.5 kg/m³，スランプ 5cm 程度の場合は 2 kg/m³，スランプ 2.5cm 程度の場合は 4 kg/m³，スランプ 1cm 程度の場合は 7 kg/m³ である。

〔注5〕細骨材の FM の増減に伴う単位粗骨材かさ容積の補正は，細骨材の FM が 2.2〜3.3 の範囲にある場合に適用される式を示した。

〔注6〕高炉スラグ粗骨材を使用するコンクリートの場合は表に示されている砕石コンクリートと同じとしてよい。

付録1　配合設計例（普通コンクリート舗装用）

付表－1.3.2　単位粗骨材かさ容積および単位水量

項　目	単位粗骨材かさ容積	単位水量（kg/m³）
付表－1.3.1に示されている値	0.73	140
骨材の粗粒率の相違による補正	0.73×（1.37－0.133×2.87） ＝0.72	—
スランプ5cmによる単位水量の補正	—	145

3-3　単位量の計算

コンクリート1m³当たりの各材料の量を計算する。

「3-1　水セメント比」および「3-2　単位水量および単位粗骨材かさ容積」より所要の品質のコンクリートを得るためには，水セメント比51.6%，単位粗骨材かさ容積0.72（計算に用いる単位容積質量は吸水率補正する），単位水量145 kg/m³となる。これより使用材料の単位量を計算すると次のようになる（付表－1.3.3参照）。

単位水量　　　　$W = 145$ kg/m³

単位セメント量　$C = 145 \times 1/0.516 \fallingdotseq 281$ kg/m³

単位粗骨材量　　$G = 1,605 \times (1 + 0.8/100) \times 0.72 \fallingdotseq 1165$ kg/m³

単位細骨材量　　$S = \{1 - \dfrac{281}{3150} - \dfrac{145}{1000} - \dfrac{1165}{2650} - 0.045\} \times 2.63 \fallingdotseq 740$ kg/m³

単位減水剤量　　$A_d = 281 \times \dfrac{1.0}{100} = 2.81$ kg/m³

付表－1.3.3　試し練り用配合の決定手順

手順	概要	水セメント比 W/C (%)	単位粗骨材かさ容積 G/Dᵦ	細骨材率 s/a (%)	各材料の単位量（kg/m³）または容積（L/m³）				
					水 W	セメント C	細骨材 S	粗骨材 G	混和剤 Ad
①	各材料の密度を決める。	—	—	—	1.00	3.15	2.63	2.65	—
②	配合参考表より単位粗骨材かさ容積および単位水量を仮定する。	—	0.72	—	145 kg/m³	—	—	—	—
③	強度または耐久性から水セメント比を仮定し，単位セメント量を計算する。	51.6	—	—	—	145/0.516 ＝281 kg/m³	—	—	—
④-1	細・粗骨材の容積を計算する。空気量は4.5%（45 L/m³）と仮定する。	51.6	0.72	39.0	145 L/m³	281/3.15 ＝89.2 L/m³	1,000-(145 +89.2+439.6 +45) ＝281.2 L/m³	1,605×0.72× 1.008/2.65 ＝439.6 L/m³	—
④-2	各材料の単位量を(kg/m³)求める。	51.6	0.72	39.0	145 kg/m³	281 kg/m³	281.2×2.63 ＝740 kg/m³	439.6×2.65 ＝1,165 kg/m³	281×1.0/100 ＝2.81 kg/m³

4 試し練り

「3 試し練りに用いるコンクリートの配合」で求めた配合のコンクリートを試験室内で練り混ぜて，所要の品質が得られるよう補正し，室内配合を決定する。

4-1 単位水量および単位混和剤量

所定のスランプが得られるように試し練りを行って単位水量を決定する。必要であれば所要の空気量が得られるように単位混和剤量を調整する。

試し練りは，特に大規模な工事であるときや，熟練した技術者が配置されている場合およびJIS A 5308 レディーミクストコンクリートの標準品を用いる場合は別として，一般には，細骨材と粗骨材の割合は配合参考表から求めた配合を用いて行い，コンシステンシーや空気量が所定量であるかどうかについて**付表－1.4.1**に示すように検討する。

第1バッチを練り混ぜた結果は，スランプ4.1cm，空気量3.3%となった。目標値は，スランプ5.0cm，空気量4.5%であるので，第2バッチは**付表－1.3.1**の配合参考表により単位水量を2kg/m³増加して，147kg/m³として練り混ぜた。その結果は，スランプ4.9cm，空気量3.6%となった。第2バッチの結果ではスランプは目標値に達したが空気量が0.8%不足しているので，第3バッチは単位水量145kg/m³とし，AE減水剤のほかにAE助剤を加えて練り混ぜた。この結果は，スランプ4.8cm，空気量4.6%となった。

以上の結果から，スランプ5cm，空気量4.5%を得るのに必要な単位水量は145kg/m³であることがわかった。

付表－1.4.1 試し練りの結果

バッチ	単位量 (kg/m³)					単位粗骨材かさ容積	スランプ (cm)	空気量 (%)
	セメント C	水 W	細骨材 S	粗骨材 G	AE減水剤 (AE助剤)			
1	281	145	740	1,165	2.81	0.72	4.1	3.3
2	285	147	731	1,165	2.85	0.72	4.9	3.7
3	281	145	740	1,165	2.81 (0.021)	0.72	4.8	4.6
備考	単位量は空気量を4.5%としたときの値である。							

〔注〕 大規模工事においては，単位粗骨材かさ容積についても検討を行うとよい。すなわち「舗装調査・試験法便覧」に示す振動台式コンシステンシー試験法（舗装用）により単位粗骨材かさ容積と沈下度との関係を求め，沈下度を最小とする最適単位粗骨材かさ容積（**付図－1.4.1**参照）を決定する。

付録1　配合設計例（普通コンクリート舗装用）

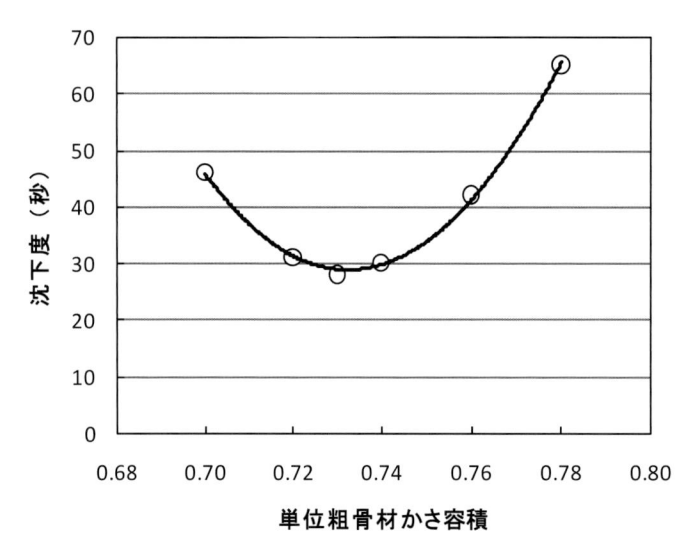

付図－1.4.1　単位粗骨材かさ容積と沈下度との関係（参考図）

4-2　水セメント比

配合強度を満足し，かつ経済的なセメント量を決定するために行う。

「4-1　単位水量および単位混和剤量」で得られた単位水量 145kg/m³ および単位粗骨材かさ容積 0.72 を用いて，水セメント比 W/C の異なる4種類程度のコンクリートの配合について，セメント水比 C/W と材齢28日の曲げ強度 f_{b28} との関係を求める。

試験結果の例は**付表－1.4.2**に示すとおりであり，C/W と f_{b28} の関係の例は，**付図－1.4.2**に示すとおりである。

供試体は各 C/W について3本ずつ製作し，この試験を2回繰り返して平均値を得るものとする。

付表－1.4.2　試験結果

C/W	W/C (%)	スランプ (cm)	空気量 (%)	G/D_b	s/a (%)	単位量 (kg/m³)					材齢28日の曲げ強度 (MPa)				
						W	C	S	G	A_d	第1回		第2回		平均
											x_{1i}	平均	x_{2i}	平均	
2.50	40	5.4	4.5	0.72	36.7	145	363	671	1,166	3.63	6.14	6.30	6.67	6.37	6.34
											5.22		6.07		
											7.54		6.36		
2.22	45	4.2	4.4	0.72	37.9	145	322	705	1,166	3.22	6.65	6.16	5.63	5.80	5.98
											5.63		6.26		
											6.21		5.49		
2.00	50	5.0	4.6	0.72	38.7	145	290	731	1,166	2.90	5.32	5.34	5.63	5.66	5.50
											5.34		5.49		
											5.35		5.87		
1.82	55	4.2	4.6	0.72	39.4	145	264	754	1,166	2.64	5.16	5.10	5.27	5.49	5.30
											5.15		6.18		
											4.98		5.04		

〔注〕単位量は空気量を 4.5% としたときの値

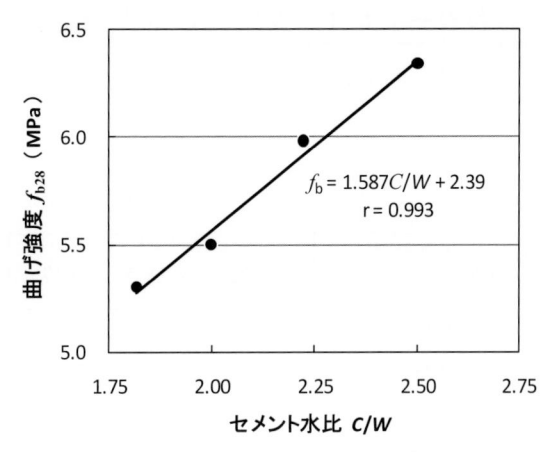

付図-1.4.2　セメント水比と強度との関係

　この設計例では，配合曲げ強度5.4MPaに相当するセメント水比は1.897（水セメント比52.7%）となる。この値は耐久性から必要とされる水セメント比よりも2.7%大きい値であるので，水セメント比は50.0%とする。

5　示方配合の決定

　実際にプラントで練混ぜを行いコンクリート品質の確認および補正を行う。
　「4　試し練り」に述べた試し練りによって定めた配合に，室内配合段階では的確には想定しがたい事項，たとえば実験室と実際のプラントとのミキサの練混ぜ効率の相違，舗設機械の性能および運搬中に生じるコンシステンシーと空気量の変化等も考慮して，舗設場所におけるコンクリートが所要の品質を持つと同時に適正な舗設が確保できるように配合を修正することが必要である。
　この設計例では，運搬中における変化を考慮し，プラントにおいて，スランプを6cm，空気量を5.0%と見込み単位水量を147 kg/m³とした。
　以上の結果，示方配合は，**付表-1.5.1**のように定まる。

〔参考〕示方配合を現場配合に直すには，与えられた配合が**付表-1.5.1**の場合，現場における骨材の状態が**付表-1.5.2**であると次のようになる。

付録1　配合設計例（普通コンクリート舗装用）

付表－1.5.1　決定した示方配合

粗骨材の最大寸法(mm)	スランプの目標値(cm)		空気量の目標値(%)		水セメント比 W/C (%)	単位粗骨材かさ容積	細骨材率 s/a (%)	単位量　(kg/m³)				
	プラント	現場	プラント	現場				水 W	セメント C	細骨材 S	粗骨材 G	混和剤
20	6.0	5.0	5.0	4.5	50.0	0.72	38.5	147	294	723	1,165	2.94
備考	（1）設計基準曲げ強度 4.4MPa （2）配合曲げ強度＝ 5.4MPa （3）セメントの種類＝普通ポルトランドセメント （4）細骨材の粗粒率＝2.87 （5）粗骨材の種類＝砕石 （6）粗骨材の実積率＝61.1% （7）混和剤の種類＝AE減水剤およびAE助剤（商品名） （8）運　搬　時　間＝30分 （9）施　工　時　期＝8～10月 （10）その他＝単位量は，空気量を4.5%としたときの値である。											

〔注1〕示方配合に示す細骨材は5mmふるいを全部通るもの，粗骨材は5mmふるいに全部とどまるものであって，ともに表面乾燥飽水状態での単位量を示す。

〔注2〕示方配合に示す単位混和剤量は，薄めたり，溶かしたりしないものを示す。

付表－1.5.2　現場における骨材の状態

区　　　分		ふるい分け結果（%）		表面水率(%)
		5mm以下	20～5mm	
細骨材		97	3	3
粗骨材	20～5mm	9	91	1.5

一般に現場における骨材の状態は，ある程度変動するものであるから，あまり細かく計算しても意味がない。計算をする場合は一次近似値までで十分である。

計算例を示すと**付表－1.5.3**および**付表－1.5.4**のとおりである。

付表－1.5.3　現場配合の計算例（その1）

骨材の種類	示方配合の値(kg/m³)	ふるい分けの結果(%)		現場配合の計算　(kg/m³)	
		細骨材	20～5mm	第1近似値	第2近似値
5mmふるいを通るもの	723	97	9	1,165×9/100≒105 723－105=618 618×1/0.97≒637	1,260×9/100≒113 723－113=610 610×1/0.97≒629
20～5mm	1,166	3	91	637×3/100≒19 1,166－19=1147 1,147×1/0.91≒1,260	629×3/100≒19 1,166－19=1,147 1,147×1/0.91≒1,260
合計	1,889	100	100	1,897	1,889

付表-1.5.4　現場配合の計算例（その2）

材料の種類	表面乾燥飽水状態の骨材を用いた場合の配合 (kg/m³)	骨材の表面水率 (%)	質　量 (kg/m³)	現場配合 (kg/m³)
セメント	294	－	－	294
細骨材	629	3	629×3/100≒18.9	648
粗骨材 20〜5mm	1,260	1.5	1,260×1.5/100≒18.9	1,279
水	147	－	合計≒37.8	109

〔注〕水にはAE減水剤，AE助剤を含むものとする。

付録2　配合設計例（スリップフォーム工法用）

1　設計条件

　比較的気候の厳しい箇所に版厚 25cm の連続鉄筋コンクリート版をスリップフォーム工法で舗設する場合の配合設計例を示す。

　使用材料およびコンクリートの配合条件は**付表－2.1.1**および**付表－2.1.2**のとおりである。

付表－2.1.1　使用材料

名　　称	種　　　類
セメント	普通ポルトランドセメント
細 骨 材	川　砂
粗 骨 材	砕石（最大寸法　20mm）
混 和 剤	AE 減水剤（単位セメント量の 0.25%使用）

付表－2.1.2　コンクリートの配合条件

名　　称	品　　質
配合強度（曲げ強度）	5.4MPa(4.4MPa×1.23)
コンシステンシー（スランプ）	4.0cm（舗設位置） 6.0cm（プラント）
空 気 量	5.5%（舗設位置） 6.0%（プラント）

2　使用材料の品質

　本配合設計で使用した材料の品質は，普通コンクリート舗装用コンクリートの配合設計例に記述している材料と同じであるので，「付録－1　配合設計例（普通コンクリート舗装用）」を参照されたい。

3　試し練りに用いるコンクリートの配合

3-1　水セメント比

　水セメント比は過去の経験にもとづく資料あるいは信頼できる機関によって求められた実験式等から推定し，所要の強度および耐久性が得られると考えられる値を仮に設定する。

　コンクリートプラントが，曲げ 4.5－2.5－40 の出荷実績を有している場合には，スリップフォーム工法用コンクリートの空気量が 1.0%高いことを考慮し，水セメント比を適切に補正して採用することも可能である。

　いま，セメント水比と強度との関係が $f_{b28}=0.38+2.21\ C/W$ のように得られていたとすれば，配合強度 5.4MPa に相当するセメント水比は 2.27（水セメント比で 44.05→44.0%）となる。

3-2　単位水量および単位粗骨材かさ容積

　単位水量は，所要のワーカビリティーおよびフィニッシャビリティーが得られるようにできる

だけ小さくする。単位水量および単位粗骨材かさ容積は，**付表－1.3.1** 配合参考表にしたがって，**付表－2.3.1** のように仮設定する。

付表－2.3.1 単位粗骨材かさ容積および単位水量

項　　目	単位粗骨材かさ容積	単位水量(kg/m³)
付表－1.3.1 に示されている値	0.73	142
骨材の粗粒率の相違による補正	0.73×（1.37－0.133×2.87）＝0.72	142

　単位水量については，スリップフォーム工法用コンクリートの目標スランプが 3.5～4.0cm，目標空気量が 5.5%であるため，単位水量は**付表－1.3.1** に示す値に対して＋2kg/m³ 程度高くしている。

3-3 単位量の計算

　コンクリート 1m³ 当たりの各材料の量を計算する。

　「3-1 水セメント比」および「3-2 単位水量および単位粗骨材かさ容積」より，所要の品質のコンクリートを得るためには，水セメント比 44.0%，単位粗骨材かさ容積 0.72（計算に用いる単位容積質量は吸水率補正する），単位水量 142kg/m³ となる。これより使用材料の単位量を計算すると次のようになる（**付表－2.3.2** 参照）

　　単位水量　　　　　　$W = 142 \text{ kg/m}^3$

　　単位セメント量　　　$C = 142 / 0.440 = 323 \text{ kg/m}^3$

　　単位粗骨材量　　　　$G = 1605 \times (1 + 0.8 / 100) \times 0.72 \fallingdotseq 1165 \text{ kg/m}^3$

　　単位細骨材量　　　　$S = \left\{ 100 - \dfrac{323}{3.15} - \dfrac{140}{1.00} - \dfrac{1165}{2.65} - 55 \right\} \times 2.63 \fallingdotseq 686 \text{ kg/m}^3$

　　単位 AE 減水剤量　　$A = 323 \times \dfrac{0.25}{100} = 0.808 \text{ kg/m}^3$

付表－2.3.2 試し練り用配合の決定手順

手順	適　　用	水セメント比 W/C (%)	単位粗骨材かさ容積	材 料 の 種 別					
				水 W	セメント C	細骨材 S	粗骨材 G	混和剤
①	各材料の密度(g/cm³)を決める。	－	－	1.00	3.15	2.63	2.65	－
②	配合参考表より単位粗骨材容積および単位水量を仮定する。	－	0.72	142 (kg/m³)	－	－	－	－
③	強度あるいは耐久性から水セメント比を求め，単位セメント量を計算する。	44.0	－	－	142/0.44 =323 (kg/m³)	－	－	－
④-1	細・粗骨材の容積を計算する。このとき空気量を55L/m³と想定しておく。	44.0	0.72	142 (L)	－	1000－(142+102.5+439.6+55)=260.9(L)	1605×0.72×1.008/2.65	－
④-2	各材料の容積を求める。	44.0	0.72	142 (L)	323/3.15 =102.5(L)	260.9 (L)	439.6 (L)	－
④-3	各材料の容積に密度をかけて単位量(kg/m³)を求め，配合とする。	44.0	0.72	142 (kg/m³)	323 (kg/m³)	260.9×2.63 =686 (kg/m³)	439.6×2.65 =1165 (kg/m³)	323×(0.25/100)=0.808 (kg/m³)

付録2　配合設計例（スリップフォーム工法用）

3-4　試し練り

「3-3　単位量の計算」で求めた配合のコンクリートを試験室内で練り混ぜて，所要の品質が得られるよう補正し，室内配合を決定する。

（1）単位水量，単位混和剤量，単位粗骨材かさ容積，細骨材率

所定のスランプが得られるように試し練りを行って単位水量を決定するとともに，所要の空気量が得られるように単位混和剤量を調整する。

試し練りは，特に大規模な工事であるときや，熟練した技術者が配置されている場合およびJIS A 5308 レディーミクストコンクリートの標準品を用いる場合は別として，一般には，細骨材と粗骨材の割合は配合参考表から求めた配合を用いて行い，コンシステンシーや空気量が所定量であるかどうかについて**付表－2.3.3**に示すように検討する。

第1バッチを練り混ぜた結果は，スランプ 2.5cm，空気量 4.5%となった。目標値は，スランプ 4.0cm，空気量 5.5%であるので，第2バッチは配合参考表「付録－1　配合設計例（普通コンクリート舗装用）に記述」により単位水量を 5kg/m³増加して 145kg/m³として練り混ぜた。空気量の補正については，スランプを大きくすることで空気量は増加するため，AE 助剤の添加率修正は行わなかった。その結果は，スランプ 5.0cm，空気量 5.9%となり，スランプ，空気量とも目標値をオーバーする結果となった。このため，第3バッチは単位水量 143kg/m³として練り混ぜた。この結果，スランプ 4.0cm，空気量 5.6%となった。

続いて，単位粗骨材かさ容積を変化させてコンクリートを練り混ぜ，スランプ試験およびコンクリートの性状を確認し，スリップフォーム工法に適した単位粗骨材かさ容積を決定した。

この試し練りの結果から，単位粗骨材かさ容積は 0.72～0.75 の範囲で良好なワーカビリティーが得られることが判明した。

よって，最適単位粗骨材かさ容積は，0.72～0.75 の中間値である 0.735 とした。

単位水量は，ややスランプが大きいことから，－2kg の 141kg/m³とした。

付表－2.3.3　試し練りの結果

バッチ	水セメント比 W/C (%)	セメント水比 C/W	単位粗骨材かさ容積	単位量 (kg/m³)					スランプ (cm)	空気量 (%)	コンクリートの性状
				水 W	セメント C	細骨材 S	粗骨材 G	AE減水剤			
1	44.0	2.27	0.72	142	323	686	1165	0.8075	2.5	4.5	スランプ1.5cm，空気量1.0%不足。単位水量を+3kgに修正。
2	44.0	2.27	0.72	145	330	672	1165	0.8250	5.0	5.9	スランプ，空気量ともやや大きいことから，単位水量を-2kgとする。
3	44.0	2.27	0.72	143	325	682	1165	0.8125	4.0	5.6	スランプ，空気量とも問題なし。性状もSF工法に問題はないと判断。
4	44.0	2.27	0.75	143	325	634	1213	0.8125	5.0	5.3	ややスランプが大きいものの，性状はSF工法に適している。
5	44.0	2.27	0.78	143	325	585	1262	0.8125	6.5	5.1	コンクリートが粗く，明らかにモルタル分が不足。自立性に問題有り。
6	44.0	2.27	0.69	143	325	730	1116	0.8125	2.5	5.8	ややモルタル分が多く，スランプも小さい。単位水量の増加が必要。
7	44.0	2.27	0.66	143	325	778	1068	0.8125	1.5	5.2	モルタル過多のため，粘るとともに，単位水量の増加が必要。
8	44.0	2.27	0.735	141	320	667	1189	0.8000	4.0	5.4	粗骨材容積0.72と0.75の性状が良好であったため，中間値を採用。

付録2　配合設計例（スリップフォーム工法用）

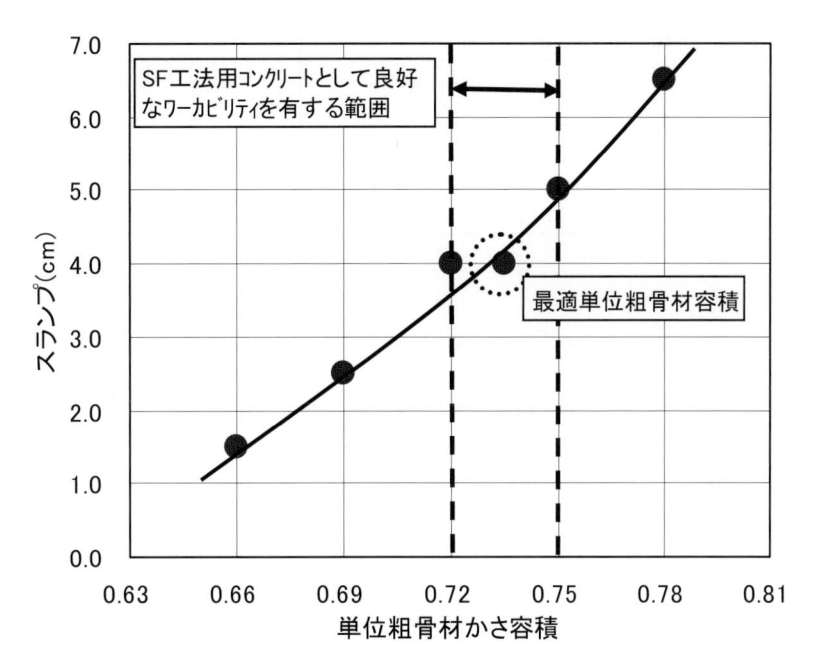

付図－2.3.1　単位粗骨材かさ容積とスランプとの関係

(2) 水セメント比

(1) で得られた単位水量 141kg/m³ および単位粗骨材かさ容積 0.735 を用いて，水セメント比 W/C の異なる4種類程度のコンクリートの配合について，セメント水比 C/W と材齢28日の曲げ強度 f_{b28} との関係を求める。水セメント比を変えて曲げ強度試験を実施することは，配合強度を満足し，かつ経済的なセメント量を決定するために行うものである。

試験結果の例は付表－2.3.4に示すとおりであり，C/W と f_{b28} の関係の例は，付図－2.3.2に示すとおりである。

付表－2.3.4　試験結果

バッチ	水セメント比 W/C (%)	セメント水比 C/W	単位粗骨材かさ容積	単位量 (kg/m³)				コンシステンシー試験		材齢28日の曲げ強度 (MPa)			
				水 W	セメント C	細骨材 S	粗骨材 G	AE減水剤 (AE助剤)	スランプ (cm)	空気量 (%)	第1回		第2回		平均
												Xi	$\bar{X}$	Xi	$\bar{X}$	
1	50.0	2.00	0.735	141	282	695	1193	0.705 (0.014)	4.5	5.8	4.66 4.78 4.59	4.68	4.74 4.68 4.81	4.74	4.71
2	44.4	2.25	0.735	141	317	666	1193	0.7925 (0.025)	4.0	5.6	5.31 5.40 5.16	5.29	5.46 5.55 5.20	5.40	5.35
3	40.0	2.50	0.735	141	353	636	1193	0.8825 (0.032)	4.0	5.5	5.98 6.21 6.10	6.10	6.04 5.85 5.71	5.87	5.99
4	36.4	2.75	0.735	141	388	606	1193	0.97 (0.047)	3.5	5.2	6.64 6.78 6.62	6.68	6.41 6.33 6.26	6.33	6.51

付録2 配合設計例（スリップフォーム工法用）

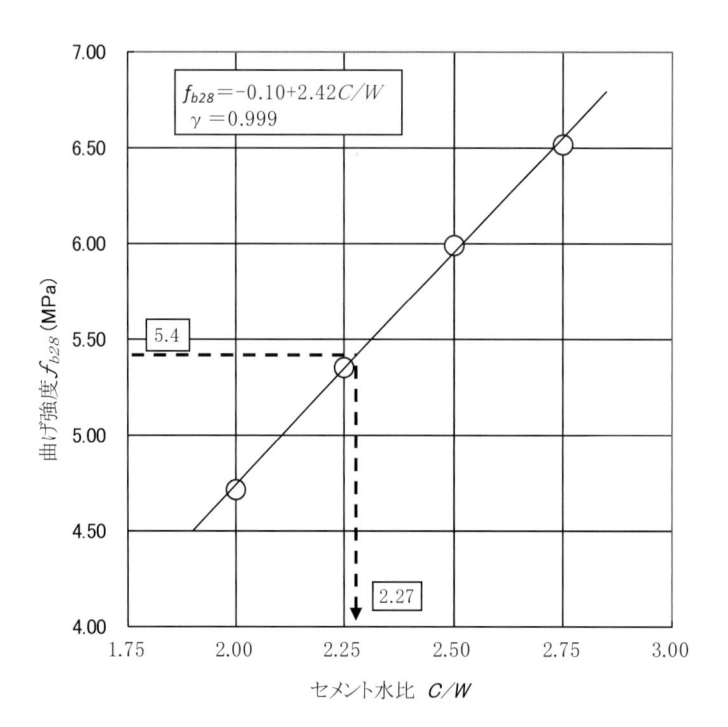

付図－2.3.2 セメント水比と曲げ強度の関係

（グラフ中の式: $f_{b28} = -0.10 + 2.42 C/W$, $\gamma = 0.999$）

　この設計例では，配合強度 5.4MPa に相当するセメント水比は 2.27（水セメント比 44.0%）となる。この値は耐久性から必要とされる水セメント比を満足する値である。

3-5　示方配合の決定

　実際にコンクリートプラントで練混ぜを行いコンクリート品質の確認および補正を行う。

　前節に述べた試し練りによって定めた配合に，室内配合段階では的確には想定しがたい事項，たとえば実験室と実際のコンクリートプラントとのミキサの練りまぜ効率の相違，舗設機械の性能および運搬中に生じるコンシステンシーと空気量の変化等に考慮を加えて，舗設場所におけるコンクリートが所要の品質を持つと同時に適正な舗設が確保できるように配合を修正することが必要である。

　この設計例では，運搬中における変化を考慮し，コンクリートプラントにおいて，スランプを 6.0cm，空気量を 6.0% と見込み，単位水量を 145kg/m³ とした。

　以上の結果，示方配合は，**付表－2.3.5** のように定まる。

　なお，舗設時の状況によっては，さらに修正を行い，より適切な配合が得られるように努めるのがよい。

　また，単位水量の補正は行わず，AE 減水剤の添加率，あるいは種類の変更で対応する場合がある。この場合，単位水量，単位セメント量の増加がなく，乾燥収縮量の増大抑制，発熱抑制などのメリットがある。ただし，添加率による修正では，製造社の推奨添加量の範囲内での修正を厳守する。

　さらに，高性能 AE 減水剤を使用する場合には，高性能 AE 減水剤の特徴を十分理解した上で使用することが重要である。

付表－2.3.5　決定した示方配合

粗骨材の最大寸法 (mm)	スランプの目標値 (cm)		空気量の目標値 (%)		水セメント比 W/C (%)	単位粗骨材かさ容積	単位量 (kg/m³)				
	プラント	現場	プラント	現場			水 W	セメント C	細骨材 S	粗骨材 G	混和剤 (AE助剤)
20	6.0	4.0	6.0	5.5	44.0	0.735	145	330	644	1193	0.8250 (0.030)
備考	（1）設計基準曲げ強度=4.4MPa （2）配合強度=5.4MPa （3）セメントの種類=普通ポルトランドセメント （4）細骨材の粗粒率=2.87 （5）粗骨材の種類=砕石 （6）粗骨材の実積率=61.1% （7）混和剤の種類=AE減水剤およびAE助剤（商品名） （8）運搬時間=30分 （9）施工時期=9～11月 （10）その他=単位量は，空気量を5.5%としたときの値である。										

〔注1〕示方配合に示す細骨材は5mmふるいを全部通るもの，粗骨材は5mmふるいに全部とどまるものであって，ともに表面乾燥飽水状態での単位量を示す。

〔注2〕示方配合に示す単位混和剤量は，薄めたり，溶かしたりしないものを示す。

3-6　現場配合の決定

決定した配合を現場配合に修正する方法については，普通コンクリート舗装と同様であるため，「付録－1　配合設計例（普通コンクリート舗装用）」を参照されたい。

ただし，スリップフォーム工法では，型枠がないことや，バイブレータで流動させたコンクリートをモールド内に送り込みながら成型することから，スランプの変動がコンクリート舗装版の出来形に大きな影響を及ぼす。このため，表面水率の変動には十分な注意が必要である。

付録3　配合設計例（転圧コンクリート舗装用）

1　品質基準および使用材料

転圧コンクリートの品質基準を**付表－3.1.1**に示す。

付表－3.1.1　コンクリートの品質基準

粗骨材の最大寸法（mm）	材齢28日における設計基準曲げ強度	材齢28日における[注1]配合曲げ強度(目標強度)	コンシステンシー[注2] VC試験
20	4.4MPa	5.7MPa	修正VC値 50秒

〔注1〕　強度は，割増強度0.8MPa，割増係数1.09を考慮した値である。
〔注2〕　修正VC値は，舗設時の目標値であることから，配合試験では，プラントから舗設現場までのコンシステンシーロス（運搬時間）を考慮した，プラント出荷時における修正VC値を別途決定する。

使用材料，骨材の一般性状および骨材の粒度を**付表－3.1.2**，**付表－3.1.3**および**付表－3.1.4**に示す。

付表－3.1.2　使用材料

名　称	種　類
セメント	普通ポルトランドセメント
細骨材	陸砂
細骨材	砕砂
粗骨材	砕石（最大寸法　20mm）
混和剤	AE減水剤

付表－3.1.3　使用骨材の一般性状

項目	粗骨材	細骨材	
	砕石	陸砂	砕砂
表乾密度　（g/cm³）	2.64	2.59	2.60
吸水率　（%）	0.84	1.67	1.23
単位容積質量　（t/m³）	1.59	-	-
実積率　（%）	60.8	-	-

付表－3.1.4　使用骨材の粒度

項　目			粗骨材	細骨材
			砕石 2005	混合砂（陸砂 6:砕砂 4）
粒度	通過質量百分率(%)	30　　　mm	100	
		25	100	
		20	94	
		10	35	100
		5	6	93
		2.5	2	88
		1.2		67
		0.6		43
		0.3		17
		0.15		6
粗粒率（FM）			6.63	2.86

付録3　配合設計例（転圧コンクリート舗装用）

2　配合設計方法

配合設計の手順を**付図－3.2.1**に，試験項目および方法を**付表－3.2.1**に，また試験機器を**付表－3.2.2**に示す。

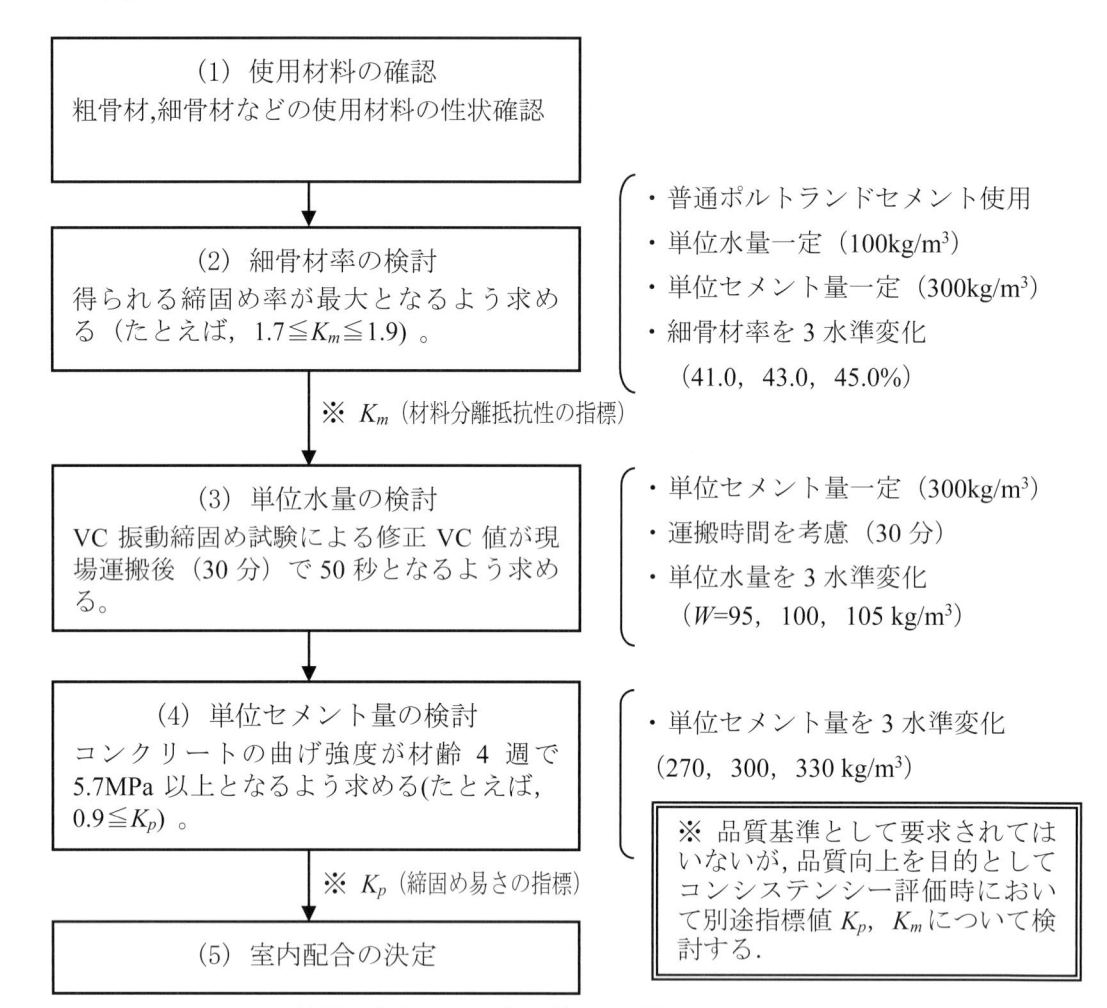

```
┌─────────────────────────────────┐
│ (1) 使用材料の確認                │
│  粗骨材,細骨材などの使用材料の性状確認 │
└─────────────────────────────────┘
              ↓
┌─────────────────────────────────┐        ・普通ポルトランドセメント使用
│ (2) 細骨材率の検討                │        ・単位水量一定（100kg/m³）
│  得られる締固め率が最大となるよう求め │        ・単位セメント量一定（300kg/m³）
│  る（たとえば，1.7≦$K_m$≦1.9）。  │        ・細骨材率を3水準変化
└─────────────────────────────────┘           （41.0，43.0，45.0%）
     ※ $K_m$（材料分離抵抗性の指標）
              ↓
┌─────────────────────────────────┐        ・単位セメント量一定（300kg/m³）
│ (3) 単位水量の検討                │        ・運搬時間を考慮（30分）
│  VC振動締固め試験による修正VC値が現 │        ・単位水量を3水準変化
│  場運搬後（30分）で50秒となるよう求め│           （$W$=95，100，105 kg/m³）
│  る。                           │
└─────────────────────────────────┘
              ↓
┌─────────────────────────────────┐        ・単位セメント量を3水準変化
│ (4) 単位セメント量の検討           │           （270，300，330 kg/m³）
│  コンクリートの曲げ強度が材齢4週で  │        ┌─────────────────────────┐
│  5.7MPa以上となるよう求める（たとえば│        │※ 品質基準として要求されては │
│  0.9≦$K_p$）。                  │        │ いないが，品質向上を目的として│
└─────────────────────────────────┘        │ コンシステンシー評価時におい│
     ※ $K_p$（締固め易さの指標）              │ て別途指標値 $K_p$，$K_m$について検│
              ↓                              │ 討する．                  │
┌─────────────────────────────────┐        └─────────────────────────┘
│ (5) 室内配合の決定                │
└─────────────────────────────────┘
```

付図－3.2.1　配合設計の手順

付表－3.2.1　試験項目および方法

種　別	試験項目	試験方法	備　考
細骨材率の検討	混合物の温度測定	温度計	1回／配合
	VC振動締固め試験		1回／配合
単位水量の検討	混合物の温度測定	温度計	1回／配合
	VC振動締固め試験		2回／配合 (運搬時間を考慮した修正VC値測定)
単位セメント量の検討	混合物の温度測定	温度計	1回／配合
	VC振動締固め試験		1回／配合
	コンクリートの曲げ強度試験	JIS A 1106	3本/材齢・2材齢/配合

〔注〕VC振動締固め試験方法は，「舗装調査・試験法便覧　B072－2」による。また，転圧コンクリートの曲げ強度試験用供試体の作製方法は，「舗装調査・試験法便覧　B072－1」による。

付表−3.2.2 配合試験に使用する試験機器の例

名　　称	仕　様（例）
室内ミキサ	2軸パグミル型，公称能力：60L
VC試験機	振動数 3000vpm，振幅 1mm，重錘 20kg
電動タンパ	回転数 3000rpm，起振力 140kg
温度計（棒状，デジタル）	100℃～0℃
曲げ強度試験用型枠	10cm×10cm×40cm

3 室内配合練混ぜ試験

（1）練混ぜ方法

　練混ぜ方法を付図−3.3.1に示す。

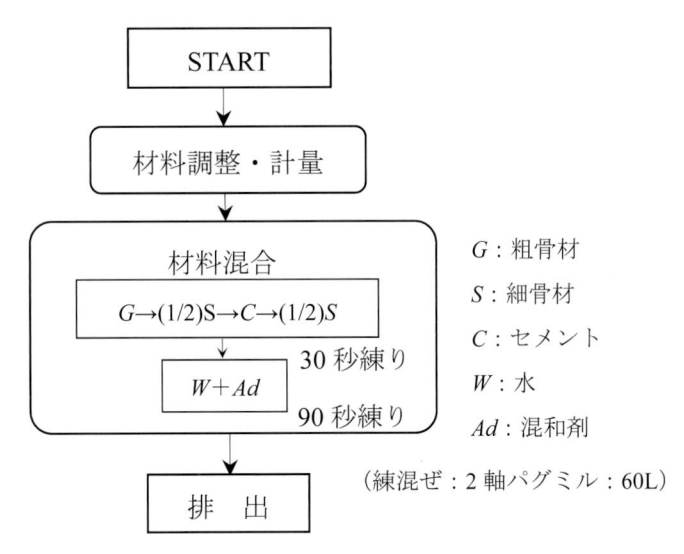

```
                    START
                      ↓
                材料調整・計量
                      ↓
              ┌─────────────────┐
              │     材料混合      │        G：粗骨材
              │ G→(1/2)S→C→(1/2)S │        S：細骨材
              │         30秒練り │        C：セメント
              │    W+Ad          │        W：水
              │         90秒練り │        Ad：混和剤
              └─────────────────┘
                      ↓
                    排　出           （練混ぜ：2軸パグミル：60L）
```

付図−3.3.1 室内練混ぜ方法

（2）練混ぜ試験結果

1）細骨材率の検討

　細骨材率の検討における試験結果を付表−3.3.1および付図−3.3.2，付図−3.3.3に示す。本検討では，細骨材率を練混ぜ後のコンクリートの状態や過去の実績から 41.0，43.0，45.0%の3水準に変化させ，VC振動締固め試験で得られる締固め率および練上がり時のフレッシュ性状を考慮し，細骨材率を選定した。なお，細骨材率を決定する際の水セメント比は33.3%で固定し，単位水量は100kg/m^3，単位セメント量は300kg/m^{3}とした。

付表-3.3.1 VC振動締固め試験結果

細骨材率 (%)	湿潤密度 (g/cm³)	理論密度 (g/cm³)	締固め率 (%)	修正Vc値 (秒)	ペースト 余剰係数 K_p	モルタル 余剰係数 K_m	コンクリート 温度 (℃)
41.0	2.437	2.515	96.9	34	1.13	1.70	15.1
43.0	2.436	2.515	96.6	38	1.08	1.81	16.1
45.0	2.412	2.515	95.9	43	1.03	1.93	16.4

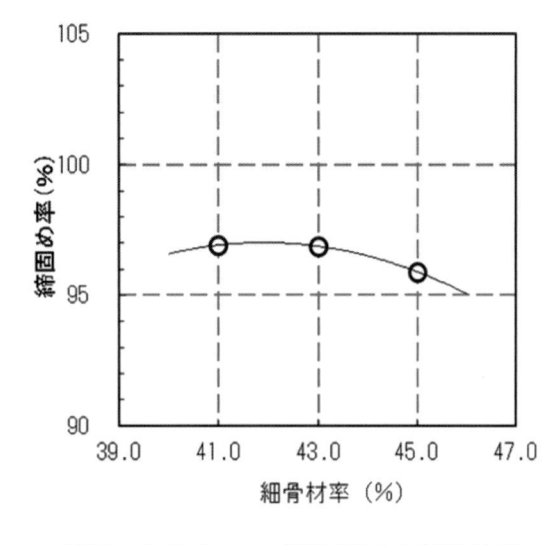

付図-3.3.2 VC振動締固め試験結果 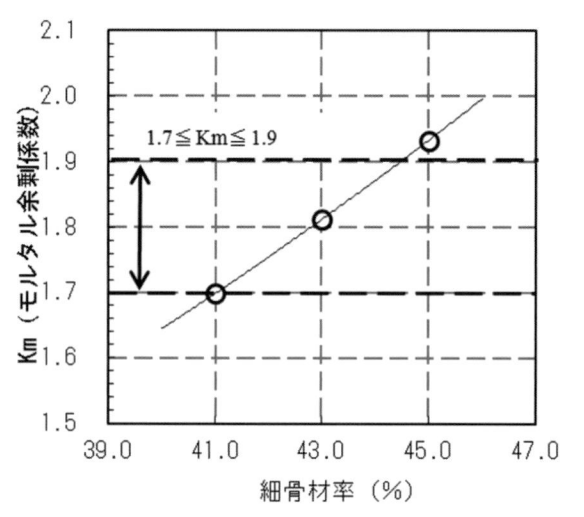　　付図-3.3.3 細骨材率とK_mの関係

　付図-3.3.2から，いずれの細骨材率においても締固め率は95%を超える結果となっており，3水準変化させた細骨材率における締固め易さは，ほぼ同程度であると考えられる。付図-3.3.3は骨材間隙に充填されたモルタル量を表わすモルタル余剰係数（K_m）と細骨材率との関係を示している。過去の実績より，転圧コンクリートの締固め性と材料分離抵抗性を確保するためには，K_mを$1.7 \leq K_m \leq 1.9$の範囲内に設定することが望ましく，試験を実施した細骨材率のうち，モルタル余剰係数（K_m）が中央値に近い細骨材率43.0%を決定細骨材率とした。
　骨材合成粒度は付図-3.3.4に示すとおりである。

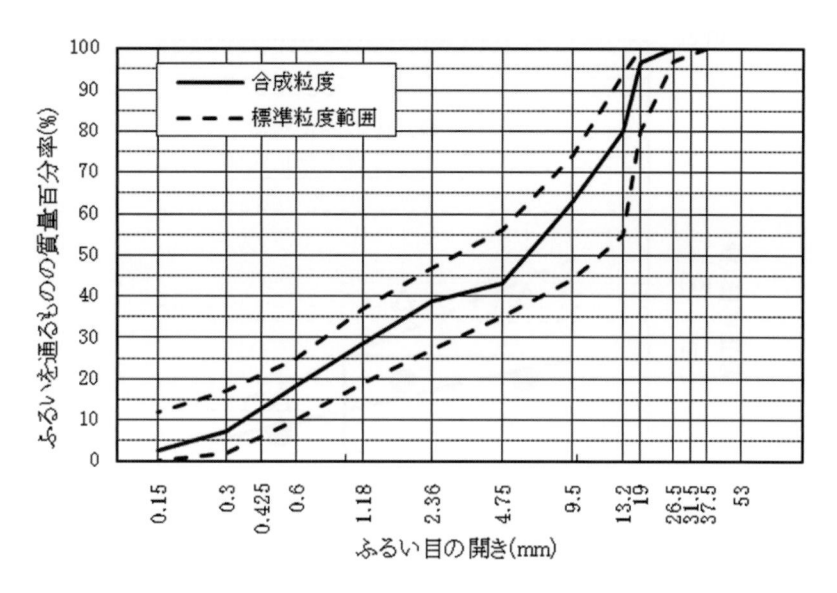

付図-3.3.4　骨材合成粒度

2）単位水量の検討

単位水量の検討における試験結果を**付表-3.3.2**および**付図-3.3.5**に示す。単位水量の検討では，コンシステンシーの代表特性値である修正VC値により評価を行った。修正VC値は，一般に小さい値（10数秒程度）のフレッシュコンクリートは軟らかく，大きい値（1分程度以上）のフレッシュコンクリートは固いものと判断される。

本検討では，コンクリートプラントから現場までの運搬時間約30分を考慮し，練上がりから30分経過した試料において目標とする修正VC値を50±10秒とし，目標値を満足する単位水量を選定した。また，材料の経時変化を確認するために，60分経過後の試料においても修正VC値を確認した。なお，単位水量を決定する際の暫定配合は，単位セメント量 $300kg/m^3$ および細骨材率43%とした。

付表-3.3.2　VC振動締固め試験結果

単位水量	修正VC値(秒)			コンクリート温度
(kg/m³)	練混ぜ直後	30分経過後	60分経過後	(℃)
95	41	90	－	18.6
100	40	86	117	18.5
105	24	33	67	18.4

付録3　配合設計例（転圧コンクリート舗装用）

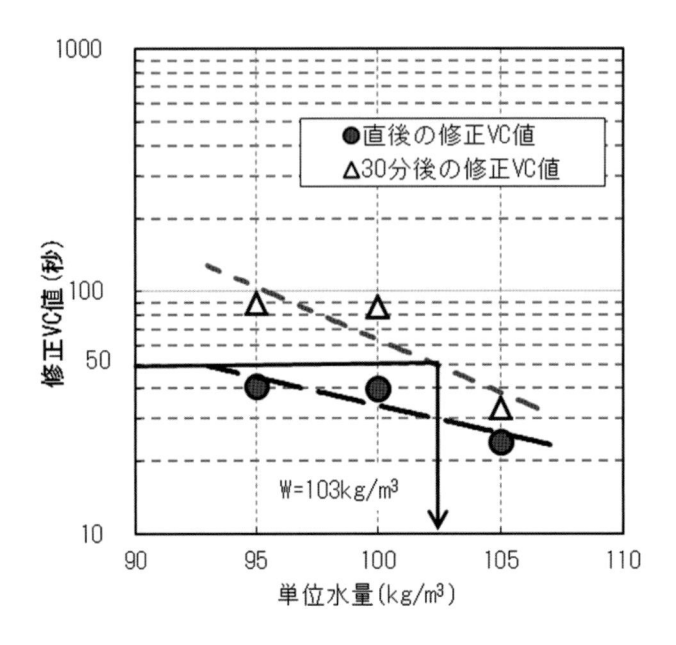

付図－3.3.5　単位水量と修正 VC 値の関係

　付図－3.3.5 の試験結果から，単位水量は 30 分経過後の修正 VC 値が 50 秒程度となる単位水量 103kg/m³ とし，出荷時の目標コンシステンシーは，単位水量 103kg/m³ における修正 VC 値 30±10 秒とする。また，60 分経過後の修正 VC 値は低下することが確認された。コンクリートプラントの構造上，混和剤の種類を変更することは困難であることから，コンシステンシーの経時変化については実機練りでさらに確認する必要がある。

3）単位セメント量の検討
　単位セメント量は，過去の実績などにより 270，300，330kg/m³ の 3 水準に変化させ，フレッシュコンクリートの性状確認および曲げ強度試験を実施して，目標曲げ強度 5.7MPa（材齢 28 日）を満足する単位セメント量を求めた。また，曲げ強度試験用供試体作製時の目標締固め率は 96.0%とした。なお，各水準における単位水量は，セメント量の増減によるコンシステンシーを同程度とするため，単位セメント量 270kg/m³ では 101kg/m³（－2kg/m³），単位セメント量 330kg/m³ では 105kg/m³（＋2kg/m³）として練混ぜを行った。
① フレッシュコンクリートの性状確認
　曲げ強度試験用供試体の作製に当たり，各配合におけるフレッシュコンクリートの性状を確認するため，VC 振動締固め試験を行った。試験結果を付表－3.3.3 に示す。

付表－3.3.3　フレッシュコンクリートの性状確認結果

単位セメント量 (kg/m³)	湿潤密度 (g/cm³)	理論密度 (g/cm³)	締固め率 (%)	修正VC値 (秒)	ペースト余剰係数 K_p	モルタル余剰係数 K_m	コンクリート温度 (℃)
270	2.419	2.508	96.5	27	1.05	1.78	20.1
300	2.426	2.510	96.7	25	1.13	1.82	20.4
330	2.451	2.512	97.6	34	1.21	1.87	20.4

② 曲げ強度試験

材齢7日および28日における曲げ強度試験結果を**付表－3.3.4**，**付表－3.3.5**に示す。

付表－3.3.4　曲げ強度試験結果（材齢7日）

単位セメント量 (kg/m³)	水セメント比 (%)	ペースト余剰係数 K_p	モルタル余剰係数 K_m	No.	最大荷重 (kN)	曲げ強度(MPa) 測定値	曲げ強度(MPa) 平均値
270	37.4	1.05	1.78	1	17.0	5.10	5.12
				2	17.5	5.25	
				3	16.7	5.01	
300	34.3	1.13	1.82	1	19.1	5.73	5.46
				2	16.9	5.07	
				3	18.6	5.58	
330	31.8	1.21	1.87	1	21.8	6.54	6.40
				2	22.4	6.72	
				3	19.8	5.94	

付表－3.3.5　曲げ強度試験結果（材齢28日）

単位セメント量 (kg/m³)	水セメント比 (%)	ペースト余剰係数 K_p	モルタル余剰係数 K_m	No.	最大荷重 (kN)	曲げ強度(MPa) 測定値	曲げ強度(MPa) 平均値
270	37.4	1.05	1.78	1	18.4	5.52	5.59
				2	18.3	5.49	
				3	19.2	5.76	
300	34.3	1.13	1.82	1	21.6	6.48	6.35
				2	18.9	5.67	
				3	23.0	6.90	
330	31.8	1.21	1.87	1	25.7	7.71	7.46
				2	26.7	8.01	
				3	22.2	6.66	

付録3　配合設計例（転圧コンクリート舗装用）

　付表－3.3.5 から，各単位セメント量における材齢 28 日における曲げ強度は，単位セメント量 300kg/m³ で目標配合強度を上回る結果となった。次に，単位セメント量と K_p（ペースト余剰係数），K_m（モルタル余剰係数）との関係をそれぞれ付図－3.3.6，付図－3.3.7 に示す。舗設時の材料分離抵抗性やコンシステンシーの経時変化，あるいはフィニッシャビリティーおよび長期的なスケーリングなどに対する耐久性を考慮すると，$K_p≧0.9$，$1.7≦K_m≦1.9$ であることが有効であり，単位セメント量はモルタル余剰係数（K_m）が中央値に近いのが望ましい。なお，今回の工事では，施工中の気温やコンクリート運搬時の渋滞および転圧時の骨材飛散などを考慮すれば，K_p の値は大きい方が望ましい．そこで，当該工事では，過去の経験から，仕上がり表面性状なども考慮して，K_m は中央値の 1.8 程度，また K_p は 1.1 程度となるような配合を選定することとした．以上の結果から単位セメント量は 300kg/m³ とする。

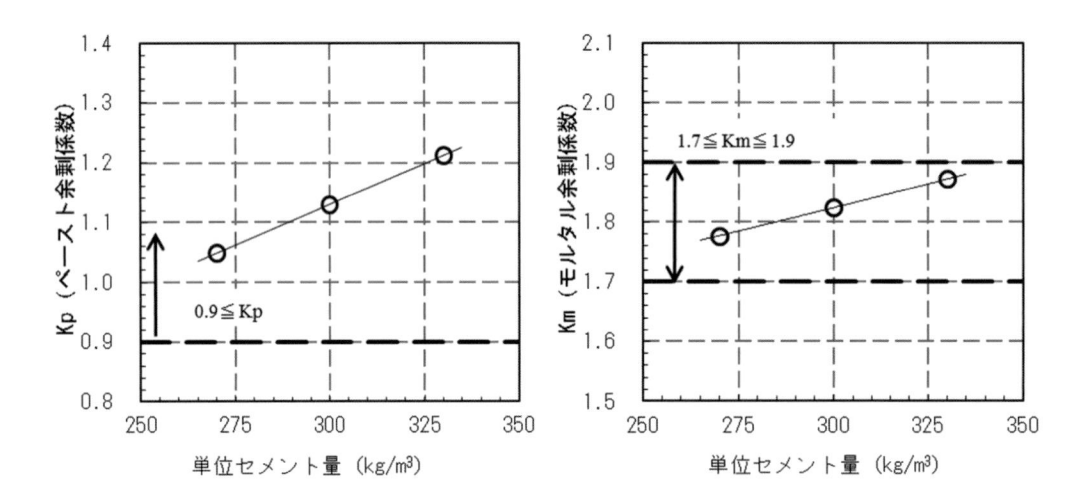

付図－3.3.6　単位セメント量と K_p の関係　　付図－3.3.7　単位セメント量と K_m の関係

4）室内配合の選定

以上の検討結果より，本工事で使用する転圧コンクリートの配合は**付表－3.3.6**に示す配合とする。ただし，本工事を実施する前に，実際に製造を予定しているコンクリートプラントにて実機試験練りを行い，適宜配合の修正を行うこととする。

表－3.3.6 転圧コンクリートの示方配合

種別	粗骨材の最大寸法 (mm)	コンシステンシーの目標値 修正VC値（秒）	水セメント比 W/C (%)	細骨材率 s/a (%)	Kp	Km	単位量(kg/m³)					単位容積質量 (kg/m³)
							水 W	セメント C	細骨材 S	粗骨材 G	混和剤	
理論配合	20	出荷時：30±10秒 現場到着時：50±10秒	-	-	-	-	103	300	900	1207	0.75	2510
示方配合	20	出荷時：30±10秒 現場到着時：50±10秒	34.3	43	1.13	1.82	99	288	864	1159	0.72	2410
備考	(1) 設計基準曲げ強度 = 4.4 MPa (2) 配合強度 = 5.7 MPa (3) 設計空隙率 = 4 % (4) セメントの種類：普通ポルトランドセメント (5) 混和剤の種類：AE減水剤							(6) 粗骨材の種類：砕石2005 (7) 細骨材のF.M.：2.86 (8) コンシステンシーの評価法：VC振動締固め方法 (9) 施工時期：4月 (10) 転圧コンクリートの運搬時間：30分				

〔注〕 転圧コンクリートの施工における締固めの管理は，締固め度（締固めたコンクリートの湿潤密度と基準とする湿潤密度との比）で行う。この場合，基準密度は，一般に配合設計で基準とした締固め率（通常は96%）における密度とする。

索　引

【英数字】

1DAY PAVE ---------- 108
49kN換算輪数 ---------- 53, 54
AE減水剤 ---------- 87, 88, 197, 219
AE剤 ---------- 87, 88
C/W ---------- 308, 309, 312, 314, 315, 316
CBR ---------- 21, 22, 24, 26, 27, 30, 32, 77, 109, 110, 115, 116, 117, 240, 249
CIM（Construction Information Modeling） ---125
Dクラック ---------- 266, 287
FWD ---------- 278, 279, 283, 287, 288, 291
GNSS（Global Navigation Satellite System(s)） ---------- 125
IRI ---------- 283
ICT（Information and Communication Technology） ---------- 125
K_m ---------- 220, 221, 223
K_p ---------- 220, 221, 223
PI ---------- 25, 77, 79, 80, 83, 110, 111, 239, 240, 244, 246
RI ---------- 245, 246, 254
s/a ---------- 220, 222
VC振動締固め試験 ---------- 245
W/C ---------- 306, 308, 313, 315
Y型・クラスタ型ひび割れ ---------- 265, 287

【あ】

アスファルト中間 ---- 4, 6, 25, 26, 29, 30, 63, 64, 78, 83, 111, 124, 134, 239, 249, 252, 253, 254, 256, 257
アスファルトディストリビュータ ---- 113, 114
アスファルト乳剤 ---- 93, 112, 113, 114, 120, 121, 123, 239, 244, 253, 254
アスファルトフィニッシャ --- 12, 113, 114, 122, 125, 214, 217, 223, 224, 225, 228, 242
アスファルトプラント ---------- 111, 122, 237, 238, 241, 247

圧縮強度 ----- 86, 90, 99, 175, 238, 240, 251, 254
荒仕上げ ---------- 127, 132, 137, 146, 147, 148, 149, 167, 199
アルカリシリカ反応 ---------- 84, 85, 86, 87, 94
アルカリ総量 ---------- 86, 87
安全管理 ---------- 2, 141, 235, 257, 258
安全率 ---------- 116
安定材 ---------- 77, 78, 82, 110, 113, 114, 116, 117, 118, 119, 120, 121
安定処理材料 ---------- 77, 78, 82, 83, 110, 111, 117, 119, 192
安定処理路盤材料 -- 25, 29, 82, 83, 119, 121, 123
異形棒鋼 ---------- 5, 6, 61, 63, 67, 70, 74, 89, 180, 185, 189, 192, 296
石粉 ---------- 86, 196, 244, 245
維持修繕 ---------- 260
一軸圧縮強さ ---------- 81, 119, 120, 121, 239
ウォータージェット ---------- 152, 298
打換え工法 ---------- 296, 297
打込み目地 ---------- 57, 58, 73, 91, 127, 132, 157, 168, 173
運搬距離 ---------- 103, 104
運搬計画 ---------- 126
エアポンピング音 ---------- 234
エージング ---------- 81, 82
エコセメント ---------- 84, 240
エロージョン ---------- 260, 269, 270, 279
塩化物イオン ---------- 84, 86, 95
塩化物含有量 ---------- 245
円弧状ひび割れ ---------- 267, 268, 287
縁部補強鉄筋 ---------- 11, 57, 58, 63, 145, 157, 169, 170, 187, 190, 207
横断構造物 ---------- 58, 66, 67, 68, 69, 100, 172, 213, 215
大型機 ---------- 157, 161, 208
大型車交通量 ----- 15, 21, 34, 36, 37, 44, 60, 230
オーバーレイ工法 ---------- 296, 297

置換え工法------------110, 115, 116, 118, 254
置換え材料--------------------77, 78, 114
温度応力---23, 33, 34, 35, 38, 39, 40, 47, 48, 49,
　　　　　　50, 54, 55, 84, 178, 182, 263, 264
温度差----------34, 35, 36, 37, 38, 40, 41, 44,
　　　　　　45, 47, 48, 49, 50, 55, 178
温度ひび割れ---84, 100, 103, 176, 178, 179, 180

【か】

開削調査----------------------278, 283, 284
荷重伝達-------------89, 181, 182, 202, 276,
　　　　　　283, 287, 288, 290, 291, 296
荷重伝達率--------283, 284, 287, 288, 290, 291
仮設計画------------------------------131
下層コンクリート-----138, 139, 141, 143, 144,
　　　　　　145, 163, 167, 169, 170, 229, 234
下層路盤--------4, 6, 25, 30, 79, 80, 82, 83, 110,
　　　　　　118, 119, 120, 239, 240, 243, 244,
　　　　　　246, 252, 253, 254, 256, 257
型枠------104, 132, 133, 134, 135, 136, 142, 155,
　　　　　　156, 168, 193, 206, 207, 215, 253, 256
カッタ目地--------57, 58, 67, 84, 173, 179, 229
角欠け----------8, 168, 179, 206, 225, 271, 272,
　　　　　　281, 286, 287, 291, 292, 297
加熱アスファルト安定処理路盤材料------122
加熱アスファルト混合物-------------77, 238
加熱混合方式----------------------111, 122
環境負荷低減----------------------7, 226
環境保全----------------19, 77, 109, 257
乾湿の繰返し-------------------------96
緩衝版-------------------------------65
含水比------------77, 111, 115, 116, 117, 118,
　　　　　　119, 120, 121, 238, 244, 246
乾燥収縮-------------88, 94, 96, 100, 103,
　　　　　　195, 264, 265, 287
寒中コンクリート------------------175, 212
管路構造物----------------------67, 68
気温------------15, 22, 38, 57, 58, 155,
　　　　　　175, 176, 177, 178
機械使用計画------------------------131

機械舗設-------------128, 129, 130, 133, 136,
　　　　　　137, 138, 157, 205, 208
生石灰------------------78, 93, 111, 117, 118
基準試験-----------2, 235, 236, 237, 238, 239,
　　　　　　240, 241, 242, 247, 248, 251
基準高------------162, 242, 243, 252, 253, 256
気象条件--------78, 99, 129, 176, 250, 280, 281
基層---------------------122, 227, 228, 229, 238,
　　　　　　278, 279, 285, 295
基盤条件-------------20, 21, 22, 32, 34, 36, 45
キメ深さ----------------------------233, 234
吸水率----------------------------112, 220, 238
凝結遅延剤------------------87, 88, 152, 175,
　　　　　　219, 225, 232, 233
曲線半径----------------------------72, 73, 152
局部打換え工法----------------------296, 297
切土路床----------------------------109, 115
隅角ひび割れ--------------------265, 266, 287
空気量-----------97, 102, 103, 104, 105, 193,
　　　　　　194, 195, 197, 240, 245, 277
空隙率-----------------------217, 221, 222, 228
櫛形止め板------------------------206, 207
掘削機械------------------------------113
組立筋--------------------------------172
クラッシャラン-----25, 26, 28, 29, 30, 78, 79,
　　　　　　80, 81, 82, 110, 111, 239, 249
クラッシャラン鉄鋼スラグ--------79, 80, 81,
　　　　　　110, 239
グルービング----------63, 152, 153, 154, 165,
　　　　　　191, 282, 296, 297, 299
クロスバー------------------60, 63, 89, 168,
　　　　　　187, 202, 203, 241
計画交通量----------------------16, 17, 54
経験にもとづく設計-----20, 21, 22, 23, 32, 181
経時変化-------------217, 219, 220, 222, 223
計量器検査----------------------------131
計量誤差------------------------------104
原地盤----------------4, 6, 7, 26, 45, 109, 118
減水剤--------------------------------87, 88
研掃------------------------------228, 232, 299

索　引

現場配合 ---------------------- 97, 106, 122, 245
現場養生 ---------------------------------- 171
コア採取 ------ 247, 253, 254, 278, 279, 284, 287
合格判定値 ---------------- 237, 243, 247, 250,
　　　　　　　　　　　　　251, 252, 254, 255, 257
硬化促進剤 -------------------------- 87, 88
後期養生 ---------------- 126, 132, 157, 167,
　　　　　　　　　　　　　170, 171, 173, 175, 199
鋼材 ------ 85, 86, 89, 92, 133, 192, 224, 241, 296
高浸透性乳剤 ---------------------------- 123
合成応力 ---- 33, 34, 35, 39, 40, 41, 48, 49, 50, 54
高性能AE減水剤 -------------- 87, 88, 103, 108
高性能減水剤 ------------------------ 87, 88
合成粒度 ---------------------- 196, 218, 220
鋼繊維 ---------------------------------- 87
構造細目 ------ 24, 32, 34, 56, 181, 185, 214, 230
構造設計 ------------------ 20, 32, 34, 36, 227, 232
構造調査 ------------------ 278, 279, 280, 283,
　　　　　　　　　　　　　284, 285, 287, 289, 290
構造の設計期間 ---------------------------- 16
構造破損 ------------------ 278, 279, 283, 284,
　　　　　　　　　　　　　285, 286, 287, 294, 295
構築路床 ---------- 4, 6, 77, 109, 110, 116, 240,
　　　　　　　　　　　　　243, 246, 252, 253, 254, 257
構築路床用材料 ---------------------------- 77
交通条件 ------ 20, 21, 32, 34, 36, 39, 44, 73, 250
交通量区分 -------------- 13, 19, 26, 33, 54,
　　　　　　　　　　　　　63, 128, 182, 202
工程管理 --------------------------- 235
工法選定 ------------ 278, 285, 286, 288, 289,
　　　　　　　　　　　　　290, 292, 293, 294, 295, 297
高炉スラグ -------------- 80, 81, 85, 86, 87, 88,
　　　　　　　　　　　　　89, 92, 94, 95, 102
高炉セメント ------------ 77, 84, 94, 95, 110,
　　　　　　　　　　　　　111, 155, 172, 240
小型貨物自動車交通量 ---------------- 15, 21
小型道路 ---------------- 15, 16, 17, 18, 19, 21
骨材飛散 -------------------- 7, 223, 226, 250
骨材露出工法 ------------ 2, 63, 153, 154, 165,
　　　　　　　　　　　　　191, 226, 232, 234

ゴムスポンジ・樹脂発泡体系目地板 ------- 90
コンクリート版厚設計 -------- 18, 32, 181, 214
コンクリート版の補強 ------------ 64, 65, 71,
　　　　　　　　　　　　　89, 129, 172
コンクリートフィニッシャ --------- 127, 137,
　　　　　　　　　　　　　146, 147
コンクリートプラント -------------- 126, 131,
　　　　　　　　　　　　　136, 156, 241
混合セメント ---------------------- 84, 86, 87
コンシステンシー ------- 97, 101, 102, 126, 138,
　　　　　　　　　　　　　142, 149, 150, 194, 217, 218,
　　　　　　　　　　　　　219, 220, 228, 240, 245, 268
コンポジット舗装 ------------ 2, 4, 226, 229,
　　　　　　　　　　　　　230, 231, 234
混和剤 ---- 87, 88, 92, 97, 102, 104, 175, 176, 240
混和材 --------------- 87, 88, 92, 194, 196, 228

【さ】

細骨材 ---- 85, 86, 92, 97, 102, 196, 221, 228, 245
細骨材率 ---------------- 97, 101, 107, 193, 194,
　　　　　　　　　　　　　195, 196, 197, 218, 221, 223
砕砂 ---------------------------- 85, 86, 102
再生クラッシャラン ---------------- 25, 79, 82
再生骨材 ---------------------------- 82, 85, 86
再生石灰安定処理材料 ---------------------- 83
再生セメント・瀝青安定処理材料 -------- 83
再生セメント安定処理材料 ---------------- 83
再生棒鋼 ------------------------------ 89, 192
再生粒度調整砕石 ------------------ 25, 79, 82
再生瀝青安定処理材料 ---------------------- 83
再生路盤材料 ------------------------------ 82
最大乾燥密度 ------------------ 240, 244, 246
最適含水比 ------------------ 115, 116, 119, 121
最適細骨材率 ------------------------------ 195
最適単位粗骨材かさ容積 ------------------ 195
サイドプレート ---------------------- 164, 203
材料試験 -------------------- 220, 236, 238
材料使用計画 ------------------------------ 131
材料分離 -- 101, 105, 131, 138, 139, 143, 148, 216,
　　　　　　　221, 223, 224, 225, 242, 265, 267, 271, 276

材齢	74, 94, 99, 108, 217

作業標準 ―――――― 131, 235, 236, 237, 238, 242, 251, 254

作用度数 ―――― 33, 34, 41, 47, 48, 49, 50, 184

散水車 ―――― 173

サンプリング ―――― 250, 251, 254

シーリング工法 ―――― 296, 297

ジェットヒータ ―――― 176

ジオテキスタイル ―――― 91

敷きならし ―――― 113, 114, 125, 127, 128, 132, 137, 138, 142, 143, 144, 157, 158, 161, 163, 167, 172, 199, 205, 211, 224, 228

試験施工 ―――― 63, 116, 122, 123, 153, 217, 236, 238, 242, 246, 251, 299

試験練り ―――― 112, 122, 123, 218, 219, 220, 221, 222, 238

シックリフト工法 ―――― 112, 114, 122

湿潤養生 ―――― 84, 89, 171, 173, 176, 225

実積率 ―――― 220

自動追尾トータルステーション ―――― 125

示方配合 ―――― 97, 101, 106, 107, 197, 220, 221, 222, 309, 310, 316, 317, 327

締固め機械 ―――― 113, 114, 118, 123, 146, 148, 244, 246

締固め度 ―――― 116, 118, 120, 121, 222, 244, 245, 246, 247, 253, 254, 257, 274

締固め率 ―――― 217, 218, 219, 222, 223

砂利 ―― 25, 78, 79, 82, 86, 101, 102, 110, 111, 239

車輪走行位置分布 ―――― 21, 37, 43, 44, 183, 184

収縮低減剤 ―――― 87, 88

収縮目地 ―――― 5, 33, 56, 57, 58, 67, 69, 73, 75, 76, 173, 185, 202, 214, 249, 270

修正CBR ―――― 25, 34, 43, 45, 79, 80, 81, 83, 110, 183, 239

修正VC値 ―――― 217, 220

修繕工法 ―――― 283, 285, 297

縦断曲線半径 ―――― 73

ショア硬度計 ―――― 233

消石灰 ―――― 78, 93, 111

上層コンクリート ―――― 138, 139, 142, 143, 144, 146, 148, 163, 167, 169, 207

上層路盤 ―― 4, 6, 25, 26, 79, 80, 83, 111, 120, 238, 239, 240, 243, 244, 252, 253, 256, 257

情報化施工 ―――― 125, 164

小粒径骨材露出工法 ―――― 154, 232, 234

初期ひび割れ ―――― 11, 57, 84, 100, 126, 148, 176, 212, 224, 263

初期養生 ―――― 132, 157, 167, 170, 171, 175, 199, 263

暑中コンクリート ―――― 175, 176, 212

ショットブラスト ―――― 152, 228, 232, 296, 298

シリカセメント ―――― 84, 240

自立性 ―――― 193, 194, 195, 196, 197

真空養生 ―――― 170, 171, 172

浸透水量 ―――― 15, 18, 19, 227, 247, 248, 252, 253

振動台式コンシステンシー試験 ―――― 194, 240

振動目地切り機械 ―――― 57, 129

振動ローラ ―――― 113, 114, 118, 119, 120, 121, 123, 224, 225

信頼性 ―――― 20, 22, 33, 34, 235

信頼度に応じた係数 ―――― 41, 42

人力施工 ―――― 108, 126, 135, 172, 202

人力フロート ―――― 165

水浸膨張比 ―――― 79, 81, 82, 239

水平振動ローラ ―――― 225

スケーリング ―――― 260, 275, 276, 277, 281, 283, 284, 296

スタビライザ ―――― 113

スプレッダ ―――― 128, 129, 137, 142, 146, 156, 199

スペーサ ―――― 172, 190, 199, 200, 202, 205, 210

すべり抵抗 ―――― 5, 9, 15, 18, 20, 63, 149, 153, 165, 191, 232, 248, 250, 277, 281, 294, 296, 298, 299

スランプ ―― 88, 97, 100, 102, 103, 126, 131, 135, 156, 175, 177, 195, 197, 240, 242

スランプ試験 ―――― 195

すりつけ版 ―――― 65, 70, 186, 202

スリップフォーム工法 ―――― 100, 126, 156, 193, 196, 197, 199, 207

スリップフォームスプレッダ ―――― 157, 158,

索 引

	159, 163
スリップフォームペーバ	156, 159, 163, 164, 199, 207, 211
すり減り	87, 153, 227, 285
すり減り減量	87, 240
すり減り抵抗性	89, 96, 108, 216
スレーキング率	115
ずれ止め鉄筋	65
整形機械	113
成型目地材	90, 91
製鋼スラグ	80, 81, 82
製造計画	126
性能	5, 226, 228, 235, 237, 247, 248, 250, 259
性能検査	131
性能指標	8, 15, 17, 18, 20, 34, 36, 42, 112, 235, 237, 247, 248, 250, 294
石油アスファルト	111, 112, 239
石油アスファルト乳剤	93, 112, 239
施工管理	2, 126, 199, 224, 226, 235, 242, 254
施工計画	109, 126, 172, 175, 198, 199, 202, 260
石灰安定処理	25, 78, 82, 83, 111, 114, 119, 120, 121, 239, 240, 243, 244, 246, 257
石灰安定処理工法	110, 111, 120
設計基準曲げ強度	32, 33, 97, 98, 104, 171, 182, 194, 217, 220, 222, 249
設計条件	15, 20, 34, 36
設計路盤支持力係数	24, 26, 27, 30, 32, 33, 38, 39, 43, 183
セットフォーム工法	100, 126, 131, 132, 137, 199, 205
セメント	7, 77, 84, 91, 94, 97, 238, 239, 240, 263
セメント・瀝青安定処理工法	112, 123
セメント安定処理	25, 29, 77, 83, 110, 120, 121, 239, 240, 257
セメント安定処理工法	110, 111
セメント水比	305, 308, 309, 312, 315, 316
繊維	87
穿孔	61, 134, 187, 188, 203, 204
センサライン	156, 162, 163, 164, 199, 210
全地球航法衛星システム	125
騒音値	15, 18, 20, 248, 250
騒音低減機能	226, 229, 232
騒音低減効果	153, 226
早期交通開放型コンクリート舗装	108
早強ポルトランドセメント	84, 108, 172, 219, 225
粗骨材	86, 91, 97, 153, 175, 218, 221, 223, 232, 233, 234, 245, 275, 276
粗骨材の最大寸法	86, 87, 97, 101, 102, 105, 195, 218, 219, 222, 232, 234
塑性指数	25, 77, 79, 115, 239, 240, 246
塑性変形輪数	17, 248
粗面仕上げ	63, 129, 132, 149, 151, 152, 153, 154, 157, 160, 165, 167, 191, 199, 211, 234, 277
粗面処理	296, 297, 298, 299
そり拘束係数	40, 47, 182
そり目地	5, 56, 57, 60, 61, 62, 65, 169, 170, 185, 187, 188, 202, 215, 216
粗粒率	85, 97, 102
損失量	104, 240

【た】

ターンテーブル	173
大規模施工	157, 161
タイバー	5, 33, 56, 74, 76, 89, 185, 214
タイヤ/路面騒音	248, 250
ダイヤモンドグラインディング工法	298, 299
ダウエルバー	5, 6, 33, 56, 60, 74, 76, 89, 185, 214
多層弾性理論	24, 30
脱型性	194, 195, 196
縦型平たん仕上げ機械	149, 150
縦自由縁部	5, 39, 40, 58, 262
縦施工目地	56
縦そり・ダミー目地	56, 61, 169, 185, 188, 204
縦そり・突合せ目地	56, 61, 169, 185, 187, 203
縦そり目地	5, 56, 57, 61, 169, 185, 187, 202, 215

縦取り機-----------------------------------210
縦ひび割れ---39, 40, 58, 181, 182, 264, 276, 287
縦方向鉄筋----181, 182, 185, 189, 192, 264, 287
縦膨張目地------5, 56, 57, 58, 62, 185, 216, 225
縦目地-------5, 56, 58, 65, 74, 76, 182, 185, 262
ダミー目地---------------------56, 57, 58, 185
試し練り---------------------------------97, 106
たわみ量------115, 278, 283, 287, 288, 290, 291
単位容積質量---81, 101, 217, 223, 239, 240, 245
単位量--------------------------------97, 105, 221
段差-----------8, 168, 256, 258, 270, 272, 273,
　　　　　　　　274, 275, 288, 289, 291, 296, 297
弾性係数-------------------22, 23, 24, 30, 34, 53
単独スペーサ---------------------------199, 202
ダンプトラック---100, 103, 105, 115, 126, 137,
　　　　　　　　138, 139, 140, 173, 175, 224
チェア---------------------------58, 63, 89, 168
築造工法------------------------------109, 110, 111
中央混合方式----------110, 119, 120, 121, 123
中型機------------------157, 161, 162, 208, 209
中間層------------------------------------229, 230
中規模施工-------------------------------161, 162
中空目地--------------------------------------91
注入工法----------------------------------296, 297
注入目地材-----------58, 90, 91, 93, 241, 296
中庸熱ポルトランドセメント---------84, 172
調査------------------------------------15, 278
長寿命----------------------------------7, 110
超早強コンクリート用セメント-----------84
超速硬セメント-----------------------------84
丁張--134
貯蔵--91, 192
沈下度-----------------------------------101, 102
沈下ひび割れ--176, 177, 178, 200, 201, 268, 287
通過輪数----------------------------------18, 36
突合せ目地--------56, 57, 63, 73, 168, 185, 214
積込み機械-----------------------------------113
ティアリングクラック-------------------217
定期点検--------------------------------237, 241
呈色反応-----------------------------------239

低熱ポルトランドセメント----------------84
出来形------------------------------236, 242, 250
出来形管理-------------------------------236, 242
テクスチャ／キュアリングマシン-------160,
　　　　　　　　　　　　　　　　　161, 165
鉄筋で補強したコンクリート版------67, 130,
　　　　　　　　　　　　　　　　　172, 186
鉄筋比------------------------------------185, 189
鉄鋼スラグ-----25, 79, 80, 81, 82, 110, 111, 239
転圧減--115
転圧コンクリート版---------------------214, 224
転圧コンクリート舗装---------12, 26, 39, 214
電気炉スラグ-----------------------------80, 81
天然砂---------------------------------------82, 85
転炉スラグ---------------------------------80, 81
凍結深さ----------22, 32, 34, 38, 39, 77, 78, 110
凍結融解-----------6, 78, 87, 96, 104, 266, 277
凍上抑制層---------22, 39, 73, 77, 78, 110, 118
透水性---------------------------------16, 19, 248
特殊箇所------------------------------------172
土壌環境基準--------------------117, 119, 121
トラックアジテータ-------100, 126, 131, 137,
　　　　　　　　　　　157, 163, 167, 175, 205
トンネル-----8, 9, 16, 23, 91, 100, 130, 152, 153,
　　　　　　　　172, 208, 211, 232, 250, 298, 299

【な】

内部振動式締固め機械--------------------148
斜め型平たん仕上げ機械------------149, 151
荷おろし-----100, 128, 132, 137, 138, 139, 140,
　　　　　　141, 157, 163, 167, 199, 205, 210, 224
荷おろし機械--128, 129, 137, 138, 139, 140, 141,
　　　　　　　　157, 163, 167, 199, 205, 210, 224
日常的な管理---------------------------260
抜取り検査------------237, 251, 252, 253, 255
ネジ付きタイバー--------61, 136, 169, 182, 203
練混ぜ---------------------126, 131, 132, 157, 221
粘土塊量----------------------------------85, 86, 87

索　引

【は】

バーアセンブリ	63, 132, 135, 142, 145, 157, 167, 202
バーステッチ工法	180, 296, 297
配筋	185, 189, 213
配合参考表	102
配合条件	96, 194, 216
配合設計	105, 196, 219, 303, 312, 318
配合曲げ強度	97, 98, 194, 216
排水機能	226
バイブレータ	135, 148, 161, 164, 202, 225
破損	260, 285, 295
破損の発生原因	260
破損の種類	260
破損の程度	295
破損の評価	285
バックアップ材	58, 91, 215
発錆	185, 192
パッチング工法	296, 297
発泡スチロール	91
パンチアウト	261, 265, 275, 276
必須の性能指標	17, 248
必要に応じ定める性能指標	248, 250
ひび割れ	5, 8, 9, 11, 13, 16, 33, 39, 52, 53, 74, 76, 94, 262
ひび割れ度	8, 15, 17, 18, 33, 41, 52, 248, 285, 286, 297
ひび割れ幅	11, 12, 13, 177, 178, 194, 195, 201, 202, 212, 264, 265, 286, 287
被膜養生剤	136, 157, 225
評価	285
表乾密度	221
表層	4, 5, 9, 16, 19, 52, 122, 226, 252, 253, 279, 285
表面仕上げ	129, 149, 157, 199, 206, 211, 233, 242, 277
表面仕上げ機械	129, 199
表面処理工法	153, 154, 296, 297, 298, 299
表面水	92, 104, 123, 228
表面水率	97, 106, 221, 224, 245
微粒分量	85, 86, 87, 222
疲労抵抗性	7, 96
疲労着目点	34, 37, 39, 46, 47, 184
疲労度	9, 10, 23, 33, 34, 35, 36, 38, 39, 41, 49, 50, 51, 52, 53, 54, 184
疲労破壊	8, 20, 32, 33, 52, 53, 98, 181
疲労破壊抵抗性	5, 8, 9, 10, 17, 52
疲労破壊輪数	8, 9, 10, 17, 18, 248
疲労ひび割れ	7, 18, 33, 34, 39, 40, 182, 263, 264
品質管理	236, 243
フィニッシャビリティー	85, 99, 101, 149, 217, 218, 222
フォグスプレイ	147, 149, 175, 176, 225
付加機能	226
不規則ひび割れ	269, 287
普通コンクリート版	56, 63, 96, 126, 132, 157, 167, 168
普通コンクリート舗装	4, 5, 10, 11, 24
普通道路	15, 16, 17, 18, 19, 21, 248
普通ポルトランドセメント	77, 84, 94, 111, 172, 217, 225
不等沈下	172, 177, 213, 274, 289, 290
踏掛版	64, 65, 66, 100, 130, 172
フライアッシュ	77, 78, 87, 88, 111, 196
フライアッシュセメント	84, 155, 172, 240
プライムコート	123
プラスチック収縮ひび割れ	100, 170, 175, 176, 177, 178, 267, 287
ブラッシング	233
ブリーディング	85, 100, 124, 176, 177, 178, 268
プルーフローリング	115, 116, 156, 244, 246
ブレード型スプレッダ	128, 138, 139, 142, 143, 144
フレッシュジョイント	225
フロート	149, 165, 167
ヘアクラック	247
平たん仕上げ	127, 132, 137, 149, 150, 151, 156, 159, 160, 161, 165, 167, 199

平たん性	5, 8, 15, 19, 156, 162, 165, 225, 226, 243, 248, 252, 256, 283, 299
平板載荷試験	21, 25, 26
ベースコンクリート版	229
ペースト余剰係数	220, 221
ベースペーバ	113, 114, 119, 121
変形抵抗性	193, 194, 195, 196
ベンケルマンビーム	115
変動係数	30, 98, 99, 194, 217
ポアソン比	22, 23, 24, 30, 34
ほうき目仕上げ	63, 154, 165, 191, 233
棒状バイブレータ	146, 147, 148, 167, 172, 206
防錆処理	89
防錆ペイント	185
膨張材	87, 88
膨張目地	5, 56, 57, 65, 66, 69, 72, 73, 185, 186, 202, 214, 270, 271
防凍剤	87, 176
ポーラスアスファルト混合物	229
ポーラスコンクリート舗装	226
舗設計画	128, 129, 130, 131
舗設能力	128, 129, 130, 136
舗装計画交通量	15, 16, 17, 18, 19, 20, 21, 26, 32, 33, 36, 182, 249
舗装の設計期間	15, 16, 17, 18, 36, 182
細長い石片	86
ボックス型スプレッダ	128, 138, 139, 141, 142, 144, 145
ボックスカルバート	64, 66, 213, 274
ポットホール	260, 275, 276, 281, 283, 284, 295, 297
ポリッシング	260, 275, 277, 281, 283, 284, 294, 296, 297
ポルトランドセメント	84, 110, 240
ポンピング	6, 269, 270, 289

【ま】

マイナー則	10, 52
枕版	187
曲げ疲労曲線	34
水	84
水セメント比	94, 97, 104, 107, 108, 176, 197, 219
無塩化物系防凍剤	176
無収縮モルタル	228
明色性	8
目地	56, 185, 214
目地板	56, 89, 90, 93, 185, 203, 241
目地金物	202, 214
目地切り	132, 157, 199, 225
目地材のはみ出し・飛散	270, 292
目地材料	89, 93, 241
目地部の破損	260, 270, 281, 283, 284, 291, 292, 297
目地割り	65, 69, 71, 74, 76, 167
メッシュカート	129, 145, 146
面状・亀甲状ひび割れ	266, 287
モールド	157, 164, 193, 194, 195
目視調査	278, 279, 280, 281, 286, 289, 291, 292, 293, 295
盛土材料	77
盛土路床	109, 115, 116
モルタル余剰係数	220, 221
漏れ防止材	206

【や】

焼きなまし鉄線	145, 170, 190, 201, 202
有害物	84, 85, 86, 87, 240
有機不純物	85, 86
要求性能	250, 278
養生	170, 212, 225
養生期間	94, 108, 171, 225
養生剤	157, 160, 170, 212, 225, 229
養生マット	136, 157, 171, 206, 212, 225
横収縮・ダミー目地	56, 58, 59, 168, 169, 215
横収縮・突合せ目地	56, 58, 168
横収縮目地	5, 13, 56, 185, 214
横施工目地	56, 168, 185, 206, 214
横取り機	205, 210
横ひび割れ	39, 40, 52, 181, 182, 185, 230, 263,

索 引

横方向鉄筋··········182, 185, 189, 190, 192,
　　　　　　　　　200, 201, 205, 206, 213
　　　　　　　　　264, 265, 266, 286, 287, 288, 297
横膨張目地········5, 56, 57, 58, 60, 61, 75, 89,
　　　　　　　　　90, 168, 185, 186, 202, 215, 225
横目地··············5, 10, 56, 185, 214, 262
予防保全·······························1
余盛············142, 147, 164, 206, 224, 242

【ら】

ライフサイクルコスト···1, 7, 9, 16, 20, 23, 260
力学的評価··························50, 184
リフレクションクラック····111, 229, 230, 296
流動化剤·····························87, 88, 103
粒度調整砕石············25, 26, 27, 28, 29, 79,
　　　　　　　　　80, 111, 239, 240, 249
理論的設計···········21, 22, 23, 33, 34, 182, 230
輪荷重············5, 9, 10, 15, 18, 21, 35, 36, 37
輪荷重応力···············33, 34, 37, 38, 39, 40,
　　　　　　　　　41, 46, 47, 48, 55, 184
レール········132, 133, 136, 139, 155, 156, 172
瀝青安定処理········25, 82, 83, 111, 122, 123,
　　　　　　　　　239, 240, 243, 244, 247,
　　　　　　　　　252, 253, 254, 256, 257
レディーミクストコンクリート···93, 193, 194
レベリングフィニッシャ·····················137
連続スペーサ·················190, 199, 200, 202
連続鉄筋コンクリート版··········13, 89, 185
連続鉄筋コンクリート舗装······5, 11, 12, 13,
　　　　　　　　　26, 39, 40, 181
路床·················4, 77, 109, 125, 198, 246
路床安定処理工法·····························110
路上混合機械································113
路上混合方式················25, 110, 113, 116,
　　　　　　　　　119, 120, 121, 123
路床支持力··························115, 116, 284
路床支持力係数·····························24, 27
路体··4, 6
六価クロム········77, 81, 110, 117, 119, 121
路盤······4, 24, 78, 118, 120, 181, 192, 198, 214

路盤支持力係数················24, 25, 26, 27,
　　　　　　　　　30, 31, 32, 33, 34
路盤設計···························24, 181, 214
路盤設計曲線·····························24, 27
路面処理································63, 191
路面性状調査··········278, 283, 285, 286, 288,
　　　　　　　　　289, 291, 292, 293, 294
路面設計···············16, 20, 227, 278, 294
路面調査··········278, 280, 285, 288, 291, 293
路面の設計期間································16
路面破損······279, 283, 285, 286, 287, 294, 295

【わ】

ワーカビリティー·······85, 88, 93, 97, 99, 101,
　　　　　　　　　105, 107, 194, 197, 216, 217
わだち掘れ·····7, 123, 229, 260, 275, 276, 279,
　　　　　　　　　281, 283, 284, 293, 294, 297
割増し係数················97, 98, 99, 217, 220
割増率·····································116, 117

執筆者（五十音順）

東　　拓生	石垣　　勉	石原　佳樹
泉　　秀俊	上田　宣人	加形　　護
梶尾　　聡	久保　和幸	五島　泰宏
小梁川　雅	坂本　康文	佐藤　正和
高橋　茂樹	中原　大磯	西澤　辰男
野田　悦郎	堀内　智司	丸尾　卓史
村上　　浩	森濱　和正	吉本　　徹

コンクリート舗装ガイドブック2016

平成28年3月25日	初　版	第1刷発行
平成30年11月26日		第2刷発行
令和3年4月28日		第3刷発行
令和6年2月29日		第4刷発行

編　集　　公益社団法人　日本道路協会
発行所　　東京都千代田区霞が関3-3-1

印刷所　　株式会社サンワ

発売所　　丸善出版株式会社
　　　　　東京都千代田区神田神保町2-17

本書の無断転載を禁じます。

ISBN978-4-88950-334-0　C2051

日本道路協会出版図書案内

図書名	ページ	定価(円)	発行年
交通工学			
クロソイドポケットブック（改訂版）	369	3,300	S49. 8
自転車道等の設計基準解説	73	1,320	S49.10
立体横断施設技術基準・同解説	98	2,090	S54. 1
道路照明施設設置基準・同解説（改訂版）	240	5,500	H19.10
附属物（標識・照明）点検必携 〜標識・照明施設の点検に関する参考資料〜	212	2,200	H29. 7
視線誘導標設置基準・同解説	74	2,310	S59.10
道路緑化技術基準・同解説	82	6,600	H28. 3
道路の交通容量	169	2,970	S59. 9
道路反射鏡設置指針	74	1,650	S55.12
視覚障害者誘導用ブロック設置指針・同解説	48	1,100	S60. 9
駐車場設計・施工指針同解説	289	8,470	H 4.11
道路構造令の解説と運用（改訂版）	742	9,350	R 3. 3
防護柵の設置基準・同解説（改訂版） ボラードの設置便覧	246	3,850	R 3. 3
車両用防護柵標準仕様・同解説（改訂版）	164	2,200	H16. 3
路上自転車・自動二輪車等駐車場設置指針 同解説	74	1,320	H19. 1
自転車利用環境整備のためのキーポイント	140	3,080	H25. 6
道路政策の変遷	668	2,200	H30. 3
地域ニーズに応じた道路構造基準等の取組事例集（増補改訂版）	214	3,300	H29. 3
道路標識設置基準・同解説（令和2年6月版）	413	7,150	R 2. 6
道路標識構造便覧（令和2年6月版）	389	7,150	R 2. 6
橋梁			
道路橋示方書・同解説（Ⅰ共通編）（平成29年版）	196	2,200	H29.11
〃（Ⅱ鋼橋・鋼部材編）（平成29年版）	700	6,600	H29.11
〃（Ⅲコンクリート橋・コンクリート部材編）（平成29年版）	404	4,400	H29.11
〃（Ⅳ下部構造編）（平成29年版）	572	5,500	H29.11
〃（Ⅴ耐震設計編）（平成29年版）	302	3,300	H29.11
平成29年道路橋示方書に基づく道路橋の設計計算例	564	2,200	H30. 6
道路橋支承便覧（平成30年版）	592	9,350	H31. 2
プレキャストブロック工法によるプレストレスト コンクリートTげた道路橋設計施工指針	81	2,090	H 4.10
小規模吊橋指針・同解説	161	4,620	S59. 4
道路橋耐風設計便覧（平成19年改訂版）	300	7,700	H20. 1

日本道路協会出版図書案内

図 書 名	ページ	定価(円)	発行年
鋼道路橋設計便覧	652	7,700	R 2.10
鋼道路橋疲労設計便覧	330	3,850	R 2.9
鋼道路橋施工便覧	694	8,250	R 2.9
コンクリート道路橋設計便覧	496	8,800	R 2.9
コンクリート道路橋施工便覧	522	8,800	R 2.9
杭基礎設計便覧（令和2年度改訂版）	489	7,700	R 2.9
杭基礎施工便覧（令和2年度改訂版）	348	6,600	R 2.9
道路橋の耐震設計に関する資料	472	2,200	H 9.3
既設道路橋の耐震補強に関する参考資料	199	2,200	H 9.9
鋼管矢板基礎設計施工便覧	318	6,600	H 9.12
道路橋の耐震設計に関する資料（PCラーメン橋・RCアーチ橋・PC斜張橋等の耐震設計計算例）	440	3,300	H10.1
既設道路橋基礎の補強に関する参考資料	248	3,300	H12.2
鋼道路橋塗装・防食便覧資料集	132	3,080	H22.9
道路橋床版防水便覧	240	5,500	H19.3
道路橋補修・補強事例集（2012年版）	296	5,500	H24.3
斜面上の深礎基礎設計施工便覧	290	5,500	H24.4
鋼道路橋防食便覧	592	8,250	H26.3
道路橋点検必携〜橋梁点検に関する参考資料〜	480	2,750	H27.4
道路橋示方書・同解説Ⅴ耐震設計編に関する参考資料	305	4,950	H27.4
舗　装			
アスファルト舗装工事共通仕様書解説（改訂版）	216	4,180	H 4.12
アスファルト混合所便覧（平成8年版）	162	2,860	H 8.10
舗装の構造に関する技術基準・同解説	104	3,300	H13.9
舗装再生便覧（平成22年版）	290	5,500	H22.11
舗装性能評価法(平成25年版)―必須および主要な性能指標編―	130	3,080	H25.4
舗装性能評価法別冊―必要に応じ定める性能指標の評価法編―	188	3,850	H20.3
舗装設計施工指針（平成18年版）	345	5,500	H18.2
舗装施工便覧（平成18年版）	374	5,500	H18.2
舗装設計便覧	316	5,500	H18.2
透水性舗装ガイドブック2007	76	1,650	H19.3
コンクリート舗装に関する技術資料	70	1,650	H21.8
コンクリート舗装ガイドブック2016	348	6,600	H28.3
舗装の維持修繕ガイドブック2013	250	5,500	H25.11

日本道路協会出版図書案内

図　書　名	ページ	定価(円)	発行年
舗　装　点　検　必　携	228	2,750	H29. 4
舗装点検要領に基づく舗装マネジメント指針	166	4,400	H30. 9
舗装調査・試験法便覧（全4分冊）（平成31年版）	1,929	27,500	H31. 3
舗装の長期保証制度に関するガイドブック	100	3,300	R 3. 3
道路土工			
道路土工構造物技術基準・同解説	100	4,400	H29. 3
道路土工構造物点検必携（令和2年版）	378	3,300	R 2.12
道路土工要綱（平成21年度版）	450	7,700	H21. 6
道路土工－切土工・斜面安定工指針（平成21年度版）	570	8,250	H21. 6
道路土工－カルバート工指針（平成21年度版）	350	6,050	H22. 3
道路土工－盛土工指針（平成22年度版）	328	5,500	H22. 4
道路土工－擁壁工指針（平成24年度版）	350	5,500	H24. 7
道路土工－軟弱地盤対策工指針（平成24年度版）	400	7,150	H24. 8
道路土工－仮設構造物工指針	378	6,380	H11. 3
落　石　対　策　便　覧	414	6,600	H29.12
共　同　溝　設　計　指　針	196	3,520	S61. 3
道　路　防　雪　便　覧	383	10,670	H 2. 5
落石対策便覧に関する参考資料 ―落石シミュレーション手法の調査研究資料―	448	6,380	H14. 4
トンネル			
道路トンネル観察・計測指針（平成21年改訂版）	290	6,600	H21. 2
道路トンネル維持管理便覧【本体工編】（令和2年版）	520	7,700	R 2. 8
道路トンネル維持管理便覧【付属施設編】	338	7,700	H28.11
道路トンネル安全施工技術指針	457	7,260	H 8.10
道路トンネル技術基準（換気編）・同解説（平成20年改訂版）	280	6,600	H20.10
道路トンネル技術基準（構造編）・同解説	322	6,270	H15.11
シールドトンネル設計・施工指針	426	7,700	H21. 2
道路トンネル非常用施設設置基準・同解説	140	5,500	R 1. 9
道路震災対策			
道路震災対策便覧（震前対策編）平成18年度版	388	6,380	H18. 9
道路震災対策便覧（震災復旧編）平成18年度版	410	6,380	H19. 3
道路震災対策便覧（震災危機管理編）（令和元年7月版）	326	5,500	R 1. 8
道路維持修繕			
道　路　の　維　持　管　理	104	2,750	H30. 3

日本道路協会出版図書案内

図　書　名	ページ	定価(円)	発行年
英語版			
道路橋示方書（Ⅰ共通編）〔2012年版〕（英語版）	160	3,300	H27. 1
道路橋示方書（Ⅱ鋼橋編）〔2012年版〕（英語版）	436	7,700	H29. 1
道路橋示方書（Ⅲコンクリート橋編）〔2012年版〕（英語版）	340	6,600	H26.12
道路橋示方書（Ⅳ下部構造編）〔2012年版〕（英語版）	586	8,800	H29. 7
道路橋示方書（Ⅴ耐震設計編）〔2012年版〕（英語版）	378	7,700	H28.11
舗装の維持修繕ガイドブック2013（英語版）	306	7,150	H29. 4
アスファルト舗装要綱（英語版）	232	7,150	H31. 3

※消費税10％を含みます。

発行所　(公社)日本道路協会　☎(03)3581-2211
発売所　丸善出版株式会社　☎(03)3512-3256
　　　　丸善雄松堂株式会社　学術情報ソリューション事業部
　　　　　法人営業統括部　カスタマーグループ
　　　　　TEL：03-6367-6094　FAX：03-6367-6192　Email：6gtokyo@maruzen.co.jp